大学数学信息化教学丛书

高等数学学习指导
（上册）（第二版）

杨雯靖　朱永刚　主编

科学出版社

北　京

版权所有，侵权必究

举报电话：010-64030229，010-64034315，13501151303

内 容 简 介

本书在2013年第一版的基础上，集撷作者多年教学心得和教研成果，根据读者反馈进行修订.

本书分为上、下两册.第二版保留第一版的基本结构，包括知识框架、教学基本要求、主要内容解读、典型例题解析、习题选解及自测题六个部分.其中，教学基本要求与新修订的教学大纲要求相适应，典型例题解析注重解题思路、方法及总结，习题选解按照高等数学的章节顺序编排，有层次地选择部分习题，注重一题多解.每章后附自测题及参考答案，供读者检测.

本书对教材具有相对的独立性，适合普通高等院校理工科各专业学生使用，也可供考研人员参考阅读.

图书在版编目（CIP）数据

高等数学学习指导. 上册 / 杨雯靖, 朱永刚主编. —2版. —北京：科学出版社，2019.8

（大学数学信息化教学丛书）

ISBN 978-7-03-062021-7

Ⅰ.①高… Ⅱ.①杨… ②朱… Ⅲ.①高等数学-高等学校-教学参考资料 Ⅳ.①O13

中国版本图书馆CIP数据核字（2019）第161792号

责任编辑：谭耀文 张 湾 / 责任校对：高 嵘
责任印制：彭 超 / 封面设计：苏 波

科学出版社 出版
北京东黄城根北街16号
邮政编码：100717
http://www.sciencep.com

武汉市首壹印务有限公司印刷
科学出版社发行 各地新华书店经销
*

开本：787×1092 1/16
2019年8月第 二 版 印张：16 1/4
2019年8月第一次印刷 字数：378 000
定价：49.00元
（如有印装质量问题，我社负责调换）

《高等数学学习指导（上册）》（第二版）

编 委 会

主　编　杨雯靖　朱永刚

副主编　周意元　杨元启

编　委　（按姓氏笔画排序）

　　　　朱永刚　杨元启　杨雯靖

　　　　陈将宏　周意元　赵守江

　　　　崔　盛

第二版前言

本书是在保持第一版优点及特色的基础上，结合高等数学教学改革实践，以利于激发学生自主学习为理念，根据读者反馈进行修订的学习指导教材，主要面向学习高等数学的理工科学生，以及准备研究生入学考试的人员，也可供讲授高等数学的教师参考.

本次修订保留第一版的基本结构，包括知识框架、教学基本要求、主要内容解读、典型例题解析、习题选解及自测题六个部分，其内容按章编写.

教学基本要求与新修订的教学大纲要求相适应，突出各章节需要掌握的核心内容.

主要内容解读部分在修订时更注重语言的精练性与可读性.其中，对极限定义的描述不再使用"非ε语言"，而采用经典的"$\varepsilon-N$"(或"$\varepsilon-\delta$")极限理论.

典型例题解析注重解题思路、方法及总结，既强调基础，又通过对教学内容的扩展和延伸满足学生深层次的要求.

与配套教材习题相适应，对本书的习题选解进行调整，习题选解的总量也适当增加，但不影响本书作为独立书籍的阅读及使用.

自测题部分涵盖每章的相关内容，修订时更多地考虑题目多样性和层次性的特点，便于读者自测，并提供自测题的参考答案.

本书由杨雯靖和朱永刚主编，周意元和杨元启担任副主编.参加第二版编写工作的有杨雯靖、朱永刚、周意元、陈将宏、杨元启、赵守江、崔盛.全书由朱永刚负责统稿，杨雯靖负责审阅.

本书自 2013 年出版以来，许多读者纷纷表示关切和鼓励，并对书中存在的不妥之处予以指正，在此向他们表示感谢.三峡大学理学院、教务处和教材供应中心对本书的编写与出版给予了大力支持，对此我们也表示衷心的感谢.

由于编者水平有限，第二版中存在的问题，敬请广大读者给予批评指正.

编　者
2019 年 4 月

第一版前言

本书是与张明望、沈忠环、杨雯靖主编的普通高等教育"十二五"规划教材《高等数学》配套使用的学习指导书,主要面向使用该教材的教师和学生,同时,可为学习高等数学的学生提供同步指导,也可作为研究生入学考试的复习指导.我们编写这本配套教材,既满足学生学习高等数学课程的需要,又通过对教学内容的扩展和延伸满足学生的深层次的要求.

上册包括函数与极限、导数与微分、微分中值定理与导数的应用、不定积分、定积分及其应用、常微分方程;下册包括向量代数与空间解析几何、多元函数微分学及其应用、重积分、曲线积分与曲面积分、无穷级数.本书的内容按章编写,与教材同步.每章包括教学基本要求、内容概述、典型例题解析、习题选解及自测题五个部分.

教学基本要求部分是根据教育部数学基础课程教学指导委员会制定的理工类本科高等数学课程的教学基本要求确定的,也是根据教学大纲的要求制定的.

内容概述部分有条理地将每一章的基本理论与基本方法逐一梳理,使读者详细地了解每章的主要内容.

典型例题解析部分精选相关内容的基本题型,力图将高等数学的基本概念、定理、方法及应用融于其中,具有鲜明的特点.例题的选择兼顾基本性与扩展性特点,考虑到理论与实际的结合.例题中注重分析解题思路,寻求多种解题方法,并在例题后加以评注,进行总结及推广说明.

习题选解部分按照教材中的章节顺序,精选一部分习题作出了解答.其中,每章的总习题在难度上略重一些,所以在习题选解中所占的比例相对较大.

作者在每章后附带了两套自测题,便于读者在每章结束后自我检测.自测题既涵盖了每章的相关内容,又考虑了题目的多样性和层次性的特点,可用作读者自测.

本书由杨雯靖和朱永刚主编.参加编写的主要人员还有杨元启和陈将宏,另外,崔盛等也参与了一部分后期的编写工作.全书由朱永刚负责统稿,杨雯靖负责审阅.

三峡大学理学院、教务处和教材供应中心对本书的编写和出版给予大力支持,对此我们表示衷心的感谢.

由于作者水平有限,书中难免有不妥之处,敬请广大读者批评指正.

作 者
2013 年 5 月

目 录

第一章 函数与极限 ... 1
- 一、知识框架 ... 1
- 二、教学基本要求 ... 2
- 三、主要内容解读 ... 2
- 四、典型例题解析 ... 10
- 五、习题选解 ... 22
- 六、自测题 ... 39

第二章 导数与微分 ... 44
- 一、知识框架 ... 44
- 二、教学基本要求 ... 45
- 三、主要内容解读 ... 45
- 四、典型例题解析 ... 51
- 五、习题选解 ... 57
- 六、自测题 ... 72

第三章 微分中值定理与导数的应用 ... 78
- 一、知识框架 ... 78
- 二、教学基本要求 ... 79
- 三、主要内容解读 ... 79
- 四、典型例题解析 ... 86
- 五、习题选解 ... 96
- 六、自测题 ... 113

第四章 不定积分 ... 120
- 一、知识框架 ... 120
- 二、教学基本要求 ... 120
- 三、主要内容解读 ... 121
- 四、典型例题解析 ... 126
- 五、习题选解 ... 137
- 六、自测题 ... 148

第五章　定积分及其应用 154
 一、知识框架 154
 二、教学基本要求 155
 三、主要内容解读 155
 四、典型例题解析 164
 五、习题选解 178
 六、自测题 199

第六章　常微分方程 206
 一、知识框架 206
 二、教学基本要求 206
 三、主要内容解读 207
 四、典型例题解析 212
 五、习题选解 219
 六、自测题 238

附录 243
 总自测题一 243
 总自测题二 245
 总自测题一参考答案 246
 总自测题二参考答案 248

第一章　函数与极限

函数是现代数学的基本概念之一，是高等数学的主要研究对象．极限概念是高等数学的理论基础，极限方法是高等数学的基本分析方法．因此，掌握、运用好极限方法是学好高等数学的关键．连续是函数的一个重要性态．如何在无限变化的过程中研究变量的变化趋势，这是本章需掌握的基本思想．

一、知识框架

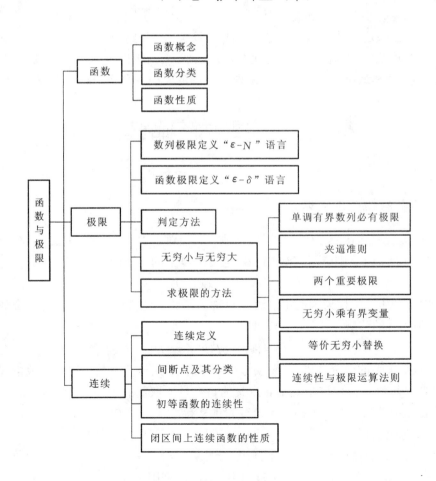

二、教学基本要求

(1) 理解函数的概念,掌握函数的表示法,会建立简单应用问题中的函数关系式.

(2) 了解函数的有界性、单调性、奇偶性和周期性;理解复合函数及分段函数的概念,了解反函数及隐函数的概念;掌握基本初等函数的性质及其图形,了解初等函数的概念.

(3) 理解数列极限的概念与性质,熟悉"$\varepsilon-N$"语言;理解函数极限的概念与性质,熟悉"$\varepsilon-\delta$"语言.

(4) 了解无穷小与无穷大的定义,理解函数的极限与无穷小的关系.

(5) 掌握极限的四则运算法则及复合函数的极限运算法则.

(6) 掌握极限存在的两个准则,并会利用它们求极限,掌握利用两个重要极限求相关极限的方法.

(7) 掌握无穷小的比较方法,灵活掌握利用等价无穷小代换计算极限.

(8) 理解函数连续性的概念(含左连续与右连续),会判别函数间断点的类型.

(9) 了解连续函数的性质和初等函数的连续性,了解闭区间上连续函数的性质(有界性定理、最大值和最小值定理、介值定理、零点定理),并会应用这些性质.

三、主要内容解读

(一) 函数

1. 函数的概念及表示法

设非空集合 $D \subseteq \mathbf{R}$,若有一个对应法则 f,使对于 D 内每一个实数 x,都能由 f 唯一地确定一个实数 y,则称对应法则 f 为定义在 D 上的一个函数,记为
$$y = f(x) \quad (x \in D),$$
其中 x 称为自变量, y 称为因变量. 数集 D 称为函数的定义域,记为 $D(f)$. 全体函数值的集合称为函数的值域,记为 $R(f)$,即
$$R(f) = \{y | y = f(x),\ x \in D\}.$$

决定函数关系的两个要素:定义域与对应法则. 如果一个函数是用一个数学式子给出的,则其定义域约定为使这个式子有意义的自变量所取值的全体,即为函数的自然定义域;如果函数有实际背景,还需要考虑变量的实际意义. 两个函数相同是指它们有相同的定义域和对应法则.

函数的表示法有解析法、列表法和图示法.

分段函数:在自变量的不同变化范围中,对应法则用不同式子来表示的函数. 几个特殊的分段函数为绝对值函数、符号函数、取整函数和狄利克雷函数.

注意分段函数的复合，分段函数在分段点的极限、连续性.

2. 函数的主要性质

1) 有界性

设函数 $f(x)$ 的定义域为 $D(f)$，$D \subseteq D(f)$，若存在常数 M，对一切 $x \in D$，总有 $f(x) \leq M$（或 $f(x) \geq M$），则称 $f(x)$ 在 D 上有上界（或下界），称数 M 为它的上界（或下界）. 若函数 $f(x)$ 在 D 上既有上界又有下界，则称 $f(x)$ 是 D 上的有界函数，否则，称 $f(x)$ 是 D 上的无界函数. 因此，若 $f(x)$ 是 D 上的有界函数，则存在正数 M，使对一切 $x \in D$，恒有 $|f(x)| \leq M$ 成立.

几个常见的有界函数：

在区间 $(-\infty, +\infty)$ 上，$|\sin x| \leq 1$，$|\cos x| \leq 1$，$|\arctan x| < \dfrac{\pi}{2}$，$0 < \operatorname{arccot} x < \pi$；在区间 $[-1, 1]$ 上，$|\arcsin x| \leq \dfrac{\pi}{2}$，$0 \leq \arccos x \leq \pi$.

注 (1) 函数 $f(x)$ 有界或无界是相对于某个区间而言的，如 $y = \dfrac{1}{x}$ 在区间 $(0, 1)$ 内无界，而在区间 $\left(\dfrac{1}{2}, 1\right)$ 内有界.

(2) 有界函数图像的特点是它完全落在平行于 x 轴的两条直线 $y = \pm M$ 之间.

(3) 无界函数与无穷大量的区别：在自变量的某一变化过程中，若 $f(x)$ 为无穷大量，则存在对应的区间使 $f(x)$ 无界；但若 $f(x)$ 在某一区间上无界，$f(x)$ 不一定为无穷大量. 例如，$y = \dfrac{1}{x} \sin \dfrac{1}{x}$ 在区间 $(0, 1]$ 上无界，但这个函数当 $x \to 0^+$ 时不是无穷大量.

(4) 函数有界性的判别方法.

直接法：利用定义判别.

间接法：① 若 $f(x)$ 在 $[a, b]$ 上连续，则 $f(x)$ 在 $[a, b]$ 上有界. ② 若 $f(x)$ 在 (a, b) 内连续，且 $\lim\limits_{x \to a^+} f(x)$ 存在，$\lim\limits_{x \to b^-} f(x)$ 存在，则 $f(x)$ 在 (a, b) 内有界.

2) 单调性

设函数 $f(x)$ 的定义域为 $D(f)$，$D \subseteq D(f)$，如果对任意 $x_1, x_2 \in D$，且 $x_1 < x_2$，都有 $f(x_1) < f(x_2)$（或 $f(x_1) > f(x_2)$），则称函数 $f(x)$ 在 D 上是单调增加（或单调减少）的，或者称 $f(x)$ 是 D 上的单调递增（或单调递减）函数，单调递增和单调递减函数统称为单调函数.

注 函数 $f(x)$ 是否单调也是相对于某个区间而言的，如 $y = x^2$ 在 $(-\infty, 0)$ 内单调减少，在 $(0, +\infty)$ 内单调增加，而在 $(-\infty, +\infty)$ 内不是单调函数.

3) 奇偶性

设函数 $f(x)$ 的定义域 $D(f)$ 是关于原点对称的数集，即若 $x \in D(f)$，则 $-x \in D(f)$. 如果对于任一 $x \in D(f)$，有 $f(-x) = f(x)$，则称函数 $f(x)$ 是偶函数；如果对于任一

$x \in D(f)$,有 $f(-x) = -f(x)$,则称函数 $f(x)$ 是奇函数.

奇函数的图像关于原点对称,偶函数的图像关于 y 轴对称.

奇偶函数的运算性质:

(1) 奇函数与奇函数的和仍为奇函数,偶函数与偶函数的和仍为偶函数.

(2) 两个奇(或偶)函数之积为偶函数,奇函数与偶函数之积为奇函数.

判定函数的奇偶性,主要是根据奇偶性的定义,有时也用其运算性质.

4) 周期性

设函数 $f(x)$ 的定义域为 $D(f)$,如果存在正数 T,使对任意 $x \in D(f)$,$x+T \in D(f)$,有 $f(x+T) = f(x)$ 成立,则称 $f(x)$ 为周期函数,称 T 为 $f(x)$ 的周期. 由定义知道,若 T 为 $f(x)$ 的周期,则 nT 也为其周期. 通常,我们说 T 为 $f(x)$ 的周期,是指 T 为 $f(x)$ 的最小正周期.

周期函数在每个周期上的图形相同.

周期函数的运算性质:

(1) 若 T 为 $f(x)$ 的周期,则 $f(ax+b)$ 的周期为 $\dfrac{T}{|a|}$.

(2) 若 $f(x)$,$g(x)$ 均是以 T 为周期的函数,则 $f(x) \pm g(x)$ 也是以 T 为周期的函数.

判别函数的周期性,主要是根据周期函数的定义,或利用常见周期函数的周期性,有时也用其运算性质.

3. 反函数与复合函数

1) 反函数

设函数 $y = f(x)$ 的定义域为 $D(f)$,值域为 $R(f)$,若对每一个 $y \in R(f)$,$D(f)$ 中有唯一的 x 使 $f(x) = y$,于是在 $R(f)$ 上确定了一个函数,称为函数 $y = f(x)$ 的反函数,记作 $x = f^{-1}(y)$,$y \in R(f)$.

注 若 $y = f(x)$ 有反函数,则按 f 建立了 $D(f)$ 与 $R(f)$ 之间的一一对应关系.

由定义可知,$f(x)$ 也是函数 $f^{-1}(y)$ 的反函数,或者说它们互为反函数,而且前者的定义域与后者的值域相同,前者的值域与后者的定义域相同.

由于习惯上用 x 表示自变量,y 表示因变量,$x = f^{-1}(y)$ 又常记为 $y = f^{-1}(x)$,$x \in R(f)$.

在同一坐标系中,$y = f(x)$ 的图像与 $y = f^{-1}(x)$ 的图像关于直线 $y = x$ 对称.

2) 复合函数

设 $y = f(u)$,$u \in D(f)$ 和 $u = \varphi(x)$,$x \in D(\varphi)$ 是两个已知函数,且 $D(f) \cap R(\varphi) \neq \varnothing$,则称函数 $y = f[\varphi(x)]$,$x \in \{x | \varphi(x) \in D(f)\}$ 为由函数 $y = f(u)$ 与 $u = \varphi(x)$ 复合而成的复合函数,其中 $f(u)$ 称为外层函数,$\varphi(x)$ 称为内层函数,y 称为因变量,x 称为自变量,而 u 称为中间变量.

复合函数 $f[\varphi(x)]$ 的定义域为 $\{x | \varphi(x) \in D(f)\}$. 当 $D(f) \cap R(\varphi) \neq \varnothing$ 时,两个函数才能进行复合. 函数也可以由三个或者三个以上函数复合而成.

4. 基本初等函数与初等函数

1) 基本初等函数

幂函数：$y = x^\alpha$ （α 为常数）.

指数函数：$y = a^x$ （$a > 0, a \neq 1$）.

对数函数：$y = \log_a x$ （$a > 0, a \neq 1$）.

三角函数：$y = \sin x$，$y = \cos x$，$y = \tan x$，$y = \cot x$，$y = \sec x$，$y = \csc x$.

反三角函数：$y = \arcsin x$，$y = \arccos x$，$y = \arctan x$，$y = \text{arccot}\, x$.

2) 初等函数

由常数及基本初等函数经过有限次的加、减、乘、除四则运算或有限次的函数复合运算所构成并且能用一个数学式子表示的函数，称为初等函数.

（二）极限

1. 数列极限的定义（"ε-N"语言）

设 $\{a_n\}$ 是一个数列，a 是一个常数，如果对于任意给定的正数 ε（无论它多么小），总存在正整数 N，使当 $n > N$ 时，不等式 $|a_n - a| < \varepsilon$ 都成立，那么就称数列 $\{a_n\}$ 收敛于 a，这个常数 a 称为数列 $\{a_n\}$ 的极限，记为

$$\lim_{n \to \infty} a_n = a \text{ （或 } a_n \to a\ (n \to \infty)\text{）}.$$

如果数列 $\{a_n\}$ 的极限不存在，则称数列 $\{a_n\}$ 是发散的.

2. 函数极限的定义（"ε-δ"语言）（以 $x \to x_0$ 时函数极限为例）

设函数 $f(x)$ 在点 x_0 的某一去心邻域内有定义，A 是一个常数，如果对于任意给定的正数 ε（无论它多么小），总存在正数 δ，使当 x 满足不等式 $0 < |x - x_0| < \delta$ 时，不等式 $|f(x) - A| < \varepsilon$ 都成立，那么就称常数 A 为函数 $f(x)$ 当 $x \to x_0$ 时的极限，记作

$$\lim_{x \to x_0} f(x) = A \text{ （或 } f(x) \to A\ (x \to x_0)\text{）}.$$

注 (1) 当 $x \to x_0$ 时 $f(x)$ 是否有极限，与 $f(x)$ 在点 x_0 是否有定义没有关系.

(2) 设函数 $f(x)$ 在去心邻域 $\mathring{U}(x_0, \delta)$ 内有定义，则 $f(x)$ 当 $x \to x_0$ 时极限存在的充分必要条件是 $f(x)$ 当 $x \to x_0$ 时的左、右极限存在且相等，即

$$\lim_{x \to x_0} f(x) = A \Leftrightarrow \lim_{x \to x_0^-} f(x) = \lim_{x \to x_0^+} f(x) = A.$$

3. 极限的性质

(1) 如果极限存在，则极限唯一.

(2) 若数列 $\{a_n\}$ 收敛，则数列 $\{a_n\}$ 有界.

(3) 若数列 $\{a_n\}$，$\{b_n\}$ 均收敛，且存在正整数 N_0，使当 $n \geq N_0$ 时，$a_n \leq b_n$，则

$$\lim_{n\to\infty} a_n \leqslant \lim_{n\to\infty} b_n.$$

(4) 若数列 $\{a_n\}$ 收敛于 a，则 $\{a_n\}$ 的任何子列 $\{a_{n_k}\}$ 都收敛，且它的极限也等于 a.

(5) 如果 $\lim\limits_{x\to x_0} f(x) = A$，则函数 $f(x)$ 在点 x_0 的某一去心邻域内是有界的.

(6) 如果 $\lim\limits_{x\to x_0} f(x) = A$，且 $A>0$(或 $A<0$)，则在点 x_0 的某一去心邻域内，有 $f(x)>0$ (或 $f(x)<0$).

(7) 如果 $\lim\limits_{x\to x_0} f(x) = A$，且 $A\neq 0$，则在点 x_0 的某一去心邻域内，有 $|f(x)| > \left|\dfrac{A}{2}\right|$.

(8) 如果在点 x_0 的某去心邻域内 $f(x)\geqslant 0$ (或 $f(x)\leqslant 0$)，且 $\lim\limits_{x\to x_0} f(x) = A$，那么 $A\geqslant 0$(或 $A\leqslant 0$).

4．无穷小与无穷大

1) 无穷小

如果 $\lim\limits_{x\to x_0} f(x) = 0$，则称函数 $f(x)$ 为 $x\to x_0$ 时的无穷小量，简称无穷小．特别地，以零为极限的数列 $\{a_n\}$ 也称为 $n\to\infty$ 时的无穷小.

在自变量的同一个变化过程中（如 $x\to x_0$，$x\to\infty$ 等），函数 $f(x)$ 的极限为 A 的充分必要条件是 $f(x) = A + \alpha(x)$，其中 $\alpha(x)$ 是无穷小.

同一极限过程中的无穷小有如下性质：

(1) 两个无穷小的代数和仍是无穷小；

(2) 两个无穷小的乘积仍是无穷小；

(3) 无穷小与有界函数的乘积仍是无穷小.

2) 无穷大

如果在自变量的某一变化过程中，函数 $f(x)$ 的绝对值无限增大，则称函数 $f(x)$ 为 x 在该变化过程中的无穷大量，简称无穷大.

设函数 $f(x)$ 在 x_0 的某一去心邻域内有定义(或 $|x|$ 大于某一正数时有定义)，如果对于任意给定的正数 M (无论它多么大)，总存在正数 δ (或正数 X)，只要 x 满足不等式 $0<|x-x_0|<\delta$ (或 $|x|>X$)，对应的函数值 $f(x)$ 总有不等式 $|f(x)|>M$ 成立，则称函数 $f(x)$ 为当 $x\to x_0$ (或 $x\to\infty$)时的无穷大，记作 $\lim\limits_{x\to x_0} f(x) = \infty$ (或 $\lim\limits_{x\to\infty} f(x) = \infty$).

注　如果在无穷大的定义中，把 $|f(x)|>M$ 换成 $f(x)>M$ (或 $f(x)<-M$)，那么函数 $f(x)$ 称为该变化过程中的正无穷大(或负无穷大)，记作 $\lim f(x) = +\infty$ (或 $\lim f(x) = -\infty$).

同一极限过程中的无穷大有如下性质：

(1) 两个正(或负)无穷大的和仍然是正(或负)无穷大；

(2) 无穷大与有界函数的代数和仍是无穷大；

(3) 两个无穷大的乘积仍是无穷大；

(4) 无穷大与具有非零极限的函数的乘积仍是无穷大.

3) 无穷大与无穷小的关系

若 $f(x)$ 是无穷大，则 $\dfrac{1}{f(x)}$ 是无穷小. 若 $f(x)$ $(f(x)\neq 0)$ 是无穷小, 则 $\dfrac{1}{f(x)}$ 是无穷大.

5．无穷小的阶的比较

设 α，β 均为当 $x \to x_0$ 时的无穷小.

(1) 若 $\lim\limits_{x\to x_0}\dfrac{\beta}{\alpha}=0$，则称 β 是比 α 较高阶的无穷小，记作 $\beta=o(\alpha)$.

(2) 若 $\lim\limits_{x\to x_0}\dfrac{\beta}{\alpha}=\infty$，则称 β 是比 α 较低阶的无穷小.

(3) 若 $\lim\limits_{x\to x_0}\dfrac{\beta}{\alpha}=c\neq 0$，则称 β 是与 α 同阶的无穷小. 特别地，若 $c=1$，则称 α 和 β 是等价无穷小，记作 $\alpha\sim\beta$.

(4) 若 $\lim\limits_{x\to x_0}\dfrac{\beta}{\alpha^k}=c\neq 0$ (k 为正实数)，则称 β 是关于 α 的 k 阶无穷小.

当 $x \to 0$ 时，常用的等价无穷小如下：

$\sin x \sim x$，$\tan x \sim x$，$\arcsin x \sim x$，$\arctan x \sim x$，$1-\cos x \sim \dfrac{1}{2}x^2$，$\sec x - 1 \sim \dfrac{1}{2}x^2$，

$e^x - 1 \sim x$，$\ln(1+x) \sim x$，$(1+x)^\alpha - 1 \sim \alpha x$（$\alpha \neq 0$ 是常数）.

等价无穷小的两个性质如下：

性质 1 设 α 与 β 是当 $x \to x_0$ 时的无穷小，α 与 β 是等价无穷小的充分必要条件是 $\beta - \alpha = o(\beta)$.

性质 2 设 α，α'，β 和 β' 是当 $x \to x_0$ 时的无穷小，且 $\alpha \sim \alpha'$，$\beta \sim \beta'$，若 $\lim\limits_{x\to x_0}\dfrac{\beta'}{\alpha'}$ (或 $\lim\limits_{x\to x_0}\alpha'\beta'$) 存在，则 $\lim\limits_{x\to x_0}\dfrac{\beta}{\alpha}$ (或 $\lim\limits_{x\to x_0}\alpha\beta$) 存在，且 $\lim\limits_{x\to x_0}\dfrac{\beta}{\alpha}=\lim\limits_{x\to x_0}\dfrac{\beta'}{\alpha'}$ (或 $\lim\limits_{x\to x_0}\alpha\beta=\lim\limits_{x\to x_0}\alpha'\beta'$).

6．极限运算法则

1) 极限的四则运算法则

如果 $\lim\limits_{x\to x_0}f(x)=A$，$\lim\limits_{x\to x_0}g(x)=B$，则

(1) $\lim\limits_{x\to x_0}[f(x)\pm g(x)]=A\pm B$；

(2) $\lim\limits_{x\to x_0}[f(x)\cdot g(x)]=AB$；

(3) $\lim\limits_{x\to x_0}\dfrac{f(x)}{g(x)}=\dfrac{A}{B}$ （$B\neq 0$）.

极限运算法则成立的前提条件是 $\lim\limits_{x\to x_0}f(x)$ 和 $\lim\limits_{x\to x_0}g(x)$ 都存在.

2) 复合函数的极限运算法则

设有复合函数 $y=f[\varphi(x)]$，其中 $u=\varphi(x)$ 在 $\overset{\circ}{U}(x_0,\delta)$ 内有定义，且 $\lim\limits_{x\to x_0}\varphi(x)=u_0$，但

当 $x \neq x_0$ 时,有 $\varphi(x) \neq u_0$,又函数 $y=f(u)$ 在 $\overset{\circ}{U}(u_0,\eta)$ 内有定义,且 $\lim\limits_{u \to u_0} f(u)=A$,则复合函数 $y=f[\varphi(x)]$ 当 $x \to x_0$ 时极限存在,且

$$\lim_{x \to x_0} f[\varphi(x)] = \lim_{u \to u_0} f(u) = A.$$

7. 极限存在准则

准则 I (夹逼准则)如果数列 $\{a_n\}$,$\{b_n\}$,$\{c_n\}$ 满足下列条件:

(1) $b_n \leqslant a_n \leqslant c_n \quad (n=1,2,\cdots)$.

(2) $\lim\limits_{n \to \infty} b_n = a$,$\lim\limits_{n \to \infty} c_n = a$,

则 $\lim\limits_{n \to \infty} a_n$ 存在,且 $\lim\limits_{n \to \infty} a_n = a$.

准则 II 单调有界数列必有极限.

准则 II 只给出了极限的存在性,并未给出极限的求法. 一般是在判定了极限存在以后,通过数列的递推式,在等式两边取极限得到.

8. 两个重要极限

(1) $\lim\limits_{x \to 0} \dfrac{\sin x}{x} = 1$.

(2) $\lim\limits_{x \to \infty} \left(1+\dfrac{1}{x}\right)^x = \mathrm{e}$ 或 $\lim\limits_{x \to 0}(1+x)^{\frac{1}{x}} = \mathrm{e}$.

(三) 连续

1. 函数连续性的定义

(1) 若函数 $y=f(x)$ 在点 x_0 的某邻域内有定义,且 $\lim\limits_{x \to x_0} f(x) = f(x_0)$,则称 $f(x)$ 在点 x_0 处连续.

(2) 如果 $\lim\limits_{x \to x_0^-} f(x) = f(x_0)$,则称 $f(x)$ 在点 x_0 处左连续;如果 $\lim\limits_{x \to x_0^+} f(x) = f(x_0)$,则称 $f(x)$ 在点 x_0 处右连续.

(3) 如果函数 $f(x)$ 在区间 (a,b) 内每一点都连续,则称 $f(x)$ 在区间 (a,b) 内连续,或称 $f(x)$ 是区间 (a,b) 内的连续函数. 如果函数 $f(x)$ 在 (a,b) 内连续,且在左端点处右连续,在右端点处左连续,则称 $f(x)$ 在闭区间 $[a,b]$ 上连续.

函数 $f(x)$ 在点 x_0 处连续,表示以下三条同时满足:①函数 $f(x)$ 在点 x_0 有定义;② $\lim\limits_{x \to x_0} f(x)$ 存在;③ $\lim\limits_{x \to x_0} f(x) = f(x_0)$.

函数 $f(x)$ 在点 x_0 处连续的充分必要条件是 $f(x)$ 在点 x_0 处既左连续又右连续.

2. 间断点及其类型

设函数 $f(x)$ 在点 x_0 的某去心邻域内有定义,如果函数 $f(x)$ 满足下面三个条件之一:

(1) $f(x)$ 在点 x_0 没有定义.

(2) $f(x)$ 在点 x_0 有定义,但 $\lim\limits_{x \to x_0} f(x)$ 不存在.

(3) $f(x)$ 在点 x_0 有定义,且 $\lim\limits_{x \to x_0} f(x)$ 存在,但 $\lim\limits_{x \to x_0} f(x) \neq f(x_0)$,

则称函数 $f(x)$ 在点 x_0 处不连续,称点 x_0 为函数 $f(x)$ 的不连续点或间断点.

根据 $\lim\limits_{x \to x_0^+} f(x)$,$\lim\limits_{x \to x_0^-} f(x)$ 的存在与否对函数 $f(x)$ 的间断点进行分类.

第一类间断点:点 x_0 为函数 $f(x)$ 的间断点,且 $f(x)$ 在点 x_0 的左、右极限均存在.进一步细分,若左、右极限相等,则点 x_0 为函数 $f(x)$ 的可去间断点;若左、右极限不相等,则点 x_0 为函数 $f(x)$ 的跳跃间断点.

第二类间断点:点 x_0 为函数 $f(x)$ 的间断点,但 $f(x)$ 在点 x_0 的左、右极限中至少有一个不存在.进一步细分,有无穷间断点和振荡间断点等.

3. 连续函数的运算及初等函数的连续性

(1) 若函数 $f(x)$,$g(x)$ 在点 x_0 处连续,则函数 $f(x) \pm g(x)$,$f(x) \cdot g(x)$,$\dfrac{f(x)}{g(x)}$ 也在点 x_0 处连续,但对商的情形,需满足 $g(x_0) \neq 0$.

(2) 如果函数 $y = f(x)$ 在某区间 I_x 上单调增加(或单调减少)且连续,则它的反函数 $x = g(y)$ 在对应区间 $I_y = \{y \mid y = f(x), x \in I_x\}$ 上也单调增加(或单调减少)且连续.

(3) 若函数 $u = \varphi(x)$ 在点 x_0 连续,函数 $y = f(u)$ 在点 u_0 连续,且 $u_0 = \varphi(x_0)$,则复合函数 $y = f[\varphi(x)]$ 在点 x_0 连续.

注 根据连续的定义,上述定理的结果可以简洁地写成
$$\lim_{x \to x_0} f[\varphi(x)] = f[\lim_{x \to x_0} \varphi(x)] = f[\varphi(x_0)],$$
利用上式我们可以求复合函数的极限.

(4) 基本初等函数在其定义域内连续,一切初等函数在其定义区间内都是连续的.

4. 分段函数的连续性

判定方法:

(1) 先将分段点和区间端点除外,在各开区间段上根据初等函数的连续性判断;

(2) 在分段点处,一般需分别讨论分段点的左、右极限及函数值,看它们是否相等;

(3) 如果定义域包含区间端点,还应分别讨论函数在左端点处是否右连续,在右端点处是否左连续.

5. 闭区间上连续函数的性质

(1) (最大值最小值定理)设函数 $f(x)$ 在闭区间 $[a,b]$ 上连续,则 $f(x)$ 在 $[a,b]$ 上一定取得最大值和最小值.

(2) (有界性定理)设函数 $f(x)$ 在闭区间 $[a,b]$ 上连续,则 $f(x)$ 在 $[a,b]$ 上一定有界.

(3) (介值定理)设函数 $f(x)$ 在闭区间 $[a,b]$ 上连续,则对于 $f(a)$,$f(b)$ 之间的任一数 μ,至少存在一点 $\xi \in (a,b)$,使 $f(\xi) = \mu$.

推论 在闭区间上连续的函数必取得介于最大值 M 与最小值 m 之间的任何值.

(4) (零点定理) 设函数 $f(x)$ 在闭区间 $[a,b]$ 上连续, 且 $f(a)$ 与 $f(b)$ 异号, 则在 (a,b) 内至少存在一点 ξ, 使 $f(\xi)=0$.

四、典型例题解析

例1 求下列函数的定义域.

(1) $y=\sqrt{2x-1}+\log_{10}(1-x)$； (2) $y=\dfrac{1}{1+\dfrac{1}{x}}$； (3) $y=\sin\sqrt{x}+\arcsin\dfrac{x}{2}$.

解 (1) 由已知条件得
$$\begin{cases} 2x-1\geqslant 0, \\ 1-x>0, \end{cases}$$
即
$$\begin{cases} x\geqslant \dfrac{1}{2}, \\ x<1, \end{cases}$$
故函数的定义域为 $\left[\dfrac{1}{2},1\right)$.

(2) 由 $x\neq 0, 1+\dfrac{1}{x}\neq 0$ 得 $x\neq 0, x\neq -1$, 故函数的定义域为
$$\{x\mid x\in \mathbf{R},\ x\neq 0, x\neq -1\}.$$

(3) 由已知条件得
$$\begin{cases} x\geqslant 0, \\ -1\leqslant \dfrac{x}{2}\leqslant 1, \end{cases}$$
即 $0\leqslant x\leqslant 2$, 故函数的定义域为 $[0,2]$.

例2 设 $f(x)=\mathrm{e}^{x^2}$, $f[g(x)]=1-x$ 且 $g(x)\geqslant 0$, 求 $g(x)$ 的定义域.

思路分析 由条件先求出 $g(x)$ 的函数表达式, 然后再求出 $g(x)$ 的定义域.

解 由 $f(x)=\mathrm{e}^{x^2}$ 知 $f[g(x)]=\mathrm{e}^{g^2(x)}$, 又因为 $f[g(x)]=1-x$, 所以 $\mathrm{e}^{g^2(x)}=1-x$, 于是 $g^2(x)=\ln(1-x)$, 又 $g(x)\geqslant 0$, 则
$$g(x)=\sqrt{\ln(1-x)},$$
因此 $g(x)$ 的定义域要求 $\ln(1-x)\geqslant 0$, 即 $1-x\geqslant 1$, 故 $x\leqslant 0$, 所以所求定义域为 $(-\infty,0]$.

小结 求复合函数的定义域, 通常将复合函数看成一系列初等函数的复合, 然后考查每个初等函数的定义域和值域, 得到对应的不等式组, 通过联立求解不等式组, 就可以得到复合函数的定义域.

例3 设 $f\left(\cos\dfrac{x}{2}\right)=\cos x+1$, 求 $f(\sin x)$.

解 因为
$$f\left(\cos\frac{x}{2}\right) = \cos x + 1 = 2\cos^2\frac{x}{2} - 1 + 1 = 2\cos^2\frac{x}{2},$$
所以 $f(x) = 2x^2$,故 $f(\sin x) = 2\sin^2 x$.

小结 从复合函数 $f[g(x)]$ 的表达式出发,通过整体代换,可以得到 $f(x)$ 的表达式,也可以通过换元 $g(x) = t$ 求出 $f(t)$ 的表达式.

例 4 设 $f(x) = \begin{cases} 1, & |x| \leq 1, \\ 0, & |x| > 1, \end{cases}$ $g(x) = \begin{cases} 2 - x^2, & |x| \leq 2, \\ 2, & |x| > 2, \end{cases}$ 求 $f[f(x)], f[g(x)], g[f(x)]$.

思路分析 将两个分段函数复合成一个复合函数,如 $g[f(x)]$,先将 $g[f(x)]$ 表示为 $f(x)$ 的函数,再解不等式 $|f(x)| \leq 2$ 与 $|f(x)| > 2$,最后将 $g[f(x)]$ 表示为 x 的函数.

解 由条件可得
$$f[f(x)] = \begin{cases} 1, & |f(x)| \leq 1, \\ 0, & |f(x)| > 1, \end{cases}$$
因为无论 x 取什么值,$|f(x)| \leq 1$,所以 $f[f(x)] = 1, x \in \mathbf{R}$.
$$f[g(x)] = \begin{cases} 1, & |g(x)| \leq 1, \\ 0, & |g(x)| > 1, \end{cases}$$
若要 $|g(x)| \leq 1$,则当 $|x| \leq 2$ 时,$|2 - x^2| \leq 1$,解得 $1 \leq |x| \leq \sqrt{3}$,所以
$$f[g(x)] = \begin{cases} 1, & 1 \leq |x| \leq \sqrt{3}, \\ 0, & |x| < 1 \text{ 或 } |x| > \sqrt{3}. \end{cases}$$
$$g[f(x)] = \begin{cases} 2 - f^2(x), & |f(x)| \leq 2, \\ 2, & |f(x)| > 2, \end{cases}$$
因为无论 x 取什么值,$|f(x)| \leq 1$,所以 $g[f(x)] = 2 - f^2(x), x \in \mathbf{R}$,从而
$$g[f(x)] = \begin{cases} 1, & |x| \leq 1, \\ 2, & |x| > 1. \end{cases}$$

小结 复合函数求解方法主要有以下情形.

(1) 代入法:将一个函数中的自变量用另一个函数的表达式来代替,适用于初等函数的复合.

(2) 分析法:抓住最外层函数定义域的各区间段,结合中间变量的表达式及中间变量的定义域进行分析,适用于初等函数与分段函数或两分段函数的复合.

例 5 设有函数 $y = \sqrt{u}$,$u \in E = [0, +\infty)$,又 $u = 1 - x^2$,$x \in D = (-\infty, +\infty)$,求复合函数.

解 设 $y = f(u) = \sqrt{u}, u = g(x) = 1 - x^2$,则
$$D_1 = \{x | g(x) \in E, x \in D\} = \{x | 1 - x^2 \in [0, +\infty), x \in (-\infty, +\infty)\} = [-1, 1],$$
因此,得到复合函数 $y = \sqrt{1 - x^2}$,$x \in [-1, 1]$.

小结 掌握基本初等函数是解决此类问题的基础,而由里到外逐级分解是解决问题的关键.

例6 求下列函数的反函数.

(1) $y = \dfrac{1+x}{1-x}$; (2) $y = \dfrac{1+\sqrt{1-x}}{1-\sqrt{1-x}}$.

解 (1) 由 $y = \dfrac{1+x}{1-x}$, 得 $x = \dfrac{y-1}{y+1}$, 即反函数为 $y = \dfrac{x-1}{x+1}$.

(2) 令 $t = \sqrt{1-x}$, 则 $y = \dfrac{1+t}{1-t}$, 所以 $t = \dfrac{y-1}{y+1}$, 即 $\sqrt{1-x} = \dfrac{y-1}{y+1}$, 从而

$$x = 1 - \left(\dfrac{y-1}{y+1}\right)^2 = \dfrac{4y}{(y+1)^2},$$

因此反函数为

$$y = \dfrac{4x}{(x+1)^2}.$$

小结 反函数的求解方法比较固定, 即由 $y = f(x)$ 解出 x 的表达式, 然后交换 x 与 y 的位置, 就可求得反函数 $y = f^{-1}(x)$, 对于分段函数要注意所求函数表达式的区间.

例7 若函数 $f(x)$ 满足 $f(x+y) = f(x) + f(y)$, 则 $f(x)$ 是(   ).

A. 奇函数　　　B. 偶函数　　　C. 非奇非偶函数　　　D. 奇偶性不确定

思路分析 判断函数 $f(x)$ 的奇偶性, 关键是要考察 $f(x)$ 和 $f(-x)$ 的关系, 因此针对这一目标, 对条件进行变形, 构造出 $f(-x)$, 从而解决问题.

解 因为 $f(x+y) = f(x) + f(y)$, 令 $y = x = 0$, 则有

$$f(0) = f(0+0) = f(0) + f(0) = 2f(0),$$

可知 $f(0) = 0$.

在 $f(x+y) = f(x) + f(y)$ 中令 $y = -x$, 得 $0 = f(x-x) = f[x+(-x)] = f(x) + f(-x)$, 所以有 $f(-x) = -f(x)$, 即 $f(x)$ 为奇函数, 故应选 A.

小结 判断函数奇偶性通常采用的方法如下:

(1) 从定义出发, 或者利用奇偶性的运算性质.

(2) 证明 $f(x) + f(-x) = 0$ 或 $f(x) - f(-x) = 0$.

例8 函数 $f(x) = \dfrac{2x}{1+x^2}$ 是(   ).

A. 偶函数　　　B. 有界函数　　　C. 单调函数　　　D. 周期函数

思路分析 需要从函数的性质出发, 逐一判断.

解 由

$$f(-x) = \dfrac{2(-x)}{1+(-x)^2} = -\dfrac{2x}{1+x^2} = -f(x),$$

可知函数为奇函数而不是偶函数, 即 A 不正确. 由函数在 $x = 0, 1, 2$ 点处的值分别为 $0, 1, \dfrac{4}{5}$, 可知函数也不是单调函数. 该函数显然也不是周期函数. 因此, 只能考虑该函数为有界函数.

事实上，对任意的 x，由 $(x-1)^2 \geqslant 0$，可得 $x^2+1 \geqslant 2x$，从而有 $\left|\dfrac{2x}{1+x^2}\right| \leqslant 1$. 可见，对于任意的 x，有

$$|f(x)| = \left|\dfrac{2x}{1+x^2}\right| \leqslant 1,$$

因此，所给函数是有界的，即应选择 B.

例 9 用数列极限的定义证明 $\lim\limits_{n\to\infty}\dfrac{n^2-1}{n^2+1}=1$.

思路分析 利用"$\varepsilon\text{-}N$"语言证明数列极限 $\lim\limits_{n\to\infty}a_n=a$，关键是在给定 ε 后，结合目标不等式，找出合适的 N. 一般证明过程中的难点在于通过对目标不等式 $|a_n-a|<\varepsilon$ 的放缩，得到 n 关于 ε 的不等式 $n>f(\varepsilon)$.

证 对于任意给定的正数 ε（不妨设 $\varepsilon<1$），要使不等式

$$|a_n-a| = \left|\dfrac{n^2-1}{n^2+1}-1\right| = \dfrac{2}{n^2+1} \leqslant \dfrac{2}{n^2} < \varepsilon$$

成立，只要 $n>\sqrt{\dfrac{2}{\varepsilon}}$.

于是对于任意给定的正数 ε（$\varepsilon<1$），取 $N=\left[\sqrt{\dfrac{2}{\varepsilon}}\right]$，使当 $n>N$ 时，就有

$$|a_n-a| = \left|\dfrac{n^2-1}{n^2+1}-1\right| < \varepsilon,$$

即 $\lim\limits_{n\to\infty}\dfrac{n^2-1}{n^2+1}=1$.

例 10 用极限的定义证明 $\lim\limits_{n\to\infty}\dfrac{n+2}{n^2-2}\sin n=0$.

证 对于任意给定的正数 ε（不妨设 $\varepsilon<1$），当 $n>2$ 时，要使不等式

$$\left|\dfrac{n+2}{n^2-2}\sin n\right| \leqslant \left|\dfrac{n+2}{n^2-2}\right| \leqslant \left|\dfrac{n+2}{n^2-4}\right| = \dfrac{1}{n-2} < \varepsilon$$

成立，只要 $n>2+\dfrac{1}{\varepsilon}$.

于是对于任意给定的正数 ε（$\varepsilon<1$），取 $N=\left[2+\dfrac{1}{\varepsilon}\right]$，使当 $n>N$ 时，就有

$$\left|\dfrac{n+2}{n^2-2}\sin n\right| < \varepsilon,$$

即 $\lim\limits_{n\to\infty}\dfrac{n+2}{n^2-2}\sin n=0$.

例 11 用函数极限的定义证明 $\lim\limits_{x\to 1}\dfrac{-2x-2}{x^2+1}=-2$.

思路分析 利用"$\varepsilon\text{-}\delta$"语言证明函数极限 $\lim\limits_{x\to a}f(x)=A$，关键是在给定 ε 后，结合

目标不等式,找出合适的 δ. 一般证明过程中的难点在于目标不等式 $|f(x)-A|<\varepsilon$ 的放缩,得到 $|x-a|$ 关于 ε 的不等式 $|x-a|<f(\varepsilon)$.

证 对任意给定的正数 ε,要使 $\left|\dfrac{-2x-2}{x^2+1}-(-2)\right|<\varepsilon$ 成立,即

$$\left|\dfrac{-2x-2}{x^2+1}-(-2)\right|=\left|\dfrac{2x^2-2x}{x^2+1}\right|=\left|\dfrac{2x(x-1)}{x^2+1}\right|=\left|\dfrac{2x}{x^2+1}\right|\cdot|x-1|<\varepsilon,$$

注意到 $x^2+1\geqslant 2x$,从而 $\left|\dfrac{2x}{x^2+1}\right|\cdot|x-1|\leqslant|x-1|$,只需 $|x-1|<\varepsilon$,$\left|\dfrac{-2x-2}{x^2+1}-(-2)\right|<\varepsilon$ 就成立.

所以对任意给定的正数 ε,取 $\delta=\varepsilon$,使当 $0<|x-1|<\delta$ 时,不等式 $\left|\dfrac{-2x-2}{x^2+1}-(-2)\right|<\varepsilon$ 都成立,于是 $\lim\limits_{x\to 1}\dfrac{-2x-2}{x^2+1}=-2$.

例 12 根据定义证明: $f(x)=\dfrac{2x^2-18}{x+3}$ 当 $x\to 3$ 时为无穷小.

思路分析 证明函数 $f(x)$ 在某个变化过程中是无穷小,只需证明在该变化过程中其极限为 0 即可.

证 对任意给定的正数 ε,要使 $\left|\dfrac{2x^2-18}{x+3}-0\right|<\varepsilon$ 成立,则

$$\left|\dfrac{2x^2-18}{x+3}-0\right|=\left|\dfrac{2(x+3)(x-3)}{x+3}\right|=2|x-3|<\varepsilon,$$

即 $|x-3|<\dfrac{\varepsilon}{2}$.

所以对任意给定的正数 ε,取 $\delta=\dfrac{\varepsilon}{2}$,使当 $0<|x-3|<\delta$ 时,不等式 $\left|\dfrac{2x^2-18}{x+3}-0\right|<\varepsilon$ 都成立,于是 $\lim\limits_{x\to 3}\dfrac{2x^2-18}{x+3}=0$,就是说 $f(x)=\dfrac{2x^2-18}{x+3}$ 当 $x\to 3$ 时为无穷小.

例 13 证明 $\lim\limits_{x\to\infty}\dfrac{3x-1}{2x}=\dfrac{3}{2}$.

证 对于任意给定的 $\varepsilon>0$,要使 $|f(x)-A|=\left|\dfrac{3x-1}{2x}-\dfrac{3}{2}\right|=\left|\dfrac{-1}{2x}\right|=\dfrac{1}{|2x|}<\varepsilon$ 成立,只需 $|x|>\dfrac{1}{2\varepsilon}$ 即可. 因此,对任意给定的 $\varepsilon>0$,取 $X=\dfrac{1}{2\varepsilon}$,则当 $|x|>X$ 时,不等式 $|f(x)-A|=\left|\dfrac{3x-1}{2x}-\dfrac{3}{2}\right|<\varepsilon$ 都成立,由定义可知,$\lim\limits_{x\to\infty}\dfrac{3x-1}{2x}=\dfrac{3}{2}$.

例 14 设 $f(x)=\begin{cases}x, & x\geqslant 0,\\ x-1, & x<0,\end{cases}$ 求 $\lim\limits_{x\to 0^-}f(x),\lim\limits_{x\to 0^+}f(x)$.

解 $\lim_{x\to 0^-} f(x) = \lim_{x\to 0^-}(x-1) = -1$, $\lim_{x\to 0^+} f(x) = \lim_{x\to 0^+} x = 0$.

例 15 设 $a_n = \left(1+\dfrac{1}{n}\right)\sin\dfrac{n\pi}{2}$,证明数列 $\{a_n\}$ 发散.

思路分析 极限存在则唯一,要证明数列 $\{a_n\}$ 没有极限,只要找到两个子列分别收敛于不同的值即可.

证 设 k 为整数,若 $n = 4k$,则
$$a_{4k} = \left(1+\dfrac{1}{4k}\right)\sin\dfrac{4k\pi}{2} = 0;$$

若 $n = 4k+1$,则
$$a_{4k+1} = \left(1+\dfrac{1}{4k+1}\right)\sin\dfrac{(4k+1)\pi}{2} = \left(1+\dfrac{1}{4k+1}\right)\sin\dfrac{\pi}{2} = 1+\dfrac{1}{4k+1} \to 1 \quad (k\to\infty).$$

因此,数列 $\{a_n\}$ 发散.

小结 在证明数列发散时,可采用下列两种方法:

(1) 找两个极限不相等的子数列.

(2) 找一个发散的子数列.

例 16 证明 $\lim_{x\to\infty} x\sin x$ 不存在.

证 设 $f(x) = x\sin x$,若取 $x_n = n\pi$,则
$$\lim_{n\to\infty} f(x_n) = \lim_{n\to\infty} x_n \sin x_n = \lim_{n\to\infty} n\pi\cdot\sin n\pi = 0;$$

若取 $x_n = 2n\pi + \dfrac{\pi}{2}$,则
$$\lim_{n\to\infty} f(x_n) = \lim_{n\to\infty} x_n \sin x_n = \lim_{n\to\infty}\left(2n\pi+\dfrac{\pi}{2}\right)\cdot\sin\left(2n\pi+\dfrac{\pi}{2}\right) = +\infty,$$

所以 $\lim_{x\to\infty} x\sin x$ 不存在.

小结 证明极限不存在,可采用下列两种方法:

(1) 证明左、右极限不相等或至少有一个不存在.

(2) 找特殊的子数列,各自的极限不相等.

例 17 计算 $\lim_{n\to\infty}\dfrac{\sqrt[3]{n^2}\cos(n!)}{n+1}$.

思路分析 注意到数列 $a_n = \dfrac{\sqrt[3]{n^2}\cos(n!)}{n+1}$ 中出现了 $\cos(n!)$,难以直接参与化简计算,可以利用其有界性 $|\cos(n!)|\leqslant 1$ 进行处理.

解 首先 $\lim_{n\to\infty}\dfrac{\sqrt[3]{n^2}}{n+1} = \lim_{n\to\infty}\dfrac{n^{\frac{2}{3}}}{n+1} = 0$,说明 $\dfrac{\sqrt[3]{n^2}}{n+1}$ 在 $n\to\infty$ 时是无穷小;其次 $|\cos(n!)|\leqslant 1$,利用无穷小与有界变量的乘积依然是无穷小的性质,得

$$\lim_{n\to\infty}\frac{\sqrt[3]{n^2}\cos(n!)}{n+1}=0.$$

例 18 计算 $\lim\limits_{n\to\infty}(\sqrt{n+3\sqrt{n}}-\sqrt{n-\sqrt{n}})=$ _____.

解 $\lim\limits_{n\to\infty}(\sqrt{n+3\sqrt{n}}-\sqrt{n-\sqrt{n}})$

$$=\lim_{n\to\infty}\frac{(\sqrt{n+3\sqrt{n}}-\sqrt{n-\sqrt{n}})(\sqrt{n+3\sqrt{n}}+\sqrt{n-\sqrt{n}})}{\sqrt{n+3\sqrt{n}}+\sqrt{n-\sqrt{n}}}$$

$$=\lim_{n\to\infty}\frac{4\sqrt{n}}{\sqrt{n+3\sqrt{n}}+\sqrt{n-\sqrt{n}}}=\lim_{n\to\infty}\frac{4}{\sqrt{1+\frac{3}{\sqrt{n}}}+\sqrt{1-\frac{1}{\sqrt{n}}}}=2.$$

小结 该极限类型为 $\infty-\infty$ 型，一般需要进行通分或有理化，变成一个分式的情形，再进行计算.

例 19 已知 $\lim\limits_{n\to\infty}\dfrac{n^{1990}}{n^k-(n-1)^k}=A$ $(A\neq 0, A\neq \infty)$，则 $A=$ _____, $k=$ _____.

思路分析 利用公式

$$\lim_{x\to\infty}\frac{a_0 x^m+a_1 x^{m-1}+\cdots+a_m}{b_0 x^n+b_1 x^{n-1}+\cdots+b_n}=\begin{cases}0, & n>m,\\ \dfrac{a_0}{b_0}, & n=m,\\ \infty, & n<m,\end{cases}$$

其中 m, n 为正整数，且 $a_0\neq 0$, $b_0\neq 0$. 本例中，$A\neq 0$ 且 $A\neq \infty$，则分子、分母中 n 的最高次幂应相等.

解 因为

$$\lim_{n\to\infty}\frac{n^{1990}}{n^k-(n-1)^k}=\lim_{n\to\infty}\frac{n^{1990}}{kn^{k-1}-\dfrac{k(k-1)}{2}n^{k-2}-\cdots-(-1)^k}=A,$$

其中 $A\neq 0$ 且 $A\neq \infty$，则分子、分母中 n 的最高次幂应相等，所以 $k-1=1990$, $k=1991$；又 $\dfrac{1}{k}=A$, 故 $A=\dfrac{1}{k}=\dfrac{1}{1991}$.

例 20 计算极限 $\lim\limits_{n\to\infty}\left[\dfrac{3}{1^2\times 2^2}+\dfrac{5}{2^2\times 3^2}+\cdots+\dfrac{2n+1}{n^2\times(n+1)^2}\right]$.

解 $\lim\limits_{n\to\infty}\left[\dfrac{3}{1^2\times 2^2}+\dfrac{5}{2^2\times 3^2}+\cdots+\dfrac{2n+1}{n^2\times(n+1)^2}\right]$

$=\lim\limits_{n\to\infty}\left[\dfrac{1}{1^2}-\dfrac{1}{2^2}+\dfrac{1}{2^2}-\dfrac{1}{3^2}+\cdots+\dfrac{1}{n^2}-\dfrac{1}{(n+1)^2}\right]=\lim\limits_{n\to\infty}\left[1-\dfrac{1}{(n+1)^2}\right]=1.$

小结 在遇到数列前 n 项和式的极限时，可以对每一项拆项，再相加，消去中间项. 这种方法称为"拆项相消法".

例 21 设 $\lim\limits_{x\to\infty}\dfrac{(x+1)^{95}(ax+1)^5}{(x^2+1)^{50}}=8$,求 a 的值.

思路分析 求 $x\to\infty$ 时的 $\dfrac{\infty}{\infty}$ 型极限,可将分子、分母同时除以 x 的最高次幂.

解 $\lim\limits_{x\to\infty}\dfrac{(x+1)^{95}(ax+1)^5}{(x^2+1)^{50}}=\lim\limits_{x\to\infty}\dfrac{\dfrac{(x+1)^{95}}{x^{95}}\cdot\dfrac{(ax+1)^5}{x^5}}{\dfrac{(x^2+1)^{50}}{x^{100}}}$

$=\lim\limits_{x\to\infty}\dfrac{\left(1+\dfrac{1}{x}\right)^{95}\left(a+\dfrac{1}{x}\right)^5}{\left(1+\dfrac{1}{x^2}\right)^{50}}=a^5=8$,

所以 $a=\sqrt[5]{8}$.

例 22 求 $\lim\limits_{x\to 1}\left(\dfrac{2}{x^2-1}-\dfrac{3}{x^3-1}\right)$.

解 $\lim\limits_{x\to 1}\left(\dfrac{2}{x^2-1}-\dfrac{3}{x^3-1}\right)=\lim\limits_{x\to 1}\left[\dfrac{2}{(x-1)(x+1)}-\dfrac{3}{(x-1)(x^2+x+1)}\right]$

$=\lim\limits_{x\to 1}\dfrac{2x^2-x-1}{(x-1)(x+1)(x^2+x+1)}=\lim\limits_{x\to 1}\dfrac{(2x+1)(x-1)}{(x-1)(x+1)(x^2+x+1)}$

$=\lim\limits_{x\to 1}\dfrac{2x+1}{(x+1)(x^2+x+1)}=\dfrac{1}{2}$.

小结 本题属于 $\infty-\infty$ 型,是未定式,不能简单地认为它等于 0 或 ∞,对于此类问题一般需要将函数进行通分,然后设法进行化简,进而求出其极限值.

例 23 $\lim\limits_{n\to\infty}\left(\dfrac{1}{n^2+n+1}+\dfrac{2}{n^2+n+2}+\cdots+\dfrac{n}{n^2+n+n}\right)=$ _____.

解 令 $a_n=\dfrac{1}{n^2+n+1}+\dfrac{2}{n^2+n+2}+\cdots+\dfrac{n}{n^2+n+n}$,则有

$$\dfrac{1+2+\cdots+n}{n^2+n+n}<a_n<\dfrac{1+2+\cdots+n}{n^2+n+1},$$

而

$$\lim\limits_{n\to\infty}\dfrac{1+2+\cdots+n}{n^2+n+n}=\lim\limits_{n\to\infty}\dfrac{\dfrac{n(1+n)}{2}}{n^2+n+n}=\dfrac{1}{2},$$

$$\lim\limits_{n\to\infty}\dfrac{1+2+\cdots+n}{n^2+n+1}=\lim\limits_{n\to\infty}\dfrac{\dfrac{n(1+n)}{2}}{n^2+n+1}=\dfrac{1}{2},$$

由夹逼准则得

$$\lim\limits_{n\to\infty}\left(\dfrac{1}{n^2+n+1}+\dfrac{2}{n^2+n+2}+\cdots+\dfrac{n}{n^2+n+n}\right)=\dfrac{1}{2}.$$

小结 对于 n 项求和的数列极限问题,一般考虑用夹逼准则.

例 24 设 $a>0, x_1>0$,$x_{n+1}=\dfrac{1}{2}\left(x_n+\dfrac{a}{x_n}\right)$ $(n=1,2,\cdots)$,求 $\lim\limits_{n\to\infty}x_n$.

解 显然 $x_n\geqslant 0$ $(n\geqslant 1)$,从而

$$x_{n+1}=\dfrac{1}{2}\left(x_n+\dfrac{a}{x_n}\right)\geqslant \sqrt{x_n\cdot\dfrac{a}{x_n}}=\sqrt{a}\quad(n\geqslant 1),$$

故 $\{x_n\}$ 有下界,又

$$x_{n+1}-x_n=\dfrac{1}{2}\left(x_n+\dfrac{a}{x_n}\right)-x_n=\dfrac{a-x_n^2}{2x_n}\leqslant 0\quad(n\geqslant 1),$$

即 $x_{n+1}\leqslant x_n$,故数列 $\{x_n\}$ 单调减少,因此 $\lim\limits_{n\to\infty}x_n$ 存在. 不妨设 $\lim\limits_{n\to\infty}x_n=A$,在 $x_{n+1}=\dfrac{1}{2}\left(x_n+\dfrac{a}{x_n}\right)$ 两边取极限,得

$$\lim_{n\to\infty}x_{n+1}=\dfrac{1}{2}\left(\lim_{n\to\infty}x_n+\dfrac{a}{\lim\limits_{n\to\infty}x_n}\right),$$

即 $A=\dfrac{1}{2}\left(A+\dfrac{a}{A}\right)$,解得 $A=\sqrt{a}$,所以

$$\lim_{n\to\infty}x_n=\sqrt{a}.$$

小结 利用单调有界准则求极限关键是证明数列的单调性,然后找出相应的上界或下界.

例 25 $\lim\limits_{n\to\infty}n\sin\dfrac{\pi}{n}=(\quad)$.

A. 0 B. 1 C. π D. n

解 利用重要极限 $\lim\limits_{x\to 0}\dfrac{\sin x}{x}=1$,得

$$\lim_{n\to\infty}n\sin\dfrac{\pi}{n}=\lim_{n\to\infty}\dfrac{\sin\dfrac{\pi}{n}}{\dfrac{\pi}{n}}\cdot\pi=\pi\lim_{\frac{\pi}{n}\to 0}\dfrac{\sin\dfrac{\pi}{n}}{\dfrac{\pi}{n}}=\pi,$$

故应选 C.

小结 第一个重要极限 $\lim\limits_{x\to 0}\dfrac{\sin x}{x}=1$ 的本质是 $\lim\limits_{\square\to 0}\dfrac{\sin\square}{\square}=1$,这里的 □ 可以填入相同的任意非零但以零为极限的表达式(三个 □ 填入的内容要相同). 类似地,第二个重要极限 $\lim\limits_{x\to\infty}\left(1+\dfrac{1}{x}\right)^x=\mathrm{e}$ 可以看成是 $\lim\limits_{\square\to\infty}\left(1+\dfrac{1}{\square}\right)^{\square}=\mathrm{e}$,其中 □ 可以填入相同的任意趋于无穷大的表达式.

例 26 求 $\lim\limits_{x\to+\infty}\left(1-\dfrac{1}{x}\right)^{\sqrt{x}}$.

解 $\lim\limits_{x\to+\infty}\left(1-\dfrac{1}{x}\right)^{\sqrt{x}} = \lim\limits_{x\to+\infty}\left[\left(1-\dfrac{1}{x}\right)^{-x}\right]^{-\frac{1}{\sqrt{x}}} = e^0 = 1$.

例27 利用两个重要极限计算下列各题.

(1) $\lim\limits_{x\to\infty}\left(\sin\dfrac{2}{x}+\cos\dfrac{1}{x}\right)^{x}$; (2) $\lim\limits_{x\to 0}\left(\dfrac{1+\tan x}{1+\sin x}\right)^{\frac{1}{x^3}}$.

思路分析 幂指型函数极限的计算，首先判断极限是否为 1^∞ 型未定式，若是，可考虑使用第二个重要极限.

解 (1) 令 $y = \dfrac{1}{x}$，则

$$\lim_{x\to\infty}\left(\sin\dfrac{2}{x}+\cos\dfrac{1}{x}\right)^{x} = \lim_{y\to 0}(\sin 2y + \cos y)^{\frac{1}{y}} = \lim_{y\to 0}\left[1+(\sin 2y + \cos y - 1)\right]^{\frac{1}{y}}$$

$$= e^{\lim\limits_{y\to 0}\frac{\sin 2y + \cos y - 1}{y}} = e^{\lim\limits_{y\to 0}\left(\frac{\sin 2y}{y} - \frac{1-\cos y}{y}\right)} = e^{\lim\limits_{y\to 0}\left(2 - \frac{1}{2}y\right)} = e^2.$$

(2) $\lim\limits_{x\to 0}\left(\dfrac{1+\tan x}{1+\sin x}\right)^{\frac{1}{x^3}} = \lim\limits_{x\to 0}\left(1+\dfrac{\tan x - \sin x}{1+\sin x}\right)^{\frac{1}{x^3}}$

$$= e^{\lim\limits_{x\to 0}\frac{\tan x - \sin x}{x^3(1+\sin x)}} = e^{\lim\limits_{x\to 0}\frac{\tan x - \sin x}{x^3}}$$

$$= e^{\lim\limits_{x\to 0}\frac{\tan x(1-\cos x)}{x^3}} = e^{\lim\limits_{x\to 0}\frac{x\cdot\frac{1}{2}x^2}{x^3}} = e^{\frac{1}{2}}.$$

小结 若 1^∞ 型未定式为 $\lim[1+u(x)]^{v(x)}$，其中 $\lim u(x) = 0, \lim v(x) = \infty$，此时解法可以如下:

$$\lim[1+u(x)]^{v(x)} = e^{\lim u(x)v(x)},$$

然后求指数位置极限便可得出结果.

例28 当 $x\to 0$ 时，$\dfrac{1}{2}\sin x\cos x$ 是 x 的(   ).

A. 同阶但非等价无穷小   B. 高阶无穷小

C. 等价无穷小   D. 低阶无穷小

思路分析 比较无穷小 α 与 β 的阶的高低，一般是计算极限 $\lim\limits_{x\to 0}\dfrac{\alpha}{\beta}$，根据极限的结果进行判断.

解 由于

$$\lim_{x\to 0}\dfrac{\dfrac{1}{2}\sin x\cos x}{x} = \dfrac{1}{2}\lim_{x\to 0}\dfrac{\sin x}{x}\cdot\cos x = \dfrac{1}{2},$$

可知 $\dfrac{1}{2}\sin x\cos x$ 是 x 的同阶无穷小，所以应选 A.

例29 设 $f(x) = 2^x + 3^x - 2$，则当 $x\to 0$ 时(   ).

A. $f(x)$ 是 x 的等价无穷小   B. $f(x)$ 是 x 的同阶但非等价无穷小
C. $f(x)$ 是比 x 较低阶的无穷小   D. $f(x)$ 是比 x 较高阶的无穷小

解 因为
$$\lim_{x\to 0}\frac{2^x+3^x-2}{x}=\lim_{x\to 0}\left(\frac{2^x-1}{x}+\frac{3^x-1}{x}\right)=\lim_{x\to 0}\left(\frac{x\ln 2}{x}+\frac{x\ln 3}{x}\right)=\ln 2+\ln 3,$$
所以应选 B.

例 30 计算 $\lim\limits_{x\to 1}\dfrac{\ln(1+\sqrt[3]{x-1})}{\arcsin 2\sqrt[3]{x^2-1}}$.

解 当 $x\to 1$ 时，$\ln(1+\sqrt[3]{x-1})\sim\sqrt[3]{x-1}$，$\arcsin 2\sqrt[3]{x^2-1}\sim 2\sqrt[3]{x^2-1}$. 按照等价无穷小代换，得
$$\lim_{x\to 1}\frac{\ln(1+\sqrt[3]{x-1})}{\arcsin 2\sqrt[3]{x^2-1}}=\lim_{x\to 1}\frac{\sqrt[3]{x-1}}{2\sqrt[3]{x^2-1}}=\lim_{x\to 1}\frac{1}{2\sqrt[3]{x+1}}=\frac{1}{2\sqrt[3]{2}}.$$

小结 在很多极限计算中，适当进行等价无穷小代换，经常可以将复杂的计算简化.

例 31 要使函数 $f(x)=\dfrac{\sqrt{1+x}-\sqrt{1-x}}{x}$ 在 $x=0$ 处连续，$f(0)$ 应补充定义的数值是( ).

A. $\dfrac{1}{2}$ B. 2   C. 1   D. 0

解
$$\lim_{x\to 0}f(x)=\lim_{x\to 0}\frac{\sqrt{1+x}-\sqrt{1-x}}{x}=\lim_{x\to 0}\frac{(\sqrt{1+x}-\sqrt{1-x})(\sqrt{1+x}+\sqrt{1-x})}{x(\sqrt{1+x}+\sqrt{1-x})}$$
$$=\lim_{x\to 0}\frac{2x}{x(\sqrt{1+x}+\sqrt{1-x})}=1.$$
要使函数 $f(x)$ 在 $x=0$ 处连续，必须有 $\lim\limits_{x\to 0}f(x)=f(0)$，因此要令 $f(0)=1$. 故应选 C.

例 32 设 $f(x)=\begin{cases}\dfrac{\ln(1+x)}{x}, & x>0,\\ k, & x=0,\\ 1+x\sin\dfrac{1}{x}, & x<0,\end{cases}$ 求 k，使 $f(x)$ 连续.

解 函数 $f(x)$ 在 $(-\infty,0)$ 和 $(0,+\infty)$ 两区间内均为初等函数，因此在这两个区间内是连续的. 函数是否连续取决于它在 $x=0$ 处是否连续. 要让 $f(x)$ 在 $x=0$ 处连续，必须 $\lim\limits_{x\to 0^-}f(x)=f(0)=\lim\limits_{x\to 0^+}f(x)$，由
$$\lim_{x\to 0^+}f(x)=\lim_{x\to 0^+}\frac{\ln(1+x)}{x}=1,\quad \lim_{x\to 0^-}f(x)=\lim_{x\to 0^-}\left(1+x\sin\frac{1}{x}\right)=1,$$
可知 $\lim\limits_{x\to 0}f(x)=1$，于是 $k=f(0)=\lim\limits_{x\to 0}f(x)=1$.

例 33 求下列极限.

(1) $\lim\limits_{n\to\infty}\dfrac{n}{\ln n}(\sqrt[n]{n}-1)$；　(2) $\lim\limits_{n\to\infty}\dfrac{1-\mathrm{e}^{-nx}}{1+\mathrm{e}^{-nx}}$；　(3) $\lim\limits_{n\to\infty}\left(\dfrac{\sqrt[n]{a}+\sqrt[n]{b}}{2}\right)^n$，其中 $a>0,b>0$.

解 (1) 注意到 $\lim\limits_{n\to\infty}\sqrt[n]{n}=1$,

$$\lim_{n\to\infty}\frac{n}{\ln n}(\sqrt[n]{n}-1)=\lim_{n\to\infty}\frac{\sqrt[n]{n}-1}{\ln\sqrt[n]{n}}\xrightarrow{\diamondsuit\sqrt[n]{n}-1=x}\lim_{x\to 0}\frac{x}{\ln(1+x)}=1.$$

(2) $\lim\limits_{n\to\infty}\dfrac{1-\mathrm{e}^{-nx}}{1+\mathrm{e}^{-nx}}=\begin{cases}1,&x>0,\\0,&x=0,\\-1,&x<0.\end{cases}$

(3) $\lim\limits_{n\to\infty}\left(\dfrac{\sqrt[n]{a}+\sqrt[n]{b}}{2}\right)^n\xrightarrow{x=\frac{1}{n},c=\frac{b}{a}}a\lim\limits_{x\to 0^+}\left(\dfrac{1+c^x}{2}\right)^{\frac{1}{x}}=a\lim\limits_{x\to 0^+}\mathrm{e}^{\frac{1}{x}\ln\frac{1+c^x}{2}}$

$$=a\mathrm{e}^{\lim\limits_{x\to 0^+}\frac{\ln\frac{1+c^x}{2}}{x}}=a\mathrm{e}^{\lim\limits_{x\to 0^+}\frac{\ln\left(1+\frac{c^x-1}{2}\right)}{x}}=a\mathrm{e}^{\lim\limits_{x\to 0^+}\frac{c^x-1}{2x}}=a\sqrt{c}=a\sqrt{\dfrac{b}{a}}=\sqrt{ab}.$$

例 34 求下列函数的间断点并判别类型.

(1) $f(x)=\dfrac{2^{\frac{1}{x}}-1}{2^{\frac{1}{x}}+1}$; (2) $f(x)=\begin{cases}\dfrac{x(2x+\pi)}{2\cos x},&x\leqslant 0,\\ \sin\dfrac{1}{x^2-1},&x>0.\end{cases}$

解 (1) 显然, $x=0$ 为 $f(x)$ 的间断点, 且

$$f(0^+)=\lim_{x\to 0^+}\frac{2^{\frac{1}{x}}-1}{2^{\frac{1}{x}}+1}=1,\quad f(0^-)=\lim_{x\to 0^-}\frac{2^{\frac{1}{x}}-1}{2^{\frac{1}{x}}+1}=-1,$$

所以 $x=0$ 为 $f(x)$ 的跳跃间断点.

(2) 显然, $x=0,1,-\dfrac{\pi}{2},-k\pi-\dfrac{\pi}{2}$ $(k=1,2,\cdots)$ 是 $f(x)$ 的间断点, 且 $f(0^+)=-\sin 1$, $f(0^-)=0$, 所以 $x=0$ 为跳跃间断点.

$\lim\limits_{x\to 1}f(x)=\lim\limits_{x\to 1}\sin\dfrac{1}{x^2-1}$ 不存在, 所以 $x=1$ 为第二类间断点.

$\lim\limits_{x\to -\frac{\pi}{2}}\dfrac{x(2x+\pi)}{2\cos x}=-\dfrac{\pi}{2}$, 所以 $x=-\dfrac{\pi}{2}$ 为可去间断点.

$\lim\limits_{x\to -k\pi-\frac{\pi}{2}}\dfrac{x(2x+\pi)}{2\cos x}=\infty$ $(k=1,2,\cdots)$, 所以 $x=-k\pi-\dfrac{\pi}{2}$ 为无穷间断点.

例 35 讨论函数 $f(x)=\begin{cases}x^\alpha\sin\dfrac{1}{x},&x>0,\\ \mathrm{e}^x+\beta,&x\leqslant 0\end{cases}$ 在 $x=0$ 处的连续性.

解 当 $\alpha\leqslant 0$ 时, $\lim\limits_{x\to 0^+}\left(x^\alpha\sin\dfrac{1}{x}\right)$ 不存在, 所以 $x=0$ 为第二类间断点;

当 $\alpha>0$ 时, $\lim\limits_{x\to 0^+}\left(x^\alpha\sin\dfrac{1}{x}\right)=0$, $\lim\limits_{x\to 0^-}(\mathrm{e}^x+\beta)=1+\beta$, 所以 $\beta=-1$ 时, 函数在 $x=0$ 连续,

$\beta \neq -1$ 时，$x=0$ 为跳跃间断点．

小结 判断点是否为间断点一般是考查函数在该点处的左、右极限的情况．

例 36 设 $f(x)$ 在 $[a,b]$ 上连续，且 $a < x_1 < x_2 < \cdots < x_n < b$，$c_i\ (i=1,2,\cdots,n)$ 为任意正数，则在 (a,b) 内至少存在一个 ξ，使

$$f(\xi) = \frac{c_1 f(x_1) + c_2 f(x_2) + \cdots + c_n f(x_n)}{c_1 + c_2 + \cdots + c_n}.$$

证 令 $M = \max\limits_{1 \leq i \leq n}\{f(x_i)\}$，$m = \min\limits_{1 \leq i \leq n}\{f(x_i)\}$，则

$$m \leq \frac{c_1 f(x_1) + c_2 f(x_2) + \cdots + c_n f(x_n)}{c_1 + c_2 + \cdots + c_n} \leq M,$$

所以存在 ξ（$a < x_1 < \xi < x_n < b$），使

$$f(\xi) = \frac{c_1 f(x_1) + c_2 f(x_2) + \cdots + c_n f(x_n)}{c_1 + c_2 + \cdots + c_n}.$$

例 37 设 $f(x)$ 在 $[a,b]$ 上连续，且 $f(a) < a$，$f(b) > b$，试证在 (a,b) 内至少存在一个 ξ，使 $f(\xi) = \xi$．

证 令 $F(x) = f(x) - x$，则 $F(x)$ 在 $[a,b]$ 上连续，且 $F(a) = f(a) - a < 0$，$F(b) = f(b) - b > 0$，于是由零点定理知，在 (a,b) 内至少存在一个 ξ，使 $F(\xi) = 0$，即 $f(\xi) = \xi$．

例 38 证明方程 $x^5 - 3x - 2 = 0$ 在 $(1,2)$ 内至少有一个实根．

思路分析 证明方程在某区间内存在根，一般采用零点定理，构造一个辅助函数，让其满足所需条件即可．

证 令 $F(x) = x^5 - 3x - 2$，则 $F(x)$ 在 $[1,2]$ 上连续，且 $F(1) = -4 < 0$，$F(2) = 24 > 0$，于是由零点定理知，在 $(1,2)$ 内至少有一个 ξ，满足 $F(\xi) = 0$，即方程 $x^5 - 3x - 2 = 0$ 在 $(1,2)$ 内至少有一个实根．

五、习 题 选 解

习题 1-1 函　　数

1． 求下列函数的定义域．

(1) $y = \log_2(\log_3 x)$；

(2) $y = \sqrt{3-x} + \arcsin\dfrac{3-2x}{5}$；

(3) $y = \dfrac{1}{1-x^2} + \sqrt{x+2}$；

(4) $y = \dfrac{\lg(3-x)}{\sin x} + \sqrt{5+4x-x^2}$．

解 (1) 要使表达式有意义，x 必须满足 $\begin{cases} x > 0, \\ \log_3 x > 0, \end{cases}$ 即 $\begin{cases} x > 0, \\ x > 1, \end{cases}$ 因此函数的定义域为 $(1, +\infty)$．

(2) 要使表达式有意义，x 必须满足 $\begin{cases} 3-x \geq 0, \\ -1 \leq \dfrac{3-2x}{5} \leq 1, \end{cases}$ 即 $\begin{cases} x \leq 3, \\ -1 \leq x \leq 4, \end{cases}$ 因此函数的定义域为 $[-1,3]$.

(3) 要使表达式有意义，x 必须满足 $\begin{cases} 1-x^2 \neq 0, \\ x+2 \geq 0, \end{cases}$ 即 $\begin{cases} x \neq \pm 1, \\ x \geq -2, \end{cases}$ 因此函数的定义域为 $[-2,-1) \cup (-1,1) \cup (1,+\infty)$.

(4) 要使表达式有意义，x 必须满足 $\begin{cases} 3-x > 0, \\ \sin x \neq 0, \\ 5+4x-x^2 \geq 0, \end{cases}$ 即 $\begin{cases} x < 3, \\ x \neq k\pi \ (k \in \mathbf{Z}), \\ -1 \leq x \leq 5, \end{cases}$ 因此函数的定义域为 $[-1,0) \cup (0,3)$.

2. 若 $f(x)$ 的定义域是 $[0,3a]\,(a>0)$，求 $f(x+a)+f(x-a)$ 的定义域.

解 因为 $f(x)$ 的定义域是 $[0,3a]\ (a>0)$，所以 $f(x+a)+f(x-a)$ 需满足
$$\begin{cases} 0 \leq x+a \leq 3a, \\ 0 \leq x-a \leq 3a, \end{cases}$$
即
$$\begin{cases} -a \leq x \leq 2a, \\ a \leq x \leq 4a, \end{cases}$$
解得 $a \leq x \leq 2a$，因此函数 $f(x+a)+f(x-a)$ 的定义域为 $[a,2a]$.

3. 用分段函数表示函数 $y = 3 - |x-1|$.

解 $y = \begin{cases} x+2, & x < 1, \\ 4-x, & x \geq 1. \end{cases}$

4. 证明：

(1) 函数 $y = \dfrac{x}{x^2+1}$ 在 $(-\infty,+\infty)$ 上是有界的；

(2) 函数 $y = \dfrac{1}{x^2}$ 在 $(0,1)$ 上是无界的.

证 (1) $\forall x \in (-\infty,+\infty)$，$|y| = \left|\dfrac{x}{x^2+1}\right| \leq \dfrac{1}{2}$，所以 $y = \dfrac{x}{x^2+1}$ 在 $(-\infty,+\infty)$ 上是有界的.

(2) $\forall M > 0$，$\exists x_0 = \dfrac{1}{\sqrt{M+1}} \in (0,1)$，$y(x_0) = (\sqrt{M+1})^2 > M$，因此 $y = \dfrac{1}{x^2}$ 在 $(0,1)$ 上是无界的.

5. 验证函数 $y = \dfrac{1-x}{1+x}$ 的反函数是它本身.

解 函数 $y = \dfrac{1-x}{1+x}$ 的定义域为 $(-\infty,-1) \cup (-1,+\infty)$，由 $y = \dfrac{1-x}{1+x}$ 解得 $x = \dfrac{1-y}{1+y}$，交换 x，y 得其反函数为 $y = \dfrac{1-x}{1+x}$，与原函数相同.

6. 求函数 $y = \cos(x-3)$ 的最小正周期.

解 函数 $y=\cos(x-3)$ 的最小正周期为 $T=2\pi$.

7. 验证下列函数在区间 $(0,+\infty)$ 内是严格单调增加的.

(2) $y=x+\ln x$.

解 (2) $\forall x_1,x_2\in(0,+\infty)$，且 $x_1<x_2$，有 $f(x_2)-f(x_1)=(x_2-x_1)+(\ln x_2-\ln x_1)>0$，故 $y=x+\ln x$ 在 $(0,+\infty)$ 内是严格单调增加的.

8. 设

$$\varphi(x)=\begin{cases}|\sin x|,&|x|<\dfrac{\pi}{3},\\0,&|x|\geqslant\dfrac{\pi}{3},\end{cases}$$

求 $\varphi\left(\dfrac{\pi}{6}\right),\varphi(-2)$，作出函数 $y=\varphi(x)$ 的图形.

解 $\varphi\left(\dfrac{\pi}{6}\right)=\left|\sin\dfrac{\pi}{6}\right|=\dfrac{1}{2}$，$\varphi(-2)=0$，函数 $y=\varphi(x)$ 的图形略.

9. 已知 $f\left(x+\dfrac{1}{x}\right)=x^2+\dfrac{1}{x^2}+3$，求 $f(x)$.

解 因为 $f\left(x+\dfrac{1}{x}\right)=x^2+\dfrac{1}{x^2}+3=\left(x+\dfrac{1}{x}\right)^2+1$，所以 $f(x)=x^2+1$.

10. 判断函数 $y=\ln(x+\sqrt{1+x^2})$ 的奇偶性.

解 $\forall x\in\mathbf{R}$，$x+\sqrt{1+x^2}>x+|x|\geqslant 0$，所以函数的定义域为 $(-\infty,+\infty)$.

$$f(-x)=\ln\left[-x+\sqrt{1+(-x)^2}\right]=\ln(\sqrt{1+x^2}-x)$$
$$=\ln\dfrac{1}{\sqrt{1+x^2}+x}=-\ln(\sqrt{1+x^2}+x)=-f(x),$$

所以函数 $y=\ln(x+\sqrt{1+x^2})$ 为奇函数.

11. 证明：定义在对称区间 $(-l,l)$ 上的任意函数可表示为一个奇函数与一个偶函数之和(提示：考虑 $f(x)+f(-x),f(x)-f(-x)$ 的奇偶性).

证 令 $g(x)=\dfrac{f(x)-f(-x)}{2}$，$h(x)=\dfrac{f(x)+f(-x)}{2}$，因为 $g(-x)=-g(x),h(-x)=h(x)$，所以 $g(x)$，$h(x)$ 分别为奇函数和偶函数，而 $f(x)=g(x)+h(x)$，即证.

12. 设

$$f(x)=\begin{cases}x,&x\geqslant 0,\\1,&x<0,\end{cases}$$

求：(1) $f(x-1)$；(2) $f(x)+f(x-1)$ (写出最终的结果).

解 (1) $f(x-1)=\begin{cases}x-1,&x\geqslant 1,\\1,&x<1.\end{cases}$

(2) $f(x)+f(x-1)=\begin{cases}2,&x<0,\\x+1,&0\leqslant x<1,\\2x-1,&x\geqslant 1.\end{cases}$

13. 在下列各题中，求由所给函数复合而成的函数，并求这函数分别对应于给定自变量 x_0 的函数值.

(1) $y=u^2$，$u=\sin x$，$x_0=\dfrac{\pi}{6}$； (2) $y=\mathrm{e}^u$，$u=x^2$，$x_0=1$.

解 (1) $y=u^2=(\sin x)^2=\sin^2 x$，当 $x_0=\dfrac{\pi}{6}$ 时，$y_0=\left(\sin\dfrac{\pi}{6}\right)^2=\dfrac{1}{4}$.

(2) $y=\mathrm{e}^u=\mathrm{e}^{x^2}$，当 $x_0=1$ 时，$y_0=\mathrm{e}$.

14. 火车站收取行李费的规定如下：当行李不超过 50 kg 时，按基本运费计算，如从上海到某地每千克收 0.15 元，当超过 50 kg 时，超重部分按每千克 0.25 元收费. 试求上海到该地的行李费 y(元)与重量 x(kg)之间的函数关系式，并画出函数的图形.

解 由题意知：
$$y=\begin{cases}0.15x, & 0\leqslant x\leqslant 50,\\ 50\times 0.15+(x-50)\times 0.25, & x>50,\end{cases}$$

即
$$y=\begin{cases}0.15x, & 0\leqslant x\leqslant 50,\\ 0.25x-5, & x>50.\end{cases}$$

图形略.

15. 拟建一容积为 V 的长方形水池，要求池底为正方形，如果池底单位面积的造价是四周单位造价的 2 倍. 假定四周单位造价为 k(元/m²)，试将总造价 y(元)表示成底边长 x(m)的函数，并确定此函数的定义域.

解 水池的深度为 $\dfrac{V}{x^2}$，则总造价为 $y=2kx^2+\dfrac{4kxV}{x^2}=2kx^2+\dfrac{4kV}{x}$，定义域为 $(0,+\infty)$.

16. 证明函数 $f(x)=x-[x]$ 为周期函数，且 $l=1$ 为最小正周期.

证 因为 $f(x+1)=x+1-[x+1]=x-[x]$，所以 $l=1$ 为函数的周期. 对任意的 $L(0<L<1)$，当 x 为整数时，$f(x+L)=x+L-[x+L]=L\neq f(x)$，所以任何 $L\in(0,1)$ 都不是 $f(x)$ 的周期，因此 $l=1$ 为 $f(x)$ 的最小正周期.

习题 1-2 数列极限的概念与性质

1. 观察如下数列 $\{a_n\}$ 的变化趋势，写出它们的极限.

(1) $a_n=\dfrac{1}{2^n}$； (3) $a_n=n-(-1)^n$.

解 (1) $\lim\limits_{n\to\infty}\dfrac{1}{2^n}=0$.

(3) $\lim\limits_{n\to\infty}[n-(-1)^n]=+\infty$.

2. 用极限定义证明：$\lim\limits_{n\to\infty}\dfrac{n^2-2}{n^2+2}=1$.

证 因为 $\left|\dfrac{n^2-2}{n^2+2}-1\right|=\dfrac{4}{n^2+2}<\dfrac{4}{n^2}$，对于任意给定的正数 ε，欲使 $\dfrac{4}{n^2}<\varepsilon$，只需

$n > \dfrac{2}{\sqrt{\varepsilon}}$,取 $N = \left[\dfrac{2}{\sqrt{\varepsilon}}\right]$,当 $n > N$ 时,就有 $\left|\dfrac{n^2-2}{n^2+2} - 1\right| < \varepsilon$,因此 $\lim\limits_{n\to\infty}\dfrac{n^2-2}{n^2+2} = 1$.

3. 若 $\lim\limits_{n\to\infty} a_n = a$,证明 $\lim\limits_{n\to\infty} |a_n| = |a|$,并举例说明反过来未必成立.

证 $\lim\limits_{n\to\infty} a_n = a$,对于任意给定的正数 ε,存在正整数 N,当 $n > N$ 时,$|a_n - a| < \varepsilon$,此时,$\big||a_n| - |a|\big| \leq |a_n - a| < \varepsilon$,因此 $\lim\limits_{n\to\infty} |a_n| = |a|$.反之未必成立,如 $a_n = (-1)^n$.

4. 证明:$\lim\limits_{n\to\infty} |a_n| = 0$ 的充分必要条件是 $\lim\limits_{n\to\infty} a_n = 0$.

证 必要性. $\lim\limits_{n\to\infty} |a_n| = 0$,对于任意给定的正数 ε,存在正整数 N,当 $n > N$ 时,$\big||a_n| - 0\big| < \varepsilon$,即 $|a_n - 0| < \varepsilon$,所以 $\lim\limits_{n\to\infty} a_n = 0$.

充分性. $\lim\limits_{n\to\infty} a_n = 0$,对于任意给定的正数 ε,存在正整数 N,当 $n > N$ 时,$|a_n - 0| < \varepsilon$,故 $\big||a_n| - 0\big| < \varepsilon$,所以 $\lim\limits_{n\to\infty} |a_n| = 0$.

5. 证明数列 $\left\{\sin\dfrac{n\pi}{8}\right\}$ 发散.

证 因为数列的两个子列 $\left\{\sin\dfrac{8k\pi}{8}\right\}$ 和 $\left\{\sin\dfrac{(16k+4)\pi}{8}\right\}$ $(k = 0,1,2,\cdots)$ 的极限分别为 0 和 1,所以数列 $\left\{\sin\dfrac{n\pi}{8}\right\}$ 发散.

6. 对于数列 $\{a_n\}$,若 $\lim\limits_{k\to\infty} a_{2k-1} = a$,$\lim\limits_{k\to\infty} a_{2k} = a$,证明:$\lim\limits_{n\to\infty} a_n = a$.

证 $\lim\limits_{k\to\infty} a_{2k-1} = a$,$\lim\limits_{k\to\infty} a_{2k} = a$,对于任意给定的正数 ε,分别存在正整数 N_1, N_2,当 $k > N_1$ 时,$|a_{2k-1} - a| < \varepsilon$;当 $k > N_2$ 时,$|a_{2k} - a| < \varepsilon$. 取 $N = 2\max\{N_1, N_2\}$,则当 $n > N$ 时,若 $n = 2k-1$,则 $k > N_1 + \dfrac{1}{2} > N_1$,有 $|a_n - a| = |a_{2k-1} - a| < \varepsilon$;若 $n = 2k$,则 $k > N_2$,有 $|a_n - a| = |a_{2k} - a| < \varepsilon$. 从而只要 $n > N$,就有 $|a_n - a| < \varepsilon$,因此 $\lim\limits_{n\to\infty} a_n = a$.

习题 1-3 函 数 极 限

1. 证明:若极限 $\lim\limits_{x\to x_0} f(x)$ 存在,则极限唯一.

证 假设 $\lim\limits_{x\to x_0} f(x) = A$ 及 $\lim\limits_{x\to x_0} f(x) = B$,则对于任意给定的正数 ε,分别存在正数 δ_1, δ_2,使当 $0 < |x - x_0| < \delta_1$ 时,$|f(x) - A| < \dfrac{\varepsilon}{2}$;当 $0 < |x - x_0| < \delta_2$ 时,$|f(x) - B| < \dfrac{\varepsilon}{2}$.

取 $\delta = \min\{\delta_1, \delta_2\}$,则当 $0 < |x - x_0| < \delta$ 时,有
$$|A - B| = |[f(x) - B] - [f(x) - A]| \leq |f(x) - B| + |f(x) - A| < \varepsilon,$$
由 ε 的任意性得 $A = B$,这就证明了极限是唯一的.

2. 用函数极限定义证明:

(1) $\lim\limits_{x\to\infty}\dfrac{\arctan x}{x} = 0$;   (3) $\lim\limits_{x\to 0}\cos x = 1$.

证 (1) $\left|\dfrac{\arctan x}{x} - 0\right| \leqslant \dfrac{\pi}{2}\left|\dfrac{1}{x}\right|$,对任意给定的 $\varepsilon > 0$,欲使 $\dfrac{\pi}{2}\dfrac{1}{|x|} < \varepsilon$,只需 $|x| > \dfrac{\pi}{2\varepsilon}$,取 $X = \dfrac{\pi}{2\varepsilon}$,则当 $|x| > X$ 时,$\left|\dfrac{\arctan x}{x} - 0\right| < \varepsilon$,由定义可知,$\lim\limits_{x\to\infty}\dfrac{\arctan x}{x} = 0$.

(3) $|\cos x - 1| = 2\sin^2\dfrac{x}{2} \leqslant \dfrac{x^2}{2}$,对任意给定的 $\varepsilon > 0$,为使 $\dfrac{x^2}{2} < \varepsilon$,只需 $|x| < \sqrt{2\varepsilon}$,取 $\delta = \sqrt{2\varepsilon}$,则当 $0 < |x - 0| < \delta$ 时,$|\cos x - 1| < \varepsilon$,因此 $\lim\limits_{x\to 0}\cos x = 1$.

3. 讨论下列极限,如果存在,求其值.

(1) $\lim\limits_{x\to 0} 2^{\frac{1}{x}}$;   (2) $\lim\limits_{x\to\infty} e^{\frac{1}{x}}$;   (3) $\lim\limits_{x\to 0} e^{-\frac{1}{x^2}}$.

解 (1) $\lim\limits_{x\to 0^-} 2^{\frac{1}{x}} = 0$,$\lim\limits_{x\to 0^+} 2^{\frac{1}{x}} = +\infty$,所以 $\lim\limits_{x\to 0} 2^{\frac{1}{x}}$ 不存在.

(2) $\lim\limits_{x\to\infty} e^{\frac{1}{x}} = 1$.

(3) $\lim\limits_{x\to 0} e^{-\frac{1}{x^2}} = 0$.

4. 求 $f(x) = \dfrac{x}{x}$ 与 $\varphi(x) = \dfrac{|x|}{x}$ 当 $x \to 0$ 时的左、右极限,并说明它们在 $x \to 0$ 时的极限是否存在.

解 因为 $\lim\limits_{x\to 0^-} f(x) = \lim\limits_{x\to 0^+} f(x) = 1$,所以 $f(x)$ 在 $x \to 0$ 时的极限存在,且 $\lim\limits_{x\to 0} f(x) = 1$.因为

$$\lim\limits_{x\to 0^-}\varphi(x) = \lim\limits_{x\to 0^-}\dfrac{-x}{x} = -1,\quad \lim\limits_{x\to 0^+}\varphi(x) = \lim\limits_{x\to 0^+}\dfrac{x}{x} = 1,$$

所以 $\varphi(x)$ 在 $x \to 0$ 时的极限不存在.

5. 设 $f(x) = \begin{cases} x, & x \geqslant 0, \\ x+1, & x < 0. \end{cases}$ 求 $\lim\limits_{x\to 0^+} f(x)$,$\lim\limits_{x\to 0^-} f(x)$.

解 $\lim\limits_{x\to 0^+} f(x) = \lim\limits_{x\to 0^+} x = 0$,$\lim\limits_{x\to 0^-} f(x) = \lim\limits_{x\to 0^-}(x+1) = 1$.

6. 若 $f(x) > 0$,且 $\lim\limits_{x\to a} f(x) = A$,则 $A > 0$ 是否一定成立?如成立,请证明.否则,试举例说明.

解 不一定成立.例如,$x \neq 0$ 时,$f(x) = e^{-\frac{1}{x^2}} > 0$,而 $\lim\limits_{x\to 0} e^{-\frac{1}{x^2}} = 0$.

习题 1-4 无穷小与无穷大

1. 根据定义证明:

(1) $f(x) = \dfrac{x^2 - 16}{x + 4}$ 当 $x \to 4$ 时为无穷小.

证 (1) 需证 $\lim\limits_{x\to 4}\dfrac{x^2-16}{x+4} = 0$.对 $\forall \varepsilon > 0$,欲使 $\left|\dfrac{x^2-16}{x+4} - 0\right| = |x - 4| < \varepsilon$ 成立,取 $\delta = \varepsilon$,则当 $0 < |x - 4| < \delta$ 时,有 $\left|\dfrac{x^2-16}{x+4} - 0\right| < \varepsilon$ 成立,所以 $\lim\limits_{x\to 4}\dfrac{x^2-16}{x+4} = 0$,即 $f(x) = \dfrac{x^2-16}{x+4}$ 当

$x \to 4$ 时为无穷小.

2. 下列变量在自变量 x 的何种变化过程中为无穷小,又在何种变化过程中为无穷大?

(1) $\dfrac{1}{1-x}$;　　(3) $\ln(x-1)$.

解　(1) $\dfrac{1}{1-x}$ 在 $x \to \infty$ 时为无穷小,在 $x \to 1$ 时为无穷大.

(3) $\ln(x-1)$ 在 $x \to 2$ 时为无穷小,在 $x \to +\infty$ 时为正无穷大,在 $x \to 1^+$ 时为负无穷大.

3. 求下列极限并说明理由.

(1) $\lim\limits_{x \to \infty} \dfrac{3x+1}{x}$;　　(2) $\lim\limits_{x \to 0} \dfrac{1-x^2}{1-x}$.

解　(1) 因为 $\dfrac{3x+1}{x} = 3 + \dfrac{1}{x}$,而 $\lim\limits_{x \to \infty} \dfrac{1}{x} = 0$,所以 $\lim\limits_{x \to \infty} \dfrac{3x+1}{x} = 3$.

(2) 因为 $\dfrac{1-x^2}{1-x} = 1 + x$,而 $\lim\limits_{x \to 0} x = 0$,所以 $\lim\limits_{x \to 0} \dfrac{1-x^2}{1-x} = 1$.

4. 两个无穷小的商是否一定是无穷小?请举例说明.

解　两个无穷小的商不一定是无穷小,如 $x, 2x$ 均为 $x \to 0$ 时的无穷小,而
$$\lim_{x \to 0} \frac{x}{2x} = \frac{1}{2} \neq 0.$$

5. 两个无穷大的和是否一定是无穷大?请举例说明.

解　两个正无穷大的和是正无穷大,两个负无穷大的和是负无穷大.但两个无穷大的和不一定是无穷大,如 $x, -x$ 均为 $x \to \infty$ 时的无穷大,而其和为 0.

习题 1-5　极限的运算法则

1. 在某个极限过程中,若 $f(x)$ 有极限,$g(x)$ 无极限,那么 $f(x) + g(x)$ 是否有极限?为什么?

解　$f(x) + g(x)$ 必定无极限,否则
$$\lim g(x) = \lim\{[f(x) + g(x)] - f(x)\} = \lim[f(x) + g(x)] - \lim f(x)$$
存在,与 $g(x)$ 无极限矛盾.

2. 计算下列极限.

(1) $\lim\limits_{x \to 3} \dfrac{2x^2 - 9}{5x^2 - 7x - 2}$;　　(2) $\lim\limits_{x \to 1} \dfrac{x-2}{x^2 + 1}$;

(3) $\lim\limits_{x \to 1} \dfrac{4x-1}{x^2 + 2x - 3}$;　　(4) $\lim\limits_{x \to 1} \dfrac{x^2 - 1}{x^2 + 2x - 3}$;

(5) $\lim\limits_{h \to 0} \dfrac{(x+h)^3 - x^3}{h}$;　　(6) $\lim\limits_{x \to 1} \dfrac{x^n - 1}{x^2 - 1}$ $(n \in \mathbf{N})$;

(7) $\lim\limits_{x \to \infty} \dfrac{x^2 + 1}{x^4 + 3x - 2}$;　　(8) $\lim\limits_{x \to \infty} \dfrac{x^2 - 1}{2x^2 - x - 1}$;

(9) $\lim\limits_{n \to \infty} \left(1 + \dfrac{1}{2} + \dfrac{1}{4} + \cdots + \dfrac{1}{2^n}\right)$;　　(10) $\lim\limits_{n \to \infty} \dfrac{1 + 2 + \cdots + n}{n^2}$;

(11) $\lim\limits_{x\to\infty}\dfrac{(2x-1)^{10}\cdot(3x+2)^{20}}{(5x+1)^{30}}$;

(12) $\lim\limits_{x\to 1}\dfrac{\sqrt{3-x}-\sqrt{1+x}}{x^2-1}$;

(13) $\lim\limits_{x\to\infty}(\sqrt{x^2+1}-\sqrt{x^2-1})$;

(14) $\lim\limits_{x\to 1}\ln\left[\dfrac{x^2-1}{2(x-1)}\right]$.

解 (1) $\lim\limits_{x\to 3}\dfrac{2x^2-9}{5x^2-7x-2}=\dfrac{9}{22}$.

(2) $\lim\limits_{x\to 1}\dfrac{x-2}{x^2+1}=-\dfrac{1}{2}$.

(3) 因为 $\lim\limits_{x\to 1}\dfrac{x^2+2x-3}{4x-1}=0$，所以 $\lim\limits_{x\to 1}\dfrac{4x-1}{x^2+2x-3}=\infty$.

(4) $\lim\limits_{x\to 1}\dfrac{x^2-1}{x^2+2x-3}=\lim\limits_{x\to 1}\dfrac{(x-1)(x+1)}{(x+3)(x-1)}=\dfrac{1}{2}$.

(5) $\lim\limits_{h\to 0}\dfrac{(x+h)^3-x^3}{h}=\lim\limits_{h\to 0}\dfrac{x^3+3hx^2+3h^2x+h^3-x^3}{h}=\lim\limits_{h\to 0}(3x^2+3hx+h^2)=3x^2$.

(6) $\lim\limits_{x\to 1}\dfrac{x^n-1}{x^2-1}=\lim\limits_{x\to 1}\dfrac{(x-1)(x^{n-1}+x^{n-2}+\cdots+x+1)}{(x-1)(x+1)}=\lim\limits_{x\to 1}\dfrac{x^{n-1}+x^{n-2}+\cdots+x+1}{x+1}=\dfrac{n}{2}$.

(7) $\lim\limits_{x\to\infty}\dfrac{x^2+1}{x^4+3x-2}=\lim\limits_{x\to\infty}\dfrac{\dfrac{1}{x^2}+\dfrac{1}{x^4}}{1+\dfrac{3}{x^3}-\dfrac{2}{x^4}}=0$.

(8) $\lim\limits_{x\to\infty}\dfrac{x^2-1}{2x^2-x-1}=\lim\limits_{x\to\infty}\dfrac{1-\dfrac{1}{x^2}}{2-\dfrac{1}{x}-\dfrac{1}{x^2}}=\dfrac{1}{2}$.

(9) $\lim\limits_{n\to\infty}\left(1+\dfrac{1}{2}+\dfrac{1}{4}+\cdots+\dfrac{1}{2^n}\right)=\lim\limits_{n\to\infty}\left[\dfrac{1-\left(\dfrac{1}{2}\right)^{n+1}}{1-\dfrac{1}{2}}\right]=2$.

(10) $\lim\limits_{n\to\infty}\dfrac{1+2+\cdots+n}{n^2}=\lim\limits_{n\to\infty}\dfrac{\dfrac{n(1+n)}{2}}{n^2}=\lim\limits_{n\to\infty}\dfrac{n+1}{2n}=\dfrac{1}{2}$.

(11) $\lim\limits_{x\to\infty}\dfrac{(2x-1)^{10}\cdot(3x+2)^{20}}{(5x+1)^{30}}=\lim\limits_{x\to\infty}\dfrac{\left(2-\dfrac{1}{x}\right)^{10}\cdot\left(3+\dfrac{2}{x}\right)^{20}}{\left(5+\dfrac{1}{x}\right)^{30}}=\dfrac{2^{10}\cdot 3^{20}}{5^{30}}$.

(12) $\lim\limits_{x\to 1}\dfrac{\sqrt{3-x}-\sqrt{1+x}}{x^2-1}=\lim\limits_{x\to 1}\dfrac{3-x-1-x}{(x-1)(x+1)(\sqrt{3-x}+\sqrt{1+x})}$

$=\lim\limits_{x\to 1}\dfrac{-2}{(x+1)(\sqrt{3-x}+\sqrt{1+x})}=-\dfrac{\sqrt{2}}{4}$.

(13) $\lim\limits_{x\to\infty}(\sqrt{x^2+1}-\sqrt{x^2-1}) = \lim\limits_{x\to\infty}\dfrac{2}{\sqrt{x^2+1}+\sqrt{x^2-1}} = 0$.

(14) $\lim\limits_{x\to 1}\ln\left[\dfrac{x^2-1}{2(x-1)}\right] = \lim\limits_{x\to 1}\ln\left(\dfrac{x+1}{2}\right) = 0$.

3. 计算下列极限.

(1) $\lim\limits_{n\to\infty}\dfrac{\sqrt[3]{n^2}\sin(n!)}{n+1}$；

(3) 已知 $f(x)=\begin{cases}x-1, & x<0,\\ \dfrac{x^2+3x-1}{x^3+1}, & x\geqslant 0,\end{cases}$ 求 $\lim\limits_{x\to 0}f(x),\ \lim\limits_{x\to +\infty}f(x),\ \lim\limits_{x\to -\infty}f(x)$.

解 (1) 因为 $\lim\limits_{n\to\infty}\dfrac{\sqrt[3]{n^2}}{n+1} = \lim\limits_{n\to\infty}\dfrac{\dfrac{1}{\sqrt[3]{n}}}{1+\dfrac{1}{n}} = 0$，且 $\{\sin(n!)\}$ 有界，故 $\lim\limits_{n\to\infty}\dfrac{\sqrt[3]{n^2}\sin(n!)}{n+1} = 0$.

(3) 因为 $\lim\limits_{x\to 0^+}f(x) = \lim\limits_{x\to 0^+}\dfrac{x^2+3x-1}{x^3+1} = -1,\ \lim\limits_{x\to 0^-}f(x) = \lim\limits_{x\to 0^-}(x-1) = -1$，所以

$\lim\limits_{x\to 0}f(x) = -1$；$\lim\limits_{x\to +\infty}f(x) = \lim\limits_{x\to +\infty}\dfrac{x^2+3x-1}{x^3+1} = 0$；$\lim\limits_{x\to -\infty}f(x) = \lim\limits_{x\to -\infty}(x-1) = -\infty$.

4. 已知 $\lim\limits_{x\to +\infty}(5x-\sqrt{ax^2-bx+c}) = 2$，求 $a,\ b$ 的值.

解 因为

$$\lim\limits_{x\to +\infty}(5x-\sqrt{ax^2-bx+c}) = \lim\limits_{x\to +\infty}\dfrac{25x^2-ax^2+bx-c}{5x+\sqrt{ax^2-bx+c}} = \lim\limits_{x\to +\infty}\dfrac{(25-a)x+b-\dfrac{c}{x}}{5+\sqrt{a-\dfrac{b}{x}+\dfrac{c}{x^2}}} = 2,$$

所以有 $\begin{cases}25-a=0,\\ \dfrac{b}{5+\sqrt{a}}=2,\end{cases}$ 即 $\begin{cases}a=25,\\ b=20.\end{cases}$

习题 1-6 极限存在准则 两个重要极限

1. 判断下列运算过程是否正确.

$$\lim\limits_{x\to x_0}\dfrac{\tan x}{\sin x} = \lim\limits_{x\to x_0}\dfrac{\tan x}{x}\cdot\dfrac{x}{\sin x} = \lim\limits_{x\to x_0}\dfrac{\tan x}{x}\lim\limits_{x\to x_0}\dfrac{x}{\sin x} = 1.$$

解 不正确，除非 $x_0 = 0$.

2. 计算下列极限.

(1) $\lim\limits_{x\to 0}\dfrac{\sin 3x}{\sin 5x}$；　　　(3) $\lim\limits_{x\to 0}x\cot x$；　　　(5) $\lim\limits_{n\to\infty}2^n\cdot\sin\dfrac{x}{2^n}$（$x$ 为不等于零的常数）；

(7) $\lim\limits_{x\to 0}\dfrac{x^2}{\sqrt{1+x\sin x}-\sqrt{\cos x}}$；　　　(9) $\lim\limits_{x\to\infty}\left(\dfrac{2x+3}{2x+1}\right)^{x+1}$.

解 (1) $\lim\limits_{x\to 0}\dfrac{\sin 3x}{\sin 5x}=\lim\limits_{x\to 0}\dfrac{3}{5}\dfrac{\sin 3x}{3x}\dfrac{5x}{\sin 5x}=\dfrac{3}{5}$.

(3) $\lim\limits_{x\to 0}x\cot x=\lim\limits_{x\to 0}\dfrac{x}{\sin x}\cos x=1$.

(5) $\lim\limits_{n\to\infty}2^n\cdot\sin\dfrac{x}{2^n}=\lim\limits_{n\to\infty}x\dfrac{\sin\dfrac{x}{2^n}}{\dfrac{x}{2^n}}=x$.

(7) $\lim\limits_{x\to 0}\dfrac{x^2}{\sqrt{1+x\sin x}-\sqrt{\cos x}}=\lim\limits_{x\to 0}\dfrac{x^2(\sqrt{1+x\sin x}+\sqrt{\cos x})}{1+x\sin x-\cos x}$

$=\lim\limits_{x\to 0}\dfrac{x^2(\sqrt{1+x\sin x}+\sqrt{\cos x})}{x\sin x+2\sin^2\dfrac{x}{2}}$

$=\lim\limits_{x\to 0}\dfrac{\sqrt{1+x\sin x}+\sqrt{\cos x}}{\dfrac{\sin x}{x}+\dfrac{1}{2}\left(\dfrac{\sin\dfrac{x}{2}}{\dfrac{x}{2}}\right)^2}=\dfrac{4}{3}$.

(9) $\lim\limits_{x\to\infty}\left(\dfrac{2x+3}{2x+1}\right)^{x+1}=\lim\limits_{x\to\infty}\left[\left(1+\dfrac{2}{2x+1}\right)^{\frac{2x+1}{2}}\cdot\left(1+\dfrac{2}{2x+1}\right)^{\frac{1}{2}}\right]=\mathrm{e}\cdot 1=\mathrm{e}$.

3. 利用极限存在准则求极限.

(1) $\lim\limits_{x\to 0^+}x\left[\dfrac{1}{x}\right]$； (2) $\lim\limits_{n\to\infty}\left[\dfrac{1}{n^2}+\dfrac{1}{(n+1)^2}+\cdots+\dfrac{1}{(n+n)^2}\right]$.

解 (1) 因为 $\dfrac{1}{x}-1<\left[\dfrac{1}{x}\right]\leqslant\dfrac{1}{x}$，所以当 $x>0$ 时，$1-x<x\left[\dfrac{1}{x}\right]\leqslant 1$，且 $\lim\limits_{x\to 0^+}(1-x)=1$，故由夹逼准则得 $\lim\limits_{x\to 0^+}x\left[\dfrac{1}{x}\right]=1$.

(2) $\dfrac{1}{(2n)^2}+\dfrac{1}{(2n)^2}+\cdots+\dfrac{1}{(2n)^2}<\dfrac{1}{n^2}+\dfrac{1}{(n+1)^2}+\cdots+\dfrac{1}{(n+n)^2}<\dfrac{1}{n^2}+\dfrac{1}{n^2}+\cdots+\dfrac{1}{n^2}$，

即 $\dfrac{n+1}{4n^2}<\dfrac{1}{n^2}+\dfrac{1}{(n+1)^2}+\cdots+\dfrac{1}{(n+n)^2}<\dfrac{n+1}{n^2}$，又 $\lim\limits_{n\to\infty}\dfrac{n+1}{4n^2}=\lim\limits_{n\to\infty}\dfrac{n+1}{n^2}=0$，所以由夹逼准则得 $\lim\limits_{n\to\infty}\left[\dfrac{1}{n^2}+\dfrac{1}{(n+1)^2}+\cdots+\dfrac{1}{(n+n)^2}\right]=0$.

4. 证明：

(1) $\lim\limits_{n\to\infty}n\left(\dfrac{1}{n^2+\pi}+\dfrac{1}{n^2+2\pi}+\cdots+\dfrac{1}{n^2+n\pi}\right)=1$；

(2) 数列 $\sqrt{2}$，$\sqrt{2+\sqrt{2}}$，$\sqrt{2+\sqrt{2+\sqrt{2}}}$，$\cdots$ 的极限存在.

证 (1) 因为 $\dfrac{n^2}{n^2+n\pi} < n\left(\dfrac{1}{n^2+\pi}+\dfrac{1}{n^2+2\pi}+\cdots+\dfrac{1}{n^2+n\pi}\right) < \dfrac{n^2}{n^2+\pi}$,且

$$\lim_{n\to\infty}\dfrac{n^2}{n^2+n\pi}=\lim_{n\to\infty}\dfrac{n^2}{n^2+\pi}=1,$$

所以由夹逼准则得

$$\lim_{n\to\infty} n\left(\dfrac{1}{n^2+\pi}+\dfrac{1}{n^2+2\pi}+\cdots+\dfrac{1}{n^2+n\pi}\right)=1.$$

(2) 令 $a_n=\sqrt{2+\sqrt{2+\sqrt{2+\cdots}}}$. 先证数列 $\{a_n\}$ 有界: 当 $n=1$ 时, $a_1=\sqrt{2}<2$, 假定当 $n=k$ 时, $a_k<2$, 则当 $n=k+1$ 时, $a_{k+1}=\sqrt{2+a_k}<\sqrt{2+2}=2$, 故 $a_n<2\,(n\in\mathbf{N}^+)$.

再证数列 $\{a_n\}$ 单调增加: $a_{n+1}-a_n=\sqrt{2+a_n}-a_n=\dfrac{2+a_n-a_n^2}{\sqrt{2+a_n}+a_n}=-\dfrac{(a_n-2)(a_n+1)}{\sqrt{2+a_n}+a_n}$, 因为 $0<a_n<2$, 所以 $a_{n+1}-a_n>0$, 即数列 $\{a_n\}$ 单调增加, 由单调有界收敛准则知 $\lim\limits_{n\to\infty}a_n$ 存在.

习题 1-7 无穷小的比较

1. 同一极限过程中,任意两个无穷小都可以比较吗?

解 不一定, 如当 $x\to+\infty$ 时, $f(x)=\dfrac{\sin x}{x}$ 和 $g(x)=\dfrac{1}{x}$ 都是无穷小, 但极限 $\lim\limits_{x\to+\infty}\dfrac{f(x)}{g(x)}=\lim\limits_{x\to+\infty}\sin x$ 不存在且不为无穷大, 故当 $x\to+\infty$ 时, $\dfrac{\sin x}{x}$ 和 $\dfrac{1}{x}$ 无法比较.

2. 当 $x\to 1$ 时, 将下列各量与无穷小 $x-1$ 进行比较.

(1) x^2-3x+2; (3) $(x-1)\sin\dfrac{1}{x-1}$.

解 (1) 因为 $\lim\limits_{x\to 1}\dfrac{x^2-3x+2}{x-1}=\lim\limits_{x\to 1}(x-2)=-1$, 所以当 $x\to 1$ 时, x^2-3x+2 与 $x-1$ 是同阶无穷小.

(3) 因为 $\lim\limits_{x\to 1}\dfrac{(x-1)\sin\dfrac{1}{x-1}}{x-1}=\lim\limits_{x\to 1}\sin\dfrac{1}{x-1}$, 极限不存在且不为无穷大, 所以当 $x\to 1$ 时, $(x-1)\sin\dfrac{1}{x-1}$ 和 $x-1$ 无法比较.

3. 当 $x\to 0$ 时, x 与 $\sin x(\tan x+x^2)$ 相比, 哪一个是高阶无穷小?

解 因为 $\lim\limits_{x\to 0}\dfrac{\sin x(\tan x+x^2)}{x}=\lim\limits_{x\to 0}(\tan x+x^2)=0$, 所以当 $x\to 0$ 时, $\sin x(\tan x+x^2)$ 是比 x 较高阶的无穷小.

4. 当 $x\to -1$ 时, $1+x$ 和 (1) $1-x^2$, (2) $\dfrac{1}{2}(1-x^2)$ 是否是同阶无穷小? 是否是等价无穷小?

解 因为 $\lim\limits_{x\to -1}\dfrac{1-x^2}{1+x}=\lim\limits_{x\to -1}(1-x)=2$, $\lim\limits_{x\to -1}\dfrac{\dfrac{1}{2}(1-x^2)}{1+x}=\dfrac{1}{2}\lim\limits_{x\to -1}(1-x)=1$, 所以当 $x\to -1$

时, $1+x$ 和 $1-x^2$ 是同阶无穷小, 但非等价无穷小; $1+x$ 和 $\frac{1}{2}(1-x^2)$ 是等价无穷小.

5. 试确定 α 的值, 使下列函数与 x^α, 当 $x\to 0$ 时是同阶无穷小.

(1) $\sin 2x - 2\sin x$； (3) $\sqrt[5]{3x^2 - 4x^3}$.

解 (1) 因为

$$\lim_{x\to 0}\frac{\sin 2x - 2\sin x}{x^\alpha} = \lim_{x\to 0}\frac{2\sin x(\cos x - 1)}{x^\alpha} = \lim_{x\to 0}\frac{2x\cdot\left(-\frac{1}{2}x^2\right)}{x^\alpha} = -\lim_{x\to 0}x^{3-\alpha} = c \ne 0,$$

所以 $\alpha = 3$.

(3) 因为 $\lim\limits_{x\to 0}\dfrac{\sqrt[5]{3x^2-4x^3}}{x^\alpha} = \lim\limits_{x\to 0}\dfrac{x^{\frac{2}{5}}\sqrt[5]{3-4x}}{x^\alpha} = c$, $c \ne 0$, 所以 $\alpha = \dfrac{2}{5}$.

6. 已知当 $x\to 0$ 时, $(1+ax^2)^{\frac{1}{3}}-1$ 与 $1-\cos x$ 是等价无穷小, 求 a.

解 因为 $\lim\limits_{x\to 0}\dfrac{(1+ax^2)^{\frac{1}{3}}-1}{1-\cos x} = \lim\limits_{x\to 0}\dfrac{\frac{1}{3}ax^2}{\frac{1}{2}x^2} = \dfrac{2a}{3} = 1$, 故 $a = \dfrac{3}{2}$.

7. 利用等价无穷小的性质, 求下列极限.

(1) $\lim\limits_{x\to 0}\dfrac{\arctan 3x}{\sin 2x}$;   (3) $\lim\limits_{x\to\infty}x^2\left(1-\cos\dfrac{1}{x}\right)$.

解 (1) $\lim\limits_{x\to 0}\dfrac{\arctan 3x}{\sin 2x} = \lim\limits_{x\to 0}\dfrac{3x}{2x} = \dfrac{3}{2}$.

(3) $\lim\limits_{x\to\infty}x^2\left(1-\cos\dfrac{1}{x}\right) = \lim\limits_{x\to\infty}x^2\cdot\dfrac{1}{2}\left(\dfrac{1}{x}\right)^2 = \dfrac{1}{2}$.

习题 1-8 连 续 函 数

1. 证明: 函数 $f(x)$ 在点 x_0 连续的充分必要条件是 $f(x)$ 在点 x_0 既左连续又右连续.

证 必要性. 若 $f(x)$ 在点 x_0 连续, 则由定义 $\lim\limits_{x\to x_0}f(x) = f(x_0)$ 知, $\lim\limits_{x\to x_0^-}f(x) = f(x_0)$ 且 $\lim\limits_{x\to x_0^+}f(x) = f(x_0)$, 即 $f(x)$ 在点 x_0 既左连续又右连续.

充分性. 若 $f(x)$ 在点 x_0 既左连续又右连续, 则 $\lim\limits_{x\to x_0^-}f(x) = f(x_0)$ 且 $\lim\limits_{x\to x_0^+}f(x) = f(x_0)$, 从而有 $\lim\limits_{x\to x_0}f(x) = f(x_0)$, 即 $f(x)$ 在点 x_0 连续.

2. 研究下列函数的连续性, 并画出函数的图形.

(1) $y = \begin{cases} x, & 0 \le x < 1, \\ 2-x, & 1 \le x \le 2; \end{cases}$ (2) $y = \begin{cases} \dfrac{1}{x}, & x \ne 0, \\ 0, & x = 0. \end{cases}$

解 (1) 由初等函数的连续性, 函数 $y = f(x)$ 在 $(0,1)$ 和 $(1,2)$ 都连续; $f(1^-) = 1$, $f(1^+) = 1$, $f(1) = 1$, 所以函数 $y = f(x)$ 在 $x = 1$ 连续; $f(0^+) = f(0)$, $f(2^-) = f(2)$, 所以

$y=f(x)$ 在 $[0,2]$ 上连续. 图形略.

(2) 当 $x\neq 0$ 时，$y=\dfrac{1}{x}$ 连续；$\lim\limits_{x\to 0}f(x)=\lim\limits_{x\to 0}\dfrac{1}{x}=\infty$，$y=f(x)$ 在 $x=0$ 不连续. 图形略.

3． 下列函数在哪些点间断？说明这些间断点的类型，如果是可去间断点，则重新定义使其连续．

(1) $y=\dfrac{x^2-1}{x^2-3x+2}$；　　(3) $y=\sin x\sin\dfrac{1}{x}$.

解 (1)显然函数在点 $x=1$ 和 $x=2$ 处间断，由于 $\lim\limits_{x\to 1}\dfrac{x^2-1}{x^2-3x+2}=\lim\limits_{x\to 1}\dfrac{x+1}{x-2}=-2$，故 $x=1$ 是函数 $y=\dfrac{x^2-1}{x^2-3x+2}$ 的可去间断点，重新定义

$$y=\begin{cases}\dfrac{x^2-1}{x^2-3x+2}, & x\neq 1,\\ -2, & x=1,\end{cases}$$

可使 y 在 $x=1$ 处连续.

又 $\lim\limits_{x\to 2}\dfrac{x^2-1}{x^2-3x+2}=\infty$，故 $x=2$ 是函数 $y=\dfrac{x^2-1}{x^2-3x+2}$ 的无穷间断点.

(3) 显然函数在点 $x=0$ 处间断，由于 $\lim\limits_{x\to 0}\sin x\sin\dfrac{1}{x}=0$，故 $x=0$ 是函数 $y=\sin x\sin\dfrac{1}{x}$ 的可去间断点，重新定义

$$y=\begin{cases}\sin x\sin\dfrac{1}{x}, & x\neq 0,\\ 0, & x=0,\end{cases}$$

可使 y 在 $x=0$ 处连续.

4． 求函数 $y=\dfrac{2^{\frac{1}{x}}-1}{2^{\frac{1}{x}}+1}$ 的间断点，并指出其类型.

解 函数 y 在 $x=0$ 处无定义，故 $x=0$ 是函数的间断点，由于

$$\lim_{x\to 0^+}\dfrac{2^{\frac{1}{x}}-1}{2^{\frac{1}{x}}+1}=\lim_{x\to 0^+}\dfrac{1-\dfrac{1}{2^{\frac{1}{x}}}}{1+\dfrac{1}{2^{\frac{1}{x}}}}=1,\qquad \lim_{x\to 0^-}\dfrac{2^{\frac{1}{x}}-1}{2^{\frac{1}{x}}+1}=-1,$$

故 $x=0$ 是函数 $y=\dfrac{2^{\frac{1}{x}}-1}{2^{\frac{1}{x}}+1}$ 的跳跃间断点.

5． 讨论下列函数的连续性，若有间断点，判别其类型.

(1) $y=\begin{cases}x-1, & x\leqslant 1,\\ 3-x, & x>1;\end{cases}$　　(3) $y=\operatorname{sgn}(\cos x)$.

解 (1) 函数 y 在 $(-\infty,1)$ 和 $(1,+\infty)$ 都连续，又因为
$$\lim_{x\to 1^+}f(x)=\lim_{x\to 1^+}(3-x)=2, \quad \lim_{x\to 1^-}f(x)=\lim_{x\to 1^-}(x-1)=0,$$
故 $x=1$ 是 y 的跳跃间断点.

(3) $\lim_{x\to\left(2k\pi+\frac{\pi}{2}\right)^+}\operatorname{sgn}(\cos x)=-1\,(k\in\mathbf{Z}), \quad \lim_{x\to\left(2k\pi+\frac{\pi}{2}\right)^-}\operatorname{sgn}(\cos x)=1\,(k\in\mathbf{Z}),$

$\lim_{x\to\left(2k\pi+\frac{3\pi}{2}\right)^+}\operatorname{sgn}(\cos x)=1\,(k\in\mathbf{Z}), \quad \lim_{x\to\left(2k\pi+\frac{3\pi}{2}\right)^-}\operatorname{sgn}(\cos x)=-1\,(k\in\mathbf{Z}),$

故 $x=k\pi+\frac{\pi}{2}\,(k\in\mathbf{Z})$ 是 $y=\operatorname{sgn}(\cos x)$ 的跳跃间断点，函数 y 在其余点连续.

6. 设 $f(x)=\begin{cases}x\sin\dfrac{1}{x}, & x>0,\\ a+x^2, & x\leqslant 0,\end{cases}$ 当 a 取何值时，$x=0$ 是 $f(x)$ 的连续点？

解 $\lim_{x\to 0^-}f(x)=\lim_{x\to 0^-}(a+x^2)=a$，$\lim_{x\to 0^+}f(x)=\lim_{x\to 0^+}x\sin\dfrac{1}{x}=0$，$f(0)=a$，要使 $f(x)$ 在 $x=0$ 连续，必须 $\lim_{x\to 0^+}f(x)=\lim_{x\to 0^-}f(x)=f(0)$，即 $a=0$.

7. 若 $f(x)$ 在点 x_0 连续，则 $|f(x)|,f^2(x)$ 在点 x_0 是否连续？又若 $|f(x)|,f^2(x)$ 在点 x_0 连续，$f(x)$ 在点 x_0 是否连续？

解 若 $f(x)$ 在点 x_0 连续，则 $\lim_{x\to x_0}f(x)=f(x_0)$，所以
$$\lim_{x\to x_0}|f(x)|=|f(x_0)|, \quad \lim_{x\to x_0}f^2(x)=f^2(x_0),$$
即 $|f(x)|,f^2(x)$ 在点 x_0 连续；反之不一定成立，如 $f(x)=\begin{cases}1, & x\geqslant 0,\\ -1, & x<0\end{cases}$ 在 $x_0=0$ 处不连续，但 $|f(x)|,f^2(x)$ 在 $x_0=0$ 处连续.

8. 求下列函数的极限.

(1) $\lim_{x\to 0}\sin\left(x\sin\dfrac{1}{x}\right)$； (3) $\lim_{x\to+\infty}(\sqrt{x^2+x}-\sqrt{x^2-x})$；

(5) $\lim_{x\to 0}(1+x^2)^{\cot^2 x}$； (7) $\lim_{x\to\infty}\left(\dfrac{x+a}{x-a}\right)^x\,(a\neq 0)$.

解 (1) $\lim_{x\to 0}\sin\left(x\sin\dfrac{1}{x}\right)=\sin\left(\lim_{x\to 0}x\sin\dfrac{1}{x}\right)=\sin 0=0$.

(3) $\lim_{x\to+\infty}(\sqrt{x^2+x}-\sqrt{x^2-x})=\lim_{x\to+\infty}\dfrac{2x}{\sqrt{x^2+x}+\sqrt{x^2-x}}=\lim_{x\to+\infty}\dfrac{2}{\sqrt{1+\dfrac{1}{x}}+\sqrt{1-\dfrac{1}{x}}}=1$.

(5) $\lim_{x\to 0}(1+x^2)^{\cot^2 x}=\lim_{x\to 0}[(1+x^2)^{\frac{1}{x^2}}]^{\frac{x^2\cos^2 x}{\sin^2 x}}=\mathrm{e}^1=\mathrm{e}$，

或

$$\lim_{x\to 0}(1+x^2)^{\cot^2 x} = \lim_{x\to 0}e^{\cot^2 x\cdot\ln(1+x^2)} = e^{\lim_{x\to 0}\cot^2 x\cdot\ln(1+x^2)} = e^{\lim_{x\to 0}\frac{x^2\cos^2 x}{\sin^2 x}} = e.$$

(7) $\lim\limits_{x\to\infty}\left(\dfrac{x+a}{x-a}\right)^x = \lim\limits_{x\to\infty}\left[\left(1+\dfrac{2a}{x-a}\right)^{\frac{x-a}{2a}}\right]^{\frac{2ax}{x-a}} = e^{2a},$

或

$\lim\limits_{x\to\infty}\left(\dfrac{x+a}{x-a}\right)^x = \lim\limits_{x\to\infty}\left(1+\dfrac{2a}{x-a}\right)^x = \lim\limits_{x\to\infty}e^{x\ln\left(1+\frac{2a}{x-a}\right)} = e^{\lim_{x\to\infty}x\ln\left(1+\frac{2a}{x-a}\right)} = e^{\lim_{x\to\infty}\frac{2ax}{x-a}} = e^{2a}.$

9. 证明方程 $x^3-4x^2+1=0$ 在区间 $(0,1)$ 内至少有一个实根.

证 令 $f(x)=x^3-4x^2+1$，则 $f(x)$ 在区间 $[0,1]$ 上连续，且 $f(0)=1>0$，$f(1)=-2<0$，由零点定理知 $x^3-4x^2+1=0$ 在 $(0,1)$ 内至少有一个实根.

10. 若 $f(x)$ 在 (a,b) 内连续，$a<x_1<x_2<\cdots<x_n<b$，则在 $[x_1,x_n]$ 上必有 ξ，使

$$f(\xi)=\dfrac{f(x_1)+f(x_2)+\cdots+f(x_n)}{n}.$$

证 $f(x)$ 在 $[x_1,x_n]$ 上连续，则必有最值，令 $\min\limits_{x\in[x_1,x_n]}f(x)=m$，$\max\limits_{x\in[x_1,x_n]}f(x)=M$，

$$m=\dfrac{m+m+\cdots+m}{n}\leqslant\dfrac{f(x_1)+f(x_2)+\cdots+f(x_n)}{n}\leqslant\dfrac{M+M+\cdots+M}{n}=M,$$

由介值定理，$\exists\xi\in[x_1,x_n]$，使 $f(\xi)=\dfrac{f(x_1)+f(x_2)+\cdots+f(x_n)}{n}$.

11. 设函数 $f(x)$ 在区间 $[a,b]$ 上连续，且 $f(a)<a$，$f(b)>b$，证明：存在 $\xi\in(a,b)$，使 $f(\xi)=\xi$.

证 令 $g(x)=f(x)-x$，则 $g(x)$ 在 $[a,b]$ 上连续，且

$$g(a)=f(a)-a<0,\qquad g(b)=f(b)-b>0,$$

由零点定理，$\exists\xi\in(a,b)$，使 $g(\xi)=f(\xi)-\xi=0$，即 $f(\xi)=\xi$，即证.

12. 证明方程 $\dfrac{1}{x-1}+\dfrac{1}{x-2}+\dfrac{1}{x-3}=0$ 有分别包含于 $(1,2)$，$(2,3)$ 内的两个实根.

证 令 $f(x)=\dfrac{1}{x-1}+\dfrac{1}{x-2}+\dfrac{1}{x-3}$，则 $f\left(\dfrac{11}{10}\right)=10-\dfrac{10}{9}-\dfrac{10}{19}>0$，$f\left(\dfrac{3}{2}\right)=-\dfrac{2}{3}<0$，又 $f(x)$ 在 $\left[\dfrac{11}{10},\dfrac{3}{2}\right]$ 上连续，由零点定理，$\exists\xi_1\in\left(\dfrac{11}{10},\dfrac{3}{2}\right)\subset(1,2)$，使 $f(\xi_1)=0$，即 $\xi_1\in(1,2)$ 是 $\dfrac{1}{x-1}+\dfrac{1}{x-2}+\dfrac{1}{x-3}=0$ 的根. 类似可证 $\dfrac{1}{x-1}+\dfrac{1}{x-2}+\dfrac{1}{x-3}=0$ 在 $(2,3)$ 内有一实根.

总 习 题 一

5. 求下列极限.

(1) $\lim\limits_{x\to 1}\dfrac{x^2-x+1}{(x-1)^2}$；

(3) $\lim\limits_{x\to 0}\left(\dfrac{a^x+b^x+c^x}{3}\right)^{\frac{1}{x}}$ $(a>0,b>0,c>0)$.

解 (1) 因为 $\lim\limits_{x\to 1}\dfrac{(x-1)^2}{x^2-x+1}=0$，所以 $\lim\limits_{x\to 1}\dfrac{x^2-x+1}{(x-1)^2}=\infty$.

(3) $\lim\limits_{x\to 0}\left(\dfrac{a^x+b^x+c^x}{3}\right)^{\frac{1}{x}}=\lim\limits_{x\to 0}\left(1+\dfrac{a^x+b^x+c^x-3}{3}\right)^{\frac{3}{a^x+b^x+c^x-3}\cdot\frac{a^x+b^x+c^x-3}{3x}}$,

其中

$$\lim\limits_{x\to 0}\left(1+\dfrac{a^x+b^x+c^x-3}{3}\right)^{\frac{3}{a^x+b^x+c^x-3}}=\mathrm{e},$$

$\lim\limits_{x\to 0}\dfrac{a^x+b^x+c^x-3}{3x}=\lim\limits_{x\to 0}\dfrac{1}{3}\left(\dfrac{a^x-1}{x}+\dfrac{b^x-1}{x}+\dfrac{c^x-1}{x}\right)=\lim\limits_{x\to 0}\dfrac{1}{3}(\ln a+\ln b+\ln c)=\dfrac{1}{3}\ln(abc)$,

所以

$$\lim\limits_{x\to 0}\left(\dfrac{a^x+b^x+c^x}{3}\right)^{\frac{1}{x}}=\mathrm{e}^{\frac{1}{3}\ln(abc)}=\sqrt[3]{abc}.$$

6. 已知 $\lim\limits_{x\to\infty}\dfrac{(1+a)x^4+bx^3+2}{x^3+x^2-1}=-2$，求 a，b 的值.

解 由题设知 $1+a=0, b=-2$，即 $a=-1, b=-2$.

7. 设 $a>0$ 为常数，数列 $\{x_n\}$ 由下式定义：

$$x_n=\dfrac{1}{2}\left(x_{n-1}+\dfrac{a}{x_{n-1}}\right)\ (n=1,2,\cdots),$$

其中 x_0 为大于零的常数，证明数列 $\{x_n\}$ 收敛，并求极限 $\lim\limits_{n\to\infty}x_n$.

解 由题意知 $x_n>0\ (n=1,2,\cdots)$，$x_n=\dfrac{1}{2}\left(x_{n-1}+\dfrac{a}{x_{n-1}}\right)\geqslant\sqrt{x_{n-1}\cdot\dfrac{a}{x_{n-1}}}=\sqrt{a}$，

$$x_n-x_{n-1}=\dfrac{1}{2}\left(x_{n-1}+\dfrac{a}{x_{n-1}}\right)-x_{n-1}=\dfrac{1}{2}\left(\dfrac{a}{x_{n-1}}-x_{n-1}\right)=\dfrac{a-x_{n-1}^2}{2x_{n-1}}\leqslant 0,$$

即 $x_n\leqslant x_{n-1}$，所以 $\{x_n\}$ 单调减少且有下界，故极限存在.

设 $\lim\limits_{n\to\infty}x_n=A$，由 $\lim\limits_{n\to\infty}x_n=\lim\limits_{n\to\infty}\dfrac{1}{2}\left(x_{n-1}+\dfrac{a}{x_{n-1}}\right)$ 知 $A=\dfrac{1}{2}\left(A+\dfrac{a}{A}\right)$，$A^2=a$，$A=\sqrt{a}$

($A=-\sqrt{a}$ 舍去)，所以 $\lim\limits_{n\to\infty}x_n=\sqrt{a}$.

8. 利用等价无穷小求下列极限.

(1) $\lim\limits_{x\to 0}\dfrac{\tan x-\sin x}{\sin^3 2x}$ ；　　(3) $\lim\limits_{x\to 0}\dfrac{(1+x^2)^{\frac{1}{3}}-1}{\cos x-1}$.

解 (1) $\lim\limits_{x\to 0}\dfrac{\tan x-\sin x}{\sin^3 2x}=\lim\limits_{x\to 0}\dfrac{\tan x(1-\cos x)}{(2x)^3}=\lim\limits_{x\to 0}\dfrac{x\cdot\dfrac{1}{2}x^2}{8x^3}=\dfrac{1}{16}$.

(3) $\lim\limits_{x\to 0}\dfrac{(1+x^2)^{\frac{1}{3}}-1}{\cos x-1}=\lim\limits_{x\to 0}\dfrac{\dfrac{1}{3}x^2}{-\dfrac{1}{2}x^2}=-\dfrac{2}{3}$.

9. 设 $f(x)=\begin{cases}\dfrac{\cos x}{x+2}, & x\geqslant 0,\\ \dfrac{\sqrt{a}-\sqrt{a-x}}{x}, & x<0,\end{cases}$ $a>0$，当 a 取何值时，$x=0$ 是 $f(x)$ 的连续点？

解 因为
$$\lim_{x\to 0^+}f(x)=\lim_{x\to 0^+}\frac{\cos x}{x+2}=\frac{1}{2},$$
$$\lim_{x\to 0^-}f(x)=\lim_{x\to 0^-}\frac{\sqrt{a}-\sqrt{a-x}}{x}=\lim_{x\to 0^-}\frac{x}{x(\sqrt{a}+\sqrt{a-x})}=\frac{1}{2\sqrt{a}},$$
$$f(0)=\frac{1}{2},$$

要使 $x=0$ 是 $f(x)$ 的连续点，则 $\lim\limits_{x\to 0^+}f(x)=\lim\limits_{x\to 0^-}f(x)=f(0)$，即 $\dfrac{1}{2\sqrt{a}}=\dfrac{1}{2}$，所以 $a=1$.

10. 讨论函数 $f(x)=\lim\limits_{n\to\infty}\dfrac{1-x^{2n}}{1+x^{2n}}\cdot x$ 的连续性，若有间断点，判别其类型.

解 当 $|x|<1$ 时，$f(x)=\lim\limits_{n\to\infty}\dfrac{1-x^{2n}}{1+x^{2n}}x=x$；

当 $|x|=1$ 时，$f(x)=\lim\limits_{n\to\infty}\dfrac{1-x^{2n}}{1+x^{2n}}x=0$；

当 $|x|>1$ 时，$f(x)=\lim\limits_{n\to\infty}\dfrac{1-x^{2n}}{1+x^{2n}}x=-x$.

所以 $f(x)=\begin{cases}x, & |x|<1,\\ 0, & |x|=1,\\ -x, & |x|>1,\end{cases}$ $f(x)$ 在 $(-\infty,-1)$，$(-1,1)$，$(1,+\infty)$ 连续. 因为
$$\lim_{x\to -1^-}f(x)=\lim_{x\to -1^-}(-x)=1,\quad \lim_{x\to -1^+}f(x)=\lim_{x\to -1^+}x=-1,$$
$$\lim_{x\to 1^-}f(x)=\lim_{x\to 1^-}x=1,\quad \lim_{x\to 1^+}f(x)=\lim_{x\to 1^+}(-x)=-1,$$
所以 $x=\pm 1$ 是 $f(x)$ 的跳跃间断点.

11. 设 $f(x)$ 在 $[a,b]$ 上连续，且无零点，则 $f(x)$ 在 $[a,b]$ 上的值不变号.

证 用反证法，假设 $f(x)$ 在 $[a,b]$ 上的值变号，则必存在 $x_1,x_2\in[a,b]$，有 $f(x_1)f(x_2)<0$，由零点定理知，$f(x)$ 在 x_1,x_2 之间有零点，与题设矛盾，故假设不成立.

12. 设 $f(x)$ 在闭区间 $[0,2]$ 上连续，且 $f(0)=f(2)$. 证明在 $[0,1]$ 上至少存在一点 ξ，使 $f(\xi)=f(\xi+1)$.

证 若 $f(1)=f(0)=f(2)$，则取 $\xi=0,1$ 均可使结论成立.

若 $f(1)\neq f(0)=f(2)$，令 $g(x)=f(x+1)-f(x)$，由于
$$g(0)=f(1)-f(0),\quad g(1)=f(2)-f(1)=-[f(1)-f(0)],$$
所以 $g(0)g(1)<0$，又 $g(x)$ 在 $[0,1]$ 上连续，由零点定理知，存在 $\xi\in(0,1)$，使 $g(\xi)=f(\xi+1)-f(\xi)=0$，即 $f(\xi)=f(\xi+1)$，即证.

13. 证明：若 $f(x)$ 在 $(-\infty,+\infty)$ 内连续，且 $\lim\limits_{x\to\infty}f(x)$ 存在，则 $f(x)$ 在 $(-\infty,+\infty)$ 内有界.

证 因为 $\lim\limits_{x\to\infty}f(x)$ 存在，则存在 $M_1>0$ 和 $X>0$，当 $|x|>X$ 时，有 $|f(x)|\leqslant M_1$；另外，$f(x)$ 在 $[-X,X]$ 上连续，则 $f(x)$ 在 $[-X,X]$ 上有界，即存在 $M_2>0$，使当 $x\in[-X,X]$ 时，有 $|f(x)|\leqslant M_2$. 令 $M=\max\{M_1,M_2\}$，则对任意 $x\in(-\infty,+\infty)$，有 $|f(x)|\leqslant M$，即 $f(x)$ 在 $(-\infty,+\infty)$ 内有界.

六、自　测　题

自　测　题　一

一、选择题 (8 小题，每小题 3 分，共 24 分).

1. 下列函数中为非奇函数的是(　　).

　A．$y=\dfrac{2^x-1}{2^x+1}$　　　　　　　　B．$y=\lg(x+\sqrt{1+x^2})$

　C．$y=x\arccos\dfrac{x}{1+x^2}$　　　　　D．$y=\sqrt{x^2+3x+7}-\sqrt{x^2-3x+7}$

2. 设数列的通项 $x_n=\dfrac{\sqrt{n}+[1-(-1)^n]n^2}{n}$，则当 $n\to\infty$ 时，$\{x_n\}$ 是(　　).

　A．无穷大　　　　　　　　　　　　B．无穷小

　C．有界变量，但不是无穷小　　　　D．无界变量，但不是无穷大

3. 若当 $x\to x_0$ 时，$\alpha(x),\beta(x)$ 都是无穷小，则当 $x\to x_0$ 时，下列表达式不一定是无穷小的是(　　).

　A．$|\alpha(x)|+|\beta(x)|$　　　　　　　B．$\alpha^2(x)+\beta^2(x)$

　C．$\ln[1+\alpha(x)\beta(x)]$　　　　　　D．$\dfrac{\alpha^2(x)}{\beta(x)}$

4. 设 $f(x)=\dfrac{4x^2+3}{x-1}+ax+b$，若 $\lim\limits_{x\to\infty}f(x)=0$，则 a,b 的值用数组可表示为 (　　).

　A．$(4,-4)$　　　B．$(-4,4)$　　　C．$(4,4)$　　　D．$(-4,-4)$

5. 设 $f(x)=\begin{cases}\cos x, & 0\leqslant x<x_0,\\ \sin x, & x_0\leqslant x\leqslant\dfrac{\pi}{2}\end{cases}$ 在 $\left[0,\dfrac{\pi}{2}\right]$ 上连续，则 x_0 (　　).

　A．等于 $\dfrac{\sqrt{2}}{2}$　　B．等于 $\dfrac{\pi}{4}$　　C．等于 $\dfrac{1}{2}$　　D．不存在

6. $\lim\limits_{x\to 0}(1+\cos x)^{\frac{3}{\cos x}}=$(　　).

　A．e^3　　　B．8　　　C．1　　　D．∞

7. 关于极限 $\lim\limits_{x\to 0}\dfrac{5}{3+e^{\frac{1}{x}}}$ 的结论正确的是(　　).

A. $\dfrac{5}{3}$ B. 0 C. $\dfrac{5}{4}$ D. 不存在

8. 设 $f(x)=\dfrac{x}{\tan x}$，则 $x=\pi$ 是 $f(x)$ 的( ).

A. 可去间断点 B. 跳跃间断点 C. 第二类间断点 D. 连续点

二、填空题 (6 小题，每小题 3 分，共 18 分).

1. 设 $f(x)$ 的定义域是 $[0,1]$，则函数 $y=f(e^x)$ 的定义域是_____.

2. 设 $f(x)=e^x$，$f[\varphi(x)]=1+x^2$，则 $\varphi(x)=$_____.

3. $\lim\limits_{n\to\infty}[\sqrt{1+2+\cdots+n}-\sqrt{1+2+\cdots+(n-1)}]=$_____.

4. $x\neq 0$，$f(x)=\lim\limits_{t\to+\infty}\left(1+\dfrac{x}{t}\right)^t$，则 $f(\ln 3)=$_____.

5. 要使 $f(x)=(2+x^2)^{-\frac{2}{x^2}}$ 在 $x=0$ 处连续，应补充定义 $f(0)$ 的值为_____.

6. $f(x)=\dfrac{3^x-a}{x(x-2)}$ 有无穷间断点 $x=0$ 和可去间断点 $x=2$，则 $a=$_____.

三、判断题 (4 小题，每小题 2 分，共 8 分).

1. 设 $f(x)$ 在 $x=x_0$ 的邻域内为无界函数，$\lim\limits_{x\to x_0}g(x)=\infty$，则 $\lim\limits_{x\to x_0}f(x)g(x)=\infty$. ( )

2. 当 $x\to 0$ 时，$o(x^2)=o(x)$. ( )

3. 设 $f(x)$，$g(x)$ 均在 $x=x_0$ 处连续，则 $\max\{f(x),g(x)\}$ 也在 $x=x_0$ 处连续. ( )

4. $\lim\limits_{n\to\infty}a_n=A$，则 $\{a_n-A\}$ 是无穷小. ( )

四、计算题 (5 小题，每小题 6 分，共 30 分).

1. 求数列极限 $\lim\limits_{n\to\infty}\dfrac{\sqrt[3]{n^2}\sin(n!)}{n+1}$.

2. 求极限 $\lim\limits_{x\to 0}\dfrac{\sin 2x\cdot(1-\cos x)}{x\sin x^2}$.

3. 求极限 $\lim\limits_{x\to+\infty}\arcsin(\sqrt{x^2+x}-x)$.

4. 求极限 $\lim\limits_{x\to\pi}\dfrac{\tan(3^{\frac{\pi}{x}}-3)}{3^{\cos\frac{3x}{2}}-1}$.

5. 求极限 $\lim\limits_{x\to 0}\dfrac{\ln(1+3x^2)}{\sec x-\cos x}$.

五、解答与证明题 (3 小题，第 1 小题 6 分，第 2、3 小题每题 7 分，共 20 分).

1. 确定函数 $f(x)=\dfrac{1}{1-e^{\frac{x}{1-x}}}$ 的间断点及其类型.

2. 求极限 $\lim\limits_{n\to\infty}\left(\dfrac{1}{n+1}+\dfrac{1}{\sqrt{n^2+1}}+\cdots+\dfrac{1}{\sqrt[n]{n^n+1}}\right)$.

3. 若 $f(x)$ 在 $[a,b]$ 上连续，且 $f(a)<a$，$f(b)>b$，证明：在 (a,b) 内至少存在一点 ξ，使 $f(\xi)=\xi$.

自 测 题 二

一、选择题 (8 小题，每小题 3 分，共 24 分).

1. 下列各项中函数 $f(x)$ 和 $g(x)$ 相同的是( ).
  A. $f(x)=\ln x^2, g(x)=2\ln x$
  B. $f(x)=\sqrt[3]{x^4-x^3}, g(x)=x\cdot\sqrt[3]{x-1}$
  C. $f(x)=x, g(x)=\sqrt{x^2}$
  D. $f(x)=1, g(x)=\sec^2 x-\tan^2 x$

2. 设 $f(x)=x\sin\dfrac{1}{x}+\dfrac{1}{x}\sin x$，$\lim\limits_{x\to 0}f(x)=a$，$\lim\limits_{x\to\infty}f(x)=b$，则有( ).
  A. $a=1,b=1$
  B. $a=1,b=2$
  C. $a=2,b=1$
  D. $a=2,b=2$

3. 设 $f(x)=\begin{cases}\dfrac{x^2+2x+b}{x-1}, & x\neq 1,\\ a, & x=1,\end{cases}$ $\lim\limits_{x\to 1}f(x)=A$，则以下结果正确的是( ).
  A. $a=4,b=-3,A=4$
  B. $a=4,A=4$，b 可取任意实数
  C. $b=-3,A=4$，a 可取任意实数
  D. a,b,A 都可取任意实数

4. $\lim\limits_{x\to\infty}\dfrac{\ln(1+e^x)}{e^x}=($).
  A. 1
  B. 0
  C. 不存在
  D. $\ln 2$

5. 设 $f(x)=\ln(1+x)+2^x-1$，则当 $x\to 0$ 时，有( ).
  A. $f(x)$ 与 x 是等价无穷小
  B. $f(x)$ 与 x 是同阶但非等价无穷小
  C. $f(x)$ 是比 x 高阶的无穷小
  D. $f(x)$ 是比 x 低阶的无穷小

6. $\lim\limits_{n\to\infty}(1+2^n+3^n)^{\frac{1}{n}}=($).
  A. 1
  B. 2
  C. 3
  D. ∞

7. 设 $f(x)=\dfrac{e^{\frac{1}{x}}-1}{e^{\frac{1}{x}}+1}$，则 $x=0$ 是 $f(x)$ 的( ).
  A. 可去间断点
  B. 第二类间断点
  C. 跳跃间断点
  D. 连续点

8. 已知函数 $f(x)=\begin{cases}x\sin\dfrac{1}{x}, & x>0,\\ ax+b, & x\leqslant 0,\end{cases}$ 在 $(-\infty,+\infty)$ 内连续，则 a 与 b 满足( ).
  A. $a=1,b=1$
  B. $a=0,b\in\mathbf{R}$
  C. $a\in\mathbf{R},b=0$
  D. $a\in\mathbf{R},b\in\mathbf{R}$

二、填空题 (6 小题，每小题 3 分，共 18 分).

1. $f(x)$ 的定义域为 $[1,2]$，则 $f\left(\dfrac{1}{1+x}\right)$ 的定义域为_____.

2. $\lim\limits_{n\to\infty}\sin(\pi\sqrt{4n^2+n}-2n\pi)=$_____.

3. 设 $f(x) = x\cot 2x$ $(x \neq 0)$，要使其在 $x = 0$ 处连续，则应补充定义 $f(0) = $ _____ .

4. $f(x) = \dfrac{e^x - a}{x(x-2)}$ 有无穷间断点 $x = 0$ 和可去间断点 $x = 2$，则 $a = $ _____ .

5. $\lim\limits_{x \to +\infty}(\sqrt{x + \sqrt{x}} - \sqrt{x - \sqrt{x}}) = $ _____ .

6. 若 $f(x)$ 连续，$\lim\limits_{x \to 0}\dfrac{1 - \cos(\sin x)}{(e^x - 1)f(x)} = 1$，则 $f(0) = $ _____ .

三、判断题 (4 小题，每小题 2 分，共 8 分).

1. 设 $f(x)$ 在 $x = x_0$ 的邻域内为无界函数，则 $\lim\limits_{x \to x_0} f(x) = \infty$. ( )

2. 当 $x \to 0$ 时，$x \cdot o(x^2) = o(x^3)$. ( )

3. 设 $f(x)$，$g(x)$ 均在 $x = x_0$ 处连续，则 $\min\{f(x), g(x)\}$ 也在 $x = x_0$ 处连续. ( )

4. $\lim\limits_{n \to \infty} a_n = A$，则 $\{a_n\}$ 是有界数列. ( )

四、计算题 (5 小题，每小题 6 分，共 30 分).

1. 求数列极限 $\lim\limits_{n \to \infty}\left(1 - \dfrac{1}{3n-1}\right)^n$.

2. 求极限 $\lim\limits_{x \to \infty} x^2(a^{\frac{1}{x}} - a^{\frac{1}{x+1}})$ $(a > 0, a \neq 1)$.

3. $\lim\limits_{x \to \infty} \dfrac{(x+1)^3 + (x+2)^3 + (x+3)^3 + \cdots + (x+10)^3}{(10x-1)(x+10)(x-9)}$.

4. $\lim\limits_{x \to \infty}\left(\dfrac{2x+1}{2x-1}\right)^{3x}$.

5. $\lim\limits_{x \to 0}\dfrac{\sqrt{4-x^2} - 2}{1 - \cos 2x}$.

五、解答与证明题 (3 小题，第 1 小题 6 分，第 2、3 小题每题 7 分，共 20 分).

1. 求函数 $y = \dfrac{2x^2 - 3x + 1}{x - 2}$ 的连续区间，如果有间断点，指出间断点的类型.

2. 设 $f(x) = \sin 2x$，$g(x) = \begin{cases} x - \dfrac{\pi}{2}, & x \leq 0, \\ x + \dfrac{\pi}{2}, & x > 0, \end{cases}$ 讨论 $\lim\limits_{x \to 0} g(x)$ 及 $\lim\limits_{x \to 0} f[g(x)]$.

3. 设有方程 $x^n + x^{n-1} + \cdots + x = k$，其中 $k > 0$ 为常数，$n > k$ 为正整数.

(1) 证明该方程在 $(0,1)$ 内有且仅有一个根；

(2) 若这根用 x_n 表示，即 $x_n^n + x_n^{n-1} + \cdots + x_n = k$ 成立 $(n > k)$，证明 $\lim\limits_{n \to \infty} x_n$ 存在并计算该极限.

自测题一参考答案

一、**1.** C；**2.** D；**3.** D；**4.** D；**5.** B；**6.** B；**7.** D；**8.** C.

二、**1.** $(-\infty, 0]$; **2.** $\ln(1+x^2)$; **3.** $\dfrac{\sqrt{2}}{2}$; **4.** 3; **5.** 0; **6.** 9.

三、**1.** ×; **2.** √; **3.** √; **4.** √.

四、**1.** 0; **2.** 1; **3.** $\dfrac{\pi}{6}$; **4.** $-\dfrac{2}{\pi}$; **5.** 3.

五、**1.** $x=0$ 为第二类(无穷)间断点，$x=1$ 为第一类(跳跃)间断点.

2. 因为不等式

$$\frac{n}{n+1} < \frac{1}{n+1} + \frac{1}{\sqrt{n^2+1}} + \cdots + \frac{1}{\sqrt[n]{n^n+1}} < \frac{n}{\sqrt[n]{n^n+1}},$$

$$\lim_{n\to\infty}\frac{n}{n+1}=1, \quad \lim_{n\to\infty}\frac{n}{\sqrt[n]{n^n+1}}=\lim_{n\to\infty}\frac{1}{\sqrt[n]{1+\frac{1}{n^n}}}=1,$$

由夹逼准则可得 $\lim\limits_{n\to\infty}\left(\dfrac{1}{n+1}+\dfrac{1}{\sqrt{n^2+1}}+\cdots+\dfrac{1}{\sqrt[n]{n^n+1}}\right)=1$.

3. 提示：利用零点定理，令 $\varphi(x)=f(x)-x$.

自测题二参考答案

一、**1.** B; **2.** A; **3.** C; **4.** C; **5.** B; **6.** C; **7.** C; **8.** C.

二、**1.** $\left[-\dfrac{1}{2}, 0\right]$; **2.** $\dfrac{\sqrt{2}}{2}$; **3.** $\dfrac{1}{2}$; **4.** e^2; **5.** 1; **6.** 0.

三、**1.** ×; **2.** √; **3.** √; **4.** √.

四、**1.** $e^{-\frac{1}{3}}$; **2.** $\ln a$; **3.** 1; **4.** e^3; **5.** $-\dfrac{1}{8}$.

五、**1.** 连续区间为 $(-\infty, 2) \cup (2, +\infty)$，$x=2$ 为无穷间断点.

2. $\lim\limits_{x\to 0}g(x)$ 不存在；$\lim\limits_{x\to 0}f[g(x)]=0$.

3. (1) 令 $F(x)=x^n+x^{n-1}+\cdots+x-k$，则 $F(x)$ 在 $[0,1]$ 上连续，且

$$F(0)=-k<0, \quad F(1)=n-k>0,$$

由零点定理知至少存在一点 $\xi\in(0,1)$，使 $F(\xi)=0$，即方程 $x^n+x^{n-1}+\cdots+x=k$ 在 $(0,1)$ 内至少有一个根，又由于 $F'(x)=nx^{n-1}+(n-1)x^{n-2}+\cdots+2x+1>0$，$x\in(0,1)$，则 $F(x)$ 单调递增．故方程在 $(0,1)$ 内有且仅有一个根.

(2) 因为 $x_n^n+x_n^{n-1}+\cdots+x_n=k$，$x_{n-1}^{n-1}+\cdots+x_{n-1}=k$，且 $0<x_n<1$，则有 $0<x_n<x_{n-1}<1$，即数列 $\{x_n\}$ 单调递减且有界，所以 $\lim\limits_{n\to\infty}x_n$ 存在．不妨令 $\lim\limits_{n\to\infty}x_n=A$，则由

$$x_n^n+x_n^{n-1}+\cdots+x_n=\frac{x_n(1-x_n^n)}{1-x_n}=k \text{ 及 } \lim_{n\to\infty}x_n^n=0, \text{ 得 } \frac{A}{1-A}=k, \text{ 即 } A=\frac{k}{1+k}, \text{ 所以}$$

$$\lim_{n\to\infty}x_n=\frac{k}{1+k}.$$

第二章　导数与微分

导数和微分是微分学的两个基本概念．导数是研究一个函数的因变量相对于自变量变化的快慢，即"变化率"问题，而微分则是函数局部改变量的线性化，是研究当自变量发生微小变化时，函数改变量的近似计算问题．

学习本章时，特别要注意理解函数的导数与微分的概念及它们之间的关系，熟练掌握导数与微分的计算方法，这对积分学的学习也非常重要．

一、知识框架

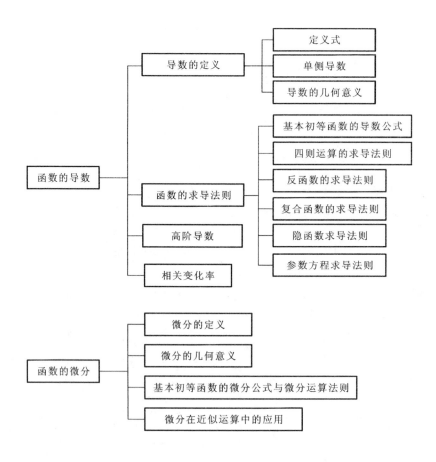

二、教学基本要求

(1) 理解导数和微分的概念,理解导数与微分的关系.
(2) 理解导数的几何意义,会求平面曲线的切线方程和法线方程,了解导数的物理意义,会用导数描述一些物理量.
(3) 理解函数的可导性与连续性之间的关系.
(4) 掌握导数的四则运算法则和复合函数的求导法则,掌握基本初等函数的导数公式.
(5) 了解微分的四则运算法则和一阶微分形式的不变性,会求函数的微分,了解微分在近似计算中的应用.
(6) 了解高阶导数的概念,会求简单函数的 n 阶导数.
(7) 会求分段函数的一阶、二阶导数,会求抽象函数的一阶、二阶导数.
(8) 会求隐函数和由参数方程所确定的函数的一阶、二阶导数,会求反函数的导数.

三、主要内容解读

(一) 导数的概念

1. 导数的定义

如果 Δy 与 Δx 之比当 $\Delta x \to 0$ 时的极限存在,则称函数 $y = f(x)$ 在点 x_0 处可导,并称此极限值为函数 $y = f(x)$ 在点 x_0 处的导数,记为 $f'(x_0)$,即

$$f'(x_0) = \lim_{\Delta x \to 0} \frac{\Delta y}{\Delta x} = \lim_{\Delta x \to 0} \frac{f(x_0 + \Delta x) - f(x_0)}{\Delta x} \left(\text{或} \lim_{x \to x_0} \frac{f(x) - f(x_0)}{x - x_0} \right),$$

也可记为 $y'|_{x=x_0}$, $\left.\dfrac{\mathrm{d}y}{\mathrm{d}x}\right|_{x=x_0}$ 或 $\left.\dfrac{\mathrm{d}f(x)}{\mathrm{d}x}\right|_{x=x_0}$.

函数 $f(x)$ 在点 x_0 处可导也称为 $f(x)$ 在点 x_0 具有导数或导数存在. 如果极限 $\lim\limits_{x \to x_0} \dfrac{f(x) - f(x_0)}{x - x_0}$ 不存在,则称函数 $y = f(x)$ 在点 x_0 处不可导. 特别地,如果 $\lim\limits_{x \to x_0} \dfrac{f(x) - f(x_0)}{x - x_0} = \infty$,为方便起见,我们也称函数 $y = f(x)$ 在点 x_0 处的导数为无穷大.

2. 单侧导数

函数 $f(x)$ 在某个区间 $(x_0 - \delta, x_0]$ 或 $[x_0, x_0 + \delta)$ $(\delta > 0)$ 内有定义,如果极限

$$\lim_{\Delta x \to 0^-} \frac{f(x_0 + \Delta x) - f(x_0)}{\Delta x} \left(\text{或} \lim_{\Delta x \to 0^+} \frac{f(x_0 + \Delta x) - f(x_0)}{\Delta x} \right)$$

存在,则称其为函数 $f(x)$ 在点 x_0 处的左导数(或右导数),记作 $f'_-(x_0)$ (或 $f'_+(x_0)$).

左导数和右导数统称为单侧导数.

函数 $f(x)$ 在点 x_0 处可导的充分必要条件是 $f(x)$ 在点 x_0 处的左导数 $f'_-(x_0)$ 和右导数 $f'_+(x_0)$ 都存在并且相等.

3．导函数

若函数 $y=f(x)$ 在开区间 (a,b) 内的每一点处都可导，则称函数 $f(x)$ 在开区间 (a,b) 内可导，或称函数 $f(x)$ 为区间 (a,b) 内的可导函数. 这时，对于任意 $x \in (a,b)$，都有 $f(x)$ 的一个确定的导数值 $f'(x)$ 与之对应. 这样就构成一个新的函数，这个函数称为 $y=f(x)$ 的导函数，记作 y'，$f'(x)$，$\dfrac{dy}{dx}$ 或 $\dfrac{df(x)}{dx}$，即 $y' = \lim\limits_{\Delta x \to 0} \dfrac{f(x+\Delta x)-f(x)}{\Delta x}$.

导函数 $f'(x)$ 简称为导数. 显然，$f'(x_0)$ 是导函数 $f'(x)$ 在点 x_0 处的函数值，即
$$f'(x_0) = f'(x)\big|_{x=x_0}.$$

如果函数 $f(x)$ 在开区间 (a,b) 内可导，并且 $f(x)$ 在点 $x=a$ 处的右导数存在，在点 $x=b$ 处的左导数存在，则称 $f(x)$ 在闭区间 $[a,b]$ 上可导，或称 $f(x)$ 为闭区间 $[a,b]$ 上的可导函数.

4．导数的几何意义

若函数 $y=f(x)$ 在点 x_0 处可导，则导数 $f'(x_0)$ 在几何上表示曲线 $y=f(x)$ 在点 $M(x_0,f(x_0))$ 处的切线斜率，即 $f'(x_0) = \tan\alpha$，其中 α 是切线的倾角. 这时，曲线 $y=f(x)$ 在点 $M(x_0,f(x_0))$ 处的切线方程为 $y-f(x_0) = f'(x_0)(x-x_0)$. 如果 $f'(x_0) \neq 0$，则法线的斜率为 $-\dfrac{1}{f'(x_0)}$，从而曲线 $y=f(x)$ 在点 $M(x_0,f(x_0))$ 处的法线方程为
$$y-f(x_0) = -\dfrac{1}{f'(x_0)}(x-x_0).$$

如果 $y=f(x)$ 在点 x_0 处连续且导数为无穷大，这时曲线 $y=f(x)$ 在点 $M(x_0,f(x_0))$ 处的切线方程为 $x=x_0$，法线方程为 $y=f(x_0)$.

5．导数的物理意义

若质点做直线运动，在 t 时刻的位置为 $s(t)$，则 $s'(t_0)$ 表示质点在时刻 t_0 的瞬时速度，即 $v(t_0) = s'(t_0)$.

（二）导数的计算

1．常数和基本初等函数的导数

(1) $(C)' = 0$ ；　　　　　　　　　　(2) $(x^\mu)' = \mu x^{\mu-1}$ ；

(3) $(\sin x)' = \cos x$ ；　　　　　　　(4) $(\cos x)' = -\sin x$ ；

(5) $(\tan x)' = \sec^2 x$ ；　　　　　　(6) $(\cot x)' = -\csc^2 x$ ；

(7) $(\sec x)' = \sec x \tan x$ ；　　　　(8) $(\csc x)' = -\csc x \cot x$ ；

(9) $(a^x)' = a^x \ln a$ ；　　　　　　　(10) $(e^x)' = e^x$ ；

(11) $(\log_a x)' = \dfrac{1}{x\ln a}$;

(12) $(\ln x)' = \dfrac{1}{x}$;

(13) $(\arcsin x)' = \dfrac{1}{\sqrt{1-x^2}}$;

(14) $(\arccos x)' = -\dfrac{1}{\sqrt{1-x^2}}$;

(15) $(\arctan x)' = \dfrac{1}{1+x^2}$;

(16) $(\operatorname{arccot} x)' = -\dfrac{1}{1+x^2}$.

2．函数的和、差、积、商的求导法则

设 $u = u(x)$，$v = v(x)$ 都可导，则

(1) $(u \pm v)' = u' \pm v'$ ；

(2) $(Cu)' = Cu'$ ；

(3) $(uv)' = u'v + uv'$ ；

(4) $\left(\dfrac{u}{v}\right)' = \dfrac{u'v - uv'}{v^2}$ $(v \neq 0)$.

3．反函数的求导法则

设 $x = f(y)$ 在区间 I_y 内单调、可导，且 $f'(y) \neq 0$，则它的反函数 $y = f^{-1}(x)$ 在对应的区间 $I_x = \{x | x = f(y), y \in I_y\}$ 内也可导，并且

$$[f^{-1}(x)]' = \dfrac{1}{f'(y)} \quad \left(\text{或 } \dfrac{dy}{dx} = \dfrac{1}{\dfrac{dx}{dy}}\right).$$

4．复合函数的求导法则

如果函数 $u = \varphi(x)$ 在点 x 处可导，函数 $y = f(u)$ 在相应的点 $u = \varphi(x)$ 处可导，则复合函数 $y = f[\varphi(x)]$ 在点 x 处可导，且其导数为

$$\dfrac{dy}{dx} = f'(u) \cdot \varphi'(x) \quad \left(\text{或 } \dfrac{dy}{dx} = \dfrac{dy}{du} \cdot \dfrac{du}{dx}\right),$$

这种求复合函数的导数的方法称为链式法则，该法则可推广到多个函数复合的情形．

5．高阶导数

1) 定义

若函数 $y' = f'(x)$ 在点 x 处可导，则称 $y = f(x)$ 在点 x 处二阶可导，并且称 $y' = f'(x)$ 在点 x 处的导数为 $y = f(x)$ 在点 x 处的二阶导数，记为

$$y'', \quad f''(x), \quad \dfrac{d^2 y}{dx^2}, \quad \dfrac{d^2 f(x)}{dx^2},$$

相应地，把 $y = f(x)$ 的导数 $f'(x)$ 称为函数 $y = f(x)$ 的一阶导数．

类似地，如果函数的二阶导数可导，则其导数称为函数的三阶导数，三阶导数的导数称为函数的四阶导数，…．一般地，如果函数的 $n-1$ 阶导数可导，则其导数称为函数的 n 阶导数，分别记作

$$y''', \quad y^{(4)}, \quad \cdots, \quad y^{(n)}$$

或

$$\frac{d^3y}{dx^3}, \quad \frac{d^4y}{dx^4}, \quad \cdots, \quad \frac{d^ny}{dx^n}.$$

函数 $f(x)$ 具有 n 阶导数，也常说成函数 n 阶可导。如果函数 $f(x)$ 在点 x 处具有 n 阶导数，那么函数 $f(x)$ 在点 x 的某一邻域内必定具有一切低于 n 阶的导数。二阶及二阶以上的导数统称为高阶导数。

2) 高阶导数的求法

直接法：求高阶导数只需要对函数 $f(x)$ 逐次求导即可。直接法是指求出所给函数的一阶至四阶导数后，分析所得结果的规律性，从而写出 n 阶导数的方法。

间接法：利用已知的高阶导数公式，通过四则运算、变量代换等方法，求其 n 阶导数的方法。

常见函数的高阶导数公式有

(1) $(a^x)^{(n)} = (\ln a)^n a^x$，$(e^x)^{(n)} = e^x$；

(2) $(\sin kx)^{(n)} = k^n \sin\left(kx + n \cdot \frac{\pi}{2}\right)$，$(\cos kx)^{(n)} = k^n \cos\left(kx + n \cdot \frac{\pi}{2}\right)$；

(3) $(x^\mu)^{(n)} = \mu(\mu-1)(\mu-2)\cdots(\mu-n+1)x^{\mu-n}$；

(4) $[\ln(1+x)]^{(n)} = (-1)^{n-1}\dfrac{(n-1)!}{(1+x)^n}$；

(5) $\left(\dfrac{1}{1+x}\right)^{(n)} = (-1)^n \dfrac{n!}{(1+x)^{n+1}}$.

高阶导数的运算法则 设函数 $u=u(x)$ 及 $v=v(x)$ 都在点 x 处具有 n 阶导数，则有

(1) $(u \pm v)^{(n)} = u^{(n)} \pm v^{(n)}$；

(2) $(Cu)^{(n)} = Cu^{(n)}$ (C 为常数)；

(3) 莱布尼茨公式

$$(uv)^{(n)} = u^{(n)}v + nu^{(n-1)}v' + \frac{n(n-1)}{2!}u^{(n-2)}v'' + \cdots$$

$$+ \frac{n(n-1)\cdots(n-k+1)}{k!}u^{(n-k)}v^{(k)} + \cdots + uv^{(n)}.$$

6. 隐函数求导

如果变量 x 和 y 满足一个方程 $F(x,y)=0$，在一定条件下，当 x 取某区间的任一值时，相应地总有满足此方程的唯一的 y 值存在，那么就说方程 $F(x,y)=0$ 在该区间内确定了一个隐函数，记为 $y=y(x)$.

隐函数求导方法的基本思想是：把方程 $F(x,y)=0$ 中的 y 看成 x 的函数 $y(x)$，方程

两边对 x 求导数, 然后解出 $\dfrac{\mathrm{d}y}{\mathrm{d}x}$.

求方程 $F(x,y)=0$ 所确定的隐函数的二阶导数, 即将 $\dfrac{\mathrm{d}y}{\mathrm{d}x}$ 再对 x 求导, 在求导过程中仍然注意要将 y 及 y' 看成 x 的函数.

7. 对数求导法

求幂指函数 $y=u(x)^{v(x)}$ ($u(x)>0$) 的导数或由多个因式的积、商、乘方、开方表示的函数的导数时, 一般使用对数求导法. 其思想是先在 $y=f(x)$ 的两边取对数, 即 $\ln|y|=\ln|f(x)|$, 然后再利用隐函数求导法求 y 对 x 的导数.

对于幂指函数 $y=u(x)^{v(x)}$ ($u(x)>0$), 其导数也可按下面的方法求:
$$y=u(x)^{v(x)}=\mathrm{e}^{v(x)\ln u(x)},$$
$$y'=\mathrm{e}^{v(x)\ln u(x)}[v(x)\ln u(x)]'=u(x)^{v(x)}\left[v'(x)\ln u(x)+v(x)\dfrac{u'(x)}{u(x)}\right].$$

8. 由参数方程所确定的函数的导数

设函数的参数方程为
$$\begin{cases} x=\varphi(t), \\ y=\psi(t) \end{cases} (\alpha \leqslant t \leqslant \beta).$$

假设此方程中的函数 $x=\varphi(t)$ 具有单调连续反函数 $t=\varphi^{-1}(x)$, 且该反函数能与 $y=\psi(t)$ 构成复合函数, 那么由参数方程所确定的函数可以看成是由函数 $y=\psi(t)$, $t=\varphi^{-1}(x)$ 复合而成的函数 $y=\psi[\varphi^{-1}(x)]$. 如果函数 $x=\varphi(t)$, $y=\psi(t)$ 都可导, 且 $\varphi'(t)\neq 0$, 那么由复合函数和反函数的求导法则, 可得
$$y'=\dfrac{\mathrm{d}y}{\mathrm{d}x}=\dfrac{\dfrac{\mathrm{d}y}{\mathrm{d}t}}{\dfrac{\mathrm{d}x}{\mathrm{d}t}}=\dfrac{\psi'(t)}{\varphi'(t)}.$$

对参数方程
$$\begin{cases} x=\varphi(t), \\ y'=\dfrac{\mathrm{d}y}{\mathrm{d}x}=\dfrac{\psi'(t)}{\varphi'(t)} \end{cases}$$
应用上面的方法再求导, 就可以求出 y 对 x 的二阶导数
$$\dfrac{\mathrm{d}^2 y}{\mathrm{d}x^2}=\dfrac{\mathrm{d}}{\mathrm{d}x}\left(\dfrac{\mathrm{d}y}{\mathrm{d}x}\right)=\dfrac{\dfrac{\mathrm{d}}{\mathrm{d}t}\left(\dfrac{\mathrm{d}y}{\mathrm{d}x}\right)}{\dfrac{\mathrm{d}x}{\mathrm{d}t}}.$$

9. 求分段函数的导数

对于分段函数, 先将分段点与区间端点除开, 分别在各开区间段上用求导公式求导;

在分段点处,用导数的定义判断函数的导数是否存在;如果函数的定义域包含端点,则应考虑函数在左端点的右导数是否存在及右端点的左导数是否存在.

(三) 微分的概念

1. 微分的定义

设函数 $y = f(x)$ 在点 x_0 的某一邻域内有定义,x_0 及 $x_0 + \Delta x$ 在这邻域内,如果函数的增量 $\Delta y = f(x_0 + \Delta x) - f(x_0)$ 可表示为

$$\Delta y = A\Delta x + o(\Delta x),$$

其中 A 是不依赖于 Δx 的常数,那么称函数 $y = f(x)$ 在点 x_0 可微,而 $A\Delta x$ 称为函数 $y = f(x)$ 在点 x_0 的微分,记作 $dy|_{x=x_0}$ 或 $df(x)|_{x=x_0}$,即 $dy|_{x=x_0} = A\Delta x$.

2. 函数可导、可微与连续的关系

(1) 如果函数 $y = f(x)$ 在点 x_0 处可导,则 $f(x)$ 在点 x_0 处连续.

(2) 函数 $f(x)$ 在点 x_0 可微的充分必要条件是函数 $f(x)$ 在点 x_0 可导,并且当 $f(x)$ 在点 x_0 可微时,其微分 $dy|_{x=x_0} = f'(x_0)\Delta x$.

如果函数 $f(x)$ 在开区间 I 内任意一点 x 可微,则称函数 $f(x)$ 在开区间 I 内可微,这时微分记作 dy 或 $df(x)$,即 $dy = f'(x)\Delta x$. 通常将自变量 x 的增量称为自变量的微分,即 $\Delta x = dx$,于是,函数 $y = f(x)$ 的微分又可记作 $dy = f'(x)dx$.

3. 微分的几何意义

在直角坐标系中,$\Delta y = f(x_0 + \Delta x) - f(x_0)$ 是曲线 $y = f(x)$ 在点 $(x_0, f(x_0))$ 处对应于自变量增量 Δx 的纵坐标的增量,而微分 $dy|_{x=x_0}$ 是曲线 $y = f(x)$ 在点 $(x_0, f(x_0))$ 的切线上点的纵坐标的相应增量. 当 $|\Delta x|$ 很小时,$|\Delta y - dy|$ 比 $|\Delta x|$ 小得多,所以在点 $(x_0, f(x_0))$ 的邻近,可用切线段来近似代替曲线段.

4. 基本初等函数的微分公式

(1) $d(C) = 0$; (2) $d(x^\mu) = \mu x^{\mu-1}dx$;

(3) $d(\sin x) = \cos x dx$; (4) $d(\cos x) = -\sin x dx$;

(5) $d(\tan x) = \sec^2 x dx$; (6) $d(\cot x) = -\csc^2 x dx$;

(7) $d(\sec x) = \sec x \tan x dx$; (8) $d(\csc x) = -\csc x \cot x dx$;

(9) $d(a^x) = a^x \ln a dx$; (10) $d(e^x) = e^x dx$;

(11) $d(\log_a x) = \dfrac{1}{x \ln a}dx$; (12) $d(\ln x) = \dfrac{1}{x}dx$;

(13) $d(\arcsin x) = \dfrac{1}{\sqrt{1-x^2}}dx$; (14) $d(\arccos x) = -\dfrac{1}{\sqrt{1-x^2}}dx$;

(15) $d(\arctan x) = \dfrac{1}{1+x^2}dx$; (16) $d(\text{arccot}\, x) = -\dfrac{1}{\sqrt{1-x^2}}dx$.

5. 微分的四则运算法则

设 $u = u(x)$，$v = v(x)$ 都可微，则

(1) $d(u \pm v) = du \pm dv$；

(2) $d(Cu) = Cdu$（C 为常数）；

(3) $d(uv) = vdu + udv$；

(4) $d\left(\dfrac{u}{v}\right) = \dfrac{vdu - udv}{v^2}$ （$v \neq 0$）．

6. 复合函数的微分运算法则

如果函数 $u = \varphi(x)$ 在点 x 可微，函数 $y = f(u)$ 在相应的点 u 可微，则复合函数 $y = f[\varphi(x)]$ 在点 x 可微，且微分为

$$dy = f'[\varphi(x)]\varphi'(x)dx = f'[\varphi(x)]d\varphi(x) = f'(u)du.$$

由此可见，无论 u 是自变量还是中间变量，微分形式 $dy = f'(u)du$ 保持不变．这一性质称为(一阶)微分形式不变性．

四、典型例题解析

例 1 设 $\lim\limits_{\Delta x \to 0} \dfrac{f(x_0 + k\Delta x) - f(x_0)}{\Delta x} = \dfrac{1}{3} f'(x_0)$，且 $f'(x_0) \neq 0$，则 $k = $ _____．

解 由 $\lim\limits_{\Delta x \to 0} \dfrac{f(x_0 + k\Delta x) - f(x_0)}{\Delta x} = \dfrac{1}{3} f'(x_0)$，得

$$k \lim_{\Delta x \to 0} \dfrac{f(x_0 + k\Delta x) - f(x_0)}{k\Delta x} = \dfrac{1}{3} f'(x_0),$$

于是 $kf'(x_0) = \dfrac{1}{3} f'(x_0)$，所以 $k = \dfrac{1}{3}$．

小结 这是根据导数的定义求函数的导数问题，导数的定义可以表示为

$$f'(x_0) = \lim_{\square \to 0} \dfrac{f(x_0 + \square) - f(x_0)}{\square},$$

可以在 □ 内填入任意以零为极限的表达式（三个 □ 填入的内容要相同）．

例 2 设 $f(x)$ 可导，则 $\lim\limits_{\Delta x \to 0} \dfrac{f(x_0 + m\Delta x) - f(x_0 - n\Delta x)}{\Delta x} = $ _____．

解 $\lim\limits_{\Delta x \to 0} \dfrac{f(x_0 + m\Delta x) - f(x_0 - n\Delta x)}{\Delta x}$

$= \lim\limits_{\Delta x \to 0} \dfrac{[f(x_0 + m\Delta x) - f(x_0)] - [f(x_0 - n\Delta x) - f(x_0)]}{\Delta x}$

$= m \lim\limits_{\Delta x \to 0} \dfrac{f(x_0 + m\Delta x) - f(x_0)}{m\Delta x} + n \lim\limits_{\Delta x \to 0} \dfrac{f(x_0 - n\Delta x) - f(x_0)}{-n\Delta x} = (m + n) f'(x_0)$．

小结 根据导数的定义求解相关问题，主要是套用导数的定义式

$$f'(x_0) = \lim_{h \to 0} \dfrac{f(x_0 + h) - f(x_0)}{h},$$

再做相应的变形,得到结果.

例 3 设函数 $f(x)$ 对任意 x 均满足 $f(1+x) = af(x)$,且 $f'(0) = b$,其中 a, b 为非零常数,则( ).

A. $f(x)$ 在 $x=1$ 处不可导 B. $f(x)$ 在 $x=1$ 处可导,且 $f'(1) = a$

C. $f(x)$ 在 $x=1$ 处可导,且 $f'(1) = b$ D. $f(x)$ 在 $x=1$ 处可导,且 $f'(1) = ab$

思路分析 因为没有假设 $f(x)$ 可导,所以不能对 $f(1+x) = af(x)$ 两边求导,只能通过定义来求解.

解 在 $f(1+x) = af(x)$ 中代入 $x = 0$,得 $f(1) = af(0)$,则

$$f'(1) = \lim_{\Delta x \to 0} \frac{f(1 + \Delta x) - f(1)}{\Delta x} = \lim_{\Delta x \to 0} \frac{af(\Delta x) - af(0)}{\Delta x} = af'(0) = ab,$$

所以选项 D 正确.

例 4 设 $f(x) = \begin{cases} x^2 \sin \dfrac{1}{x}, & x > 0, \\ ax + b, & x \leqslant 0 \end{cases}$ 在 $x = 0$ 处可导,则( ).

A. $a = 1$,$b = 0$ B. $a = 0$,b 为任意常数

C. $a = 0$,$b = 0$ D. $a = 1$,b 为任意常数

解 因为函数在 $x = 0$ 处可导一定在 $x = 0$ 处连续,$f(0^-) = b$,$f(0^+) = 0$,$f(0) = b$,所以 $b = 0$. 又因为 $f'_-(0) = f'_+(0)$,且

$$f'_-(0) = \lim_{x \to 0^-} \frac{f(x) - f(0)}{x} = \lim_{x \to 0^-} \frac{ax + b - b}{x} = a,$$

$$f'_+(0) = \lim_{x \to 0^+} \frac{f(x) - f(0)}{x} = \lim_{x \to 0^+} \frac{x^2 \sin \dfrac{1}{x}}{x} = 0,$$

所以 $a = 0$. 选项 C 正确.

小结 分段函数在分段点的可导性应按下列步骤分析:

(1) 讨论函数在分段点的连续性,一般考虑左连续性、右连续性;

(2) 讨论函数在分段点的可导性,一般考虑左导数、右导数是否存在,是否相等.

例 5 已知当 $x \leqslant 0$ 时,$f(x)$ 有定义且二阶可导,问 a, b, c 为何值时,函数

$$F(x) = \begin{cases} f(x), & x \leqslant 0, \\ ax^2 + bx + c, & x > 0 \end{cases}$$

二阶可导.

解 因为 $F(x)$ 连续,所以 $\lim_{x \to 0^-} F(x) = \lim_{x \to 0^+} F(x)$,于是

$$\lim_{x \to 0^-} F(x) = \lim_{x \to 0^-} f(x) = f(0), \quad \lim_{x \to 0^+} F(x) = \lim_{x \to 0^+} (ax^2 + bx + c) = c,$$

所以 $c = f(0)$;又因为 $F(x)$ 二阶可导,所以

$$F'(x) = \begin{cases} f'(x), & x \leqslant 0, \\ 2ax + b, & x > 0, \end{cases}$$

因为 $F'(x)$ 连续,又 $\lim_{x \to 0^-} F'(x) = \lim_{x \to 0^-} f'(x) = f'(0)$,$\lim_{x \to 0^+} F'(x) = \lim_{x \to 0^+} (2ax + b) = b$,所以

$b = f'(0)$；因为 $F''(0)$ 存在，所以 $F''_-(0) = F''_+(0)$，

$$F''_-(0) = \lim_{x \to 0^-} \frac{f'(x) - f'(0)}{x} = f''(0), \qquad F''_+(0) = \lim_{x \to 0^+} \frac{2ax + f'(0) - f'(0)}{x} = 2a,$$

所以 $a = \dfrac{1}{2} f''(0)$.

例 6 已知奇函数 $f(x)$ 可导，且 $f'(-x_0) = k$，则 $f'(x_0) =$ _____ .

思路分析 $f(x)$ 为奇函数，则 $f(-x) = -f(x)$，利用导数的定义求 $f'(x_0)$.

解 $f'(-x_0) = \lim\limits_{\Delta x \to 0} \dfrac{f(-x_0 + \Delta x) - f(-x_0)}{\Delta x} = \lim\limits_{\Delta x \to 0} \dfrac{-f(x_0 - \Delta x) + f(x_0)}{\Delta x}$

$\qquad = \lim\limits_{\Delta x \to 0} \dfrac{f(x_0 - \Delta x) - f(x_0)}{-\Delta x} = f'(x_0)$,

所以 $f'(x_0) = f'(-x_0) = k$.

例 7 已知 $\dfrac{\mathrm{d}}{\mathrm{d}x}(f(x^2)) = x^5$，则 $f'(2) =$ _____ .

思路分析 对抽象复合函数求导，先对外层函数求导，再对内层函数求导.

解 由 $f'(x^2) \cdot 2x = x^5$ 得 $f'(x^2) = \dfrac{x^4}{2}$. 令 $x^2 = 2$，则 $f'(2) = 2$.

例 8 设 $y = \ln[\sin(5 + 2x^3)]$，求 y'.

思路分析 从外到内逐层求导.

解 $y' = \dfrac{1}{\sin(5 + 2x^3)} \cdot \cos(5 + 2x^3) \cdot 6x^2 = 6x^2 \cot(5 + 2x^3)$.

例 9 设 $f(x)$ 为可导函数，$y = \sin\{f[\sin f(x)]\}$，则 $\dfrac{\mathrm{d}y}{\mathrm{d}x} =$ _____ .

思路分析 从外到内逐层求导.

解 $\dfrac{\mathrm{d}y}{\mathrm{d}x} = \cos\{f[\sin f(x)]\} \cdot f'[\sin f(x)] \cdot \cos f(x) \cdot f'(x)$.

例 10 已知 $f(u)$ 可导，$y = f[\ln(x + \sqrt{a + x^2})]$，求 y'.

解 $y' = f'[\ln(x + \sqrt{a + x^2})] \cdot \dfrac{1}{x + \sqrt{a + x^2}} \left(1 + \dfrac{2x}{2\sqrt{a + x^2}}\right)$

$\qquad = \dfrac{f'[\ln(x + \sqrt{a + x^2})]}{\sqrt{a + x^2}}$.

小结 复合函数求导的关键在于理清复合关系，从外层到内层一步一步进行求导运算，不可遗漏.

例 11 设 $x = y^2 + y$，$u = \sqrt{(x^2 + x)^3}$，求 $\dfrac{\mathrm{d}y}{\mathrm{d}u}$.

思路分析 找到 $\mathrm{d}x, \mathrm{d}u$ 的微分形式，再做比值.

解 因为 $\mathrm{d}x = (2y + 1)\mathrm{d}y$，$\mathrm{d}u = \dfrac{3}{2}\sqrt{x^2 + x} \cdot (2x + 1)\mathrm{d}x$，则

$$\frac{(2y+1)\mathrm{d}y}{\mathrm{d}u} = \frac{\mathrm{d}x}{\frac{3}{2}\sqrt{x^2+x}(2x+1)\mathrm{d}x},$$

所以

$$\frac{\mathrm{d}y}{\mathrm{d}u} = \frac{2}{3(2y+1)\sqrt{x^2+x}(2x+1)}.$$

例 12 设 $f(x) = \dfrac{1-x}{1+x}$，则 $f^{(n)}(x) = \underline{\qquad}$.

思路分析 利用高阶导数公式 $\left(\dfrac{1}{1+x}\right)^{(n)} = \dfrac{(-1)^n n!}{(1+x)^{n+1}}$.

解 易得 $f(x) = \dfrac{2}{1+x} - 1$，所以 $f^{(n)}(x) = \dfrac{2(-1)^n n!}{(1+x)^{n+1}}$.

例 13 已知函数 $f(x)$ 具有任意阶导数，且 $f'(x) = [f(x)]^2$，则当 n 为大于 2 的正整数时，$f(x)$ 的 n 阶导数是( )．

A. $n![f(x)]^{n+1}$ B. $n[f(x)]^{n+1}$ C. $[f(x)]^{2n}$ D. $n![f(x)]^{2n}$

解 $f''(x) = 2f(x)f'(x) = 2![f(x)]^3$，假设 $f^{(k)}(x) = k![f(x)]^{k+1}$，则

$$f^{(k+1)}(x) = (k+1)k![f(x)]^k f'(x) = (k+1)![f(x)]^{k+2},$$

按数学归纳法知，$f^{(n)}(x) = n![f(x)]^{n+1}$ 对一切正整数 n 成立．所以应选 A．

例 14 已知 $f(x) = \dfrac{x^2}{1-x^2}$，求 $f^{(n)}(0)$．

思路分析 利用高阶导数公式 $\left(\dfrac{1}{1+x}\right)^{(n)} = \dfrac{(-1)^n n!}{(1+x)^{n+1}}$，$\left(\dfrac{1}{1-x}\right)^{(n)} = \dfrac{n!}{(1-x)^{n+1}}$．

解 $f(x) = -1 + \dfrac{1}{2} \cdot \dfrac{1}{1-x} + \dfrac{1}{2} \cdot \dfrac{1}{1+x}$，$f^{(n)}(x) = \dfrac{1}{2} \cdot \dfrac{n!}{(1-x)^{n+1}} + \dfrac{1}{2} \cdot \dfrac{(-1)^n n!}{(1+x)^{n+1}}$，

所以

$$f^{(n)}(0) = \begin{cases} 0, & n = 2k+1, \\ n!, & n = 2k \end{cases} \quad (k=1,2,\cdots).$$

小结 求函数的 n 阶导数时，一般先求出前几阶导数，从中找出规律，得到函数的 n 阶导数表达式，再按数学归纳法证明，或利用已知的高阶导数公式．

例 15 设 $f(x) = 3x^3 + x^2|x|$，则使 $f^{(n)}(0)$ 存在的最高阶导数的阶数 n 为( )．

A. 0 B. 1 C. 2 D. 3

思路分析 对分段函数求导，分段点处的导数是否存在要利用导数的定义来判断．

解 函数为 $f(x) = \begin{cases} 4x^3, & x \geq 0, \\ 2x^3, & x < 0, \end{cases}$ 显然 $f'(x) = \begin{cases} 12x^2, & x > 0, \\ 6x^2, & x < 0. \end{cases}$ 因为

$$f'_-(0) = \lim_{x \to 0^-} \frac{f(x) - f(0)}{x - 0} = \lim_{x \to 0^-} \frac{2x^3 - 0}{x} = 0,$$

$$f'_+(0) = \lim_{x \to 0^+} \frac{f(x)-f(0)}{x-0} = \lim_{x \to 0^+} \frac{4x^3-0}{x} = 0,$$

于是 $f(x)$ 在 $x=0$ 处也可导，所以 $f'(x) = \begin{cases} 12x^2, & x \geqslant 0, \\ 6x^2, & x < 0. \end{cases}$

又 $f''(x) = \begin{cases} 24x, & x > 0, \\ 12x, & x < 0, \end{cases}$ 且

$$f''_-(0) = \lim_{x \to 0^-} \frac{f'(x)-f'(0)}{x-0} = \lim_{x \to 0^-} \frac{6x^2-0}{x} = 0,$$

$$f''_+(0) = \lim_{x \to 0^+} \frac{f'(x)-f'(0)}{x-0} = \lim_{x \to 0^+} \frac{12x^2-0}{x} = 0,$$

于是 $f'(x)$ 在 $x=0$ 处也可导，所以 $f''(x) = \begin{cases} 24x, & x \geqslant 0, \\ 12x, & x < 0. \end{cases}$

这时因为

$$f'''_-(0) = \lim_{x \to 0^-} \frac{f''(x)-f''(0)}{x-0} = \lim_{x \to 0^-} \frac{12x-0}{x} = 12,$$

$$f'''_+(0) = \lim_{x \to 0^+} \frac{f''(x)-f''(0)}{x-0} = \lim_{x \to 0^+} \frac{24x-0}{x} = 24,$$

所以 $f'''(0)$ 不存在，因此 $n=2$，选项 C 正确.

小结 分段函数在分段点处的导数用导数的定义来判断，主要考虑单侧导数.

例 16 设 $y = x \ln x$，求 $f^{(n)}(1)$.

解 使用莱布尼茨高阶导数公式及公式 $(\ln x)^{(n)} = \frac{(-1)^{n-1}(n-1)!}{x^n}$，

$$f^{(n)}(x) = x \cdot (\ln x)^{(n)} + n(\ln x)^{(n-1)} = x(-1)^{n-1}\frac{(n-1)!}{x^n} + n(-1)^{n-2}\frac{(n-2)!}{x^{n-1}},$$

所以 $f^{(n)}(1) = (-1)^{n-2}(n-2)!$.

例 17 设函数 $y = y(x)$ 由方程 $e^{x+y} + \cos(xy) = 0$ 确定，则 $\dfrac{dy}{dx} = $ _____.

解 在方程两边同时对 x 求导，得

$$e^{x+y}(1+y') - (y+xy')\sin(xy) = 0,$$

所以

$$\frac{dy}{dx} = y' = \frac{y\sin(xy) - e^{x+y}}{e^{x+y} - x\sin(xy)}.$$

例 18 设 $y = f(x)$ 由方程 $e^{2x+y} - \cos(xy) = e - 1$ 所确定，则曲线 $y = f(x)$ 在点 $(0,1)$ 处的法线方程为 _____.

解 方程两边对 x 求导，得

$$e^{2x+y}(2+y') + (y+xy')\sin(xy) = 0,$$

将 $x=0, y=1$ 代入，得 $y'(0) = -2$，于是切线斜率 $k = y'(0) = -2$，法线斜率为 $\dfrac{1}{2}$，法线方程

为 $y-1=\dfrac{1}{2}x$，即 $x-2y+2=0$.

小结 求由方程 $F(x,y)=0$ 所确定的隐函数 $y=f(x)$ 的导数，要把方程中的 x 看成自变量，而将 y 视为 x 的函数，方程中关于 y 的函数便是 x 的复合函数，用复合函数的求导法则，便可得到关于 y' 的一次方程，从中解出 y' 即可.

例 19 设 $y=y(x)$ 由方程 $xe^{f(y)}=e^y$ 所确定，其中 f 具有二阶导数，且 $f'(y)\neq 1$，求 $\dfrac{d^2y}{dx^2}$.

解 方程两边取对数，得 $\ln x + f(y) = y$，关于 x 求导得

$$\frac{1}{x} + f'(y)\frac{dy}{dx} = \frac{dy}{dx},$$

从而 $\dfrac{dy}{dx} = \dfrac{1}{x[1-f'(y)]}$，所以

$$\frac{d^2y}{dx^2} = -\frac{1-f'(y)-xf''(y)\cdot\dfrac{dy}{dx}}{x^2[1-f'(y)]^2} = -\frac{[1-f'(y)]^2 - f''(y)}{x^2[1-f'(y)]^3}.$$

小结 求隐函数的二阶导数，一般有两种解法：
(1) 先求出 y'（结果里一般含有 y），再继续求二阶导数；
(2) 对方程两边同时求导两次，然后再解出 y''.
值得注意的是，无论是哪一种解法，y 及 y' 都是 x 的函数.

例 20 设 $\begin{cases} x=1+t^2, \\ y=\cos t, \end{cases}$ 则 $\dfrac{d^2y}{dx^2} = $ _____.

解
$$\frac{dy}{dx} = \frac{-\sin t}{2t},$$

$$\frac{d^2y}{dx^2} = \frac{d\left(\dfrac{dy}{dx}\right)}{dx} = \frac{d\left(\dfrac{dy}{dx}\right)}{dt} \bigg/ \frac{dx}{dt} = \frac{-\dfrac{2t\cos t - 2\sin t}{4t^2}}{2t} = \frac{\sin t - t\cos t}{4t^3}.$$

例 21 已知 $\begin{cases} x=\sin t, \\ y=\cos t, \end{cases}$ 求 $\dfrac{d^2y}{dx^2}$.

解
$$\frac{dy}{dx} = \frac{-\sin t}{\cos t} = -\tan t,$$

$$\frac{d^2y}{dx^2} = \frac{\dfrac{d}{dt}(-\tan t)}{\dfrac{dx}{dt}} = \frac{-\sec^2 t}{\cos t} = -\sec^3 t.$$

例 22 设函数 $f(x)$ 二阶可导，$f'(0)\neq 0$，且 $\begin{cases} x=f(t)-\pi, \\ y=f(e^{3t}-1), \end{cases}$ 求 $\dfrac{dy}{dx}\bigg|_{t=0}$，$\dfrac{d^2y}{dx^2}\bigg|_{t=0}$.

解 因为 $\dfrac{dy}{dx} = \dfrac{f'(e^{3t}-1)3e^{3t}}{f'(t)} = \dfrac{3e^{3t}f'(e^{3t}-1)}{f'(t)}$，所以 $\dfrac{dy}{dx}\bigg|_{t=0} = 3$. 又因为

$$\frac{d^2 y}{dx^2} = 3\frac{[3e^{3t} f'(e^{3t}-1) + 3(e^{3t})^2 f''(e^{3t}-1)]f'(t) - e^{3t} f'(e^{3t}-1)f''(t)}{[f'(t)]^3},$$

所以

$$\left.\frac{d^2 y}{dx^2}\right|_{t=0} = 3\frac{[3f'(0) + 3f''(0)]f'(0) - f'(0)f''(0)}{[f'(0)]^3} = \frac{9f'(0) + 6f''(0)}{[f'(0)]^2}.$$

例 23 设函数 $y = f(x)$ 在点 x_0 处可导，当自变量 x 由 x_0 增加到 $x_0 + \Delta x$ 时，记 Δy 为 $f(x)$ 的增量，dy 为 $f(x)$ 的微分，$\lim\limits_{\Delta x \to 0}\frac{\Delta y - dy}{\Delta x} = (\quad)$.

A. -1 B. 0 C. 1 D. ∞

解 由微分定义 $\Delta y = dy + o(\Delta x)$ 知 $\lim\limits_{\Delta x \to 0}\frac{\Delta y - dy}{\Delta x} = \lim\limits_{\Delta x \to 0}\frac{o(\Delta x)}{\Delta x} = 0$. B 是正确答案.

例 24 求 $y = e^{\sin(ax+b)}$ 的微分.

解 由一阶微分形式不变性，可得

$$dy = e^{\sin(ax+b)} d(\sin(ax+b)) = e^{\sin(ax+b)} \cos(ax+b) d(ax+b)$$
$$= a e^{\sin(ax+b)} \cos(ax+b) dx.$$

例 25 求 $\sin 33°$ 的近似值.

解 由于 $\sin 33° = \sin\left(\dfrac{\pi}{6} + \dfrac{\pi}{60}\right)$，故取 $f(x) = \sin x$，$x_0 = \dfrac{\pi}{6}$，$\Delta x = \dfrac{\pi}{60}$，得到

$$\sin 33° \approx \sin\frac{\pi}{6} + \cos\frac{\pi}{6} \cdot \frac{\pi}{60}$$
$$= \frac{1}{2} + \frac{\sqrt{3}}{2} \cdot \frac{\pi}{60} \approx 0.545 \quad (\sin 33° \text{的真值为} 0.544\,639\cdots).$$

五、习 题 选 解

习题 2-1 导 数 概 念

1. 已知物体的运动规律是 $s = t^3$ m，求该物体在 $t = 2$ s 时的速度.

解 速度 $v = \dfrac{ds}{dt} = 3t^2$，所以物体在 $t = 2$ s 时的速度为 12 m/s.

2. 设 $f(x) = 5x^4$，试按定义求 $f'(-1)$.

解 $f'(-1) = \lim\limits_{\Delta x \to 0}\dfrac{f(-1+\Delta x) - f(-1)}{\Delta x} = \lim\limits_{\Delta x \to 0}\dfrac{5(-1+\Delta x)^4 - 5}{\Delta x}$
$= 5\lim\limits_{\Delta x \to 0}[(\Delta x)^3 - 4(\Delta x)^2 + 6\Delta x - 4] = -20$.

3. 下列各题中均假定 $f(x)$ 可导，按照导数定义求下列极限.

(1) $\lim\limits_{\Delta x \to 0}\dfrac{f(x_0 - \Delta x) - f(x_0)}{\Delta x}$;

(2) $\lim\limits_{x\to 0}\dfrac{f(x)}{x}$，其中 $f(0)=0$；

(3) $\lim\limits_{h\to 0}\dfrac{f(x_0+2h)-f(x_0-h)}{h}$．

解 (1) $\lim\limits_{\Delta x\to 0}\dfrac{f(x_0-\Delta x)-f(x_0)}{\Delta x}=-\lim\limits_{\Delta x\to 0}\dfrac{f(x_0-\Delta x)-f(x_0)}{-\Delta x}=-f'(x_0)$．

(2) $\lim\limits_{x\to 0}\dfrac{f(x)}{x}=\lim\limits_{x\to 0}\dfrac{f(x)-f(0)}{x-0}=f'(0)$．

(3) $\lim\limits_{h\to 0}\dfrac{f(x_0+2h)-f(x_0-h)}{h}=\lim\limits_{h\to 0}\dfrac{[f(x_0+2h)-f(x_0)]-[f(x_0-h)-f(x_0)]}{h}$

$=2\lim\limits_{h\to 0}\dfrac{f(x_0+2h)-f(x_0)}{2h}+\lim\limits_{h\to 0}\dfrac{f(x_0-h)-f(x_0)}{-h}$

$=3f'(x_0)$．

4．求下列函数的导数．

(1) $y=\sqrt[5]{x^3}$； (3) $y=a^x\mathrm{e}^x$．

解 (1) $y'=(\sqrt[5]{x^3})'=\dfrac{3}{5}x^{-\frac{2}{5}}$．

(3) $y'=[(a\mathrm{e})^x]'=(a\mathrm{e})^x\ln(a\mathrm{e})=(a\mathrm{e})^x(1+\ln a)$．

5．如果 $f(x)$ 为偶函数，且 $f'(0)$ 存在，证明 $f'(0)=0$．

证 因为 $f(x)$ 为偶函数，所以 $f(x)=f(-x)$，而

$$f'(0)=\lim\limits_{x\to 0}\dfrac{f(-x)-f(0)}{-x}=\lim\limits_{x\to 0}\dfrac{f(x)-f(0)}{-x}=-f'(0),$$

所以 $f'(0)=0$．

6．求曲线 $y=\sin x$ 上点 $\left(\dfrac{2\pi}{3},\dfrac{\sqrt{3}}{2}\right)$ 处的切线方程和法线方程．

解 因为 $y'=\cos x$，$y'\left(\dfrac{2\pi}{3}\right)=-\dfrac{1}{2}$，所以切线方程为 $y-\dfrac{\sqrt{3}}{2}=-\dfrac{1}{2}\left(x-\dfrac{2\pi}{3}\right)$，即 $x+2y=\sqrt{3}+\dfrac{2\pi}{3}$；法线方程为 $y-\dfrac{\sqrt{3}}{2}=2\left(x-\dfrac{2\pi}{3}\right)$，即 $2x-y=\dfrac{4\pi}{3}-\dfrac{\sqrt{3}}{2}$．

7．讨论下列函数在指定点处的连续性与可导性．

(1) $f(x)=\begin{cases}x^2+1, & 0\leqslant x<1,\\ 3x-1, & x\geqslant 1\end{cases}$，在 $x=1$ 处；

(3) $f(x)=\begin{cases}x^2\sin\dfrac{1}{x}, & x\neq 0,\\ 0, & x=0\end{cases}$，在 $x=0$ 处．

解 (1) $\lim\limits_{x\to 1^-}f(x)=\lim\limits_{x\to 1^-}(x^2+1)=2$，$\lim\limits_{x\to 1^+}f(x)=\lim\limits_{x\to 1^+}(3x-1)=2$，且 $f(1)=2$，因为 $\lim\limits_{x\to 1^-}f(x)=\lim\limits_{x\to 1^+}f(x)=f(1)$，所以 $f(x)$ 在 $x=1$ 处连续；

$$f'_-(1)=\lim\limits_{x\to 1^-}\dfrac{f(x)-f(1)}{x-1}=\lim\limits_{x\to 1^-}\dfrac{(x^2+1)-2}{x-1}=2,$$

$$f'_+(1) = \lim_{x \to 1^+} \frac{f(x)-f(1)}{x-1} = \lim_{x \to 1^+} \frac{(3x-1)-2}{x-1} = 3,$$

由于 $f'_-(1) \neq f'_+(1)$，故 $f(x)$ 在 $x=1$ 处不可导.

(3) $\lim_{x \to 0} f(x) = \lim_{x \to 0} x^2 \sin\frac{1}{x} = 0 = f(0)$，所以 $f(x)$ 在 $x=0$ 处连续；又因为

$$\lim_{x \to 0} \frac{f(x)-f(0)}{x-0} = \lim_{x \to 0} \frac{x^2 \sin\frac{1}{x}}{x} = \lim_{x \to 0} x \sin\frac{1}{x} = 0,$$

故 $f(x)$ 在 $x=0$ 处可导，且 $f'(0)=0$.

8. 已知 $f(x) = \begin{cases} \sin x, & x<0, \\ x, & x \geq 0, \end{cases}$ 求 $f'(x)$.

解 当 $x<0$ 时，$f'(x) = (\sin x)' = \cos x$；当 $x>0$ 时，$f'(x) = (x)' = 1$；当 $x=0$ 时，因为

$$f'_-(0) = \lim_{\Delta x \to 0^-} \frac{f(0+\Delta x)-f(0)}{\Delta x} = \lim_{\Delta x \to 0^-} \frac{\sin \Delta x}{\Delta x} = 1,$$

$$f'_+(0) = \lim_{\Delta x \to 0^+} \frac{f(0+\Delta x)-f(0)}{\Delta x} = \lim_{\Delta x \to 0^+} \frac{\Delta x}{\Delta x} = 1, \text{ 所以 } f'(0)=1,$$

综上所述，$f'(x) = \begin{cases} \cos x, & x<0, \\ 1, & x \geq 0. \end{cases}$

9. 设函数 $f(x) = \begin{cases} ax+b, & x>1, \\ x^2, & x \leq 1, \end{cases}$ 为了使函数 $f(x)$ 在 $x=1$ 处连续且可导，a，b 应取什么值？

解 $\lim_{x \to 1^-} f(x) = \lim_{x \to 1^-} x^2 = 1$，$\lim_{x \to 1^+} f(x) = \lim_{x \to 1^+}(ax+b) = a+b$，$f(1)=1$，为使函数 $f(x)$ 在 $x=1$ 处连续，则 $a+b=1$；又

$$f'_-(1) = \lim_{x \to 1^-} \frac{f(x)-f(1)}{x-1} = \lim_{x \to 1^-} \frac{x^2-1}{x-1} = 2,$$

$$f'_+(1) = \lim_{x \to 1^+} \frac{f(x)-f(1)}{x-1} = \lim_{x \to 1^+} \frac{(ax+b)-1}{x-1} = \lim_{x \to 1^+} \frac{ax-a}{x-1} = a,$$

为使函数 $f(x)$ 在 $x=1$ 处可导，则 $a=2$，所以 $a=2, b=-1$.

10. 证明：双曲线 $xy=a^2 (a \neq 0)$ 上任一点处的切线与两坐标轴构成的三角形面积都等于 $2a^2$.

证 $y' = -\frac{a^2}{x^2}$，在任一点 (x_0, y_0) 处的切线为 $y-y_0 = -\frac{a^2}{x_0^2}(x-x_0)$，令 $y=0$，并注意到 $x_0 y_0 = a^2$，解得 $x = \frac{y_0 x_0^2}{a^2} + x_0 = 2x_0$，为切线在 x 轴上的截距；令 $x=0$，并注意到 $x_0 y_0 = a^2$，解得 $y = \frac{a^2}{x_0} + y_0 = 2y_0$，为切线在 y 轴上的截距；切线与两坐标轴构成的三角形面积为 $s = \frac{1}{2}|2x_0||2y_0| = 2a^2$.

11. 设 $f(0)=1, f'(0)=-1$，求极限.

(1) $\lim\limits_{x\to 1}\dfrac{f(\ln x)-1}{1-x}$; (2) $\lim\limits_{x\to 2}\dfrac{f(2-x)-1}{x^2-2x}$.

解 (1) $\lim\limits_{x\to 1}\dfrac{f(\ln x)-1}{1-x}=-\lim\limits_{x\to 1}\dfrac{f(\ln x)-f(0)}{\ln x-0}\dfrac{\ln x}{x-1}=-f'(0)\cdot 1=1$.

(2) $\lim\limits_{x\to 2}\dfrac{f(2-x)-1}{x^2-2x}=-\lim\limits_{x\to 2}\dfrac{f(2-x)-f(0)}{(2-x)-0}\cdot\dfrac{1}{x}=-f'(0)\cdot\dfrac{1}{2}=\dfrac{1}{2}$.

习题 2-2 函数的求导法则与基本初等函数求导公式

1. 求下列函数的导数.

(1) $y=2x^3-\dfrac{3}{x}+\cos 1$;   (3) $y=2\mathrm{e}^x\sin x-5x^2$;   (5) $y=\dfrac{\cos x}{\sin x+\cos x}$;

(7) $y=x^3\ln x$;   (8) $y=\mathrm{e}^x(\sin x+x^2-8)$;   (9) $y=\dfrac{\sqrt{x}+1}{\sqrt{x}-1}$.

解 (1) $y'=6x^2+\dfrac{3}{x^2}$.

(3) $y'=2\mathrm{e}^x\sin x+2\mathrm{e}^x\cos x-10x$.

(5) $y'=\dfrac{-\sin x(\sin x+\cos x)-\cos x(\cos x-\sin x)}{(\sin x+\cos x)^2}=-\dfrac{1}{1+\sin 2x}$.

(7) $y'=3x^2\ln x+x^2=x^2(1+3\ln x)$.

(8) $y'=\mathrm{e}^x(\sin x+x^2-8)+\mathrm{e}^x(\cos x+2x)=\mathrm{e}^x(\sin x+\cos x+x^2+2x-8)$.

(9) $y'=\dfrac{\dfrac{1}{2\sqrt{x}}(\sqrt{x}-1)-\dfrac{1}{2\sqrt{x}}(\sqrt{x}+1)}{(\sqrt{x}-1)^2}=-\dfrac{1}{\sqrt{x}(\sqrt{x}-1)^2}$.

2. 计算下列函数在指定点处的导数.

(1) $y=3\sin x-2\cos x$, 求 $\left.\dfrac{\mathrm{d}y}{\mathrm{d}x}\right|_{x=\frac{\pi}{4}}$ 和 $\left.\dfrac{\mathrm{d}y}{\mathrm{d}x}\right|_{x=\frac{\pi}{3}}$;

(3) $y=x\ln x+\sqrt{x}$, 求 $\left.\dfrac{\mathrm{d}y}{\mathrm{d}x}\right|_{x=1}$.

解 (1) $y'=3\cos x+2\sin x$, 于是 $\left.\dfrac{\mathrm{d}y}{\mathrm{d}x}\right|_{x=\frac{\pi}{4}}=\dfrac{5}{2}\sqrt{2}$, $\left.\dfrac{\mathrm{d}y}{\mathrm{d}x}\right|_{x=\frac{\pi}{3}}=\dfrac{3}{2}+\sqrt{3}$.

(3) $y'=\ln x+1+\dfrac{1}{2\sqrt{x}}$, 于是 $\left.\dfrac{\mathrm{d}y}{\mathrm{d}x}\right|_{x=1}=\dfrac{3}{2}$.

3. 设曲线 $y=x^3+ax$ 与 $y=bx^2+c$ 在点 $(-1,0)$ 相切, 求 a,b,c.

解 两曲线都经过 $(-1,0)$, 所以 $-1-a=0, b+c=0$, 两曲线在 $(-1,0)$ 有公共的切线, 所以 $\left.(x^3+ax)'\right|_{x=-1}=\left.(bx^2+c)'\right|_{x=-1}$, 得 $3+a=-2b$, 即 $a=-1, b=-1, c=1$.

4. 求下列函数的导数.

(1) $y=(4x+3)^2$;   (3) $y=\tan(1-2x)$;   (5) $y=\arctan(\mathrm{e}^x)$;   (7) $y=\ln(\sin x)$;

(9) $y = \dfrac{1}{\sqrt{x^2 + a^2}}$; (11) $y = \arcsin \dfrac{1}{x}$; (13) $y = \sqrt{x + \sqrt{x}}$; (15) $y = 2^{\arccos x}$;

(17) $y = \ln \tan \dfrac{x}{2}$; (19) $y = \ln(\csc x - \cot x)$.

解 (1) $y' = 2(4x + 3) \cdot 4 = 8(4x + 3)$.

(3) $y' = \sec^2(1 - 2x) \cdot (-2) = -2\sec^2(1 - 2x)$.

(5) $y' = \dfrac{1}{1 + (e^x)^2} \cdot e^x = \dfrac{e^x}{1 + e^{2x}}$.

(7) $y' = \dfrac{1}{\sin x} \cdot \cos x = \cot x$.

(9) $y' = \dfrac{1}{x^2 + a^2}\left(-\dfrac{1}{2\sqrt{x^2 + a^2}} \cdot 2x\right) = -\dfrac{x}{(x^2 + a^2)^{\frac{3}{2}}}$.

(11) $y' = \dfrac{1}{\sqrt{1 - \dfrac{1}{x^2}}}\left(\dfrac{1}{x}\right)' = \dfrac{|x|}{\sqrt{x^2 - 1}}\left(-\dfrac{1}{x^2}\right) = -\dfrac{1}{|x|\sqrt{x^2 - 1}}$.

(13) $y' = \dfrac{1}{2\sqrt{x + \sqrt{x}}} \cdot (x + \sqrt{x})' = \dfrac{1}{2\sqrt{x + \sqrt{x}}}\left(1 + \dfrac{1}{2\sqrt{x}}\right) = \dfrac{1 + 2\sqrt{x}}{4\sqrt{x^2 + x\sqrt{x}}}$.

(15) $y' = 2^{\arccos x} \ln 2 \cdot (\arccos x)' = -\dfrac{2^{\arccos x} \ln 2}{\sqrt{1 - x^2}}$.

(17) $y' = \dfrac{1}{\tan \dfrac{x}{2}} \cdot \sec^2 \dfrac{x}{2} \cdot \dfrac{1}{2} = \dfrac{1}{2} \dfrac{\cos \dfrac{x}{2}}{\sin \dfrac{x}{2}} \cdot \dfrac{1}{\cos^2 \dfrac{x}{2}} = \dfrac{1}{\sin x} = \csc x$.

(19) $y' = \dfrac{1}{\csc x - \cot x} \cdot (-\csc x \cot x + \csc^2 x) = \csc x$.

5. 设 $f(x)$ 可导，求下列函数的导数.

(1) $y = f(e^{-2x})$; (3) $y = f\left(\arctan \dfrac{1}{x}\right)$.

解 (1) $y' = f'(e^{-2x}) \cdot e^{-2x} \cdot (-2) = -2e^{-2x} f'(e^{-2x})$.

(3) $y' = f'\left(\arctan \dfrac{1}{x}\right) \cdot \dfrac{1}{1 + \dfrac{1}{x^2}}\left(-\dfrac{1}{x^2}\right) = -\dfrac{1}{1 + x^2} f'\left(\arctan \dfrac{1}{x}\right)$.

6. 设函数 $f(x)$ 和 $g(x)$ 可导，且 $f^2(x) + g^2(x) \neq 0$，试求函数 $y = \sqrt{f^2(x) + g^2(x)}$ 的导数.

解 $y' = \dfrac{2f(x)f'(x) + 2g(x)g'(x)}{2\sqrt{f^2(x) + g^2(x)}} = \dfrac{f(x)f'(x) + g(x)g'(x)}{\sqrt{f^2(x) + g^2(x)}}$.

7. 已知 $\varphi(x) = a^{f^2(x)}$，且 $f'(x) = \dfrac{1}{f(x) \ln a}$，证明：$\varphi'(x) = 2\varphi(x)$.

证 $\varphi'(x) = a^{f^2(x)} \ln a \cdot 2f(x) \cdot f'(x) = a^{f^2(x)} \ln a \cdot 2f(x) \cdot \dfrac{1}{f(x)\ln a} = 2a^{f^2(x)} = 2\varphi(x)$.

8. 证明：

(1) 可导的偶函数的导函数是奇函数；

(2) 可导的奇函数的导函数是偶函数；

(3) 可导的周期函数的导函数是具有相同周期的周期函数.

证 $f'(x) = \lim\limits_{h\to 0}\dfrac{f(x+h)-f(x)}{h}$,

$f'(-x) = \lim\limits_{h\to 0}\dfrac{f(-x+h)-f(-x)}{h}$.

(1) 若 $f(x)$ 是偶函数, 则 $f(-x)=f(x)$, 所以

$$f'(-x)=\lim_{h\to 0}\frac{f(x-h)-f(x)}{h}=-\lim_{h\to 0}\frac{f(x-h)-f(x)}{-h}=-f'(x),$$

故 $f'(x)$ 为奇函数.

(2) 若 $f(x)$ 是奇函数, 则 $f(-x)=-f(x)$, 所以

$$f'(-x)=\lim_{h\to 0}\frac{-f(x-h)+f(x)}{h}=\lim_{h\to 0}\frac{f(x-h)-f(x)}{-h}=f'(x),$$

故 $f'(x)$ 为偶函数.

(3) 若 $f(x)$ 是周期为 T 的周期函数, 即 $f(x)=f(x+T)$, 所以

$$f'(x+T)=\lim_{h\to 0}\frac{f(x+T+h)-f(x+T)}{h}=\lim_{h\to 0}\frac{f(x+h)-f(x)}{h}=f'(x),$$

故 $f'(x)$ 是具有相同周期 T 的周期函数.

9. 设 $f(x)$ 在 $(-\infty,+\infty)$ 内可导，且 $F(x)=f(x^2-1)-f(1-x^2)$，证明：
$$F'(1)+F'(-1)=0.$$

证 因为 $F'(x)=2xf'(x^2-1)+2xf'(1-x^2)=2x[f'(x^2-1)+f'(1-x^2)]$，所以
$$F'(1)+F'(-1)=2[f'(0)+f'(0)]-2[f'(0)+f'(0)]=0.$$

10. 设 $y=f^2\left(\dfrac{x-1}{x+1}\right)$，其中 $f(x)=\ln(1+x^2)$，求 $y'(0)$.

解 $y'=2f\left(\dfrac{x-1}{x+1}\right)\cdot f'\left(\dfrac{x-1}{x+1}\right)\cdot\dfrac{(x+1)-(x-1)}{(x+1)^2}=\dfrac{4}{(x+1)^2}f\left(\dfrac{x-1}{x+1}\right)\cdot f'\left(\dfrac{x-1}{x+1}\right)$,

$y'(0)=4f(-1)\cdot f'(-1)$, $f(x)=\ln(1+x^2)$, $f'(x)=\dfrac{2x}{1+x^2}$,

$f(-1)=\ln 2$, $f'(-1)=-1$,

所以 $y'(0)=-4\ln 2$.

11. 已知 $f(x)=(x-a)\varphi(x)$，其中 $\varphi(x)$ 在 $x=a$ 处连续，求 $f'(a)$.

解 因为 $f'(a)=\lim\limits_{x\to a}\dfrac{f(x)-f(a)}{x-a}=\lim\limits_{x\to a}\dfrac{(x-a)\varphi(x)}{x-a}=\lim\limits_{x\to a}\varphi(x)$，又因为 $\varphi(x)$ 在 $x=a$ 处连续，$\lim\limits_{x\to a}\varphi(x)=\varphi(a)$，故 $f'(a)=\varphi(a)$.

习题 2-3 高阶导数

1. 求下列函数的二阶导数.

(1) $y = \sqrt{a^2 + x^2}$；　　(3) $y = (1+x^2)\arctan x$；　　(5) $y = e^{-2x}\cos x$；

(7) $y = \ln(1-x^2)$；　　(9) $y = \arctan\sqrt{x}$；　　(11) $y = e^{2x^2-1}$.

解 (1) $y' = \dfrac{2x}{2\sqrt{a^2+x^2}} = \dfrac{x}{\sqrt{a^2+x^2}}$,

$$y'' = \dfrac{1}{a^2+x^2}\left(\sqrt{a^2+x^2} - x\cdot\dfrac{x}{\sqrt{a^2+x^2}}\right) = \dfrac{a^2}{(a^2+x^2)^{\frac{3}{2}}}.$$

(3) $y' = 2x\cdot\arctan x + (1+x^2)\cdot\dfrac{1}{1+x^2} = 1 + 2x\arctan x$,

$$y'' = 2\arctan x + \dfrac{2x}{1+x^2}.$$

(5) $y' = -2e^{-2x}\cos x + e^{-2x}(-\sin x) = -e^{-2x}(2\cos x + \sin x)$,

$$y'' = 2e^{-2x}(2\cos x + \sin x) - e^{-2x}(-2\sin x + \cos x) = e^{-2x}(4\sin x + 3\cos x).$$

(7) $y' = \dfrac{-2x}{1-x^2}$, $y'' = \dfrac{-2(1-x^2) + 2x(-2x)}{(1-x^2)^2} = \dfrac{-2-2x^2}{(1-x^2)^2} = -\dfrac{2(1+x^2)}{(1-x^2)^2}$.

(9) $y' = \dfrac{1}{1+x}\cdot\dfrac{1}{2\sqrt{x}}$,

$$y'' = \dfrac{1}{2}\dfrac{-1}{x(1+x)^2}[\sqrt{x}(1+x)]' = -\dfrac{1}{2}\dfrac{1}{x(1+x)^2}\left(\dfrac{1}{2\sqrt{x}} + \dfrac{3}{2}\sqrt{x}\right) = -\dfrac{1+3x}{4x^{\frac{3}{2}}(1+x)^2}.$$

(11) $y' = 4xe^{2x^2-1}$, $y'' = 4(e^{2x^2-1} + xe^{2x^2-1}\cdot 4x) = 4e^{2x^2-1}(1+4x^2)$.

2. 设 $f(x) = (x-3)^5$, 求 $f'''(4)$.

解 $f'(x) = 5(x-3)^4$, $f''(x) = 20(x-3)^3$, $f'''(x) = 60(x-3)^2$, 所以
$$f'''(4) = 60(4-3)^2 = 60.$$

3. 验证函数 $y = e^{-x}\cos 2x$ 满足关系式 $y'' + 2y' + 5y = 0$.

解 因为 $y' = -e^{-x}(\cos 2x + 2\sin 2x)$, $y'' = e^{-x}(4\sin 2x - 3\cos 2x)$, 所以
$$y'' + 2y' + 5y = e^{-x}(4\sin 2x - 3\cos 2x) - 2e^{-x}(\cos 2x + 2\sin 2x) + 5e^{-x}\cos 2x = 0.$$

4. 设 $f(u)$ 二阶可导, 求 $\dfrac{d^2 y}{dx^2}$.

(1) $y = f(e^{-x})$；　　(2) $y = \ln[f(x)]$；　　(3) $y = e^{-f(x)}$.

解 (1) $y' = -e^{-x} f'(e^{-x})$,

$$y'' = e^{-x}f'(e^{-x}) - e^{-x}f''(e^{-x})\cdot(-e^{-x}) = e^{-x}[f'(e^{-x}) + e^{-x}f''(e^{-x})].$$

(2) $y' = \dfrac{1}{f(x)}\cdot f'(x) = \dfrac{f'(x)}{f(x)}$, $y'' = \dfrac{f''(x)f(x) - [f'(x)]^2}{f^2(x)}$.

(3) $y' = -f'(x)e^{-f(x)}$,

$$y'' = -f''(x)e^{-f(x)} + [f'(x)]^2 e^{-f(x)} = e^{-f(x)}\{[f'(x)]^2 - f''(x)\}.$$

5. 试从 $\dfrac{dx}{dy} = \dfrac{1}{y'}$ 导出：

(1) $\dfrac{d^2 x}{dy^2} = -\dfrac{y''}{(y')^3}$；　　　　(2) $\dfrac{d^3 x}{dy^3} = \dfrac{3(y'')^2 - y' y'''}{(y')^5}$.

解 (1) $\dfrac{d^2 x}{dy^2} = \dfrac{d\left(\dfrac{1}{y'}\right)}{dy} = \dfrac{d\left(\dfrac{1}{y'}\right)}{dx} \cdot \dfrac{dx}{dy} = -\dfrac{y''}{(y')^2} \cdot \dfrac{1}{y'} = -\dfrac{y''}{(y')^3}$.

(2) $\dfrac{d^3 x}{dy^3} = \dfrac{d\left(-\dfrac{y''}{(y')^3}\right)}{dy} = \dfrac{d}{dx}\left(-\dfrac{y''}{(y')^3}\right) \cdot \dfrac{dx}{dy} = -\dfrac{y'''(y')^3 - y'' \cdot 3(y')^2 \cdot y''}{(y')^6} \cdot \dfrac{1}{y'} = \dfrac{3(y'')^2 - y' \cdot y'''}{(y')^5}$.

6. 求下列函数的 n 阶导数.

(1) $y = \dfrac{1}{x^2 + x - 2}$；　　　　(3) $y = x \ln x$.

解 (1) $y = \dfrac{1}{(x-1)(x+2)} = \dfrac{1}{3}\left(\dfrac{1}{x-1} - \dfrac{1}{x+2}\right)$，所以

$$y^{(n)} = \dfrac{(-1)^n n!}{3}\left[\dfrac{1}{(x-1)^{n+1}} - \dfrac{1}{(x+2)^{n+1}}\right].$$

(3) $y' = 1 + \ln x$，$y'' = \dfrac{1}{x} = x^{-1}$，$y''' = (-1)x^{-2}$，$y^{(4)} = (-1)^2 2! x^{-3}$，依此类推，当 $n \geq 2$ 时，

$$y^{(n)} = (-1)^{n-2} \dfrac{(n-2)!}{x^{n-1}} = (-1)^n \dfrac{(n-2)!}{x^{n-1}}.$$

7. 设 $f(x)$ 的 $n-2$ 阶导数 $f^{(n-2)}(x) = \dfrac{x}{\ln x}$，求 $f^{(n)}(x)$.

解 $f^{(n-1)}(x) = [f^{(n-2)}(x)]' = \dfrac{\ln x - 1}{\ln^2 x}$，

$$f^{(n)}(x) = [f^{(n-1)}(x)]' = \left(\dfrac{\ln x - 1}{\ln^2 x}\right)' = \dfrac{\dfrac{1}{x}\ln^2 x - (\ln x - 1) \cdot 2 \ln x \cdot \dfrac{1}{x}}{\ln^4 x} = \dfrac{2 - \ln x}{x \ln^3 x}.$$

习题 2-4　隐函数及由参数方程所确定的函数的导数

1. 求由下列方程所确定的隐函数 $y = y(x)$ 的导数 y'.

(1) $x^2 + xy - y^2 - 8 = 0$；　　(3) $y \sin x - \cos(x - y) = 0$.

解 (1) 方程两边分别对 x 求导得 $2x + y + xy' - 2yy' = 0$，从而

$$y' = \dfrac{2x + y}{2y - x}.$$

(3) 方程两边分别对 x 求导得 $y' \sin x + y \cos x + \sin(x - y)(1 - y') = 0$，从而

$$y' = \frac{\sin(x-y) + y\cos x}{\sin(x-y) - \sin x}.$$

2. 已知 $y = y(x)$ 由方程 $1 + \sin(x+y) = e^{-xy}$ 所确定，求 y' 及曲线 $y = y(x)$ 在点 $(0,0)$ 处的法线方程.

解 方程 $1 + \sin(x+y) = e^{-xy}$ 两边分别对 x 求导得
$$\cos(x+y)(1+y') = (-y - xy')e^{-xy},$$
所以
$$y' = -\frac{\cos(x+y) + ye^{-xy}}{\cos(x+y) + xe^{-xy}},$$
则 $y'|_{(0,0)} = -1$，法线方程为 $y - 0 = 1 \cdot (x - 0)$，即 $y = x$.

3. 求由下列方程所确定的隐函数 $y = y(x)$ 的二阶导数 y''.

(1) $x^2 + y^2 = 4$；　　(3) $y = 1 + xe^y$.

解 (1) 方程两边分别对 x 求导得 $2x + 2yy' = 0$，所以 $y' = -\frac{x}{y}$，从而
$$y'' = \frac{d}{dx}\left(-\frac{x}{y}\right) = -\frac{y - xy'}{y^2} = -\frac{y - x\left(-\frac{x}{y}\right)}{y^2} = -\frac{y^2 + x^2}{y^3}.$$

(3) 方程两边分别对 x 求导得 $y' = e^y + xe^y y'$，$y' = \frac{e^y}{1 - xe^y}$，从而
$$y'' = \frac{d}{dx}\left(\frac{e^y}{1 - xe^y}\right) = \frac{e^y y'(1 - xe^y) + e^y(e^y + xe^y y')}{(1 - xe^y)^2} = \frac{e^y y' + e^{2y}}{(1 - xe^y)^2} = \frac{e^{2y}(2 - xe^y)}{(1 - xe^y)^3}.$$

4. 利用对数求导法求下列函数的导数.

(1) $y = (\ln x)^x$；　　(3) $y = \sqrt[3]{x \sin x \sqrt{1 - e^x}}$.

解 (1) 边分别取对数，得
$$\ln y = x \ln(\ln x),$$
上式两边分别对 x 求导，得 $\frac{y'}{y} = \ln(\ln x) + x \frac{1}{\ln x} \cdot \frac{1}{x}$，从而
$$y' = y\left[\ln(\ln x) + \frac{1}{\ln x}\right] = (\ln x)^x \left[\ln(\ln x) + \frac{1}{\ln x}\right].$$

(3) 两边分别取对数，得
$$\ln|y| = \frac{1}{3}(\ln|x| + \ln|\sin x|) + \frac{1}{6}\ln|1 - e^x|,$$
上式两边分别对 x 求导，得 $\frac{y'}{y} = \frac{1}{3}\left(\frac{1}{x} + \cot x\right) - \frac{1}{6}\frac{e^x}{1 - e^x}$，从而
$$y' = y\left[\frac{1}{3}\left(\frac{1}{x} + \cot x\right) + \frac{e^x}{6(e^x - 1)}\right] = \frac{1}{3}\sqrt[3]{x \sin x \sqrt{1 - e^x}}\left[\frac{1}{x} + \cot x + \frac{e^x}{2(e^x - 1)}\right].$$

5. 求下列参数方程所确定的函数的导数 $\dfrac{dy}{dx}$.

(1) $\begin{cases} x = e^t(1-\cos t), \\ y = e^t(1+\sin t); \end{cases}$ (2) $\begin{cases} x = a\cos^3 t, \\ y = a\sin^3 t. \end{cases}$

解 (1) $\dfrac{dy}{dx} = \dfrac{\frac{dy}{dt}}{\frac{dx}{dt}} = \dfrac{e^t(1+\sin t) + e^t\cos t}{e^t(1-\cos t) + e^t\sin t} = \dfrac{1+\sin t+\cos t}{1+\sin t-\cos t}.$

(2) $\dfrac{dy}{dx} = \dfrac{\frac{dy}{dt}}{\frac{dx}{dt}} = \dfrac{3a\sin^2 t\cos t}{-3a\cos^2 t\sin t} = -\tan t.$

6. 写出下列曲线在所给参数值相应的点处的切线方程和法线方程.

(1) $\begin{cases} x = e^t\sin 2t, \\ y = e^t\cos t \end{cases}$ 在 $t=0$ 处; (2) $\begin{cases} x = 1+t^2, \\ y = t^3 \end{cases}$ 在 $t=1$ 处.

解 (1) $\dfrac{dy}{dx} = \dfrac{\frac{dy}{dt}}{\frac{dx}{dt}} = \dfrac{e^t\cos t - e^t\sin t}{e^t\sin 2t + 2e^t\cos 2t} = \dfrac{\cos t - \sin t}{\sin 2t + 2\cos 2t},$

所以 $\dfrac{dy}{dx}\bigg|_{t=0} = \dfrac{1}{2}$,又 $t=0$ 时,$x=0, y=1$,故切线方程为 $y-1 = \dfrac{1}{2}(x-0)$,即 $x-2y+2=0$,法线方程为 $y-1 = -2(x-0)$,即 $2x+y-1=0$.

(2) $\dfrac{dy}{dx} = \dfrac{\frac{dy}{dt}}{\frac{dx}{dt}} = \dfrac{3t^2}{2t} = \dfrac{3t}{2}$,$\dfrac{dy}{dx}\bigg|_{t=1} = \dfrac{3}{2}$,又 $t=1$ 时,$x=2, y=1$,故切线方程为

$y-1 = \dfrac{3}{2}(x-2)$,即 $3x-2y-4=0$,法线方程为 $y-1 = -\dfrac{2}{3}(x-2)$,即 $2x+3y-7=0$.

7. 求下列参数方程所确定的函数的二阶导数 $\dfrac{d^2y}{dx^2}$.

(1) $\begin{cases} x = a\cos t, \\ y = at\sin t; \end{cases}$ (3) $\begin{cases} x = t - \arctan t, \\ y = \ln(1+t^2). \end{cases}$

解 (1) $\dfrac{dy}{dx} = \dfrac{\frac{dy}{dt}}{\frac{dx}{dt}} = \dfrac{a(\sin t + t\cos t)}{-a\sin t} = -1 - t\cot t,$

$\dfrac{d^2y}{dx^2} = \dfrac{d}{dx}\left(\dfrac{dy}{dx}\right) = \dfrac{d}{dt}(-1-t\cot t) \cdot \dfrac{1}{\frac{dx}{dt}} = (t\csc^2 t - \cot t) \cdot \dfrac{1}{-a\sin t} = \dfrac{-t+\sin t\cos t}{a\sin^3 t}.$

(3) $\dfrac{dy}{dx} = \dfrac{\dfrac{dy}{dt}}{\dfrac{dx}{dt}} = \dfrac{\dfrac{2t}{1+t^2}}{1 - \dfrac{1}{1+t^2}} = \dfrac{2}{t}$,

$\dfrac{d^2y}{dx^2} = \dfrac{d}{dx}\left(\dfrac{dy}{dx}\right) = \dfrac{d}{dt}\left(\dfrac{2}{t}\right) \cdot \dfrac{1}{\dfrac{dx}{dt}} = -\dfrac{2}{t^2} \dfrac{1}{1 - \dfrac{1}{1+t^2}} = -\dfrac{2(1+t^2)}{t^4}$.

8. 一个气球的半径以 5 cm/s 的速度增长，求当半径为 10 cm 时体积和表面积的增长速度.

解 设气球半径为 r，气球的体积为 $V = \dfrac{4}{3}\pi r^3$，气球的表面积为 $S = 4\pi r^2$，

$$\dfrac{dV}{dt} = 4\pi r^2 \dfrac{dr}{dt}, \qquad \dfrac{dS}{dt} = 8\pi r \dfrac{dr}{dt}.$$

已知 $r = 10$ cm，$\dfrac{dr}{dt} = 5$ cm/s 时，

$$\dfrac{dV}{dt} = 4\pi 10^2 \cdot 5 = 2\,000\pi \ (\text{cm}^3/\text{s}); \qquad \dfrac{dS}{dt} = 8\pi \cdot 10 \cdot 5 = 400\pi \ (\text{cm}^2/\text{s}).$$

9. 注水入深 8 m、上顶直径 8 m 的正圆锥形容器中，其速率为 4 m^3/min. 当水深为 5 m 时，其表面上升的速度为多少？

解 水深为 h 时，水面半径为 $r = \dfrac{1}{2}h$，水的体积 $V = \dfrac{1}{3}\pi\left(\dfrac{1}{2}h\right)^2 h = \dfrac{1}{12}\pi h^3$，

$$\dfrac{dV}{dt} = \dfrac{\pi}{12} \cdot 3h^2 \cdot \dfrac{dh}{dt}, \qquad \dfrac{dh}{dt} = \dfrac{4}{\pi h^2} \cdot \dfrac{dV}{dt},$$

已知 $\dfrac{dV}{dt} = 4$ (m^3/min)，因此 $h = 5$ m 时，$\dfrac{dh}{dt} = \dfrac{4}{25\pi} \cdot 4 = \dfrac{16}{25\pi}$ (m/min).

10. 从一艘破裂的油轮中渗漏出来的油，在海面上逐渐扩散形成油层. 设在扩散的过程中，其形状一直是一个厚度均匀的圆柱体，其体积也始终保持不变. 已知其厚度 h 的减少率与 h^3 成正比，试证明其半径 r 的增加率与 r^3 成反比.

证 已知 $\dfrac{dh}{dt} = -\lambda h^3$，圆柱体油层的体积为 $V = \pi r^2 h$，其中 $\lambda > 0$，V 是常数，将 $V = \pi r^2 h$ 两边对 t 求导，$0 = \dfrac{dV}{dt} = \pi\left(2rh\dfrac{dr}{dt} + r^2\dfrac{dh}{dt}\right)$，因此

$$2\dfrac{dr}{dt} = \lambda r h^2, \qquad \dfrac{dr}{dt} = \dfrac{\lambda r}{2}\left(\dfrac{V}{\pi r^2}\right)^2 = \dfrac{\lambda V^2}{2\pi^2 r^3},$$

所以半径的增加率与 r^3 成反比.

习题 2-5　函数的微分

1. 设函数 $y = x^3$，计算在 $x = 2$ 处，$\Delta x = -0.1$ 时的增量 Δy 及微分 dy.

解 $\Delta y = f(x_0 + \Delta x) - f(x_0) = (2 - 0.1)^3 - 2^3 = 6.859 - 8 = -1.141$；

$dy = f'(x_0)\Delta x = 3x^2\big|_{x=2} \cdot (-0.1) = -1.2$.

2. 求下列函数的微分.

(1) $y = \dfrac{x}{2+x}$; (3) $y = \ln^2(5-3x)$;

(5) $y = x^3 e^{-2x}$; (7) $y = \ln(e^x + \sqrt{1+e^{2x}})$.

解 (1) $y' = \dfrac{2+x-x}{(2+x)^2} = \dfrac{2}{(2+x)^2}$, $dy = y'dx = \dfrac{2}{(2+x)^2}dx$.

(3) $y' = 2\ln(5-3x) \cdot \dfrac{-3}{5-3x} = \dfrac{6\ln(5-3x)}{3x-5}$, $dy = y'dx = \dfrac{6\ln(5-3x)}{3x-5}dx$.

(5) $y' = 3x^2 e^{-2x} + x^3 e^{-2x}(-2) = x^2 e^{-2x}(3-2x)$, $dy = y'dx = x^2 e^{-2x}(3-2x)dx$.

(7) $y' = \dfrac{e^x + \dfrac{2e^{2x}}{2\sqrt{1+e^{2x}}}}{e^x + \sqrt{1+e^{2x}}} = \dfrac{e^x(\sqrt{1+e^{2x}} + e^x)}{\sqrt{1+e^{2x}}(e^x + \sqrt{1+e^{2x}})} = \dfrac{e^x}{\sqrt{1+e^{2x}}}$,

$dy = y'dx = \dfrac{e^x}{\sqrt{1+e^{2x}}}dx$.

3. 将适当的函数填入下列括号内,使等式成立.

(1) $d(\quad) = 3xdx$; (3) $d(\quad) = e^{-3x}dx$;

(5) $d(\quad) = \dfrac{x}{1+x^2}dx$; (7) $d(\quad) = \sin 3xdx$.

解 (1) $d\left(\dfrac{3}{2}x^2 + C\right) = 3xdx$.

(3) $d\left(-\dfrac{1}{3}e^{-3x} + C\right) = e^{-3x}dx$.

(5) $d\left(\dfrac{1}{2}\ln(1+x^2) + C\right) = \dfrac{x}{1+x^2}dx$.

(7) $d\left(-\dfrac{1}{3}\cos 3x + C\right) = \sin 3xdx$.

4. 用微分法求由方程 $1 + \sin(x+y) = e^{-xy}$ 确定的函数 $y = y(x)$ 的微分与导数.

解 将方程 $1 + \sin(x+y) = e^{-xy}$ 两边分别微分,得 $d(1+\sin(x+y)) = d(e^{-xy})$,即

$$\cos(x+y)(dx+dy) = -e^{-xy}(ydx+xdy),$$

解之得

$$dy = -\dfrac{\cos(x+y) + ye^{-xy}}{\cos(x+y) + xe^{-xy}}dx, \qquad \dfrac{dy}{dx} = -\dfrac{\cos(x+y) + ye^{-xy}}{\cos(x+y) + xe^{-xy}}.$$

5. 当 $|x|$ 很小时,证明下列近似公式.

(1) $\ln(1+x) \approx x$; (2) $e^x \approx 1 + x$.

证 (1) 令 $f(x) = \ln(1+x)$,当 $|x|$ 很小时,$f(x) \approx f(0) + f'(0)(x-0)$,而 $f(0) = 0$,$f'(0) = \dfrac{1}{1+x}\Big|_{x=0} = 1$,故 $\ln(1+x) \approx x$.

(2) 令 $f(x) = e^x$,当 $|x|$ 很小时,$f(x) \approx f(0) + f'(0)(x-0)$,而 $f(0) = f'(0) = 1$,故 $e^x \approx 1 + x$.

6. 利用微分求下列各式的近似值.

(1) $\arctan 1.02$;   (3) $\cos 151°$.

解 (1) 令 $f(x)=\arctan x$, 当 $|\Delta x|$ 很小时, $f(x_0+\Delta x)\approx f(x_0)+f'(x_0)\Delta x$, 令 $x_0=1$, $\Delta x=0.02$, 可得

$$\arctan 1.02\approx \arctan 1+(\arctan x)'\Big|_{x_0=1}\cdot(0.02)=\frac{\pi}{4}+\frac{1}{1+x^2}\Big|_{x_0=1}\cdot(0.02)=\frac{\pi}{4}+0.01\approx 0.7954.$$

(3) 令 $f(x)=\cos x$, 当 $|\Delta x|$ 很小时, $f(x_0+\Delta x)\approx f(x_0)+f'(x_0)\Delta x$, 令 $x_0=\frac{5\pi}{6}$, $\Delta x=\frac{\pi}{180}$, 可得

$$\cos 151°\approx \cos 150°+(\cos x)'\Big|_{x_0=\frac{5}{6}\pi}\cdot\frac{\pi}{180}=-\frac{\sqrt{3}}{2}-\sin\frac{5\pi}{6}\cdot\frac{\pi}{180}\approx -0.8747.$$

7. 设扇形的圆心角 $\alpha=60°$, 半径 $R=100$ cm, 如果 R 不变, α 减少 $30'$, 问扇形面积大约改变多少? 又如果 α 不变, R 增加 1 cm, 问扇形的面积大约改变多少?

解 扇形面积 $S=\frac{1}{2}R^2\alpha$, 当 $|\Delta\alpha|$ 很小时, $\Delta S=S(\alpha+\Delta\alpha)-S(\alpha)\approx S'(\alpha)\Delta\alpha$, 所以

$$\Delta S\approx \frac{1}{2}R^2\frac{\pi}{360}=\frac{10000\pi}{720}\approx 43.63\ (\text{cm}^2),$$ 故扇形面积约减少 43.63 cm^2.

又 $|\Delta R|$ 很小时, $\Delta S=S(R+\Delta R)-S(R)\approx S'(R)\Delta R$, 所以

$$\Delta S\approx R\alpha\Delta R=100\cdot\frac{\pi}{3}\cdot 1=\frac{100\pi}{3}\approx 104.72\ (\text{cm}^2),$$

故扇形面积约增加 104.72 cm^2.

8. 一个充好气的气球, 半径为 4 m. 升空后, 因外部气压降低, 气球半径增大了 10 cm, 求气球的体积近似增加多少?

解 气球体积 $V=\frac{4}{3}\pi R^3$, 当 $|\Delta R|$ 很小时, $\Delta V\approx \mathrm{d}V=V'(R)\Delta R$, 所以

$$\Delta V\approx 4\pi R^2\Delta R=4\pi\cdot 4^2\cdot 0.1\approx 20.096\ (\text{m}^3).$$

总 习 题 二

5. 设函数 $f(x)$ 可导, 且 $f'(2)=3$, 求 $\lim\limits_{x\to 0}\frac{f(2-x)-f(2)}{3x}$.

解 $\lim\limits_{x\to 0}\frac{f(2-x)-f(2)}{3x}=-\frac{1}{3}\lim\limits_{x\to 0}\frac{f(2-x)-f(2)}{-x}=-\frac{1}{3}f'(2)=-1$.

6. 讨论下列函数在指定点处的连续性与可导性.

(1) $f(x)=\begin{cases}\mathrm{e}^x, & x\geq 0,\\ x^2+1, & x<0\end{cases}$ 在 $x=0$ 处;

(3) $f(x)=\begin{cases}\dfrac{x}{1-\mathrm{e}^{\frac{1}{x}}}, & x\neq 0,\\ 0, & x=0\end{cases}$ 在 $x=0$ 处.

解 (1) 因为 $\lim_{x\to 0^-}f(x)=\lim_{x\to 0^-}(x^2+1)=1$, $\lim_{x\to 0^+}f(x)=\lim_{x\to 0^+}e^x=1$, $f(0)=e^0=1$, 所以 $f(x)$ 在 $x=0$ 处连续. 又因为

$$\lim_{x\to 0^-}\frac{f(x)-f(0)}{x-0}=\lim_{x\to 0^-}\frac{x^2+1-1}{x}=0, \quad \lim_{x\to 0^+}\frac{f(x)-f(0)}{x-0}=\lim_{x\to 0^+}\frac{e^x-1}{x}=1,$$

所以 $f(x)$ 在 $x=0$ 处不可导.

(3) 因为 $\lim_{x\to 0^-}f(x)=\lim_{x\to 0^-}\dfrac{x}{1-e^{\frac{1}{x}}}=0$, $\lim_{x\to 0^+}f(x)=\lim_{x\to 0^+}\dfrac{x}{1-e^{\frac{1}{x}}}=0$, $f(0)=0$, 所以 $f(x)$ 在 $x=0$ 处连续. 又因为

$$\lim_{x\to 0^-}\frac{f(x)-f(0)}{x-0}=\lim_{x\to 0^-}\frac{1}{1-e^{\frac{1}{x}}}=1, \quad \lim_{x\to 0^+}\frac{f(x)-f(0)}{x-0}=\lim_{x\to 0^+}\frac{1}{1-e^{\frac{1}{x}}}=0,$$

所以 $f(x)$ 在 $x=0$ 处不可导.

8. 设 $y=y(x)$ 是由方程 $e^y+xy=e$ 所确定的函数, 求 $y''(0)$.

解 方程两边对 x 求导, 得

$$e^y\cdot y'+y+xy'=0,$$

于是 $y'=-\dfrac{y}{x+e^y}$, 所以

$$y''=-\frac{y'(x+e^y)-y(1+e^y\cdot y')}{(x+e^y)^2}.$$

当 $x=0$ 时, $y=1$, $y'=-\dfrac{1}{e}$, 所以 $y''(0)=\dfrac{1}{e^2}$.

9. 求下列函数的导数或微分.

(1) $y=\ln(\sqrt{1+e^{2x}}-e^x)$, 求 y';

(3) $y=(\sin x)^{\cos x}$, 求 y'.

解 (1) $y'=\dfrac{(\sqrt{1+e^{2x}}-e^x)'}{\sqrt{1+e^{2x}}-e^x}=\dfrac{\dfrac{e^{2x}}{\sqrt{1+e^{2x}}}-e^x}{\sqrt{1+e^{2x}}-e^x}=-\dfrac{e^x}{\sqrt{1+e^{2x}}}.$

(3) $y'=[e^{\cos x\ln(\sin x)}]'=e^{\cos x\ln(\sin x)}[\cos x\cot x-\sin x\ln(\sin x)]$

$=(\sin x)^{\cos x}[\cos x\cot x-\sin x\ln(\sin x)].$

10. 求下列函数的二阶导数.

(1) $y=x\cos 3x$.

解 (1) $y'=\cos 3x-3x\sin 3x$,

$y''=-3\sin 3x-3\sin 3x-9x\cos 3x=-6\sin 3x-9x\cos 3x$.

11. 求下列函数的 n 阶导数.

(1) $y=\dfrac{1}{x^2-x-2}$; (3) $y=\sin^4 x$.

解 (1) $y=\dfrac{1}{x^2-x-2}=\dfrac{1}{3}\left(\dfrac{1}{x-2}-\dfrac{1}{x+1}\right)$, 于是

$$y^{(n)} = \frac{(-1)^n n!}{3}\left[\frac{1}{(x-2)^{n+1}} - \frac{1}{(x+1)^{n+1}}\right].$$

(3) $y = \left(\dfrac{1-\cos 2x}{2}\right)^2 = \dfrac{1}{4}(1 - 2\cos 2x + \cos^2 2x) = \dfrac{3}{8} - \dfrac{1}{2}\cos 2x + \dfrac{1}{8}\cos 4x$，于是

$$y^{(n)} = -2^{n-1}\cos\left(2x + \frac{n\pi}{2}\right) + 2^{2n-3}\cos\left(4x + \frac{n\pi}{2}\right).$$

12． 求曲线 $\begin{cases} x = \ln(1+t^2), \\ y = \dfrac{\pi}{2} + \arctan t \end{cases}$ 上一点的坐标，使在该点处的切线平行于直线 $x + 2y = 0$．

解 由题意可知

$$\frac{\mathrm{d}y}{\mathrm{d}x} = \frac{\dfrac{\mathrm{d}y}{\mathrm{d}t}}{\dfrac{\mathrm{d}x}{\mathrm{d}t}} = \frac{\dfrac{1}{1+t^2}}{\dfrac{2t}{1+t^2}} = \frac{1}{2t} = -\frac{1}{2},$$

所以 $t = -1$，此时 $x = \ln 2$，$y = \dfrac{\pi}{4}$，于是所求的点为 $\left(\ln 2, \dfrac{\pi}{4}\right)$．

13． 设 $f(x)$ 在 $x = 0$ 处可导，且 $f'(0) = \dfrac{1}{3}$，又对任意的 x 有 $f(3+x) = 3f(x)$，求 $f'(3)$．

解 $f'(3) = \lim\limits_{h\to 0}\dfrac{f(3+h) - f(3)}{h} = \lim\limits_{h\to 0}\dfrac{3f(h) - 3f(0)}{h} = 3\lim\limits_{h\to 0}\dfrac{f(h) - f(0)}{h} = 3f'(0) = 1$．

14． 设 $f(x) = \lim\limits_{n\to\infty}\dfrac{x^2 \mathrm{e}^{n(x-1)} + ax + b}{\mathrm{e}^{n(x-1)} + 1}$，试确定 a, b，使 $f(x)$ 处处可导，并求 $f'(x)$．

解 $f(x) = \lim\limits_{n\to\infty}\dfrac{x^2 \mathrm{e}^{n(x-1)} + ax + b}{\mathrm{e}^{n(x-1)} + 1} = \begin{cases} ax + b, & x < 1, \\ \dfrac{x^2 + ax + b}{2}, & x = 1, \\ x^2, & x > 1. \end{cases}$

当 $x < 1$ 时，$f'(x) = a$；当 $x > 1$ 时，$f'(x) = 2x$；当 $x = 1$ 时，由于

$$\lim_{x\to 1^-} f(x) = \lim_{x\to 1^-}(ax + b) = a + b, \quad \lim_{x\to 1^+} f(x) = \lim_{x\to 1^+} x^2 = 1,$$

要使 $f(x)$ 处处可导，则 $f(x)$ 连续，所以 $a + b = 1$，又

$$f'_-(1) = \lim_{x\to 1^-}\frac{f(x) - f(1)}{x - 1} = \lim_{x\to 1^-}\frac{ax + b - \dfrac{1 + a + b}{2}}{x - 1} = \lim_{x\to 1^-}\frac{ax + b - 1}{x - 1} = \lim_{x\to 1^-}\frac{ax - a}{x - 1} = a,$$

$$f'_+(1) = \lim_{x\to 1^+}\frac{f(x) - f(1)}{x - 1} = \lim_{x\to 1^+}\frac{x^2 - 1}{x - 1} = 2,$$

要使 $f(x)$ 处处可导，则 $f'_-(1) = f'_+(1)$，所以 $a = 2$，$b = -1$，$f'(x) = \begin{cases} 2, & x \leqslant 1, \\ 2x, & x > 1. \end{cases}$

15． 设 $f(x)$ 有一阶连续导数，且 $f(0) = 0$，$f'(0) = 1$，求 $\lim\limits_{x\to 0}[1 + f(x)]^{\frac{1}{\ln(1+x)}}$．

解 $\lim_{x\to 0}[1+f(x)]^{\frac{1}{\ln(1+x)}} = \lim_{x\to 0} e^{\frac{\ln[1+f(x)]}{\ln(1+x)}} = e^{\lim_{x\to 0}\frac{\ln[1+f(x)]}{\ln(1+x)}}$,因为 $f(x)$ 有一阶连续导数,且 $f(0)=0$,所以 $\lim_{x\to 0} f(x) = f(0) = 0$,又由 $f'(0)=1$,故

$$e^{\lim_{x\to 0}\frac{\ln[1+f(x)]}{\ln(1+x)}} = e^{\lim_{x\to 0}\frac{f(x)}{x}} = e^{\lim_{x\to 0}\frac{f(x)-f(0)}{x}} = e^{f'(0)} = e.$$

16. 已知 $f(x)$ 是周期为 5 的连续函数,它在 $x=0$ 的某邻域内满足关系式

$$f(1+\sin x) - 3f(1-\sin x) = 8x + o(x),$$

且 $f(x)$ 在 $x=1$ 处可导,求曲线 $y=f(x)$ 在点 $(6, f(6))$ 处的切线方程.

解 因为 $f(1+\sin x) - 3f(1-\sin x) = 8x + o(x)$,且 $f(x)$ 连续,则

$$\lim_{x\to 0}[f(1+\sin x) - 3f(1-\sin x)] = -2f(1) = \lim_{x\to 0}[8x + o(x)] = 0,$$

即 $f(1)=0$,又因为

$$\lim_{x\to 0}\frac{f(1+\sin x) - 3f(1-\sin x)}{x} = \lim_{x\to 0}\frac{8x + o(x)}{x} = 8,$$

而函数 $f(x)$ 在 $x=1$ 处可导,则有

$$\lim_{x\to 0}\frac{f(1+\sin x) - 3f(1-\sin x)}{x} = \lim_{x\to 0}\frac{[f(1+\sin x) - f(1)] - 3[f(1-\sin x) - f(1)]}{\sin x} \cdot \lim_{x\to 0}\frac{\sin x}{x}$$
$$= \lim_{x\to 0}\frac{f(1+\sin x) - f(1)}{\sin x} + 3\lim_{x\to 0}\frac{f(1-\sin x) - f(1)}{-\sin x} = 4f'(1),$$

所以 $f'(1) = 2$,又因为 $f(x)$ 是周期为 5 的连续函数,则 $f(6) = f(1) = 0$,

$$f'(6) = \lim_{h\to 0}\frac{f(6+h) - f(6)}{h} = \lim_{h\to 0}\frac{f(1+h) - f(1)}{h} = f'(1) = 2,$$

故切线方程为 $y - f(6) = 2(x-6)$,即 $y = 2x - 12$.

六、自 测 题

自 测 题 一

一、选择题 (8 小题, 每小题 3 分, 共 24 分).

1. 函数 $f(x)$ 在点 x_0 可导是 $f(x)$ 在点 x_0 可微的( ).

    A. 充分非必要条件   B. 必要非充分条件
    C. 充分必要条件   D. 既非充分又非必要条件

2. 若 $f(x)$ 在 $x=a$ 的某邻域内有定义,则 $f(x)$ 在 $x=a$ 处可导的一个充分条件是( ).

    A. $\lim_{h\to +\infty} h\left[f\left(a+\frac{1}{h}\right) - f(a)\right]$ 存在   B. $\lim_{h\to 0}\frac{f(a+2h) - f(a+h)}{h}$ 存在

    C. $\lim_{h\to 0}\frac{f(a+h) - f(a-h)}{2h}$ 存在   D. $\lim_{h\to 0}\frac{f(a) - f(a-h)}{h}$ 存在

3. 设 $f(x)=\cos x(x+|\sin x|)$，则在 $x=0$ 处有(   ).

A．$f'(0)=2$ B．$f'(0)=1$ C．$f'(0)=0$ D．$f(x)$ 不可导

4. 设 $f(x)=\begin{cases} x\sin\dfrac{1}{x}, & x\neq 0, \\ 0, & x=0, \end{cases}$ 则 $f(x)$ 在 $x=0$ 处(   ).

A．可导   B．连续但不可导   C．不连续   D．左可导而右不可导

5. 设 $f(x)$ 为可导函数且满足 $\lim\limits_{x\to 0}\dfrac{f(a)-f(a-x)}{2x}=-1$，则曲线 $y=f(x)$ 在点 $(a,f(a))$ 处的切线斜率为(   ).

A．0   B．-1 C．1   D．-2

6. 设 $f(x)$ 在 $x=a$ 处可导，且 $f'(a)\neq 0$，$\varphi(x)=\dfrac{f(x)-f(a)}{f'(a)}[1+f'(a)(x^2+2x+3)]$，则 $\varphi'(a)=($ $)$.

A．$\dfrac{1}{f'(a)}$ B．$(2a+2)f'(a)$

C．$1+f'(a)(a^2+2a+3)$ D．$3f'(a)$

7. 设 $y=\mathrm{e}^{\cos x}$，则 $\mathrm{d}y=($ $)$.

A．$-\mathrm{e}^{\cos x}\sin x$ B．$\mathrm{e}^{\cos x}\cos x$ C．$-\mathrm{e}^{\cos x}\sin x\mathrm{d}x$ D．$\mathrm{e}^{\cos x}\cos x\mathrm{d}x$

8. 设函数 $y=f(x)$ 在点 x_0 处可导，$\mathrm{d}y$ 为 $f(x)$ 在 x_0 处的微分，则极限 $\lim\limits_{\Delta x\to 0}\dfrac{\Delta y-\mathrm{d}y}{\Delta x}$ 等于(   ).

A．-1 B．0   C．1   D．∞

二、填空题 (6 小题，每小题 3 分，共 18 分).

1. 设 $\lim\limits_{h\to 0}\dfrac{f(x)-f(x-h)}{h}=1$，则 $f'(x)=$_____．

2. 设 $y=2x+1$，则其反函数 $x=x(y)$ 的导数 $x'(y)=$_____．

3. 设做直线运动的质点的运动规律为 $s=t^3-3t^2$，则它的速度开始增加的时刻为_____．

4. 设 $\lim\limits_{x\to 0}\dfrac{[f(x)-f(0)]\sin 3x}{x^2}=4$，则 $f'(0)=$_____．

5. 设函数 $y=y(x)$ 由方程 $y=1-x\mathrm{e}^y$ 所确定，则 $\dfrac{\mathrm{d}y}{\mathrm{d}x}=$_____．

6. 函数 $y=x^2$ 在 $x=1$ 处的微分 $\mathrm{d}y=$_____．

三、判断题 (4 小题，每小题 2 分，共 8 分).

1. 设 $f(x)=\begin{cases} x^2+1, & x\geq 0, \\ x^2-1, & x<0, \end{cases}$ 则 $f(x)$ 在 $x=0$ 处不连续，但左、右导数都存在．(   )

2. 设 $f(0)=0$，$\lim\limits_{t\to 0}\dfrac{1}{t^2}f(1-\cos t)$ 存在，则 $f(x)$ 在 $x=0$ 处的导数存在．(   )

3. 函数 $f(x)=x|x|$，则 $f(x)$ 在 $(-\infty,+\infty)$ 上可导．(   )

4. 设连续函数 $f(x)$ 在 $\overset{\circ}{U}(x_0)$ 可微，且 $\lim\limits_{x \to x_0} f'(x)$ 存在，则 $f(x)$ 在 $x = x_0$ 处可导．（　　）

四、计算题 (5 小题，每小题 6 分，共 30 分)．

1. 已知 $\begin{cases} x = \ln(1+t^2), \\ y = t - \arctan t, \end{cases}$ 求 $\dfrac{dy}{dx}, \dfrac{d^2y}{dx^2}$．

2. 设 $f(x)$ 在点 a 处连续，$\lim\limits_{x \to a} \dfrac{f(x)-b}{x-a} = A$，求 $\lim\limits_{x \to a} \dfrac{\sin f(x) - \sin b}{x-a}$．

3. 求由方程 $x^4 - xy + y^4 = 1$ 所确定的隐函数 $y = f(x)$ 在点 $(0,1)$ 处的二阶导数的值．

4. 设 $f(x) = \begin{cases} \ln(1+\sin x), & x \geq 0, \\ 2x, & x < 0, \end{cases}$ 求 $f'(x)$．

5. 设曲线方程为 $y = x^2 + 6x + 4$，试求曲线在点 $(-2,-4)$ 处的法线方程．

五、解答与证明题 (3 小题，第 1 小题 6 分，第 2、3 小题每题 7 分，共 20 分)．

1. 设 $f(x) = g(x)\varphi(x)$，其中 $\varphi(x)$ 在点 a 的某邻域内连续，$g(x)$ 在点 a 可导，且 $g'(a) = A$，$g(a) = 0$，试求 $f'(a)$．

2. 已知函数 $f(x) = \begin{cases} e^x + b, & x \leq 0, \\ \sin ax, & x > 0 \end{cases}$ 在 $x = 0$ 处可导，试确定 a, b 的值，并求 $f'(0)$．

3. 设 $f(x)$ 在 $[a,b]$ 上连续，$f'(a)$ 存在，A 满足 $f'(a) > A > \dfrac{f(b)-f(a)}{b-a}$，求证：$\exists \xi \in (a,b)$，使 $\dfrac{f(\xi)-f(a)}{\xi-a} = A$．

自　测　题　二

一、选择题 (8 小题，每小题 3 分，共 24 分)．

1. 设 $f(x) = \sin \dfrac{\pi}{5} + \ln 5$，则 $f'(x) = (\quad)$．

  A. $\cos \dfrac{\pi}{5}$ B. $\dfrac{1}{5}$ C. $\cos \dfrac{\pi}{5} + \dfrac{1}{5}$ D. 0

2. 若 $f(x)$ 在 $x = a$ 的某个邻域内有定义，则 $f(x)$ 在 $x = a$ 处可导的一个充分条件是（　　）．

  A. $\lim\limits_{h \to \infty} h\left[f\left(a + \dfrac{1}{h}\right) - f(a)\right]$ 存在   B. $\lim\limits_{h \to 0} \dfrac{f(a+h) - f(a-h)}{h}$ 存在

  C. $\lim\limits_{h \to 0^+} \dfrac{f(a) - f(a-h)}{h}$ 存在   D. $\lim\limits_{h \to 0^-} \dfrac{f(a+h) - f(a)}{h}$ 存在

3. 设函数 $f(x)$ 可导，$F(x) = f(x)(1+|\sin x|)$，则 $f(0) = 0$ 是 $F(x)$ 在点 $x = 0$ 可导的（　　）．

  A. 充分非必要条件   B. 必要非充分条件

  C. 充分必要条件   D. 既非充分又非必要条件

4. $f(x)=\begin{cases}\dfrac{2}{3}x^3, & x\leqslant 1,\\ x^2, & x>1,\end{cases}$ 则 $f(x)$ 在 $x=1$ 处的( ).

A. 左、右导数都存在 B. 左导数存在，右导数不存在
C. 左导数不存在，右导数存在 D. 左、右导数都不存在

5. 设 $f(x)=x\ln x$ 在 x_0 处可导，且 $f'(x_0)=2$，则 $f(x_0)$ 等于( ).

A. 0 B. 1 C. e D. e^2

6. 由参数方程 $\begin{cases}x=t^2,\\ y=t^3\end{cases}$ 所确定的函数的导数 $\dfrac{dy}{dx}=$( ).

A. $\dfrac{2}{3t}$ B. $\dfrac{3}{2}t$ C. $\dfrac{3}{2t}$ D. $\dfrac{2}{3}t$

7. 设函数 $f(x)$ 可导，$f'(x_0)=\dfrac{1}{2}$，则 $\Delta x\to 0$ 时，$f(x)$ 在 x_0 处的微分 dy 是( ).

A. 与 Δx 等价的无穷小 B. 与 Δx 同阶的无穷小
C. 比 Δx 低阶的无穷小 D. 比 Δx 高阶的无穷小

8. 设 $f(x)=3x^2+x^2|x|$，则使 $f^{(n)}(0)$ 存在的最高阶数 n 为( ).

A. 0 B. 1 C. 2 D. 3

二、填空题 (6 小题，每小题 3 分，共 18 分).

1. 设 $f(x)=x(x+1)(x+2)\cdots(x+10)$，则 $f'(0)=$ _____.

2. 设 $y=2+e^x$，则其反函数 $x=x(y)$ 的导数 $x'(y)=$ _____.

3. 已知 $y=x^{\sin x}$ $(x>0,x\neq 1)$，则 $dy=$ _____.

4. 若 $y=\sin(\cos x^2)$，则 $y'=$ _____.

5. 设函数 $y=y(x)$ 由方程 $e^y+xy-e=0$ 所确定，则 $\dfrac{dy}{dx}=$ _____.

6. 若 $f(x)=\dfrac{x^2}{x+1}$，$n\geqslant 2$，则 $f^{(n)}(0)=$ _____.

三、判断题 (4 小题，每小题 2 分，共 8 分).

1. 设 $f(x)$ 在 $x=x_0$ 的左、右导数都存在但不相等，则 $f(x)$ 在 $x=x_0$ 未必连续. (　)

2. 设 $f(0)=0$，$\lim\limits_{t\to 0}\dfrac{1}{t^2}f(t-\sin t)$ 存在，则 $f(x)$ 在 $x=0$ 处可导. (　)

3. 设 $f(x)=\begin{cases}x^2\sin\dfrac{1}{x}, & x\neq 0,\\ 0, & x=0,\end{cases}$ 则 $f(x)$ 在 $x=0$ 处可导. (　)

4. 设 $f(x)$ 为可微的偶函数，则 $f'(x)$ 必为奇函数. (　)

四、计算题 (5 小题，每小题 6 分，共 30 分).

1. 已知 $\begin{cases}x=a\cos^3\theta,\\ y=a\sin^3\theta,\end{cases}$ 求 $\dfrac{dy}{dx}, \dfrac{d^2y}{dx^2}$.

2. 若方程 $\arctan y = 1 + e^{xy}$ 确定了 y 是 x 的函数,求函数 y 的微分 dy.

3. 设 $y = (3x+1)\ln(3x+1)$,求 y''.

4. 设 $f(x) = \begin{cases} \dfrac{e^x - 1}{x}, & x \neq 0, \\ 1, & x = 0, \end{cases}$ 求 $f'(0)$.

5. 试求由 $\begin{cases} x = e^t - x\cos t - 1, \\ y = t^2 + t \end{cases}$ 所确定的曲线 $y = y(x)$ 在 $x = 0$ 处的切线方程.

五、解答与证明题 (3 小题,第 1 小题 6 分,第 2、3 小题每题 7 分,共 20 分).

1. 设 $y = x^2 e^{-2x}$,求 $y^{(50)}|_{x=0}$.

2. 设函数 $f(x) = \begin{cases} ax + b, & x > 1, \\ x^2, & x \leq 1, \end{cases}$ 在 $x = 1$ 处可导,求 a, b 的值.

3. 证明:$f(x)$ 在 $x = x_0$ 处可导的充分必要条件是 $f(x)$ 在 $x = x_0$ 处可微分.

自测题一参考答案

一、**1.** C; **2.** D; **3.** D; **4.** B; **5.** D; **6.** C; **7.** C; **8.** B.

二、**1.** 1; **2.** $\dfrac{1}{2}$; **3.** 1; **4.** $\dfrac{4}{3}$; **5.** $-\dfrac{e^y}{1+xe^y}$; **6.** $2dx$.

三、**1.** ×; **2.** ×; **3.** √; **4.** √.

四、**1.** $\dfrac{dy}{dx} = \dfrac{\dfrac{dy}{dt}}{\dfrac{dx}{dt}} = \dfrac{t}{2}$, $\dfrac{d^2y}{dx^2} = \dfrac{1+t^2}{4t}$.

2. 由题意有 $\lim\limits_{x \to a}[f(x) - b] = 0$,$f(a) = \lim\limits_{x \to a} f(x) = b$,则

$$\lim_{x \to a} \frac{f(x) - b}{x - a} = \lim_{x \to a} \frac{f(x) - f(a)}{x - a} = f'(a) = A,$$

故

$$\lim_{x \to a} \frac{\sin f(x) - \sin b}{x - a} = \lim_{x \to a} \frac{\sin f(x) - \sin f(a)}{x - a} = \lim_{x \to a} \frac{2\sin\dfrac{f(x) - f(a)}{2} \cos\dfrac{f(x) + f(a)}{2}}{x - a}$$

$$= \lim_{x \to a} \frac{f(x) - f(a)}{x - a} \cos\frac{f(x) + f(a)}{2} = \cos f(a) \cdot f'(a) = A\cos b.$$

3. $-\dfrac{1}{16}$.

4. $f'(x) = \begin{cases} \dfrac{\cos x}{1 + \sin x}, & x > 0, \\ 2, & x < 0. \end{cases}$

5. 法线方程为 $x + 2y + 10 = 0$.

五、**1.** $f'(a) = A\varphi(a)$.

2. $a=1, b=-1$, $f'(0)=1$.

3. 提示：作辅助函数 $g(x)=\begin{cases} \dfrac{f(x)-f(a)}{x-a}, & a<x\leq b, \\ f'(a), & x=a, \end{cases}$ 则 $g(x)$ 在 $[a,b]$ 上连续，且 $g(a)>A>g(b)$，由连续函数介值定理可得证.

自测题二参考答案

一、**1.** D；**2.** A；**3.** C；**4.** B；**5.** C；**6.** B；**7.** B；**8.** C.

二、**1.** $10!$；**2.** $\dfrac{1}{e^x}$ 或 $\dfrac{1}{y-2}$；**3.** $x^{\sin x}\left(\cos x\cdot\ln x+\dfrac{\sin x}{x}\right)dx$；

4. $-2x\sin x^2\cos(\cos x^2)$；**5.** $-\dfrac{y}{x+e^y}$；**6.** $(-1)^n n!$.

三、**1.** ×；**2.** ×；**3.** √；**4.** √.

四、**1.** $\dfrac{dy}{dx}=\dfrac{\dfrac{dy}{dt}}{\dfrac{dx}{dt}}=\dfrac{3a\sin^2\theta\cdot\cos\theta}{3a\cos^2\theta\cdot(-\sin\theta)}=-\tan\theta$,

$\dfrac{d^2y}{dx^2}=\dfrac{\dfrac{d}{dt}\left(\dfrac{dy}{dx}\right)}{\dfrac{dx}{dt}}=\dfrac{-\sec^2\theta}{3a\cos^2\theta\cdot(-\sin\theta)}=\dfrac{1}{3a\sin\theta\cos^4\theta}$.

2. 原方程两边同时对 x 求导，有 $\dfrac{y'}{1+y^2}=e^{xy}(y+xy')$，则 $y'=\dfrac{y(1+y^2)e^{xy}}{1-x(1+y^2)e^{xy}}$,

$dy=\dfrac{y(1+y^2)e^{xy}}{1-x(1+y^2)e^{xy}}dx$.

3. $y''=\dfrac{9}{3x+1}$.

4. $f'(0)=\dfrac{1}{2}$.

5. 切线方程为 $y=2x$.

五、**1.** 提示：利用高阶导数公式，$y^{(50)}|_{x=0}=2^{48}\cdot 2\,450$.

2. $a=2, b=-1$.

3. 证明略.

第三章　微分中值定理与导数的应用

本章是微分学的重要部分，将应用导数和微分来研究函数的性态，并利用这些知识解决一些实际问题. 微分中值定理是应用导数研究函数性质的重要工具，是沟通函数及其导数的桥梁.

一、知 识 框 架

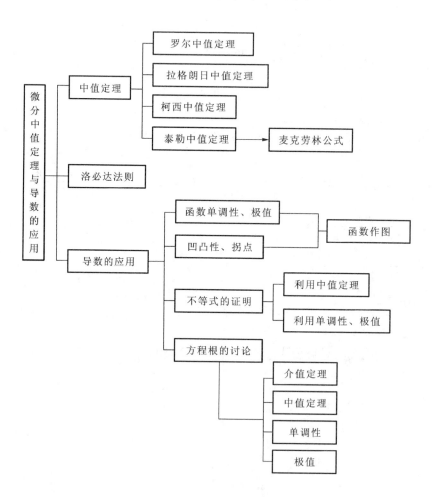

二、教学基本要求

(1) 理解并会用罗尔中值定理、拉格朗日中值定理和泰勒中值定理.
(2) 了解并会用柯西中值定理.
(3) 掌握用洛必达法则求未定式的方法.
(4) 理解函数极值的概念,掌握用导数判断函数的单调性和求函数极值的方法,掌握函数最大值和最小值的求法及其简单应用.
(5) 会用导数判断函数图形的凹凸性和拐点,会求函数图形的水平、铅直和斜渐近线,会描绘函数的图形.
(6) 掌握弧微分的概念,了解曲率和曲率半径的概念,会计算曲率和曲率半径.

三、主要内容解读

(一) 微分中值定理

1. 罗尔中值定理

如果函数 $f(x)$ 满足:
(1) $f(x)$ 在闭区间 $[a,b]$ 上连续.
(2) $f(x)$ 在开区间 (a,b) 内可导.
(3) 在区间端点处的函数值相等,即 $f(a)=f(b)$,

那么,在 (a,b) 内至少存在一点 ξ,使 $f'(\xi)=0$.

注 利用罗尔中值定理可以证明某些等式成立,还可以讨论方程的实根问题.

2. 拉格朗日中值定理

如果函数 $f(x)$ 满足:
(1) $f(x)$ 在闭区间 $[a,b]$ 上连续.
(2) $f(x)$ 在开区间 (a,b) 内可导,

那么,在 (a,b) 内至少存在一点 ξ,使 $f'(\xi)=\dfrac{f(b)-f(a)}{b-a}$,或 $f(b)-f(a)=f'(\xi)(b-a)$.

注 利用拉格朗日中值定理可以证明某些等式成立,还可以证明某些不等式.

由拉格朗日中值定理还可得如下推论:

如果函数 $f(x)$ 在开区间 I 内的导数恒为零,那么 $f(x)$ 在区间 I 内是一个常数.

注 利用此推论可证明一个函数恒为常数,还可证明两个函数相等.

例如,要证明函数 $f(x)=g(x)$,$x\in I$,先在 I 内证明 $f'(x)=g'(x)$,则 $f(x)=g(x)+C$,$x\in I$,其中 C 为常数.然后取一点 $x_0\in I$,代入得 $C=0$,即证得 $f(x)=g(x)$,$x\in I$.

3. 柯西中值定理

如果函数 $f(x)$ 及 $g(x)$ 满足：

(1) 在闭区间 $[a,b]$ 上连续.

(2) 在开区间 (a,b) 内可导.

(3) $g'(x) \neq 0$，$x \in (a,b)$，

那么，在 (a,b) 内至少存在一点 ξ，使 $\dfrac{f(b)-f(a)}{g(b)-g(a)} = \dfrac{f'(\xi)}{g'(\xi)}$.

注 利用柯西中值定理可以证明某些等式成立.

4. 泰勒中值定理

若函数 $f(x)$ 在含有 x_0 的某个开区间 (a,b) 内具有直到 $n+1$ 阶导数，则当 $x \in (a,b)$ 时，$f(x)$ 可以表示成

$$f(x) = f(x_0) + \frac{f'(x_0)}{1!}(x-x_0) + \frac{f''(x_0)}{2!}(x-x_0)^2 + \cdots + \frac{f^{(n)}(x_0)}{n!}(x-x_0)^n + R_n(x),$$

其中，

$$R_n(x) = \frac{f^{(n+1)}(\xi)}{(n+1)!}(x-x_0)^{n+1},$$

这里 ξ 是介于 x_0 与 x 之间的某个值. 此式称为函数 $f(x)$ 按 $(x-x_0)$ 的幂展开的带有拉格朗日型余项 $R_n(x)$ 的 n 阶泰勒公式.

$$f(x) = f(x_0) + \frac{f'(x_0)}{1!}(x-x_0) + \frac{f''(x_0)}{2!}(x-x_0)^2 + \cdots + \frac{f^{(n)}(x_0)}{n!}(x-x_0)^n + R_n(x),$$

其中，$R_n(x) = o[(x-x_0)^n]$ $(x \to x_0)$，此式称为函数 $f(x)$ 按 $(x-x_0)$ 的幂展开的带有佩亚诺型余项 $R_n(x)$ 的 n 阶泰勒公式.

在泰勒公式中，若 $x_0 = 0$，则 ξ 介于 0 与 x 之间，它可表示成 $\xi = \theta x$ $(0 < \theta < 1)$，于是

$$f(x) = f(0) + \frac{f'(0)}{1!}x + \frac{f''(0)}{2!}x^2 + \cdots + \frac{f^{(n)}(0)}{n!}x^n + \frac{f^{(n+1)}(\theta x)}{(n+1)!}x^{n+1} \quad (0 < \theta < 1),$$

称此式为带有拉格朗日型余项的麦克劳林公式，而

$$f(x) = f(0) + \frac{f'(0)}{1!}x + \frac{f''(0)}{2!}x^2 + \cdots + \frac{f^{(n)}(0)}{n!}x^n + o(x^n) \quad (0 < \theta < 1),$$

称此式为带有佩亚诺型余项的麦克劳林公式.

一些初等函数的麦克劳林公式：

(1) $e^x = 1 + \dfrac{x}{1!} + \dfrac{x^2}{2!} + \cdots + \dfrac{x^n}{n!} + \dfrac{x^{n+1}}{(n+1)!}e^{\xi}$，$e^x = 1 + \dfrac{x}{1!} + \dfrac{x^2}{2!} + \cdots + \dfrac{x^n}{n!} + o(x^n)$；

(2) $\sin x = x - \dfrac{x^3}{3!} + \dfrac{x^5}{5!} - \cdots + (-1)^{m-1}\dfrac{x^{2m-1}}{(2m-1)!} + \dfrac{(-1)^m \cos \xi}{(2m+1)!}x^{2m+1}$，

$$\sin x = x - \frac{x^3}{3!} + \frac{x^5}{5!} - \cdots + (-1)^{m-1}\frac{x^{2m-1}}{(2m-1)!} + o(x^{2m});$$

(3) $\cos x = 1 - \dfrac{x^2}{2!} + \dfrac{x^4}{4!} - \cdots + (-1)^m \dfrac{x^{2m}}{(2m)!} + \dfrac{(-1)^{m+1}\cos\xi}{(2m+2)!} x^{2m+2}$,

$$\cos x = 1 - \frac{x^2}{2!} + \frac{x^4}{4!} - \cdots + (-1)^m \frac{x^{2m}}{(2m)!} + o(x^{2m+1});$$

(4) $\ln(1+x) = x - \dfrac{x^2}{2} + \dfrac{x^3}{3} - \cdots + (-1)^{n-1}\dfrac{x^n}{n} + \dfrac{(-1)^n x^{n+1}}{(n+1)(1+\xi)^{n+1}}$,

$$\ln(1+x) = x - \frac{x^2}{2} + \frac{x^3}{3} - \cdots + (-1)^{n-1}\frac{x^n}{n} + o(x^n);$$

(5) $(1+x)^m = 1 + mx + \dfrac{m(m-1)}{2!}x^2 + \cdots + \dfrac{m(m-1)(m-2)\cdots(m-n+1)}{n!}x^n$

$$+ \frac{m(m-1)(m-2)\cdots(m-n)}{(n+1)!}(1+\xi)^{m-n-1}x^{n+1},$$

$$(1+x)^m = 1 + mx + \frac{m(m-1)}{2!}x^2 + \cdots + \frac{m(m-1)(m-2)\cdots(m-n+1)}{n!}x^n + o(x^n).$$

以上式中 ξ 在 0 与 x 之间.

注 利用泰勒公式进行近似计算,不仅可以提高近似计算的精度,而且可以估计误差. 除此以外,泰勒公式还可以用来证明等式或不等式,以及求函数的极限.

四个中值定理之间的关系如下图所示.

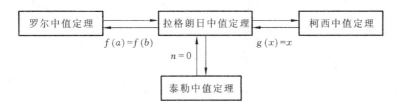

(二) 洛必达法则

两个无穷小量比值的极限或两个无穷大量比值的极限可能存在,也可能不存在. 一般称这种极限为未定式,并分别记为 $\dfrac{0}{0}$ 型和 $\dfrac{\infty}{\infty}$ 型.

设函数 $f(x)$ 和 $g(x)$ 满足:

(1) 当 $x \to a$ 时,函数 $f(x)$ 和 $g(x)$ 都趋于零.

(2) $f(x)$ 和 $g(x)$ 在点 a 的某去心邻域内可导,且 $g'(x) \neq 0$.

(3) $\lim\limits_{x \to a} \dfrac{f'(x)}{g'(x)}$ 存在(或为无穷大),

则

$$\lim_{x \to a} \frac{f(x)}{g(x)} = \lim_{x \to a} \frac{f'(x)}{g'(x)}.$$

这种在一定条件下通过分子、分母分别求导再求极限来确定未定式的值的方法称为洛必达法则.

注 (1) 若导函数比的极限仍为 $\dfrac{0}{0}$ 型或 $\dfrac{\infty}{\infty}$ 型未定式,且满足上述定理中的条件,则可继续使用洛必达法则.

(2) 只有 $\dfrac{0}{0}$ 型或 $\dfrac{\infty}{\infty}$ 型未定式,才可以直接使用洛必达法则;对于其他几种类型未定式,如 $0\cdot\infty$,$\infty-\infty$,1^{∞},0^{0},∞^{0} 等,应先将其化为 $\dfrac{0}{0}$ 型或 $\dfrac{\infty}{\infty}$ 型未定式后再用洛必达法则来计算.

(3) 洛必达法则是充分条件,即由 $\lim\limits_{x\to a}\dfrac{f'(x)}{g'(x)}=A$ 推出 $\lim\limits_{x\to a}\dfrac{f(x)}{g(x)}=A$,但不能简单地由 $\lim\limits_{x\to a}\dfrac{f(x)}{g(x)}=A$ 推出 $\lim\limits_{x\to a}\dfrac{f'(x)}{g'(x)}=A$.

(4) 若洛必达法则的条件不满足,则不能用洛必达法则求 $\lim\limits_{x\to a}\dfrac{f(x)}{g(x)}$,这时必须考虑其他的方法.

(5) 在求函数的极限时,为简化计算,常可将洛必达法则与其他求极限的方法结合使用,如等价无穷小代换的方法等.

(6) 洛必达法则并非是计算函数极限的万能方法,有时,用洛必达法则求极限会出现循环的现象. 例如,极限 $\lim\limits_{x\to+\infty}\dfrac{\sqrt{1+x^2}}{x}$,$\lim\limits_{x\to+\infty}\dfrac{e^x+e^{-x}}{e^x-e^{-x}}$ 等.

(三) 函数的单调性、极值与最值

1. 函数单调性

判别定理 设 $f(x)$ 在区间 I 上连续,在 I^o 内可导,那么

(1) 若对任意 $x\in I^o$,$f'(x)>0$,则 $f(x)$ 在区间 I 上单调增加.

(2) 若对任意 $x\in I^o$,$f'(x)<0$,则 $f(x)$ 在区间 I 上单调减少.

注 (1) 此定理中的区间 I 可以是有限区间,也可以是无限区间;可以是开区间、闭区间或者半开区间. I^o 表示区间内部,即将区间的端点去掉(如果有端点的话).

(2) 此定理给出的仅仅是判别函数单调性的充分条件,不是必要条件,即不能由函数 $f(x)$ 单调增加(或单调减少)推得 $f'(x)>0$ (或 $f'(x)<0$),只能推得 $f'(x)\geqslant 0$ (或 $f'(x)\leqslant 0$).

(3) 如果函数在定义区间上连续,除去有限个导数不存在的点外导数存在且连续,那么只要用方程 $f'(x)=0$ 的根及 $f'(x)$ 不存在的点来划分函数 $f(x)$ 的定义区间,就能保证 $f'(x)$ 在各个部分区间内保持同一符号,从而函数 $f(x)$ 在每个部分区间上单调.

(4) 一般地,如果 $f'(x)$ 在某区间内的有限个点处为零,在其余各点处均为正(或为负),那么 $f(x)$ 在该区间上仍旧是单调增加(或单调减少)的.

(5) 利用函数的单调性可以讨论方程的实根问题，还可以证明不等式．

2．函数的极值

1) 极值的定义

设函数 $f(x)$ 在点 x_0 的某邻域 $U(x_0,\delta)$ 内有定义，如果对于去心邻域 $\mathring{U}(x_0,\delta)$ 内的任意 x 有 $f(x)<f(x_0)$（或 $f(x)>f(x_0)$），则称 $f(x_0)$ 是函数 $f(x)$ 的一个极大值(或极小值)．函数的极大值和极小值统称为极值，使函数取得极值的点称为极值点．

注 极值是一个局部概念．如果 $f(x_0)$ 是函数 $f(x)$ 的一个极大值，那只是对于点 x_0 的某个邻域来说，$f(x_0)$ 是 $f(x)$ 的最大值，但对于 $f(x)$ 的整个定义域来说，$f(x_0)$ 不一定是最大的．

2) 函数取得极值的必要条件

若函数 $f(x)$ 在点 x_0 可导，且在点 x_0 处取得极值，则 $f'(x_0)=0$．

通常将导数为零的点称为函数的驻点(或稳定点、临界点)．

注 可导函数的极值点必定是它的驻点，反之不一定成立．另外，导数不存在的点也可能是函数的极值点．

3) 函数取得极值的充分条件

第一充分条件 设函数 $f(x)$ 在点 x_0 连续，且在 x_0 的一个去心邻域 $\mathring{U}(x_0,\delta)$ 内可导，如果当 $x\in(x_0-\delta,x_0)$ 时，$f'(x)>0$，当 $x\in(x_0,x_0+\delta)$ 时，$f'(x)<0$，则 $f(x)$ 在点 x_0 处取得极大值；如果当 $x\in(x_0-\delta,x_0)$ 时，$f'(x)<0$，当 $x\in(x_0,x_0+\delta)$ 时，$f'(x)>0$，则 $f(x)$ 在点 x_0 处取得极小值；如果当 $x\in\mathring{U}(x_0,\delta)$ 时，$f'(x)$ 符号保持不变，则 $f(x)$ 在点 x_0 处没有极值．

注 求连续函数 $y=f(x)$ 的极值的一般步骤为：先求导数 $f'(x)$，然后求 $f(x)$ 的全部驻点与不可导点，并分别考察 $f'(x)$ 在每个驻点或不可导点的左、右邻近的符号，通过第一充分条件来确定该点是否为极值点，是极大值点还是极小值点，最后求出各极值点处的函数值，得到函数的全部极值．

第二充分条件 如果函数 $f(x)$ 在点 x_0 处具有二阶导数，且 $f'(x_0)=0$，$f''(x_0)\neq 0$，那么，当 $f''(x_0)<0$ 时，函数 $f(x)$ 在点 x_0 处取得极大值；当 $f''(x_0)>0$ 时，函数 $f(x)$ 在点 x_0 处取得极小值．

注 若函数 $f(x)$ 在驻点处的二阶导数 $f''(x_0)=0$，则 x_0 可能是极值点，也可能不是极值点．这时，第二充分条件失效，可使用第一充分条件来判定．

推论 设 $f'(x_0)=f''(x_0)=\cdots=f^{n-1}(x_0)=0$，$f^{(n)}(x_0)\neq 0$，$n=2,3,\cdots$，当 n 为偶数时，$f(x)$ 有极值，且若 $f^{(n)}(x_0)<0$，$f(x_0)$ 是 $f(x)$ 的极大值，若 $f^{(n)}(x_0)>0$，$f(x_0)$ 是 $f(x)$ 的极小值；当 n 为奇数时，$f(x_0)$ 不是 $f(x)$ 的极值．

3. 函数的最大值、最小值

若函数 $f(x)$ 在闭区间 $[a,b]$ 上连续，则 $f(x)$ 在 $[a,b]$ 上一定有最大值和最小值．可通过如下步骤求连续函数 $f(x)$ 在闭区间 $[a,b]$ 上的最大值和最小值：

(1) 求函数 $f(x)$ 在 (a,b) 内的所有驻点和不可导点．

(2) 计算驻点、不可导点及区间端点处的函数值，比较其大小，其中最大的就是 $f(x)$ 在 $[a,b]$ 上的最大值，最小的就是 $f(x)$ 在 $[a,b]$ 上的最小值．

如果 $f(x)$ 在一个区间(有限或无限，开或闭)内可导且只有一个驻点 x_0，并且这个驻点 x_0 是函数 $f(x)$ 的极值点，那么，当 $f(x_0)$ 是极大值时，$f(x_0)$ 就是 $f(x)$ 在该区间上的最大值；当 $f(x_0)$ 是极小值时，$f(x_0)$ 就是 $f(x)$ 在该区间上的最小值．

在实际问题中，往往根据问题的性质就可断定可导函数 $f(x)$ 有最大值或最小值，而且一定在区间内取得．这时如果 $f(x)$ 在定义区间内只有一个驻点 x_0，那么不必讨论 $f(x_0)$ 是否为极值，就可以断定 $f(x_0)$ 是最大值或最小值．

(四) 函数图形的凹凸性、渐近线

1. 函数图形的凹凸性与拐点

定义 设函数 $f(x)$ 在区间 I 上连续，如果对 I 上任意两点 x_1, x_2，恒有

$$f\left(\frac{x_1+x_2}{2}\right) < \frac{f(x_1)+f(x_2)}{2},$$

则称函数 $f(x)$ 在 I 上的图形是凹的；如果恒有

$$f\left(\frac{x_1+x_2}{2}\right) > \frac{f(x_1)+f(x_2)}{2},$$

则称函数 $f(x)$ 在 I 上的图形是凸的．

函数图形凹凸性的判别法 设函数 $f(x)$ 在 I 上连续，在 I^o 内有二阶导数，

(1) 若对任意 $x \in I^o$，$f''(x) > 0$，则 $f(x)$ 的图形在 I 上是凹的．

(2) 若对任意 $x \in I^o$，$f''(x) < 0$，则 $f(x)$ 的图形在 I 上是凸的．

定义 设函数 $y = f(x)$ 在区间 I 上连续，$x_0 \in I^o$，其图形在点 x_0 的左、右两侧的凹凸性相反，则称点 $(x_0, f(x_0))$ 为曲线 $y = f(x)$ 的一个拐点．

如果函数 $y = f(x)$ 在定义区间上具有二阶连续导数，那么只要用 $f''(x) = 0$ 或 $f''(x)$ 不存在的点作为分界点，来划分函数 $f(x)$ 的定义区间，就能保证 $f''(x)$ 在各个部分区间内保持同一符号，从而函数 $f(x)$ 的图形在每个部分区间上具有相同的弯曲方向．判断 $f''(x)$ 在某一个分界点 x_0 左、右两侧邻近的符号，当两侧的符号相反时，点 $(x_0, f(x_0))$ 是拐点，当两侧的符号相同时，点 $(x_0, f(x_0))$ 不是拐点．

2. 曲线的渐近线

定义 设函数 $f(x)$ 的定义域含有无限区间 $(a, +\infty)$，若 $\lim\limits_{x \to +\infty}[f(x)-(kx+b)] = 0$，则

称直线 $y=kx+b$ 是曲线 $y=f(x)$ 当 $x\to+\infty$ 时的斜渐近线,当 $k=0$ 时,称直线 $y=b$ 是曲线 $y=f(x)$ 的水平渐近线.

若直线 $y=kx+b$ 是曲线 $y=f(x)$ 当 $x\to+\infty$ 时的一条斜渐近线,则由定义得
$$k=\lim_{x\to+\infty}\frac{f(x)}{x},\qquad b=\lim_{x\to+\infty}[f(x)-kx].$$

类似可定义 $x\to-\infty$(或 $x\to\infty$)时的斜渐近线.

如果当 $x\to x_0$(或 $x\to x_0^-$,$x\to x_0^+$)时,$f(x)\to\infty$,则称直线 $x=x_0$ 是曲线 $y=f(x)$ 的一条垂直渐近线.

(五) 曲率

1. 弧微分

(1) 在直角坐标系中,如果曲线 $y=f(x)$ 在 (a,b) 内的每一点处都有能连续转动的切线,则称曲线 $y=f(x)$ 为光滑曲线,弧微分为 $ds=\sqrt{1+(y')^2}\,dx$ 或 $ds=\sqrt{(dx)^2+(dy)^2}$.

(2) 若曲线由参数方程 $\begin{cases}x=\varphi(t),\\ y=\psi(t)\end{cases}$ 表示,则弧微分为 $ds=\sqrt{[\varphi'(t)]^2+[\psi'(t)]^2}\,dt$.

(3) 在极坐标系下,若曲线由极坐标方程 $\rho=\rho(\theta)$ 表示,则弧微分为
$$ds=\sqrt{\rho^2(\theta)+[\rho'(\theta)]^2}\,d\theta.$$

2. 曲率及其计算公式

1) 定义

设 M,N 是光滑曲线 $y=f(x)$ 上的两点,当点 M 沿曲线移动到点 N 时,切线相应的转角为 $\Delta\alpha$,曲线弧 $\widehat{MN}$ 的长为 Δs. 若 $\lim\limits_{\Delta s\to 0}\left|\dfrac{\Delta\alpha}{\Delta s}\right|$ 存在,则称 $\lim\limits_{\Delta s\to 0}\left|\dfrac{\Delta\alpha}{\Delta s}\right|$ 为曲线 $y=f(x)$ 在点 M 处的曲率,记为 K,即 $K=\lim\limits_{\Delta s\to 0}\left|\dfrac{\Delta\alpha}{\Delta s}\right|$. 在 $\lim\limits_{\Delta s\to 0}\dfrac{\Delta\alpha}{\Delta s}=\dfrac{d\alpha}{ds}$ 存在的条件下,K 可表示为
$$K=\left|\frac{d\alpha}{ds}\right|.$$

2) 计算公式

(1) 在直角坐标系下,设函数 $y=f(x)$ 的二阶导数存在,则曲率的计算公式为
$$K=\frac{|y''|}{[1+(y')^2]^{\frac{3}{2}}}.$$

(2) 若曲线由参数方程 $\begin{cases}x=\varphi(t),\\ y=\psi(t)\end{cases}$ 表示,则曲率的计算公式为
$$K=\frac{|\varphi'(t)\psi''(t)-\varphi''(t)\psi'(t)|}{\{[\varphi'(t)]^2+[\psi'(t)]^2\}^{\frac{3}{2}}}.$$

注 曲率是描述曲线的弯曲程度的,直线的曲率为零,圆的曲率为它半径的倒数.

3) 曲率圆

设曲线 $y=f(x)$ 在点 $M(x,y)$ 处的曲率为 $K(K\neq 0)$. 在点 M 处的曲线的法线上，在凹的一侧取一点 D，使 $|DM|=\dfrac{1}{K}=\rho$. 以 D 为圆心，ρ 为半径所作的圆称为曲线 $y=f(x)$ 在点 M 处的曲率圆，曲率圆的圆心 D 称为曲线在点 M 处的曲率中心，曲率圆的半径 ρ 称为曲线在点 M 处的曲率半径.

曲率圆与曲线在点 M 处有相同的切线和曲率，且在点 M 邻近处凹凸性相同. 因此，在工程上常用曲率圆在点 M 邻近的一段圆弧来近似代替小曲线弧.

四、典型例题解析

例1 下列四个函数中，在 $[-1,1]$ 上满足罗尔中值定理条件的函数是(　　).

A. $y=8|x|+1$　　B. $y=4x^2+1$　　C. $y=\dfrac{1}{x^2}$　　D. $y=|\sin x|$

思路分析 看函数是否满足罗尔中值定理条件，即考虑函数在该闭区间上是否连续，开区间内是否可导，左、右端点处函数值是否相等.

解 选项 A 中，函数 $y=8|x|+1$ 在 $x=0$ 处不可导；

选项 C 中，函数 $y=\dfrac{1}{x^2}$ 在 $x=0$ 处不连续；

选项 D 中，函数 $y=|\sin x|$ 在 $x=0$ 处不可导；

仅有选项 B 满足罗尔中值定理条件.

例2 函数 $f(x)=\sqrt[3]{8x-x^2}$，则(　　).

A. 在任意闭区间 $[a,b]$ 上罗尔中值定理都成立

B. 在 $[0,8]$ 上罗尔中值定理不成立

C. 在 $[0,8]$ 上罗尔中值定理成立

D. 在任意闭区间上罗尔中值定理都不成立

解 $f(x)=\sqrt[3]{8x-x^2}$，$f'(x)=\dfrac{8-2x}{3\sqrt[3]{(8x-x^2)^2}}$，显然函数在 $x=0$ 与 $x=8$ 处导数不存在，于是选项 A 错误；因为 $f(x)$ 在 $[0,8]$ 上连续且在 $(0,8)$ 内可导，$f(0)=f(8)=0$，所以函数在 $[0,8]$ 上罗尔中值定理成立，选项 C 正确.

例3 下列函数中在 $[1,e]$ 上满足拉格朗日中值定理条件的是(　　).

A. $\ln(\ln x)$　　B. $\ln x$　　C. $\dfrac{1}{\ln x}$　　D. $\ln(2-x)$

思路分析 看函数在 $[1,e]$ 上是否满足拉格朗日中值定理条件，就是考虑函数在该闭区间上是否连续，开区间内是否可导.

解 显然函数 $\ln(\ln x)$，$\dfrac{1}{\ln x}$ 在 $x=1$ 处不是右连续的，$\ln(2-x)$ 在 $x=e$ 处没有定义，均不满足拉格朗日中值定理条件. 选项 B 正确.

小结 这类判断函数是否满足中值定理条件的问题，都可以转化为判断函数在相应区间是否连续或可导.

例 4 设 $f(x)$ 在 $[0,1]$ 上可导，且 $0 < f(x) < 1$，对于任何 $x \in (0,1)$，都有 $f'(x) \neq 1$，试证：在 $(0,1)$ 内，有且仅有一个数 x，使 $f(x) = x$.

思路分析 先考虑介值定理或零点定理判断出至少有一个值满足要求，再通过假设存在满足要求的另一个值，利用中值定理推导出矛盾，从而说明有且仅有一个值满足要求.

证 首先证明存在性.

令 $F(x) = f(x) - x$，因为 $F(x)$ 在 $[0,1]$ 上连续，且 $F(0) = f(0) > 0$，$F(1) = f(1) - 1 < 0$，则由零点定理，在 $(0,1)$ 内至少存在一点 x，使

$$F(x) = f(x) - x = 0,$$

即 $f(x) = x$.

其次证明唯一性. 设在 $(0,1)$ 内存在两个点 x_1 与 x_2，且 $x_1 < x_2$，使 $f(x_1) = x_1$，$f(x_2) = x_2$，在 $[x_1, x_2]$ 上运用拉格朗日中值定理，则有 $\xi \in (x_1, x_2) \subset (0,1)$，使

$$f'(\xi) = \frac{f(x_2) - f(x_1)}{x_2 - x_1} = \frac{x_2 - x_1}{x_2 - x_1} = 1,$$

这与题设 $f'(x) \neq 1$ 矛盾，故有且仅有一个 x，使 $f(x) = x$.

例 5 证明方程 $1 + x + \dfrac{x^2}{2} + \dfrac{x^3}{6} = 0$ 有且仅有一个实根.

证 设 $f(x) = 1 + x + \dfrac{x^2}{2} + \dfrac{x^3}{6}$，则 $f(0) = 1 > 0$，$f(-2) = -\dfrac{1}{3} < 0$，根据零点定理，至少存在一个 $\xi \in (-2, 0)$，使 $f(\xi) = 0$. 另外，假设有 $x_1, x_2 \in (-\infty, +\infty)$，且 $x_1 < x_2$，使 $f(x_1) = f(x_2) = 0$，根据罗尔中值定理，存在 $\eta \in (x_1, x_2)$ 使 $f'(\eta) = 0$，即 $1 + \eta + \dfrac{1}{2}\eta^2 = 0$，这与 $1 + \eta + \dfrac{1}{2}\eta^2 > 0$ 矛盾. 故方程 $1 + x + \dfrac{x^2}{2} + \dfrac{x^3}{6} = 0$ 有且仅有一个实根.

小结 证明方程在某区间上有且仅有一个实根，首先利用零点定理找到至少有一根，然后假设有另外的根，再利用罗尔中值定理推出与题设矛盾的结论，从而证明根的唯一性.

例 6 求 $\lim\limits_{n \to \infty} \dfrac{\arctan \dfrac{1}{n} - \arctan \dfrac{1}{n+1}}{\dfrac{1}{n} - \dfrac{1}{n+1}}$.

解 令 $F(x) = \arctan x$，则 $F(x)$ 在 $\left[\dfrac{1}{n+1}, \dfrac{1}{n}\right]$ 上连续，在 $\left(\dfrac{1}{n+1}, \dfrac{1}{n}\right)$ 内可导，故由拉格朗日中值定理知，存在一点 ξ，使

$$F'(\xi) = \frac{\arctan\dfrac{1}{n} - \arctan\dfrac{1}{n+1}}{\dfrac{1}{n} - \dfrac{1}{n+1}},$$

当 $n \to \infty$ 时，则 $\xi \to 0$，故

$$\lim_{n\to\infty}\frac{\arctan\dfrac{1}{n} - \arctan\dfrac{1}{n+1}}{\dfrac{1}{n} - \dfrac{1}{n+1}} = \lim_{\xi\to 0} f'(\xi) = \lim_{\xi\to 0}\frac{1}{1+\xi^2} = 1.$$

小结 从 $\dfrac{\arctan\dfrac{1}{n} - \arctan\dfrac{1}{n+1}}{\dfrac{1}{n} - \dfrac{1}{n+1}}$ 形式中发现该式符合拉格朗日中值定理的结论，故可尝试用拉格朗日中值定理来证明，需要构造辅助函数 $F(x) = \arctan x$，验证条件即可.

例7 设 $f(x)$ 在 $[1,2]$ 上具有二阶导数 $f''(x)$，且 $f(1) = f(2) = 0$，如果 $F(x) = (x-1)f(x)$，证明至少存在一点 $\xi \in (1,2)$，使 $F''(\xi) = 0$.

证 由题设知 $F(x)$ 在 $[1,2]$ 上满足罗尔中值定理条件，则至少存在一点 $a \in (1,2)$，使 $F'(a) = 0$. 因为 $F'(x) = f(x) + (x-1)f'(x)$，则由题设知 $F'(x)$ 在 $[1,a]$ 上连续，在 $(1,a)$ 内可导，且 $F'(1) = f(1) = 0$，故 $F'(x)$ 在 $[1,a]$ 上满足罗尔中值定理条件，则至少存在一点 $\xi \in (1,a) \subset (1,2)$，使 $F''(\xi) = 0$.

例8 设 $f(x)$ 在 $[a,b]$ 上连续，在 (a,b) 内二阶可导且 $f(a) = f(b) = 0$，且存在点 $c \in (a,b)$，使 $f(c) > 0$，试证至少存在一点 $\xi \in (a,b)$，使 $f''(\xi) < 0$.

证 $f(x)$ 在 $[a,c]$ 及 $[c,b]$ 上都满足拉格朗日中值定理条件，则存在 $\alpha \in (a,c)$，$\beta \in (c,b)$，使

$$f'(\alpha) = \frac{f(c) - f(a)}{c - a} = \frac{f(c)}{c - a},$$

$$f'(\beta) = \frac{f(b) - f(c)}{b - c} = -\frac{f(c)}{b - c}.$$

因为 $f(c) > 0$，则 $f'(\alpha) > 0$，$f'(\beta) < 0$，又因为 $f(x)$ 在 (a,b) 内二阶可导，则 $f'(x)$ 在 $[\alpha,\beta]$ 上满足拉格朗日中值定理条件，故至少存在一点 $\xi \in (\alpha,\beta) \subset (a,b)$，使

$$f''(\xi) = \frac{f'(\beta) - f'(\alpha)}{\beta - \alpha} < 0.$$

小结 当欲证"至少存在一点 $\xi \in (a,b)$，使什么成立"时，一般都考虑使用中值定理，必要时构造辅助函数，再去验证相应的条件，最后通过公式可得所需要的结论.

例9 设函数 $f(x)$ 在 $[a,b]$ 上连续，在 (a,b) 内可导，且 $f'(x) \neq 0$，证明存在 $\xi, \eta \in (a,b)$，使 $\dfrac{f'(\xi)}{f'(\eta)} = \dfrac{e^b - e^a}{b - a} \cdot e^{-\eta}$.

思路分析 把所证等式变形，使含 ξ, η 的表达式各在等式的一边，

$$\frac{f'(\eta)}{e^\eta} = \frac{b - a}{e^b - e^a} \cdot f'(\xi),$$

对照中值公式可以看出，上式左端是柯西中值定理中含中值的一端，涉及的两个函数是 $f(x)$ 和 $g(x)=e^x$，故可考虑从上式左端出发，利用柯西中值定理证明．

证 显然函数 $f(x)$ 和 $g(x)=e^x$ 在 $[a,b]$ 上满足柯西中值定理的条件，于是存在 $\eta\in(a,b)$，使 $\dfrac{f'(\eta)}{e^\eta}=\dfrac{f(b)-f(a)}{e^b-e^a}$．再由拉格朗日中值定理，存在 $\xi\in(a,b)$，使

$$f(b)-f(a)=f'(\xi)(b-a).$$

因此，

$$\frac{f'(\eta)}{e^\eta}=\frac{f(b)-f(a)}{e^b-e^a}=\frac{b-a}{e^b-e^a}\cdot f'(\xi),$$

即存在 $\xi,\eta\in(a,b)$，使

$$\frac{f'(\xi)}{f'(\eta)}=\frac{e^b-e^a}{b-a}\cdot e^{-\eta}.$$

例 10 求极限 $\lim\limits_{x\to 0}\dfrac{x^2\sin\dfrac{1}{x}}{\sin x}$ 时，下列各种解法正确的是( )．

A．用洛必达法则后，求得极限为 0

B．因为 $\lim\limits_{x\to 0}\dfrac{1}{x}$ 不存在，所以上述极限不存在

C．原式 $=\lim\limits_{x\to 0}\dfrac{x}{\sin x}\cdot x\sin\dfrac{1}{x}=0$

D．因为不能用洛必达法则，故极限不存在

解 极限 $\lim\limits_{x\to 0}\dfrac{x^2\sin\dfrac{1}{x}}{\sin x}$ 属于 $\dfrac{0}{0}$ 型未定式，且分子 $x^2\sin\dfrac{1}{x}$、分母 $\sin x$ 在 $x=0$ 的去心邻域内可导，但

$$\lim_{x\to 0}\frac{\left(x^2\sin\dfrac{1}{x}\right)'}{(\sin x)'}=\lim_{x\to 0}\frac{2x\sin\dfrac{1}{x}-\cos\dfrac{1}{x}}{\cos x},$$

此极限不存在，也不为 ∞，故不能用洛必达法则．又因为

$$\lim_{x\to 0}\frac{x^2\sin\dfrac{1}{x}}{\sin x}=\lim_{x\to 0}\frac{x}{\sin x}\cdot x\sin\dfrac{1}{x}=0,$$

极限是存在的．选项 C 正确．

例 11 求 $\lim\limits_{x\to 0}\dfrac{x-\ln(1+x)}{x^2}$．

思路分析 该极限是 $\dfrac{0}{0}$ 型，直接使用洛必达法则．

解 $\lim\limits_{x\to 0}\dfrac{x-\ln(1+x)}{x^2}\stackrel{\frac{0}{0}\text{型}}{=}\lim\limits_{x\to 0}\dfrac{1-\dfrac{1}{1+x}}{2x}=\lim\limits_{x\to 0}\dfrac{1}{2(1+x)}=\dfrac{1}{2}$．

例 12 求 $\lim\limits_{x\to 0}\left[\dfrac{1}{\ln(1+x)}-\dfrac{1}{x}\right]$.

思路分析 该极限是 $\infty-\infty$ 型, 先通分转化为 $\dfrac{0}{0}$ 型, 使用等价无穷小代换后, 再使用洛必达法则.

解 $\lim\limits_{x\to 0}\left[\dfrac{1}{\ln(1+x)}-\dfrac{1}{x}\right]=\lim\limits_{x\to 0}\dfrac{x-\ln(1+x)}{x\ln(1+x)}=\lim\limits_{x\to 0}\dfrac{x-\ln(1+x)}{x^2}$.

由例 11 知, $\lim\limits_{x\to 0}\left[\dfrac{1}{\ln(1+x)}-\dfrac{1}{x}\right]=\dfrac{1}{2}$.

例 13 求 $\lim\limits_{x\to\frac{\pi}{6}}\dfrac{1-2\sin x}{\cos 3x}$.

思路分析 该极限是 $\dfrac{0}{0}$ 型, 直接使用洛必达法则.

解 $\lim\limits_{x\to\frac{\pi}{6}}\dfrac{1-2\sin x}{\cos 3x}\xlongequal{\frac{0}{0}\text{型}}\lim\limits_{x\to\frac{\pi}{6}}\dfrac{-2\cos x}{-3\sin 3x}=\dfrac{\sqrt{3}}{3}$.

例 14 求 $\lim\limits_{x\to 0}(1+x^2)^{\frac{1}{x}}$.

思路分析 该极限是 1^∞ 型, 可先取对数, 转化为 $\dfrac{0}{0}$ 型, 再使用洛必达法则.

解 令 $y=(1+x^2)^{\frac{1}{x}}$, 则 $\ln y=\dfrac{\ln(1+x^2)}{x}$, 因为

$$\lim_{x\to 0}\dfrac{\ln(1+x^2)}{x}\xlongequal{\frac{0}{0}\text{型}}\lim_{x\to 0}\dfrac{2x}{1+x^2}=0,$$

所以

$$\lim_{x\to 0}(1+x^2)^{\frac{1}{x}}=\mathrm{e}^0=1.$$

例 15 求 $\lim\limits_{x\to+\infty}\left(\dfrac{\pi}{2}-\arctan x\right)^{\frac{1}{\ln x}}$.

思路分析 该极限是 0^0 型, 可先取对数, 转化为 $\dfrac{0}{0}$ 型或 $\dfrac{\infty}{\infty}$ 型, 再使用洛必达法则.

解 $\lim\limits_{x\to+\infty}\left(\dfrac{\pi}{2}-\arctan x\right)^{\frac{1}{\ln x}}=\lim\limits_{x\to+\infty}\mathrm{e}^{\frac{\ln\left(\frac{\pi}{2}-\arctan x\right)}{\ln x}}=\mathrm{e}^{\lim\limits_{x\to+\infty}\frac{\ln\left(\frac{\pi}{2}-\arctan x\right)}{\ln x}}$

$=\mathrm{e}^{\lim\limits_{x\to+\infty}\frac{\frac{x}{1+x^2}}{\frac{\pi}{2}-\arctan x}}=\mathrm{e}^{\lim\limits_{x\to+\infty}\frac{\frac{1-x^2}{(1+x^2)^2}}{\frac{1}{1+x^2}}}=\mathrm{e}^{\lim\limits_{x\to+\infty}\frac{1-x^2}{1+x^2}}=\mathrm{e}^{-1}$.

例 16 求 $\lim\limits_{x\to 0}\dfrac{e^x-e^{\sin x}}{x-\sin x}$.

思路分析 该极限是 $\dfrac{0}{0}$ 型,直接使用洛必达法则比较复杂,可先对函数进行适当变形之后再利用等价无穷小代换求解.

解 $\lim\limits_{x\to 0}\dfrac{e^x-e^{\sin x}}{x-\sin x}=\lim\limits_{x\to 0}e^{\sin x}\dfrac{e^{x-\sin x}-1}{x-\sin x}=\lim\limits_{x\to 0}\dfrac{x-\sin x}{x-\sin x}=1$.

例 17 求 $\lim\limits_{x\to 0}\dfrac{e^x-\sin x-1}{1-\sqrt{1-x^2}}$.

思路分析 该极限是 $\dfrac{0}{0}$ 型,考虑到直接使用洛必达法则时,分母中含有根号 $\sqrt{1-x^2}$,求导后形式更复杂,故可将其进行等价无穷小代换后再应用洛必达法则.

解 $\lim\limits_{x\to 0}\dfrac{e^x-\sin x-1}{1-\sqrt{1-x^2}}=\lim\limits_{x\to 0}\dfrac{2(e^x-\sin x-1)}{x^2}$

$\xlongequal{\frac{0}{0}\text{型}}\lim\limits_{x\to 0}\dfrac{e^x-\cos x}{x}\xlongequal{\frac{0}{0}\text{型}}\lim(e^x+\sin x)=1$.

例 18 求 $\lim\limits_{x\to 1}\dfrac{(x^{3x-2}-x)\sin 2(x-1)}{(x-1)^3}$.

思路分析 该极限是 $\dfrac{0}{0}$ 型,可直接使用洛必达法则,但计算较繁杂,可以先进行等价无穷小代换.

解 $\lim\limits_{x\to 1}\dfrac{(x^{3x-2}-x)\sin 2(x-1)}{(x-1)^3}=\lim\limits_{x\to 1}\dfrac{x[x^{3(x-1)}-1]\cdot 2(x-1)}{(x-1)^3}=2\lim\limits_{x\to 1}\dfrac{e^{3(x-1)\ln x}-1}{(x-1)^2}$

$=2\lim\limits_{x\to 1}\dfrac{3(x-1)\ln x}{(x-1)^2}=6\lim\limits_{x\to 1}\dfrac{\ln x}{x-1}\xlongequal{\frac{0}{0}\text{型}}6\lim\limits_{x\to 1}\dfrac{1}{x}=6$.

小结 当满足洛必达法则条件时,就可以尝试使用洛必达法则,但在使用该法则时,应尽量使用等价无穷小代换,以简化计算过程.

例 19 求函数 $y=x^3-3x^2-9x+14$ 的单调区间.

思路分析 求单调区间一般直接通过导数的符号来判断.

解 因为 $y'=3x^2-6x-9=3(x+1)(x-3)$,令 $y'=0$,得驻点为 $x=-1$ 或 $x=3$. 所以当 $x<-1$ 时,$y'>0$;当 $-1<x<3$ 时,$y'<0$;当 $x>3$ 时,$y'>0$. 故函数 y 的单调增加区间为 $(-\infty,-1]$ 和 $[3,+\infty)$,单调减少区间为 $[-1,3]$.

例 20 求函数 $y=2e^x+e^{-x}$ 的极值.

解 因为 $y'=2e^x-e^{-x}$,令 $y'=0$,得驻点为 $x=-\dfrac{1}{2}\ln 2$. 当 $x<-\dfrac{1}{2}\ln 2$ 时,$y'<0$,从而 y 单调减少,当 $x>-\dfrac{1}{2}\ln 2$ 时,$y'>0$,从而 y 单调增加,故 $x=-\dfrac{1}{2}\ln 2$ 时,y 取极小值 $2\sqrt{2}$.

例21 求函数 $y = \dfrac{\ln^2 x}{x}$ 的单调区间与极值.

解 函数 $y = f(x) = \dfrac{\ln^2 x}{x}$ 的定义域为 $(0, +\infty)$，因为 $y' = \dfrac{(2-\ln x)\ln x}{x^2}$，令 $y' = 0$，得驻点为 $x = 1$ 或 $x = e^2$，列表如下：

x	$(0,1)$	1	$(1, e^2)$	e^2	$(e^2, +\infty)$
y'	$-$		$+$		$-$
y	↘	极小值 0	↗	极大值 $\dfrac{4}{e^2}$	↘

故函数 $y = \dfrac{\ln^2 x}{x}$ 的单调增加区间为 $[1, e^2]$，单调减少区间为 $(0,1]$ 和 $[e^2, +\infty)$，极大值为 $f(e^2) = \dfrac{4}{e^2}$，极小值为 $f(1) = 0$.

例22 求内接于椭圆 $\dfrac{x^2}{a^2} + \dfrac{y^2}{b^2} = 1$，且面积最大的矩形的边长.

解 设矩形在第一象限的顶点坐标为 (x, y)，令
$$\begin{cases} x = a\cos\theta, \\ y = b\sin\theta, \end{cases} \quad 0 < \theta < \dfrac{\pi}{2},$$
故矩形面积为
$$S = 4xy = 4ab\sin\theta\cos\theta = 2ab\sin 2\theta,$$
当 $\theta = \dfrac{\pi}{4}$ 时，S 取最大值 $2ab$，矩形边长分别为 $2x = \sqrt{2}a$ 和 $2y = \sqrt{2}b$.

例23 函数 $y = ax^3 + bx^2 + cx + d$ $(a > 0)$ 的系数满足什么关系时，这个函数没有极值.

解 $y' = 3ax^2 + 2bx + c$，因 $a > 0$，则 y' 是开口向上的抛物线. 要使 y 没有极值，则必须使 y 在 $(-\infty, +\infty)$ 单调增加或单调减少，即必须满足 $y' > 0$ 或 $y' < 0$，故只有当 $(2b)^2 - 4 \cdot 3ac < 0$ 时，才能使 $y' > 0$ 成立，即当 $b^2 < 3ac$ 时，y 没有极值.

例24 试证当 $a + b + 1 > 0$ 时，$f(x) = \dfrac{x^2 + ax + b}{x - 1}$ 取得极值.

证 因为 $f'(x) = \dfrac{x^2 - 2x - a - b}{(x-1)^2} = 1 - \dfrac{a+b+1}{(x-1)^2}$，故 $a+b+1 > 0$ 时，$f'(x) = 0$ 有解 $x = 1 \pm \sqrt{a+b+1}$，于是分三种情形说明：

(1) 当 $x < 1 - \sqrt{a+b+1}$ 时，$f'(x) > 0$，则 $f(x)$ 单调增加.

(2) 当 $1 - \sqrt{a+b+1} < x < 1 + \sqrt{a+b+1}$ 时，$f'(x) < 0$，则 $f(x)$ 单调减少.

(3) 当 $x > 1 + \sqrt{a+b+1}$ 时，$f'(x) > 0$，则 $f(x)$ 单调增加.

故 $f(x)$ 在 $x = 1 - \sqrt{a+b+1}$ 处取得极大值，$f(x)$ 在 $x = 1 + \sqrt{a+b+1}$ 处取得极小值.

例 25 求由 y 轴上的一个定点 $(0,b)$ 到抛物线 $x^2=4y$ 上的点的最短距离.

思路分析 这类问题需要先给出目标函数, 然后对该函数求最值.

解 设点 $M\left(x,\dfrac{x^2}{4}\right)$ 是抛物线上任一点, 则 $(0,b)$ 到点 M 的距离为

$$d=\sqrt{x^2+\left(\dfrac{x^2}{4}-b\right)^2},$$

从而

$$d'=\dfrac{1}{\sqrt{x^2+\left(\dfrac{x^2}{4}-b\right)^2}}\left(x+\dfrac{1}{8}x^3-\dfrac{b}{2}x\right),$$

令 $d'=0$, 得 $x=0$ 或 $x^2=4b-8$.

(1) 当 $b<2$ 时, 只有一个驻点 $x=0$, 当 $x<0$ 时, $d'<0$, 从而 d 单调减少, 当 $x>0$ 时, $d'>0$, 从而 d 单调增加, 故 $x=0$ 是 d 的极小值点, 极小值为 $|b|$.

(2) 当 $b\geqslant 2$ 时, 有三个驻点 $x=0$, $-2\sqrt{b-2}$, $2\sqrt{b-2}$. 当 $x<-2\sqrt{b-2}$ 时, $d'<0$, 从而 d 单调减少; 当 $-2\sqrt{b-2}<x<0$ 时, $d'>0$, 从而 d 单调增加; 当 $0<x<2\sqrt{b-2}$ 时, $d'<0$, 从而 d 单调减少; 当 $x>2\sqrt{b-2}$ 时, $d'>0$, 从而 d 单调增加. 故 $x=\pm 2\sqrt{b-2}$ 是极小值点, 极小值为 $2\sqrt{b-1}$.

例 26 设 $x>0$, 证明 $x-\dfrac{x^2}{2}<\ln(1+x)<x$.

思路分析 一般通过移项构造辅助函数, 观察辅助函数的单调性, 再观察它在端点处的函数值, 从而进行判断.

证 令 $f(x)=x-\dfrac{x^2}{2}-\ln(1+x)$, 则 $f'(x)=1-x-\dfrac{1}{1+x}=\dfrac{-x^2}{1+x}$.

因为 $x>0$, 则 $f'(x)<0$, 从而 $f(x)$ 在 $[0,+\infty)$ 单调减少, 又 $f(x)$ 在 $x=0$ 处右连续, 故 $f(x)<f(0)=0$, 即 $x-\dfrac{x^2}{2}<\ln(1+x)$.

再令 $g(x)=\ln(1+x)-x$, 则 $g'(x)=\dfrac{1}{1+x}-1=\dfrac{-x}{1+x}$.

因为当 $x>0$ 时, $g'(x)<0$, 从而 $g(x)$ 在 $[0,+\infty)$ 单调减少, 又 $g(x)$ 在 $x=0$ 处右连续, 故 $g(x)<g(0)=0$, 即 $\ln(1+x)<x$.

综上可得, $x-\dfrac{x^2}{2}<\ln(1+x)<x$.

例 27 曲线 $y=\dfrac{x}{3-x^2}$ (　　).

A. 没有水平渐近线, 也没有斜渐近线

B. $x=\sqrt{3}$ 为其垂直渐近线, 但无水平渐近线

C. 既有垂直渐近线, 又有水平渐近线

D. 只有水平渐近线

思路分析 若 $\lim\limits_{x\to\infty}f(x)=b$，则称直线 $y=b$ 是曲线 $y=f(x)$ 的水平渐近线．若 $\lim\limits_{x\to x_0}f(x)=\infty$，则称直线 $x=x_0$ 是曲线 $y=f(x)$ 的垂直渐近线．

解 因为
$$\lim_{x\to\infty}\frac{x}{3-x^2}=0,$$
所以曲线 $y=\dfrac{x}{3-x^2}$ 有水平渐近线 $y=0$；又因为
$$\lim_{x\to\sqrt{3}}\frac{x}{3-x^2}=\infty,\quad \lim_{x\to-\sqrt{3}}\frac{x}{3-x^2}=\infty,$$
所以曲线 $y=\dfrac{x}{3-x^2}$ 有垂直渐近线 $x=\pm\sqrt{3}$．选项 C 正确．

例 28 试证 $y=x\sin x$ 的拐点在曲线 $y^2=\dfrac{4x^2}{4+x^2}$ 上.

思路分析 对于二阶可导的函数而言，应满足在拐点处的二阶导数等于零.

证 显然 $y'=\sin x+x\cos x$，$y''=2\cos x-x\sin x$，设 (a,b) 是 $y=x\sin x$ 的拐点，则
$$\begin{cases}2\cos a-a\sin a=0,\\ b=a\sin a,\end{cases}$$
即
$$\begin{cases}a=2\cot a,\\ b=2\cos a.\end{cases}$$
因为
$$\frac{4a^2}{4+a^2}=\frac{4(2\cot a)^2}{4+(2\cot a)^2}=4\cos^2 a=b^2,$$
所以 $y=x\sin x$ 的拐点在曲线 $y^2=\dfrac{4x^2}{4+x^2}$ 上.

例 29 函数 $y=x\arctan x$ 的图形在( )．

A. $(-\infty,+\infty)$ 处处是凸的 B. $(-\infty,+\infty)$ 处处是凹的

C. $(-\infty,0)$ 为凸的，在 $(0,+\infty)$ 为凹的 D. $(-\infty,0)$ 为凹的，在 $(0,+\infty)$ 为凸的

解 因为
$$y'=\arctan x+\frac{x}{1+x^2},\quad y''=\frac{1}{1+x^2}+\frac{1-x^2}{(1+x^2)^2}=\frac{2}{(1+x^2)^2}>0,$$
所以 $y=x\arctan x$ 在 $(-\infty,+\infty)$ 处处是凹的．应选 B.

例 30 设曲线 $x=x(t)$，$y=y(t)$ 由方程组 $\begin{cases}x=te^t,\\ e^t+e^y=2e\end{cases}$ 确定．求该曲线在 $t=1$ 处的曲率．

解 将 $e^t+e^y=2e$ 两边对 t 求导，
$$e^t+e^y\frac{dy}{dt}=0,$$

$$\frac{dy}{dt} = -\frac{e^t}{e^y} = \frac{e^t}{e^t - 2e},$$

所以

$$\frac{dy}{dx} = \frac{\frac{dy}{dt}}{\frac{dx}{dt}} = \frac{\frac{e^t}{e^t-2e}}{e^t+te^t} = \frac{1}{(1+t)(e^t-2e)},$$

$$\left.\frac{dy}{dx}\right|_{t=1} = -\frac{1}{2e},$$

$$\frac{d^2y}{dx^2} = \frac{d}{dt}\left(\frac{1}{(1+t)(e^t-2e)}\right)\frac{dt}{dx} = -\frac{2e^t-2e+te^t}{(1+t)^3(e^t-2e)^2 e^t},$$

故

$$\left.\frac{d^2y}{dx^2}\right|_{t=1} = -\frac{1}{8e^2}.$$

在 $t=1$ 的曲率为

$$K = \left.\frac{|y''|}{[1+(y')^2]^{\frac{3}{2}}}\right|_{t=1} = \frac{\frac{1}{8e^2}}{\left(1+\frac{1}{4e^2}\right)^{\frac{3}{2}}} = e(1+4e^2)^{-\frac{3}{2}}.$$

例 31 若 $f''(x)$ 不变号, 且曲线 $y=f(x)$ 在点 $(1,1)$ 处的曲率圆为 $x^2+y^2=2$, 则 $y=f(x)$ 在区间 $(1,2)$ 内（　　）.

A. 有极值点, 无零点　　　　　　B. 无极值点, 有零点

C. 有极值点, 有零点　　　　　　D. 无极值点, 无零点

思路分析 因为目标是判断函数有无极值点和零点, 所以考虑函数单调性的变化及零点定理的应用.

解 曲率圆 $x^2+y^2=2$ 与曲线 $y=f(x)$ 在点 $(1,1)$ 处有相同的切线和曲率. 首先有 $f(1)=1$; 其次通过隐函数求导法, 由方程 $x^2+y^2=2$ 容易得到 $f'(1)=-1$; 再次由曲率与曲率圆半径关系知, $K = \frac{|f''(1)|}{\{1+[f'(1)]^2\}^{\frac{3}{2}}} = \frac{1}{\rho} = \frac{1}{\sqrt{2}}$, 解出 $|f''(1)|=2$, 又 $x^2+y^2=2$ 在 $(1,1)$ 邻域内为凸的, 所以 $f''(1)=-2$.

又 $f''(x)$ 不变号, 所以 $f''(x)<0$, 说明在区间 $(1,2)$ 内 $f'(x)<f'(1)=-1<0$, 从而函数 $f(x)$ 在 $(1,2)$ 内单调减少, 故在 $(1,2)$ 内没有极值点.

另外, $f(1)=1>0$, 在 $[1,2]$ 上利用拉格朗日中值定理, 得

$$f(2)=f(1)+f'(\xi)(2-1)=1+f'(\xi)<0 \ (\text{注意到} 1<\xi<2 \text{ 时}, f'(\xi)<f'(1)=-1).$$

由零点定理知, 函数 $f(x)$ 在区间 $(1,2)$ 内有零点. 本题答案应选 B.

五、习题选解

习题 3-1 微分中值定理

1. 请举例说明，罗尔中值定理的三个条件缺少任意一个，都有可能使结论不成立.

解 (1) 例如，$f(x)=\begin{cases}1-x, & x\leq 0,\\ x, & x>0\end{cases}$ 在 $(0,1)$ 内可导，且 $f(0)=f(1)=1$，但在 $[0,1]$ 上不连续，所以在 $(0,1)$ 内没有驻点.

(2) 例如，$f(x)=|x|$ 在区间 $[-1,1]$ 上连续，且 $f(-1)=f(1)=1$，但在 $(-1,1)$ 内不可导，所以在 $(-1,1)$ 内没有驻点.

(3) 例如，$f(x)=x^2$ 在区间 $[1,2]$ 上连续，在 $(1,2)$ 内可导，但 $f(1)\neq f(2)$，所以在 $(1,2)$ 内没有驻点.

2. 验证下列各题，并确定 ξ 的值.

(1) 对函数 $y=\cos x$ 在区间 $\left[-\dfrac{\pi}{2},\dfrac{\pi}{2}\right]$ 上验证罗尔中值定理；

(2) 对函数 $y=(x-1)\sqrt{4-x}$ 在区间 $[1,4]$ 上验证拉格朗日中值定理；

(3) 对函数 $f(x)=x^3$ 及 $g(x)=x^2+1$ 在区间 $[1,2]$ 上验证柯西中值定理.

解 (1) $y=f(x)=\cos x$ 在 $\left[-\dfrac{\pi}{2},\dfrac{\pi}{2}\right]$ 上连续，在 $\left(-\dfrac{\pi}{2},\dfrac{\pi}{2}\right)$ 内可导，且 $f\left(-\dfrac{\pi}{2}\right)=f\left(\dfrac{\pi}{2}\right)=0$，由罗尔中值定理，至少存在一点 $\xi\in\left(-\dfrac{\pi}{2},\dfrac{\pi}{2}\right)$，使 $f'(\xi)=-\sin\xi=0$，则 $\xi=0$.

(2) $y=f(x)=(x-1)\sqrt{4-x}$ 在 $[1,4]$ 上连续，在 $(1,4)$ 内可导，由拉格朗日中值定理，至少存在一点 $\xi\in(1,4)$，使

$$f'(\xi)=\left.\left(\sqrt{4-x}-\dfrac{x-1}{2\sqrt{4-x}}\right)\right|_{x=\xi}=\dfrac{f(4)-f(1)}{4-1}=0,$$

解得 $\xi=3$.

(3) 显然函数 $f(x)=x^3$，$g(x)=x^2+1$ 在区间 $[1,2]$ 上连续，在开区间 $(1,2)$ 内可导，且 $g'(x)=2x\neq 0$，$x\in(1,2)$，于是 $f(x),g(x)$ 满足柯西中值定理的条件. 由柯西中值定理，至少存在一点 $\xi\in(1,2)$，使

$$\dfrac{f'(\xi)}{g'(\xi)}=\dfrac{3\xi^2}{2\xi}=\dfrac{f(2)-f(1)}{g(2)-g(1)}=\dfrac{7}{3},$$

解得 $\xi=\dfrac{14}{9}$.

3. 证明方程 $\sin x+x\cos x=0$ 在 $(0,\pi)$ 内必有实根.

证 令 $f(x)=x\sin x$，则 $f(x)$ 在 $[0,\pi]$ 上满足罗尔中值定理的条件，由罗尔中值定理得，$\exists\xi\in(0,\pi)$，使 $f'(\xi)=(\sin x+x\cos x)|_{x=\xi}=0$，即 $\xi\in(0,\pi)$ 是方程 $\sin x+x\cos x=0$ 的实根.

4. 不求出函数 $f(x)=x(x-1)(x-2)(x-3)$ 的导数，说明方程 $f'(x)=0$ 和 $f''(x)=0$ 分别有几个实根，并指出它们所在的区间.

解 因为 $f(0)=f(1)=f(2)=f(3)=0$，所以 $f(x)$ 在闭区间 $[0,1]$，$[1,2]$ 及 $[2,3]$ 上均满足罗尔中值定理的三个条件，则分别存在 $\xi_1\in(0,1)$，$\xi_2\in(1,2)$，$\xi_3\in(2,3)$，使 $f'(\xi_1)=f'(\xi_2)=f'(\xi_3)=0$，即方程 $f'(x)=0$ 至少有三个实根；又 $f'(x)$ 为三次多项式，$f'(x)=0$ 至多有三个实根，故 $f'(x)=0$ 恰有三个实根，分别在区间 $(0,1)$，$(1,2)$ 及 $(2,3)$ 内．

因为 $f'(\xi_1)=f'(\xi_2)=f'(\xi_3)=0$，所以 $f'(x)$ 在闭区间 $[\xi_1,\xi_2]$，$[\xi_2,\xi_3]$ 上均满足罗尔中值定理的三个条件，则分别存在 $\eta_1\in(\xi_1,\xi_2)$，$\eta_2\in(\xi_2,\xi_3)$，使 $f''(\eta_1)=f''(\eta_2)=0$，即方程 $f''(x)=0$ 至少有两个实根；又 $f''(x)$ 为二次多项式，$f''(x)=0$ 至多有两个实根，故 $f''(x)=0$ 恰有两个实根，分别在区间 (ξ_1,ξ_2) 及 (ξ_2,ξ_3) 内．

5. 证明方程 $1+x+\dfrac{x^2}{2}+\dfrac{x^3}{6}=0$ 只有一个实根．

证 令 $f(x)=1+x+\dfrac{x^2}{2}+\dfrac{x^3}{6}$，$f(x)$ 在区间 $[-2,0]$ 上连续，$f(-2)=-\dfrac{1}{3}<0$，$f(0)=1>0$，由零点定理，至少存在一点 $x_1\in(-2,0)$，使 $f(x_1)=0$．

下证 $f(x)=0$ 只有一个实根．用反证法，假设 $f(x)=0$ 有两个实根 x_1,x_2（不妨令 $x_1<x_2$），即 $f(x_1)=f(x_2)=0$，则由罗尔中值定理，至少存在一点 $\xi\in(x_1,x_2)$，使 $f'(\xi)=0$，这与 $f'(x)=1+x+\dfrac{x^2}{2}=\left(1+\dfrac{x}{2}\right)^2+\dfrac{x^2}{4}>0$ 矛盾，故方程 $1+x+\dfrac{x^2}{2}+\dfrac{x^3}{6}=0$ 只有一个实根．

6. 证明不等式．

(1) 当 $x>0$ 时，$\dfrac{1}{x+1}<\ln(x+1)-\ln x<\dfrac{1}{x}$；

(2) $|\arctan a-\arctan b|\leqslant|a-b|$；

(3) 当 $x>1$ 时，$\mathrm{e}^x>\mathrm{e}x$．

证 (1) 对函数 $f(t)=\ln t$ 在区间 $[x,x+1]$ 上应用拉格朗日中值定理，得

$$\ln(x+1)-\ln x=f'(\xi)=\dfrac{1}{\xi},\quad \xi\in(x,x+1),$$

于是 $\dfrac{1}{x+1}<\dfrac{1}{\xi}<\dfrac{1}{x}$，所以

$$\dfrac{1}{x+1}<\ln(x+1)-\ln x<\dfrac{1}{x}.$$

(2) 当 $a=b$ 时，结论显然成立；当 $a\neq b$ 时，对函数 $f(x)=\arctan x$ 在区间 $[a,b]$ 或 $[b,a]$ 上应用拉格朗日中值定理，得

$$|\arctan a-\arctan b|=|f'(\xi)(a-b)|=\left|\dfrac{a-b}{1+\xi^2}\right|\leqslant|a-b|.$$

(3) 对函数 $f(t)=\mathrm{e}^t$ 在区间 $[1,x]$ 应用拉格朗日中值定理，得 $\mathrm{e}^x-\mathrm{e}=\mathrm{e}^\xi(x-1)$，$\xi\in(1,x)$，于是 $\mathrm{e}^\xi(x-1)>\mathrm{e}(x-1)$，所以 $\mathrm{e}^x>\mathrm{e}x$．

7. 证明恒等式：$\arcsin x+\arcsin\sqrt{1-x^2}=\dfrac{\pi}{2}$，$x\in[0,1]$．

证 令 $f(x)=\arcsin x+\arcsin\sqrt{1-x^2}$，则 $f'(x)=\dfrac{1}{\sqrt{1-x^2}}-\dfrac{1}{\sqrt{1-x^2}}\equiv 0$，$x\in[0,1)$，所

以 $f(x) \equiv C$，其中 C 是一个常数. 因此, $f(x) = f(0) = \dfrac{\pi}{2}$，又 $f(1) = \dfrac{\pi}{2}$，所以

$$\arcsin x + \arcsin \sqrt{1-x^2} = \dfrac{\pi}{2}, \quad x \in [0,1].$$

8. 若函数 $f(x)$ 在 $(-\infty, +\infty)$ 内满足关系式 $f'(x) = f(x)$，且 $f(0) = 1$，证明：$f(x) = e^x$.

证 令 $\varphi(x) = \dfrac{f(x)}{e^x}$，则 $\varphi(x)$ 在 $(-\infty, +\infty)$ 内连续，$\varphi'(x) = \dfrac{f'(x)e^x - f(x)e^x}{e^{2x}} = 0$，所以 $\varphi(x) \equiv C$，C 为常数，而 $\varphi(0) = 1$，所以 $C = 1$，从而 $f(x) = e^x$.

9. 设 $f(x)$ 在 $[0,a]$ 上连续，在 $(0,a)$ 内可导，且 $f(a) = 0$，证明存在一点 $\xi \in (0,a)$，使 $3f(\xi) + \xi f'(\xi) = 0$.

证 令 $F(x) = x^3 f(x)$，则 $F(x)$ 在 $[0,a]$ 上连续，在 $(0,a)$ 内可导，且 $F(0) = F(a) = 0$，由罗尔中值定理，存在 $\xi \in (0,a)$，使 $F'(\xi) = 3\xi^2 f(\xi) + \xi^3 f'(\xi) = 0$，即 $3f(\xi) + \xi f'(\xi) = 0$.

10. 设 $a_1, a_2, a_3, \cdots, a_n$ 为满足

$$a_1 - \dfrac{a_2}{3} + \cdots + (-1)^{n-1} \dfrac{a_n}{2n-1} = 0$$

的实数，试证明方程 $a_1 \cos x + a_2 \cos 3x + \cdots + a_n \cos(2n-1)x = 0$ 在 $\left(0, \dfrac{\pi}{2}\right)$ 内至少存在一个实根.

证 令 $F(x) = a_1 \sin x + \dfrac{a_2}{3}\sin 3x + \cdots + \dfrac{a_n}{2n-1}\sin(2n-1)x$，则 $F(x)$ 在 $\left[0, \dfrac{\pi}{2}\right]$ 上连续，在 $\left(0, \dfrac{\pi}{2}\right)$ 内可导，且 $F(0) = 0$，$F\left(\dfrac{\pi}{2}\right) = a_1 - \dfrac{a_2}{3} + \cdots + (-1)^{n-1}\dfrac{a_n}{2n-1} = 0$，从而由罗尔中值定理，至少存在一点 $\xi \in \left(0, \dfrac{\pi}{2}\right)$，使 $F'(\xi) = [a_1 \cos x + a_2 \cos 3x + \cdots + a_n \cos(2n-1)x]\big|_{x=\xi} = 0$，即方程 $a_1 \cos x + a_2 \cos 3x + \cdots + a_n \cos(2n-1)x = 0$ 在 $\left(0, \dfrac{\pi}{2}\right)$ 内至少存在一个实根.

11. 设函数 $f(x)$ 在 $[a,b]$ 上连续，在 (a,b) 内可导，且 $f'(x) \neq 0$，证明存在 $\xi, \eta \in (a,b)$，使

$$\dfrac{f'(\xi)}{f'(\eta)} = \dfrac{e^b - e^a}{b-a} e^{-\eta}.$$

证 因为 $f(x)$ 在 $[a,b]$ 上连续，在 (a,b) 内可导，由拉格朗日中值定理，存在 $\xi \in (a,b)$，使

$$f(b) - f(a) = f'(\xi)(b-a). \tag{1}$$

令 $g(x) = e^x$，由柯西中值定理知，存在 $\eta \in (a,b)$，使 $\dfrac{f(b)-f(a)}{e^b - e^a} = \dfrac{f'(\eta)}{e^\eta}$，即

$$f(b) - f(a) = \dfrac{f'(\eta)}{e^\eta}(e^b - e^a). \tag{2}$$

由(1)、(2)有 $f'(\xi)(b-a) = \dfrac{f'(\eta)}{e^\eta}(e^b - e^a)$，即 $\dfrac{f'(\xi)}{f'(\eta)} = \dfrac{e^b - e^a}{b-a} e^{-\eta}$.

12. 设函数 $f(x)$ 在 $x=0$ 的某邻域内具有 n 阶导数，且
$$f(0)=f'(0)=\cdots=f^{(n-1)}(0)=0,$$
试用柯西中值定理证明：$\dfrac{f(x)}{x^n}=\dfrac{f^{(n)}(\theta x)}{n!}$ $(0<\theta<1)$.

证 已知 $f(x)$ 在 $x=0$ 的某邻域内具有 n 阶导数，在该邻域内任取点 x，由柯西中值定理得
$$\frac{f(x)}{x^n}=\frac{f(x)-f(0)}{x^n-0^n}=\frac{f'(\xi_1)}{n\xi_1^{n-1}}\quad (\xi_1 \text{ 位于 } 0 \text{ 与 } x \text{ 之间});$$
又
$$\frac{f'(\xi_1)}{n\xi_1^{n-1}}=\frac{f'(\xi_1)-f'(0)}{n(\xi_1^{n-1}-0^{n-1})}=\frac{f''(\xi_2)}{n(n-1)\xi_2^{n-2}}\quad (\xi_2 \text{ 位于 } 0 \text{ 与 } \xi_1 \text{ 之间});$$
依次类推，得
$$\frac{f^{(n-1)}(\xi_{n-1})}{n!\xi_{n-1}}=\frac{f^{(n-1)}(\xi_{n-1})-f^{(n-1)}(0)}{n!(\xi_{n-1}-0)}=\frac{f^{(n)}(\xi_n)}{n!}\, (\xi_n \text{ 位于 } 0 \text{ 与 } \xi_{n-1} \text{ 之间，即位于 } 0 \text{ 与 } x \text{ 之间}).$$
记 $\xi_n=\theta x$ $(0<\theta<1)$，于是有 $\dfrac{f(x)}{x^n}=\dfrac{f^{(n)}(\xi_n)}{n!}=\dfrac{f^{(n)}(\theta x)}{n!}$ $(0<\theta<1)$.

习题 3-2 洛必达法则

1. 用洛必达法则求下列极限.

(1) $\lim\limits_{x\to 0}\dfrac{\sin ax}{\sin bx}\,(ab\ne 0)$； (3) $\lim\limits_{x\to 0}\dfrac{e^x-e^{-x}-2x}{x-\sin x}$； (5) $\lim\limits_{x\to +\infty}\dfrac{x+e^x}{x-e^x}$；

(7) $\lim\limits_{x\to 0^+}x^2\ln x$； (10) $\lim\limits_{x\to\frac{\pi}{2}}(\sec x-\tan x)$； (11) $\lim\limits_{x\to 0}(e^x+x)^{\frac{1}{x}}$；

(13) $\lim\limits_{x\to 0}\left(\dfrac{a_1^x+a_2^x+\cdots+a_n^x}{n}\right)^{\frac{1}{x}}\,(a_i>0, i=1,2,\cdots,n)$； (15) $\lim\limits_{x\to 1}\left(\dfrac{1}{\ln x}-\dfrac{1}{x-1}\right)$.

解 (1) $\lim\limits_{x\to 0}\dfrac{\sin ax}{\sin bx}=\lim\limits_{x\to 0}\dfrac{a\cos ax}{b\cos bx}=\dfrac{a}{b}$.

(3) $\lim\limits_{x\to 0}\dfrac{e^x-e^{-x}-2x}{x-\sin x}=\lim\limits_{x\to 0}\dfrac{e^x+e^{-x}-2}{1-\cos x}=\lim\limits_{x\to 0}\dfrac{e^x-e^{-x}}{\sin x}=\lim\limits_{x\to 0}\dfrac{e^x+e^{-x}}{\cos x}=2$.

(5) $\lim\limits_{x\to +\infty}\dfrac{x+e^x}{x-e^x}=\lim\limits_{x\to +\infty}\dfrac{1+e^x}{1-e^x}=\lim\limits_{x\to +\infty}\dfrac{e^x}{-e^x}=-1$.

(7) $\lim\limits_{x\to 0^+}x^2\ln x=\lim\limits_{x\to 0^+}\dfrac{\ln x}{x^{-2}}=\lim\limits_{x\to 0^+}\dfrac{\frac{1}{x}}{-2x^{-3}}=-\lim\limits_{x\to 0^+}\dfrac{x^2}{2}=0$.

(10) $\lim\limits_{x\to\frac{\pi}{2}}(\sec x-\tan x)=\lim\limits_{x\to\frac{\pi}{2}}\dfrac{1-\sin x}{\cos x}=\lim\limits_{x\to\frac{\pi}{2}}\dfrac{-\cos x}{-\sin x}=0$.

(11) $\lim\limits_{x\to 0}(e^x+x)^{\frac{1}{x}}=\lim\limits_{x\to 0}e^{\frac{\ln(e^x+x)}{x}}=e^{\lim\limits_{x\to 0}\frac{\ln(e^x+x)}{x}}=e^{\lim\limits_{x\to 0}\frac{1+e^x}{x+e^x}}=e^2$.

(13) $\lim\limits_{x\to 0}\left(\dfrac{a_1^x+a_2^x+\cdots+a_n^x}{n}\right)^{\frac{1}{x}} = \lim\limits_{x\to 0}e^{\frac{1}{x}\ln\left(\frac{a_1^x+a_2^x+\cdots+a_n^x}{n}\right)} = e^{\lim\limits_{x\to 0}\frac{1}{x}\ln\left(\frac{a_1^x+a_2^x+\cdots+a_n^x}{n}\right)}$

$= e^{\lim\limits_{x\to 0}\frac{1}{x}\left(\frac{a_1^x+a_2^x+\cdots+a_n^x}{n}-1\right)} = e^{\lim\limits_{x\to 0}\frac{a_1^x\ln a_1+a_2^x\ln a_2+\cdots+a_n^x\ln a_n}{n}}$

$= e^{\frac{\ln a_1+\ln a_2+\cdots+\ln a_n}{n}} = \sqrt[n]{a_1 a_2\cdots a_n}$.

(15) $\lim\limits_{x\to 1}\left(\dfrac{1}{\ln x}-\dfrac{1}{x-1}\right) = \lim\limits_{x\to 1}\dfrac{x-1-\ln x}{(x-1)\ln x} = \lim\limits_{x\to 1}\dfrac{1-\dfrac{1}{x}}{(x-1)\cdot\dfrac{1}{x}+\ln x}$

$= \lim\limits_{x\to 1}\dfrac{x-1}{x-1+x\ln x} = \lim\limits_{x\to 1}\dfrac{1}{2+\ln x} = \dfrac{1}{2}$.

2. 验证极限 $\lim\limits_{x\to 0}\dfrac{x^2\sin\dfrac{1}{x}}{\sin x}$ 存在，但不能用洛必达法则得出.

解 $\lim\limits_{x\to 0}\dfrac{x^2\sin\dfrac{1}{x}}{\sin x} = \lim\limits_{x\to 0}\left(\dfrac{x}{\sin x}\cdot x\sin\dfrac{1}{x}\right) = \left(\lim\limits_{x\to 0}\dfrac{x}{\sin x}\right)\cdot\left(\lim\limits_{x\to 0}x\sin\dfrac{1}{x}\right) = 0$，极限存在. 但

$\lim\limits_{x\to 0}\dfrac{\left(x^2\sin\dfrac{1}{x}\right)'}{(\sin x)'} = \lim\limits_{x\to 0}\dfrac{2x\sin\dfrac{1}{x}-\cos\dfrac{1}{x}}{\cos x}$，极限不存在，也不为 ∞，因此不能用洛必达法则得出.

3. 验证极限 $\lim\limits_{x\to+\infty}\dfrac{x}{\sqrt{1+x^2}}$ 存在，但不能用洛必达法则得出.

解 $\lim\limits_{x\to+\infty}\dfrac{x}{\sqrt{1+x^2}} = \lim\limits_{x\to+\infty}\dfrac{1}{\sqrt{\dfrac{1}{x^2}+1}} = 1$，故极限存在，但使用洛必达法则，有

$\lim\limits_{x\to+\infty}\dfrac{x}{\sqrt{1+x^2}} = \lim\limits_{x\to+\infty}\dfrac{1}{\dfrac{1}{2\sqrt{1+x^2}}\cdot 2x} = \lim\limits_{x\to+\infty}\dfrac{\sqrt{1+x^2}}{x} = \lim\limits_{x\to+\infty}\dfrac{x}{\sqrt{1+x^2}} = \cdots$,

出现循环，故不能用洛必达法则得出结果.

4. 设 $f(x)$ 在 $(x_0-\delta, x_0+\delta)$ $(\delta>0)$ 内一阶可导，且 $f(x)$ 在点 x_0 处二阶可导，求极限

$$\lim\limits_{h\to 0}\dfrac{f(x_0+h)+f(x_0-h)-2f(x_0)}{h^2}.$$

解 由洛必达法则，得

$\lim\limits_{h\to 0}\dfrac{f(x_0+h)+f(x_0-h)-2f(x_0)}{h^2} = \lim\limits_{h\to 0}\dfrac{f'(x_0+h)-f'(x_0-h)}{2h}$

$= \lim\limits_{h\to 0}\dfrac{[f'(x_0+h)-f'(x_0)]-[f'(x_0-h)-f'(x_0)]}{2h}$

$= \dfrac{1}{2}\lim\limits_{h\to 0}\dfrac{f'(x_0+h)-f'(x_0)}{h}+\dfrac{1}{2}\lim\limits_{h\to 0}\dfrac{f'(x_0-h)-f'(x_0)}{-h}$

$= \dfrac{1}{2}f''(x_0)+\dfrac{1}{2}f''(x_0) = f''(x_0)$.

5. 请问 m 和 n 取何值时，极限
$$\lim_{x\to 0}\left(\frac{\sin 3x}{x^3}+\frac{m}{x^2}+n\right)=0.$$

解 由洛必达法则，得
$$\lim_{x\to 0}\left(\frac{\sin 3x}{x^3}+\frac{m}{x^2}+n\right)=\lim_{x\to 0}\frac{\sin 3x+mx+nx^3}{x^3}=\lim_{x\to 0}\frac{3\cos 3x+m+3nx^2}{3x^2}=0,$$

则必有 $\lim_{x\to 0}(3\cos 3x+m+3nx^2)=0$，故 $3+m=0$，$m=-3$；又因为
$$\lim_{x\to 0}\frac{3\cos 3x+3nx^2-3}{3x^2}=\lim_{x\to 0}\frac{-9\sin 3x+6nx}{6x}=\lim_{x\to 0}\frac{-27\cos 3x+6n}{6},$$

故 $\lim_{x\to 0}(-27\cos 3x+6n)=0$，即 $-27+6n=0$，$n=\frac{9}{2}$.

6. 设 $\lim_{x\to 0}\dfrac{\ln(1+x)-(ax+bx^2)}{x^2}=2$，求常数 a 和 b.

解 由洛必达法则，得
$$\lim_{x\to 0}\frac{\ln(1+x)-(ax+bx^2)}{x^2}=\lim_{x\to 0}\frac{\frac{1}{1+x}-(a+2bx)}{2x}=2,$$

故 $\lim_{x\to 0}\left[\dfrac{1}{1+x}-(a+2bx)\right]=1-a=0$，$a=1$. 又因为
$$\lim_{x\to 0}\frac{\frac{1}{1+x}-(a+2bx)}{2x}=\lim_{x\to 0}\frac{\frac{-1}{(1+x)^2}-2b}{2}=\frac{-1-2b}{2}=2,$$

所以 $b=-\dfrac{5}{2}$.

7. 讨论函数 $f(x)=\begin{cases}\left[\dfrac{(1+x)^{\frac{1}{x}}}{\mathrm{e}}\right]^{\frac{1}{x}}, & x>0,\\ \mathrm{e}^{-\frac{1}{2}}, & x\leqslant 0\end{cases}$ 在 $x=0$ 处的连续性.

解 因为 $\lim_{x\to 0^-}f(x)=\lim_{x\to 0^-}\mathrm{e}^{-\frac{1}{2}}=\mathrm{e}^{-\frac{1}{2}}=f(0)$，所以 $f(x)$ 在 $x=0$ 处左连续，又因为
$$\lim_{x\to 0^+}f(x)=\lim_{x\to 0^+}\left[\frac{(1+x)^{\frac{1}{x}}}{\mathrm{e}}\right]^{\frac{1}{x}}=\lim_{x\to 0^+}\mathrm{e}^{\frac{\ln(1+x)-x}{x^2}}=\mathrm{e}^{\lim_{x\to 0^+}\frac{\ln(1+x)-x}{x^2}},$$

其中 $\lim_{x\to 0^+}\dfrac{\ln(1+x)-x}{x^2}=\lim_{x\to 0^+}\dfrac{\frac{1}{1+x}-1}{2x}=-\lim_{x\to 0^+}\dfrac{1}{2(1+x)}=-\dfrac{1}{2}$，所以 $\lim_{x\to 0^+}f(x)=\mathrm{e}^{-\frac{1}{2}}=f(0)$，因此 $f(x)$ 在 $x=0$ 处右连续，所以 $f(x)$ 在点 $x=0$ 处连续.

习题 3-3 泰勒公式

1. 求下列函数在指定点处带有拉格朗日型余项的泰勒公式(到 $n=5$).

(1) $f(x)=\sin x$ 在 $x=\dfrac{\pi}{4}$ 处;　(3) $f(x)=\sqrt{x}$ 在 $x=3$ 处.

解 (1) $f\left(\dfrac{\pi}{4}\right)=\sin\dfrac{\pi}{4}=\dfrac{\sqrt{2}}{2}$, $f'\left(\dfrac{\pi}{4}\right)=\cos\dfrac{\pi}{4}=\dfrac{\sqrt{2}}{2}$, $f''\left(\dfrac{\pi}{4}\right)=-\sin\dfrac{\pi}{4}=-\dfrac{\sqrt{2}}{2}$,

$f'''\left(\dfrac{\pi}{4}\right)=-\cos\dfrac{\pi}{4}=-\dfrac{\sqrt{2}}{2}$, $f^{(4)}\left(\dfrac{\pi}{4}\right)=\sin\dfrac{\pi}{4}=\dfrac{\sqrt{2}}{2}$, $f^{(5)}\left(\dfrac{\pi}{4}\right)=\cos\dfrac{\pi}{4}=\dfrac{\sqrt{2}}{2}$, $f^{(6)}(x)=-\sin x$,

所以

$$\sin x=\dfrac{\sqrt{2}}{2}\left[1+\dfrac{\left(x-\dfrac{\pi}{4}\right)}{1!}-\dfrac{\left(x-\dfrac{\pi}{4}\right)^2}{2!}-\dfrac{\left(x-\dfrac{\pi}{4}\right)^3}{3!}+\dfrac{\left(x-\dfrac{\pi}{4}\right)^4}{4!}+\dfrac{\left(x-\dfrac{\pi}{4}\right)^5}{5!}\right]+R_5(x),$$

其中 $R_5(x)=-\dfrac{\sin\xi}{6!}\left(x-\dfrac{\pi}{4}\right)^6$, ξ 在 $\dfrac{\pi}{4}$ 与 x 之间.

(3) 因为 $f(3)=\sqrt{3}$, $f'(3)=\dfrac{1}{2}x^{-\frac{1}{2}}\Big|_{x=3}=\dfrac{1}{2}\cdot\dfrac{\sqrt{3}}{3}$, $f''(3)=-\dfrac{1}{2^2}x^{-\frac{3}{2}}\Big|_{x=3}=-\dfrac{1}{2^2}\cdot\dfrac{\sqrt{3}}{3^2}$,

$f'''(3)=\dfrac{1\cdot 3}{2^3}x^{-\frac{5}{2}}\Big|_{x=3}=\dfrac{1\cdot 3}{2^3}\cdot\dfrac{\sqrt{3}}{3^3}$, $f^{(4)}(3)=-\dfrac{1\cdot 3\cdot 5}{2^4}x^{-\frac{7}{2}}\Big|_{x=3}=-\dfrac{1\cdot 3\cdot 5}{2^4}\cdot\dfrac{\sqrt{3}}{3^4}$,

$f^{(5)}(3)=\dfrac{1\cdot 3\cdot 5\cdot 7}{2^5}x^{-\frac{9}{2}}\Big|_{x=3}=\dfrac{1\cdot 3\cdot 5\cdot 7}{2^5}\cdot\dfrac{\sqrt{3}}{3^5}$, $f^{(6)}(x)=-\dfrac{1\cdot 3\cdot 5\cdot 7\cdot 9}{2^6}x^{-\frac{11}{2}}$,

所以

$$\sqrt{x}=\sqrt{3}\left[1+\dfrac{1}{2\cdot 3}(x-3)-\dfrac{1}{2!2^2\cdot 3^2}(x-3)^2+\dfrac{1\cdot 3}{3!2^3\cdot 3^3}(x-3)^3-\dfrac{1\cdot 3\cdot 5}{4!2^4 3^4}(x-3)^4+\dfrac{1\cdot 3\cdot 5\cdot 7}{5!2^5\cdot 3^5}(x-3)^5\right]+R_5(x),$$

即

$$\sqrt{x}=\sqrt{3}\left[1+\dfrac{1}{6}(x-3)-\dfrac{1}{2!6^2}(x-3)^2+\dfrac{1\cdot 3}{3!6^3}(x-3)^3-\dfrac{1\cdot 3\cdot 5}{4!6^4}(x-3)^4+\dfrac{1\cdot 3\cdot 5\cdot 7}{5!6^5}(x-3)^5\right]+R_5(x),$$

其中 $R_5(x)=-\dfrac{1\cdot 3\cdot 5\cdot 7\cdot 9}{6!2^6}\xi^{-\frac{11}{2}}(x-3)^6$, ξ 在 3 与 x 之间.

2. 求下列函数带有佩亚诺型余项的麦克劳林公式(到 $n=3$).

(2) $f(x)=\mathrm{e}^{2x-x^2}$.

解 (2) $f(0)=1$; $f'(x)=(2-2x)\mathrm{e}^{2x-x^2}$, $f'(0)=2$;

$f''(x)=-2\mathrm{e}^{2x-x^2}+(2-2x)^2\mathrm{e}^{2x-x^2}$, $f''(0)=2$;

$f'''(x)=(-12+12x)\mathrm{e}^{2x-x^2}+(2-2x)^3\mathrm{e}^{2x-x^2}$, $f'''(0)=-4$.

$\mathrm{e}^{2x-x^2}=1+2x+x^2-\dfrac{2}{3}x^3+o(x^3)$.

3. 利用已知的公式求 $f(x)=\cos x^2$ 的麦克劳林公式.

解 因为 $\cos x = 1 - \dfrac{1}{2!}x^2 + \dfrac{1}{4!}x^4 - \dfrac{1}{6!}x^6 + \cdots + (-1)^n \dfrac{1}{(2n)!}x^{2n} + o(x^{2n+1})$，所以

$$\cos x^2 = 1 - \dfrac{x^4}{2!} + \dfrac{x^8}{4!} - \dfrac{x^{12}}{6!} + \cdots + (-1)^n \dfrac{x^{4n}}{(2n)!} + o(x^{4n}).$$

4. 利用泰勒公式计算下列极限.

(1) $\lim\limits_{x\to 0}\dfrac{e^{x^2}+2\cos x-3}{x^4}$； (2) $\lim\limits_{x\to 0}\dfrac{e^x\sin x-x(1+x)}{x^3}$.

解 (1) 因为 $e^{x^2}=1+x^2+\dfrac{x^4}{2!}+o(x^4)$，$\cos x=1-\dfrac{1}{2!}x^2+\dfrac{1}{4!}x^4+o(x^4)$，所以

$$e^{x^2}+2\cos x-3=\dfrac{7}{12}x^4+o(x^4),$$

故

$$\lim_{x\to 0}\dfrac{e^{x^2}+2\cos x-3}{x^4}=\lim_{x\to 0}\dfrac{\dfrac{7}{12}x^4+o(x^4)}{x^4}=\dfrac{7}{12}.$$

(2) 因为 $e^x=1+x+\dfrac{x^2}{2!}+\dfrac{x^3}{3!}+o(x^3)$，$\sin x=x-\dfrac{x^3}{3!}+o(x^3)$，

$$e^x\sin x=x+x^2+\dfrac{x^3}{3}+o(x^3),\qquad e^x\sin x-x(1+x)=\dfrac{x^3}{3}+o(x^3),$$

所以 $\lim\limits_{x\to 0}\dfrac{e^x\sin x-x(1+x)}{x^3}=\lim\limits_{x\to 0}\dfrac{\dfrac{x^3}{3}+o(x^3)}{x^3}=\dfrac{1}{3}$.

5. 利用麦克劳林公式求函数 $f(x)=x^2\ln(1+x)$ 在 $x=0$ 处的 100 阶导数值.

解 $f(x)$ 的麦克劳林公式为 $f(x)=\sum\limits_{k=0}^{n}\dfrac{f^{(k)}(0)}{k!}x^k+o(x^n)$，本题中

$$f(x)=x^2\ln(1+x)=x^2\left[x-\dfrac{x^2}{2}+\dfrac{x^3}{3}-\dfrac{x^4}{4}+\cdots+(-1)^{n-1}\dfrac{x^n}{n}+o(x^n)\right]$$

$$=x^3-\dfrac{x^4}{2}+\dfrac{x^5}{3}-\cdots+(-1)^{n-1}\dfrac{x^{n+2}}{n}+o(x^{n+2}),$$

比较 x^{100} 的系数，知

$$\dfrac{f^{(100)}(0)}{100!}=\dfrac{(-1)^{97}}{98},$$

因此 $f^{(100)}(0)=-\dfrac{1}{98}100!=-9\,900\times(97!)$.

习题 3-4 函数的单调性 极值与最值

1. 求下列函数的单调区间.

(1) $y=x-\ln x$； (3) $y=1-(x-2)^{\frac{2}{3}}$； (5) $y=\arctan x-x$.

解 (1) $y'=1-\dfrac{1}{x}$，当 $0<x<1$ 时，$y'<0$，$y=x-\ln x$ 单调减少；当 $x>1$ 时，$y'>0$，$y=x-\ln x$ 单调增加. 故 $y=x-\ln x$ 的单调减少区间为 $(0,1]$，单调增加区间为 $[1,+\infty)$.

(3) $y'=-\dfrac{2}{3}(x-2)^{-\frac{1}{3}}=-\dfrac{2}{3}\dfrac{1}{\sqrt[3]{x-2}}$，当 $x<2$ 时，$y'>0$，y 单调增加；当 $x>2$ 时，$y'<0$，y 单调减少. 故 $y=1-(x-2)^{\frac{2}{3}}$ 的单调增加区间为 $(-\infty,2]$，单调减少区间为 $[2,+\infty)$.

(5) $y'=\dfrac{1}{1+x^2}-1=\dfrac{-x^2}{1+x^2}$，当 $x\neq 0$ 时，$y'<0$，y 单调减少，y 的单调减少区间为 $(-\infty,+\infty)$.

2. 求下列函数的极值.

(1) $y=x^2+1-\ln x\ (x>0)$； (3) $y=\sin x+\cos x$.

解 (1) $y=x^2+1-\ln x$，$y'=2x-\dfrac{1}{x}=\dfrac{2x^2-1}{x}$，令 $y'=0$，得 $x=\dfrac{\sqrt{2}}{2}$. 当 $0<x<\dfrac{\sqrt{2}}{2}$ 时，$y'<0$，y 单调减少；当 $x>\dfrac{\sqrt{2}}{2}$ 时，$y'>0$，y 单调增加. 所以 $y=x^2+1-\ln x$ 在 $x=\dfrac{\sqrt{2}}{2}$ 处取得极小值 $y\big|_{x=\frac{\sqrt{2}}{2}}=\dfrac{3}{2}+\dfrac{1}{2}\ln 2$.

(3) $y=\sin x+\cos x$，$y'=\cos x-\sin x$，$y''=-\sin x-\cos x$，令 $y'=0$，得 $x=2k\pi+\dfrac{\pi}{4}$，或 $x=2k\pi+\dfrac{5\pi}{4}$，$k\in\mathbf{Z}$，$y''\big|_{x=2k\pi+\frac{\pi}{4}}<0$，$y''\big|_{x=2k\pi+\frac{5\pi}{4}}>0$，所以 $y=\sin x+\cos x$ 在 $x=2k\pi+\dfrac{\pi}{4}\ (k\in\mathbf{Z})$ 处取得极大值 $y\big|_{x=2k\pi+\frac{\pi}{4}}=\sqrt{2}$，在 $x=2k\pi+\dfrac{5\pi}{4}\ (k\in\mathbf{Z})$ 处取得极小值 $y\big|_{x=2k\pi+\frac{5\pi}{4}}=-\sqrt{2}$.

3. 证明下列不等式.

(1) $\sqrt{1+x}<1+\dfrac{1}{2}x\quad (x>0)$； (3) $\mathrm{e}^x>1+x+\dfrac{x^2}{2}\quad (x>0)$.

证 (1) 令 $f(x)=1+\dfrac{1}{2}x-\sqrt{1+x}$，则 $f(x)$ 在 $[0,+\infty)$ 上连续，且

$$f'(x)=\dfrac{1}{2}-\dfrac{1}{2\sqrt{1+x}}=\dfrac{\sqrt{1+x}-1}{2\sqrt{1+x}}>0,$$

所以 $f(x)$ 在 $[0,+\infty)$ 上单调增加，$f(0)=0$，所以当 $x>0$ 时，$f(x)>f(0)=0$，即

$$\sqrt{1+x}<1+\dfrac{1}{2}x.$$

(3) 令 $f(x)=\mathrm{e}^x-1-x-\dfrac{x^2}{2}$，$f'(x)=\mathrm{e}^x-1-x$，$f(x)$ 及 $f'(x)$ 均在 $[0,+\infty)$ 上连续，且 $f''(x)=\mathrm{e}^x-1>0$，所以 $f'(x)$ 在 $[0,+\infty)$ 上单调增加，$f'(x)>f'(0)=0$，从而 $f(x)$ 在

$[0,+\infty)$ 上单调增加，$f(x)=e^x-1-x-\dfrac{x^2}{2}>f(0)=0$，即 $e^x>1+x+\dfrac{x^2}{2}$，$x>0$.

4. 问 a 为何值时，$f(x)=a\sin x+\dfrac{1}{3}\sin 3x$ 在 $x=\dfrac{\pi}{3}$ 处取得极值？是极大值还是极小值？并求出该极值.

解　$f(x)=a\sin x+\dfrac{1}{3}\sin 3x$，$f(x)$ 在 $(-\infty,+\infty)$ 内可导，且 $f'(x)=a\cos x+\cos 3x$，因为 $f(x)$ 在 $x=\dfrac{\pi}{3}$ 处取得极值，所以 $f'\left(\dfrac{\pi}{3}\right)=a\cos\dfrac{\pi}{3}+\cos\pi=\dfrac{a}{2}-1=0$，则 $a=2$，又

$$f''\left(\dfrac{\pi}{3}\right)=(-2\sin x-3\sin 3x)\big|_{x=\frac{\pi}{3}}=-\sqrt{3}<0,$$

所以 $f\left(\dfrac{\pi}{3}\right)=\sqrt{3}$ 是极大值.

5. 证明方程 $\sin x=x$ 只有一个根.

证　显然 $x=0$ 是方程的根，令 $f(x)=x-\sin x$，则 $f(x)$ 在其定义域 $(-\infty,+\infty)$ 内可导，且 $f'(x)=1-\cos x\geq 0$，所以 $f(x)$ 在 $(-\infty,+\infty)$ 内单调增加，$f(x)=0$ 至多只有一个实根，所以方程 $\sin x=x$ 只有一个实根.

6. 设方程 $x^3-27x+k=0$，就 k 的取值，讨论方程根的个数.

解　令 $f(x)=x^3-27x+k$，则 $f(x)$ 在 $(-\infty,+\infty)$ 内可导，且
$$f'(x)=3x^2-27=3(x-3)(x+3),$$
所以 $f(x)$ 在 $[-3,3]$ 上单调减少，$f(x)$ 在 $(-\infty,-3]$ 及 $[3,+\infty)$ 上单调增加，$f(-3)=54+k$ 是极大值，$f(3)=-54+k$ 是极小值，故当 $f(3)=-54+k>0$，即 $k>54$，或当 $f(-3)=54+k<0$，即 $k<-54$ 时，方程仅有一个实根；当 $f(3)=0$ 或 $f(-3)=0$，即 $k=54$ 或 $k=-54$ 时，方程有两个不同的实根；当 $f(3)<0$ 且 $f(-3)>0$，即 $-54<k<54$ 时，方程有三个不同的实根.

7. 求下列函数的最大值和最小值.

(1) $y=3x^4-4x^3-12x^2+2$　$(-3\leq x\leq 3)$；

(2) $y=\sqrt[3]{2x^2(x-6)}$　$(-2\leq x\leq 4)$.

解　(1) $y'=12x^3-12x^2-24x=12x(x+1)(x-2)$，驻点为 $x=-1,0,2$，因为 $f(-3)=245$，$f(-1)=-3$，$f(0)=2$，$f(2)=-30$，$f(3)=29$，所以 $y=3x^4-4x^3-12x^2+2$ 在 $[-3,3]$ 上的最大值为 $f(-3)=245$，最小值为 $f(2)=-30$.

(2) $y'=\dfrac{1}{3}[2x^2(x-6)]^{-\frac{2}{3}}[4x(x-6)+2x^2]=\dfrac{2(x-4)}{\sqrt[3]{4x(x-6)^2}}$，得驻点 $x=4$，且 $f'(0)$ 不存在，因为 $f(-2)=-4$，$f(0)=0$，$f(4)=-4$，所以 $y=\sqrt[3]{2x^2(x-6)}$ 在 $[-2,4]$ 上的最大值是 $f(0)=0$，最小值是 $f(-2)=f(4)=-4$.

8. 将一周长为 L 的等腰 $\triangle ABC$ 绕它的底边 AB 旋转一周得到一旋转体，问 AB 为多少时旋转体的体积最大？

解　设底边 AB 的边长为 x，则所得旋转体(视作两个圆锥)体积为

$$V = \frac{1}{3}\pi x\left[\left(\frac{L-x}{2}\right)^2 - \left(\frac{x}{2}\right)^2\right] = \frac{\pi}{12}x(L^2-2Lx),\ 0<x<L,$$

$V'(x) = \frac{\pi L}{12}(L-4x)$，令 $V'(x) = 0$，得唯一驻点为 $x = \frac{L}{4}$，$V''(x) = -\frac{\pi L}{3} < 0$，所以 $x = \frac{L}{4}$ 时 V 取得最大值，最大值为 $\frac{\pi}{96}L^3$.

9. 某商户以每件 20 元的价格购进一批衣服，设此批衣服的需求函数为 $Q = 80 - 2P$，问该商户将销售价 P 定为多少时，利润最大？

解 目标函数 $L(P) = PQ - 20Q = -2P^2 + 120P - 1600$，$P > 0$，$L'(P) = 120 - 4P$，令 $L'(P) = 0$，得唯一驻点为 $P = 30$，$L''(P) = -4 < 0$，所以 $P = 30$ 时利润 L 取得最大值，最大值为 $L(30) = 200$（元）.

10. 某厂生产某产品，固定成本为 2 万元，每产 100 件成本增加 1 万元，市场每年可销售此种商品 400 件，设产量为 x（百件）时的总收入（单位：万元）为

$$R(x) = \begin{cases} 4x - \frac{1}{2}x^2, & 0 \leqslant x \leqslant 4, \\ 8, & x > 4, \end{cases}$$

问 x 为多少时总利润最大？

解 目标函数 $L(x) = \begin{cases} -\frac{1}{2}x^2 + 3x - 2, & 0 \leqslant x \leqslant 4, \\ 6 - x, & x > 4, \end{cases}$ 于是 $L'(x) = \begin{cases} 3 - x, & 0 \leqslant x \leqslant 4, \\ -1, & x > 4, \end{cases}$ 有唯一驻点为 $x = 3$，故当 $x = 3$（百件）时，$L(x)$ 取得最大值 2.5（万元）.

习题 3-5　函数图形的凹凸性　渐近线及函数图形的描绘

1. 求下列曲线的凹凸区间和拐点.

(1) $y = 4x - x^2$；　　(3) $y = xe^{-x}$；　　(4) $y = x + x^{\frac{5}{3}}$.

解 (1) $y = 4x - x^2$，$y' = 4 - 2x$，$y'' = -2 < 0$，所以曲线的凸区间为 $(-\infty, +\infty)$，无拐点.

(3) $y = xe^{-x}$，$y' = e^{-x} - xe^{-x}$，$y'' = -e^{-x} - e^{-x} + xe^{-x} = e^{-x}(x-2)$，令 $y'' = 0$，得 $x = 2$. 因为当 $x < 2$ 时，$y'' < 0$；当 $x > 2$ 时，$y'' > 0$. 所以曲线的凸区间为 $(-\infty, 2]$，凹区间为 $[2, +\infty)$，拐点为 $\left(2, \dfrac{2}{e^2}\right)$.

(4) $y = x + x^{\frac{5}{3}}$，$y' = 1 + \frac{5}{3}x^{\frac{2}{3}}$，$y'' = \frac{10}{9}x^{-\frac{1}{3}} = \frac{10}{9\sqrt[3]{x}}$ $(x \neq 0)$，$y''(0)$ 不存在. 当 $x < 0$ 时，$y'' < 0$；当 $x > 0$ 时，$y'' > 0$. 所以曲线的凸区间为 $(-\infty, 0]$，凹区间为 $[0, +\infty)$，拐点为 $(0, 0)$.

2. 曲线 $y = x^4$ 是否有拐点？

解 $y = x^4$，$y' = 4x^3$，$y'' = 12x^2$，当 $x \in (-\infty, 0)$ 或 $x \in (0, +\infty)$ 时，均有 $y'' > 0$，所以 $y = x^4$ 在 $(-\infty, +\infty)$ 内是凹的，没有拐点.

3. 问 a 和 b 为何值时，点 $(1,3)$ 为曲线 $y = ax^3 + bx^2$ 的拐点？这时曲线的凹凸区间是什么？

解 $y = ax^3 + bx^2$，y 在 $(-\infty, +\infty)$ 内二阶可导，$y' = 3ax^2 + 2bx$，$y'' = 6ax + 2b$，$(1,3)$ 为曲线 $y = ax^3 + bx^2$ 的拐点，则 $y(1) = a + b = 3$，$y''(1) = 6a + 2b = 0$，所以有 $a = -\dfrac{3}{2}, b = \dfrac{9}{2}$. 此时，$y'' = -9x + 9 = 9(1-x)$，当 $x < 1$ 时，$y'' > 0$；当 $x > 1$ 时，$y'' < 0$. 所以曲线的凹区间为 $(-\infty, 1]$，凸区间为 $[1, +\infty)$.

4. 利用曲线的凹凸性证明下列不等式.

(1) $\dfrac{e^x + e^y}{2} > e^{\frac{x+y}{2}}$，$x \neq y$.

证 (1) 设 $f(t) = e^t$，则 $f'(t) = e^t$，$f''(t) = e^t > 0$，所以曲线 $f(t) = e^t$ 在 $(-\infty, +\infty)$ 内是凹的. 由定义，对任意的 $x, y \in (-\infty, +\infty), x \neq y$ 有

$$\frac{1}{2}[f(x) + f(y)] > f\left(\frac{x+y}{2}\right),$$

即

$$\frac{e^x + e^y}{2} > e^{\frac{x+y}{2}}, \quad x \neq y.$$

5. 求下列曲线的渐近线.

(1) $y = \dfrac{x}{3 - x^2}$； (3) $y = \dfrac{\ln(1+x)}{x}$.

解 (1) $\lim\limits_{x \to \infty} \dfrac{x}{3 - x^2} = 0$，所以 $y = 0$ 是曲线 $y = \dfrac{x}{3 - x^2}$ 的水平渐近线；$\lim\limits_{x \to \sqrt{3}} \dfrac{x}{3 - x^2} = \infty$，$\lim\limits_{x \to -\sqrt{3}} \dfrac{x}{3 - x^2} = \infty$，所以 $x = \pm\sqrt{3}$ 是曲线 $y = \dfrac{x}{3 - x^2}$ 的垂直渐近线.

(3) $\lim\limits_{x \to +\infty} \dfrac{\ln(1+x)}{x} = \lim\limits_{x \to +\infty} \dfrac{1}{1+x} = 0$，所以 $y = 0$ 是曲线 $y = \dfrac{\ln(1+x)}{x}$ 的水平渐近线；$\lim\limits_{x \to -1^+} \dfrac{\ln(1+x)}{x} = +\infty$，所以 $x = -1$ 是曲线 $y = \dfrac{\ln(1+x)}{x}$ 的垂直渐近线.

习题 3-6 曲 率

1. 椭圆 $x = 2\cos t$，$y = 3\sin t$ 上哪些点处曲率最大？

解 $y' = \dfrac{dy}{dx} = \dfrac{3\cos t}{-2\sin t} = -\dfrac{3}{2}\cot t$，$y'' = \dfrac{d^2 y}{dx^2} = \dfrac{\frac{3}{2}\csc^2 t}{-2\sin t} = -\dfrac{3}{4}\csc^3 t$，

$$K = \frac{|y''|}{[1 + (y')^2]^{\frac{3}{2}}} = \frac{6}{(4\sin^2 t + 9\cos^2 t)^{\frac{3}{2}}} = \frac{6}{(4 + 5\cos^2 t)^{\frac{3}{2}}},$$

所以当 $\cos t = 0$，即 $t = \dfrac{\pi}{2}$ 或 $t = \dfrac{3\pi}{2}$ 时，K 取得最大值，即在 $(0, 3)$ 和 $(0, -3)$ 这两个顶点曲率最大.

2. 求曲线 $y = e^x$ 在点 $M(1,e)$ 处的曲率和曲率半径.

解 $y = e^x$，$y' = e^x$，$y'' = e^x$，在 $M(1,e)$ 的曲率为

$$K\Big|_{(1,e)} = \frac{|y''|}{[1+(y')^2]^{\frac{3}{2}}}\Big|_{(1,e)} = \frac{e}{(1+e^2)^{\frac{3}{2}}},$$

曲率半径 $\rho = \dfrac{1}{K} = \dfrac{(1+e^2)^{\frac{3}{2}}}{e}$.

3. 求曲线 $y = \cos x$ 在点 $(0,1)$ 处的曲率及曲率半径.

解 $y = \cos x$，$y' = -\sin x$，$y'' = -\cos x$，$y'\big|_{(0,1)} = 0$，$y''\big|_{(0,1)} = -1$，所以

$$K\Big|_{(0,1)} = \frac{|y''|}{[1+(y')^2]^{\frac{3}{2}}}\Big|_{(0,1)} = 1, \quad \rho = \frac{1}{K} = 1,$$

即曲线 $y = \cos x$ 在点 $(0,1)$ 处的曲率为 1，曲率半径也是 1.

4. 设工件内表面的截线为抛物线 $y = 0.4x^2$，现在要用砂轮磨削其内表面，问用直径多大的砂轮才比较合适？

解 为了在磨削时不使砂轮与工件接触处附近的那部分工件磨去太多，砂轮半径应不超过抛物线上各点处曲率半径的最小值，由于抛物线在顶点处的曲率最大，曲率半径最小，对于抛物线 $y = 0.4x^2$，

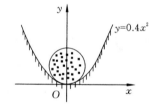

$y' = 0.8x$，$y'' = 0.8$，而 $K\Big|_{(0,0)} = \dfrac{|y''|}{[1+(y')^2]^{\frac{3}{2}}}\Big|_{(0,0)} = 0.8$，在顶点 $(0,0)$ 处的曲率半径 $\rho = \dfrac{1}{K} = 1.25$，故砂轮直径不得超过 2.50 单位长度.

5. 铁轨由直道转入圆弧弯道时，若接头处的曲率突然改变，容易发生事故，为了行驶平稳，往往在直道和圆弧弯道之间接入一段缓冲段 $\overparen{OA}$，使轨道曲线的曲率由零连续地过渡到圆弧的曲率 $1/R$，其中 R 为圆弧轨道的半径. 通常用三次抛物线 $y = \dfrac{x^3}{6Rl}$ $(x \in [0, x_0])$ 作为缓冲段 $\overparen{OA}$. 验证缓冲段 $\overparen{OA}$ 在始端 O 处的曲率为零，且当 $\dfrac{l}{R}$ 很小 $\left(\dfrac{l}{R} \ll 1\right)$ 时，在终端 A 的曲率近似为 $1/R$.

证 在缓冲段 $\overparen{OA}$ 上，$y' = \dfrac{x^2}{2Rl}$，$y'' = \dfrac{x}{Rl}$. 当 $x = 0$ 时，$y' = 0$，$y'' = 0$，故在缓冲段始点 $(0,0)$ 处的曲率为 $K_0 = 0$. 题意实际要求 $l \approx x_0$，则有

$$y'\big|_{x=x_0} = \frac{x_0^2}{2Rl} \approx \frac{l^2}{2Rl} = \frac{l}{2R}, \quad y''\big|_{x=x_0} = \frac{x_0}{Rl} \approx \frac{l}{Rl} = \frac{1}{R},$$

故在终端 A 处的曲率为

$$K_A = \frac{|y''|}{[1+(y')^2]^{\frac{3}{2}}}\bigg|_{x=x_0} \approx \frac{\frac{1}{R}}{\left(1+\frac{l^2}{4R^2}\right)^{\frac{3}{2}}},$$

因为 $\frac{l}{R} \ll 1$，略去二次项 $\frac{l^2}{4R^2}$，得 $K_A \approx \frac{1}{R}$.

6. 设 $y=f(x)$ 为过原点的一条曲线，$f'(0)$ 和 $f''(0)$ 存在，已知有一条抛物线 $y=g(x)$ 与曲线 $y=f(x)$ 在原点相切，在该点处有相同的曲率，且在该点附近这两条曲线有相同的凹向，求曲线 $y=g(x)$.

解 设 $g(x)=ax^2+bx+c$，依题意 $g(0)=f(0), g'(0)=f'(0), g''(0)=f''(0)$，由 $g(0)=f(0)=0$ 得 $c=0$；由 $g'(0)=f'(0)$ 得 $b=f'(0)$；由 $g''(0)=f''(0)$ 得 $2a=f''(0)$，即 $a=\frac{1}{2}f''(0)$. 所以 $g(x)=\frac{1}{2}f''(0)x^2+f'(0)x$.

总 习 题 三

3. 求下列函数的极限.

(1) $\lim\limits_{x\to 1}\dfrac{(x^{3x-2}-x)\cdot\sin 2(x-1)}{(x-1)^3}$；

(3) $\lim\limits_{x\to 1}\left(\dfrac{m}{1-x^m}-\dfrac{n}{1-x^n}\right)$，其中 m，n 是大于 2 的正整数；

(5) $\lim\limits_{x\to 0}\dfrac{(a+x)^x-a^x}{x^2}$，其中 $a>0$，$a\neq 1$.

解 (1) $\lim\limits_{x\to 1}\dfrac{(x^{3x-2}-x)\cdot\sin 2(x-1)}{(x-1)^3} = \lim\limits_{x\to 1}\dfrac{(x^{3x-2}-x)\cdot 2(x-1)}{(x-1)^3} = \lim\limits_{x\to 1}\dfrac{2(x^{3x-2}-x)}{(x-1)^2}$

$= \lim\limits_{x\to 1}\dfrac{2x(x^{3x-3}-1)}{(x-1)^2} = 2\lim\limits_{x\to 1}\dfrac{x[e^{3(x-1)\ln x}-1]}{(x-1)^2}$

$= 2\lim\limits_{x\to 1}\dfrac{3x(x-1)\ln x}{(x-1)^2}$

$= 6\lim\limits_{x\to 1}\dfrac{x\ln x}{x-1} = 6\lim\limits_{x\to 1}(1+\ln x) = 6$.

(3) $\lim\limits_{x\to 1}\left(\dfrac{m}{1-x^m}-\dfrac{n}{1-x^n}\right) = \lim\limits_{x\to 1}\dfrac{m(1-x^n)-n(1-x^m)}{(1-x^m)(1-x^n)} = \lim\limits_{x\to 1}\dfrac{m-n+nx^m-mx^n}{1+x^{m+n}-x^m-x^n}$

$= \lim\limits_{x\to 1}\dfrac{mnx^{m-1}-mnx^{n-1}}{(m+n)x^{m+n-1}-mx^{m-1}-nx^{n-1}}$

$= \lim\limits_{x\to 1}\dfrac{mn(m-1)x^{m-2}-mn(n-1)x^{n-2}}{(m+n)(m+n-1)x^{m+n-2}-m(m-1)x^{m-2}-n(n-1)x^{n-2}}$

$$= \frac{mn(m-1)-mn(n-1)}{(m+n)(m+n-1)-m(m-1)-n(n-1)} = \frac{mn(m-n)}{2mn} = \frac{m-n}{2}.$$

(5) 方法一：$\lim\limits_{x\to 0}\dfrac{(a+x)^x - a^x}{x^2} = \lim\limits_{x\to 0}\dfrac{a^x\left(1+\dfrac{x}{a}\right)^x - a^x}{x^2} = \lim\limits_{x\to 0}\dfrac{a^x\left[\mathrm{e}^{x\ln\left(1+\frac{x}{a}\right)} - 1\right]}{x^2}$

$$= \lim\limits_{x\to 0}\dfrac{x\ln\left(1+\dfrac{x}{a}\right)}{x^2} = \lim\limits_{x\to 0}\dfrac{x\cdot\dfrac{x}{a}}{x^2} = \dfrac{1}{a}.$$

方法二：$\lim\limits_{x\to 0}\dfrac{(a+x)^x - a^x}{x^2}$

$$= \lim\limits_{x\to 0}\dfrac{\mathrm{e}^{x\ln(a+x)} - a^x}{x^2} = \lim\limits_{x\to 0}\dfrac{\mathrm{e}^{x\ln(a+x)}\left[\ln(a+x)+\dfrac{x}{a+x}\right] - a^x\ln a}{2x}$$

$$= \lim\limits_{x\to 0}\dfrac{(a+x)^x\left[\ln(a+x)+\dfrac{x}{a+x}\right]^2 + (a+x)^x\left[\dfrac{1}{a+x}+\dfrac{a}{(a+x)^2}\right] - a^x\ln^2 a}{2}$$

$$= \dfrac{\ln^2 a + \dfrac{1}{a} + \dfrac{1}{a} - \ln^2 a}{2} = \dfrac{1}{a}.$$

4. 设 $f(x)$ 在 $[0,1]$ 上连续，在 $(0,1)$ 内可导，$f(0)=f(1)=0$，且存在 $x_0\in(0,1)$，满足 $f(x_0)>x_0$，证明：存在 $\xi\in(0,1)$，使 $f'(\xi)=1$.

证 令 $\varphi(x)=f(x)-x$，$x_0\in(0,1)$，$f(0)=f(1)=0$，则 $\varphi(x)$ 在 $[x_0,1]\subset[0,1]$ 上连续，且 $\varphi(x_0)=f(x_0)-x_0>0$，$\varphi(1)=f(1)-1=-1<0$，由零点定理，存在 $x_1\in(x_0,1)\subset(0,1)$，使 $\varphi(x_1)=0$. 又 $\varphi(x)$ 在 $[0,x_1]\subset[0,1]$ 上连续，在 $(0,x_1)$ 内可导，且 $\varphi(0)=\varphi(x_1)=0$，由罗尔中值定理，至少存在一点 $\xi\in(0,x_1)\subset(0,1)$，使 $\varphi'(\xi)=[f'(x)-1]\big|_{x=\xi}=f'(\xi)-1=0$，即 $f'(\xi)=1$.

5. 证明：当 $x\in\left(0,\dfrac{\pi}{2}\right)$ 时，$\dfrac{2}{\pi}<\dfrac{\sin x}{x}<1$.

证 令 $f(x)=\dfrac{\sin x}{x}$，$x\in\left(0,\dfrac{\pi}{2}\right)$，则 $f(x)$ 在 $\left(0,\dfrac{\pi}{2}\right]$ 上连续，在 $\left(0,\dfrac{\pi}{2}\right)$ 内可导，且 $f(0^+)=1$，$f'(x)=\dfrac{x\cos x-\sin x}{x^2}=\dfrac{\cos x}{x^2}(x-\tan x)$，$x\in\left(0,\dfrac{\pi}{2}\right)$. 令 $g(x)=x-\tan x$，易知 $g(x)$ 在 $\left[0,\dfrac{\pi}{2}\right)$ 上连续，在 $\left(0,\dfrac{\pi}{2}\right)$ 内可导，且 $g'(x)=1-\sec^2 x=-\tan^2 x<0$，所以 $g(x)$ 在 $\left[0,\dfrac{\pi}{2}\right)$ 上单调减少，即 $g(x)<g(0)=0$，所以 $f'(x)<0$，因此 $f(x)$ 在 $\left(0,\dfrac{\pi}{2}\right]$ 上单调减少，所以 $\dfrac{2}{\pi}=f\left(\dfrac{\pi}{2}\right)<f(x)<f(0^+)=1$，即 $\dfrac{2}{\pi}<\dfrac{\sin x}{x}<1$.

6. 试确定 a,b,c，使曲线 $y=ax^3+bx^2+cx$ 有拐点 $(1,2)$，且在该点的切线斜率为 -1.

解 $y=ax^3+bx^2+cx$，$y'=3ax^2+2bx+c$，$y''=6ax+2b$，由题意,
$$\begin{cases} y|_{x=1}=a+b+c=2, \\ y'|_{x=1}=3a+2b+c=-1, \\ y''|_{x=1}=6a+2b=0, \end{cases}$$
解得 $a=3, b=-9, c=8$.

7. 比较 e^π 与 π^e 的大小.

解 方法一：令 $f(x)=\dfrac{\ln x}{x}$，因为 $f'(x)=\dfrac{1-\ln x}{x^2}<0$（$e<x<\pi$），所以 $f(x)$ 在 $[e,\pi]$ 上连续且单调减少，故 $\dfrac{\ln e}{e}>\dfrac{\ln \pi}{\pi}$，即 $e^\pi>\pi^e$.

方法二：比较 e^π 与 π^e 的大小等价于比较 π 与 $e\ln\pi$ 的大小，令 $y=x-e\ln x$，$y'=1-\dfrac{e}{x}$. 当 $0<x<e$ 时，$y'<0$，y 单调减少；当 $x>e$ 时，$y'>0$，y 单调增加. 所以 $y=x-e\ln x$ 在 $x=e$ 处取得极小值 $y(e)=0$. 故 $y(\pi)=\pi-e\ln\pi>0$，则 $\pi>e\ln\pi$，从而 $e^\pi>\pi^e$.

8. 设函数 $y=f(x)$ 在点 x_0 的某邻域内具有三阶导数，如果 $f'(x_0)=0$，$f''(x_0)=0$，而 $f'''(x_0)\neq 0$，试问点 x_0 是否为极值点？又 $(x_0,f(x_0))$ 是否为拐点？为什么？对此结论能否进一步推广？

解 由泰勒公式
$$f(x)=f(x_0)+f'(x_0)(x-x_0)+\frac{1}{2}f''(x_0)(x-x_0)^2+\frac{1}{6}f'''(x_0)(x-x_0)^3+o[(x-x_0)^3],$$
如果 $f'(x_0)=0$，$f''(x_0)=0$，而 $f'''(x_0)\neq 0$，则有
$$f(x)-f(x_0)=\frac{1}{6}f'''(x_0)(x-x_0)^3+o[(x-x_0)^3],$$
当 x 充分靠近 x_0 时，上式等号右端的符号由第一项 $\dfrac{1}{6}f'''(x_0)(x-x_0)^3$ 的符号决定，不妨设 $f'''(x_0)>0$，即当 $x>x_0$ 时，$f(x)>f(x_0)$；当 $x<x_0$ 时，$f(x)<f(x_0)$. 因此 x_0 不是极值点. 又
$$f'''(x_0)=\lim_{x\to x_0}\frac{f''(x)-f''(x_0)}{x-x_0}=\lim_{x\to x_0}\frac{f''(x)}{x-x_0}>0,$$
由极限的保号性，存在 x_0 的某邻域，对此邻域内任一点 x 有 $\dfrac{f''(x)}{x-x_0}>0$，从而当 $x<x_0$ 时，$f''(x)<0$；当 $x>x_0$ 时，$f''(x)>0$，因此 $(x_0,f(x_0))$ 是拐点.

结论的推广：

设函数 $y=f(x)$ 在点 x_0 的某邻域内具有直到 n 阶导数，如果
$$f'(x_0)=f''(x_0)=\cdots=f^{(n-1)}(x_0)=0, \qquad f^{(n)}(x_0)\neq 0,$$
则

(1) 当 n 为奇数时，x_0 不是极值点；当 n 为偶数时，x_0 是极值点.

(2) 设 $n\geq 2$，当 n 为奇数时，$(x_0,f(x_0))$ 是拐点；当 n 为偶数时，$(x_0,f(x_0))$ 不是拐点.

9. 若 $f(x)$ 在 $[a,b]$ 上有二阶导数 $f''(x)$，且 $f'(a) = f'(b) = 0$，试证在 (a,b) 内至少存在一点 ξ，满足 $|f''(\xi)| \geqslant \dfrac{4}{(b-a)^2}|f(b) - f(a)|$.

证 由泰勒公式，$\forall x \in (a,b)$，有

$$f(x) = f(a) + \frac{1}{2}f''(\xi_1)(x-a)^2, \quad a < \xi_1 < x;$$

$$f(x) = f(b) + \frac{1}{2}f''(\xi_2)(x-b)^2, \quad x < \xi_2 < b.$$

取 $x = \dfrac{a+b}{2}$，得

$$f\left(\frac{a+b}{2}\right) = f(a) + \frac{1}{2}f''(\xi_1)\frac{(b-a)^2}{4};$$

$$f\left(\frac{a+b}{2}\right) = f(b) + \frac{1}{2}f''(\xi_2)\frac{(a-b)^2}{4}.$$

于是 $f(b) - f(a) = \dfrac{1}{8}(b-a)^2[f''(\xi_1) - f''(\xi_2)]$，记 $|f''(\xi)| = \max\{|f''(\xi_1)|, |f''(\xi_2)|\}$，则

$$|f(b) - f(a)| \leqslant \frac{1}{8}(b-a)^2[|f''(\xi_2)| + |f''(\xi_1)|] \leqslant \frac{1}{4}(b-a)^2|f''(\xi)|, \quad \xi \in (a,b),$$

故结论成立.

10. (1) 设函数 $\varphi(x)$ 在 x_0 的某个邻域内有定义，在点 x_0 处 n 阶可导，如果

$$\varphi(x_0) = \varphi'(x_0) = \cdots = \varphi^{(n)}(x_0) = 0,$$

用洛必达法则证明

$$\varphi(x) = o((x-x_0)^n).$$

(2) 如果函数 $f(x)$ 在 x_0 的某个邻域内有定义，在点 x_0 处 n 阶可导，则

$$f(x) = f(x_0) + f'(x_0)(x-x_0) + \frac{f''(x_0)}{2!}(x-x_0)^2 + \cdots + \frac{f^{(n)}(x_0)}{n!}(x-x_0)^n + o[(x-x_0)^n].$$

证 (1) $\varphi(x)$ 在点 x_0 处 n 阶可导，则 $\varphi(x)$ 在点 x_0 的某一邻域内具有一切低于 n 阶的导数，且 $\varphi(x_0) = \varphi'(x_0) = \cdots = \varphi^{(n)}(x_0) = 0$，故 $\lim\limits_{x \to x_0}\varphi(x) = \lim\limits_{x \to x_0}\varphi'(x) = \cdots = \lim\limits_{x \to x_0}\varphi^{(n-1)}(x) = 0$，多次使用洛必达法则，有

$$\lim_{x \to x_0}\frac{\varphi(x)}{(x-x_0)^n} = \lim_{x \to x_0}\frac{\varphi'(x)}{n(x-x_0)^{n-1}} = \lim_{x \to x_0}\frac{\varphi''(x)}{n(n-1)(x-x_0)^{n-2}} = \cdots$$

$$= \lim_{x \to x_0}\frac{\varphi^{(n-1)}(x)}{n!(x-x_0)} = \frac{1}{n!}\lim_{x \to x_0}\frac{\varphi^{(n-1)}(x) - \varphi^{(n-1)}(x_0)}{x - x_0} = \frac{1}{n!}\varphi^{(n)}(x_0) = 0,$$

所以 $\varphi(x) = o((x-x_0)^n)$.

(2) 考虑

$$F(x) = f(x) - \left[f(x_0) + f'(x_0)(x-x_0) + \frac{f''(x_0)}{2!}(x-x_0)^2 + \cdots + \frac{f^{(n)}(x_0)}{n!}(x-x_0)^n\right],$$

由题意，$F(x)$ 在 x_0 的某邻域内有定义，在点 x_0 处 n 阶可导，且

$$F'(x) = f'(x) - \left[f'(x_0) + f''(x_0)(x-x_0) + \frac{f'''(x_0)}{2!}(x-x_0)^2 + \cdots + \frac{f^{(n)}(x_0)}{(n-1)!}(x-x_0)^{n-1} \right],$$

$$F''(x) = f''(x) - \left[f''(x_0) + f'''(x_0)(x-x_0) + \cdots + \frac{f^{(n)}(x_0)}{(n-2)!}(x-x_0)^{n-2} \right],$$

$\cdots$,

$$F^{(n-1)}(x) = f^{(n-1)}(x) - [f^{(n-1)}(x_0) + f^{(n)}(x_0)(x-x_0)],$$

$F^{(n-1)}(x_0) = 0$,

$$F^{(n)}(x_0) = \lim_{x \to x_0} \frac{F^{(n-1)}(x) - F^{(n-1)}(x_0)}{x - x_0} = \lim_{x \to x_0} \frac{f^{(n-1)}(x) - f^{(n-1)}(x_0) - f^{(n)}(x_0)(x-x_0)}{x - x_0}$$

$$= \lim_{x \to x_0} \frac{f^{(n-1)}(x) - f^{(n-1)}(x_0)}{x - x_0} - f^{(n)}(x_0) = 0,$$

所以 $F(x_0) = F'(x_0) = F''(x_0) = \cdots = F^{(n-1)}(x_0) = F^{(n)}(x_0) = 0$，由(1)的结论知，$F(x) = o((x-x_0)^n)$，即

$$f(x) = f(x_0) + f'(x_0)(x-x_0) + \frac{f''(x_0)}{2!}(x-x_0)^2 + \cdots + \frac{f^{(n)}(x_0)}{n!}(x-x_0)^n + o[(x-x_0)^n].$$

11. 设函数 $f(x)$ 在 $[a,b]$ 上具有二阶导数，且 $f(a) = f(b) = 0$，$f'(a) \cdot f'(b) > 0$，证明：存在 $\xi \in (a,b)$ 和 $\eta \in (a,b)$，使 $f(\xi) = 0$，$f''(\eta) = 0$.

证 因为 $f'(a) \cdot f'(b) > 0$，不妨设 $f'(a) > 0, f'(b) > 0$，因为

$$f'(a) = \lim_{x \to a^+} \frac{f(x) - f(a)}{x - a} = \lim_{x \to a^+} \frac{f(x)}{x - a} > 0,$$

则存在 $\xi_1 \in (a, a+\delta_1)$，$\delta_1 > 0$，使 $f(\xi_1) > 0$. 又因为

$$f'(b) = \lim_{x \to b^-} \frac{f(x) - f(b)}{x - b} = \lim_{x \to b^-} \frac{f(x)}{x - b} > 0,$$

则存在 $\xi_2 \in (b-\delta_2, b)$，$\delta_2 > 0$，使 $f(\xi_2) < 0$. 由零点定理，至少存在一点 $\xi \in (\xi_1, \xi_2) \subset (a,b)$，使 $f(\xi) = 0$. 又 $f(a) = f(b) = 0$，再分别在 $[a,\xi]$ 和 $[\xi,b]$ 上应用罗尔中值定理，分别存在点 $\xi_3 \in (a,\xi)$ 和 $\xi_4 \in (\xi,b)$，使 $f'(\xi_3) = 0$，$f'(\xi_4) = 0$. 对函数 $f'(x)$ 在 $[\xi_3, \xi_4]$ 上应用罗尔中值定理，则至少存在一点 $\eta \in (\xi_3, \xi_4) \subset (a,b)$，使 $f''(\eta) = 0$.

六、自 测 题

自 测 题 一

一、选择题 (8 小题，每小题 3 分，共 24 分).

1. $\lim\limits_{x \to 0} \dfrac{1 - \cos(\sin x)}{2\ln(1+x^2)}$ 的值等于（ ）.

A. 0 B. $\dfrac{1}{4}$ C. $\dfrac{1}{2}$ D. ∞

2. 方程 $x^3 - 3x + 1 = 0$ 在 $(0,1)$ 内( ).

    A. 无实根   B. 有唯一实根   C. 有两个实根   D. 有三个实根

3. 若 $f(x) = a\sin x + \dfrac{1}{3}\sin 3x$ 在 $x = \dfrac{\pi}{3}$ 处有极值,则 $a = ($).

    A. 0   B. 1   C. 2   D. 3

4. 曲线 $y = x^2 - x^3$ 在区间 $\left(0, \dfrac{1}{3}\right)$ 的特性是( ).

    A. 单调上升,凹   B. 单调上升,凸

    C. 单调下降,凹   D. 单调下降,凸

5. 设 $f'(x_0) = f''(x_0) = 0$,且 $f'''(x_0) < 0$,则( ).

    A. $f'(x_0)$ 是 $f'(x)$ 的极小值   B. $f(x_0)$ 是 $f(x)$ 的极大值

    C. $f(x_0)$ 是 $f(x)$ 的极小值   D. $(x_0, f(x_0))$ 是曲线 $y = f(x)$ 的拐点

6. 设在 $[0,1]$ 上 $f''(x) > 0$,则下面正确的为( ).

    A. $f'(1) > f'(0) > f(1) - f(0)$ B. $f'(1) > f(1) - f(0) > f'(0)$

    C. $f(1) - f(0) > f'(1) > f'(0)$ D. $f'(1) > f(0) - f(1) > f'(0)$

7. 若函数 $f(x)$ 在 $x = 0$ 的某个邻域内连续,$\lim\limits_{x \to 0} \dfrac{f(x)}{1 - \cos x} = 2$,则下列关于点 $x = 0$ 的描述中正确的是( ).

    A. 点 $x = 0$ 是 $f(x)$ 的极大值点

    B. 点 $x = 0$ 是 $f(x)$ 的极小值点

    C. 点 $x = 0$ 不是 $f(x)$ 的驻点

    D. 点 $x = 0$ 是 $f(x)$ 的驻点,但不是 $f(x)$ 的极值点

8. $\sin x = x - \dfrac{1}{6}x^3 + R_4(x)$,其中 $R_4(x) = ($).

    A. $\dfrac{-\cos \xi}{5!}x^5 \quad (0 < \xi < x)$ B. $\dfrac{\cos \xi}{5!}x^5 \quad (0 < \xi < x)$

    C. $\dfrac{\sin \xi}{5!}x^5 \quad (0 < \xi < x)$ D. $\dfrac{-\sin \xi}{5!}x^5 \quad (0 < \xi < x)$

二、填空题 (6 小题,每小题 3 分,共 18 分).

1. $\lim\limits_{x \to 0} \dfrac{e^{x^2} - 1 - x^2}{x^3 \sin x} = $ _____.

2. 曲线 $y = \dfrac{2x^3}{x^2 + 1}$ 的渐近线方程为_____.

3. 方程 $x = \cos x$ 在 $(-\infty, +\infty)$ 内的实根个数为_____.

4. 利用拉格朗日中值定理,有等式 $e^x - 1 = xe^{x\theta(x)}$,其中 $0 < \theta(x) < 1$,则 $\lim\limits_{x \to 0} \theta(x) = $_____.

5. 设曲线 $y = ax^3 + bx^2$ 以点 $(1,3)$ 为拐点,则数组 $(a,b) = $_____.

6. 曲线 $y = \sqrt{4ax - x^2}$ 在点 $(a, \sqrt{3}a)$ 处的曲率为_____.

三、判断题 (4 小题，每小题 2 分，共 8 分).

1. $f'(x)$ 在区间 I 上存在，且 $f(x)$ 在区间 I 上单调增加，则 $\forall x \in I$，$f'(x) > 0$. ( )

2. $f(x)$，$g(x)$ 均为可微函数，$\lim\limits_{x \to a} f(x) = \lim\limits_{x \to a} g(x) = 0$，$g'(x) \neq 0$，$\lim\limits_{x \to a} \dfrac{f(x)}{g(x)} = A$，则 $\lim\limits_{x \to a} \dfrac{f'(x)}{g'(x)} = A$. ( )

3. $f'(x_0)$ 存在且不为 0，则 $f(x_0)$ 一定不是 $f(x)$ 的极值. ( )

4. 在区间 $[a,b]$ 上，$f''(x) > 0$，$x_0 \in (a,b)$，$f'(x_0) = 0$，则 $f(x_0)$ 为 $f(x)$ 在区间 $[a,b]$ 上的最小值. ( )

四、计算题 (6 小题，每小题 5 分，共 30 分).

1. $\lim\limits_{x \to 0} \dfrac{x - \arcsin x}{x^2 \ln(1+x)}$.

2. $\lim\limits_{x \to 0} \dfrac{\ln(1+3x^2)}{\sec x - \cos x}$.

3. 求曲线 $y = x - \sin x$ 的凹凸区间.

4. 试确定 a, b, c 的值，使 $y = x^3 + ax^2 + bx + c$ 在点 $(1, -1)$ 处有拐点，在 $x = 0$ 处取得极值，并求此函数的极值.

5. 求 $f(x) = x^4 - 2x^3 + 1$ 在 $x_0 = 2$ 处的带佩亚诺型余项的 4 阶泰勒公式.

6. 求函数 $f(x) = e^{\frac{\ln x}{x}}$ 的极值.

五、解答与证明题 (3 小题，第 1 小题 6 分，第 2、3 小题每题 7 分，共 20 分).

1. 已知某直角三角形的边长之和为常数，求该直角三角形面积的最大值.

2. 证明：当 $x > 0$ 时，$\ln(1+x) > \dfrac{\arctan x}{1+x}$.

3. 设 $f(x)$ 在 $[a,b]$ 上可导，且 $f(x) > 0$，证明存在 $c(a < c < b)$，使
$$\ln \dfrac{f(b)}{f(a)} = \dfrac{f'(c)}{f(c)}(b-a).$$

自 测 题 二

一、选择题 (8 小题，每小题 3 分，共 24 分).

1. 极限 $\lim\limits_{x \to 0}\left(1 + \dfrac{x}{a}\right)^{\frac{b}{x}}$ $(a \neq 0, b \neq 0)$ 的值为( ).

    A. 1 B. $\ln \dfrac{b}{a}$ C. $e^{\frac{b}{a}}$ D. $\dfrac{be}{a}$

2. 设函数 $f(x) = x^2 + x$，则( ).

A. $f(x)$ 在 $(-\infty,0)$ 内单调减少,在 $(0,+\infty)$ 内单调增加

B. $f(x)$ 在 $(-\infty,-1)$ 内单调减少,在 $(-1,+\infty)$ 内单调增加

C. $f(x)$ 在 $(-\infty,1)$ 内单调减少,在 $(1,+\infty)$ 内单调增加

D. $f(x)$ 在 $\left(-\infty,-\dfrac{1}{2}\right)$ 内单调减少,在 $\left(-\dfrac{1}{2},+\infty\right)$ 内单调增加

3. 若 $(x_0,f(x_0))$ 为连续曲线 $y=f(x)$ 上的凹弧与凸弧分界点,则下列正确的是( ).

A. $(x_0,f(x_0))$ 必为曲线的拐点
B. x_0 必为函数的驻点
C. x_0 为 $y=f(x)$ 的极值点
D. x_0 必定不是 $f(x)$ 的极值点

4. 设在 $[1,2]$ 上 $f''(x)<0$,则下列不等式正确的是( ).

A. $f'(2)<f'(1)<f(2)-f(1)$
B. $f'(2)<f(2)-f(1)<f'(1)$
C. $f(2)-f(1)<f'(2)<f'(1)$
D. $f'(2)<f(1)-f(2)<f'(1)$

5. 若函数 $f(x)=x^3+ax^2+bx$ 在 $x=1$ 处取得极值 -2,则下列结论中正确的是( ).

A. $a=-3,b=0$,且 $x=1$ 为函数 $f(x)$ 的极小值点
B. $a=0,b=-3$,且 $x=1$ 为函数 $f(x)$ 的极小值点
C. $a=-1,b=0$,且 $x=1$ 为函数 $f(x)$ 的极大值点
D. $a=0,b=-3$,且 $x=1$ 为函数 $f(x)$ 的极大值点

6. 关于 $y=3x^5-5x^3$ 的极值点的正确结论是( ).

A. $x=-1,x=0$ 是极小值点,$x=1$ 是极大值点
B. $x=-1$ 是极小值点,$x=1$ 是极大值点
C. $x=-1,x=0$ 是极大值点,$x=1$ 是极小值点
D. $x=-1$ 是极大值点,$x=1$ 是极小值点

7. 若 $xf''(x)+3x[f'(x)]^2=1-\mathrm{e}^{-x}$,且 $f'(x_0)=0$,$x_0\neq 0$,则( ).

A. $f'(x_0)$ 是 $f'(x)$ 的极小值
B. $f(x_0)$ 是 $f(x)$ 的极大值
C. $f(x_0)$ 是 $f(x)$ 的极小值
D. $(x_0,f(x_0))$ 是曲线 $y=f(x)$ 的拐点

8. 设 $f(x)=\dfrac{1}{1-x}$,其 n 阶麦克劳林公式的拉格朗日型余项 $R_n(x)$ 等于( ).

A. $\dfrac{x^{n+1}}{(n+1)(1-\theta x)^{n+1}}$ $(0<\theta<1)$
B. $\dfrac{(-1)^n x^{n+1}}{(n+1)(1-\theta x)^{n+1}}$ $(0<\theta<1)$
C. $\dfrac{x^{n+1}}{(1-\theta x)^{n+2}}$ $(0<\theta<1)$
D. $\dfrac{(-1)^n x^{n+1}}{(1-\theta x)^{n+1}}$ $(0<\theta<1)$

二、填空题 (6 小题,每小题 3 分,共 18 分).

1. $\lim\limits_{x\to 0}\dfrac{x-\ln(1+x)}{x^2}=$ _____.

2. $y=\sin^4 x+\cos^4 x$,$n\geqslant 1$,则 $y^{(n)}=$ _____.

3. $y=\dfrac{(x-1)^3}{(x+1)^2}$ 的斜渐近线为 _____.

4. $f(x) = xe^x$，则 $f'(x)$ 在点 $x =$ _____ 处取得极小值 _____．

5. 函数 $y = x + 2\cos x$ 在区间 $\left[0, \dfrac{\pi}{2}\right]$ 上的最大值为 _____．

6. 曲线弧 $y = \sin x \ (0 < x < \pi)$ 在 $x = \dfrac{\pi}{2}$ 处的曲率为 _____．

三、**判断题** (4 小题，每小题 2 分，共 8 分)．

1. $f'(x_0) > 0$，则存在邻域 $U(x_0)$，在 $U(x_0)$ 内 $f(x)$ 单调增加． ( )

2. $f(x)$，$g(x)$ 均在 $x = a$ 处可微，$\lim\limits_{x \to a} f(x) = \lim\limits_{x \to a} g(x) = 0$，$g'(a) \neq 0$，则 $\lim\limits_{x \to a} \dfrac{f(x)}{g(x)} = \dfrac{f'(a)}{g'(a)}$． ( )

3. $f'(x_0) = 0$，$f''(x_0) = 0$，$f'''(x_0) \neq 0$，则 $f(x_0)$ 一定不为 $f(x)$ 的极值． ( )

4．设 $f(x)$ 在区间 I 上可导，$f(x)$ 的图形为凹的，$x_0 \in I$，则当 $x \neq x_0$ 时，有 $f(x) - f(x_0) > f'(x_0)(x - x_0)$． ( )

四、**计算题** (6 小题，每小题 5 分，共 30 分)．

1．计算极限 $\lim\limits_{x \to 0} \dfrac{x - \sin x}{x^2(e^x - 1)}$．

2．$\lim\limits_{x \to 0} \left(\dfrac{1}{x^2} - \dfrac{1}{\tan^2 x} \right)$．

3．求曲线 $y = \dfrac{1}{1 + x^2} \ (x > 0)$ 的拐点．

4．求函数 $y = xe^{-x}$ 的单调增减区间及其图形的凹凸区间与拐点．

5．求曲线 $y^2 = x^3$ 在点 $(4, 8)$ 处的曲率及曲率半径．

6．求函数 $f(x) = \ln x - \dfrac{x}{e} + 2$ 的极值．

五、**解答与证明题** (3 小题，第 1 小题 6 分，第 2、3 小题每题 7 分，共 20 分)．

1．以椭圆 $x = a\cos t, y = b\sin t \ (0 \leqslant t \leqslant 2\pi, 0 < b < a)$ 的长轴 AB 为底，作一个与此椭圆内接的等腰梯形 $ABCD$，试求它的面积的最大值．

2．证明：当 $0 < x < \dfrac{\pi}{2}$ 时，$\tan x > x + \dfrac{x^3}{3}$．

3．(1) 设 $0 < a < b$，函数 $f(x)$ 在 $[a, b]$ 上连续，在 (a, b) 内可导，证明存在 $\xi \in (a, b)$，使 $f(b) - f(a) = \xi f'(\xi) \ln \dfrac{b}{a}$；

(2) $x > 0$ 时，证明 $\lim\limits_{n \to \infty} n(\sqrt[n]{x} - 1) = \ln x$．

自测题一参考答案

一、**1**．B；**2**．B；**3**．C；**4**．A；**5**．D；**6**．B；**7**．B；**8**．B．

二、1. $\dfrac{1}{2}$; 2. $y=2x$; 3. 1; 4. $\dfrac{1}{2}$; 5. $\left(-\dfrac{3}{2},\dfrac{9}{2}\right)$; 6. $\dfrac{1}{2a}$.

三、1. ×; 2. ×; 3. √; 4. √.

四、1. 提示：利用洛必达法则及等价无穷小代换，答案为 $-\dfrac{1}{6}$.

2. $\lim\limits_{x\to 0}\dfrac{\ln(1+3x^2)}{\sec x-\cos x}=\lim\limits_{x\to 0}\dfrac{3x^2\cos x}{\sin^2 x}=3$.

3. 曲线在 $2k\pi\leqslant x\leqslant(2k+1)\pi$ 上是凹的，在 $(2k-1)\pi\leqslant x\leqslant 2k\pi$ 上是凸的，$k\in \mathbf{Z}$.

4. $a=-3, b=0, c=1$，此函数的极小值为 $y(2)=-3$，极大值为 $y(0)=1$.

5. $1+8(x-2)+12(x-2)^2+6(x-2)^3+(x-2)^4$.

6. 函数的定义域为 $(0,+\infty)$，$f'(x)=\mathrm{e}^{\frac{\ln x}{x}}\cdot\dfrac{1-\ln x}{x^2}$，令 $f'(x)=0$ 得驻点 $x=\mathrm{e}$，则当 $0<x<\mathrm{e}$ 时，$f'(x)>0$，函数单调递增；当 $x>\mathrm{e}$ 时，$f'(x)<0$，函数单调递减. 所以函数取得极大值 $f(\mathrm{e})=\mathrm{e}^{\frac{1}{\mathrm{e}}}$.

五、1. 设两直角边与斜边分别为 x, y, z，其和为常数 k，所求面积为 S，因 $x+y+z=k$ 及 $x^2+y^2=z^2$，则 $y=\dfrac{2kx-k^2}{2(x-k)}$，故

$$S=\dfrac{1}{2}xy=\dfrac{2kx^2-k^2x}{4(x-k)}, \qquad S'(x)=\dfrac{k(2x^2-4kx+k^2)}{4(x-k)^2},$$

有驻点 $x=\dfrac{2-\sqrt{2}}{2}k$（舍去 $x=\dfrac{2+\sqrt{2}}{2}k$），故 $S_{\max}=\dfrac{1}{12+8\sqrt{2}}k^2=\dfrac{3-2\sqrt{2}}{4}k^2$ 为所求.

2. 欲证 $\ln(1+x)>\dfrac{\arctan x}{1+x}$，只需证 $(1+x)\ln(1+x)>\arctan x$，令

$$f(x)=(1+x)\ln(1+x)-\arctan x,$$

则当 $x>0$ 时，

$$f'(x)=\ln(1+x)+1-\dfrac{1}{1+x^2}=\ln(1+x)+\dfrac{x^2}{1+x^2}>0,$$

$f(x)$ 在 $(0,+\infty)$ 内单调增加，又 $f(x)$ 在 $[0,+\infty)$ 连续，所以

$$f(x)=(1+x)\ln(1+x)-\arctan x>f(0)=0,$$

即当 $x>0$ 时，$(1+x)\ln(1+x)>\arctan x$，即 $\ln(1+x)>\dfrac{\arctan x}{1+x}$.

3. 令 $\varphi(x)=\ln f(x)$，对 $\varphi(x)$ 在 $[a,b]$ 上利用拉格朗日中值定理，存在 $c\in(a,b)$，使 $\ln f(b)-\ln f(a)=\varphi'(c)(b-a)$，即 $\ln\dfrac{f(b)}{f(a)}=\dfrac{f'(c)}{f(c)}(b-a)$.

自测题二参考答案

一、1. C; 2. D; 3. A; 4. B; 5. B; 6. D; 7. C; 8. C.

二、1. $\dfrac{1}{2}$; 2. $4^{n-1}\cos\left(4x+\dfrac{n\pi}{2}\right)$; 3. $y=x-5$; 4. $-2,-\mathrm{e}^{-2}$; 5. $\dfrac{\pi}{6}+\sqrt{3}$; 6. 1.

三、1. ×； 2. √； 3. √； 4. √．

四、1. $\lim\limits_{x\to 0}\dfrac{x-\sin x}{x^2(e^x-1)}=\lim\limits_{x\to 0}\dfrac{x-\sin x}{x^3}=\lim\limits_{x\to 0}\dfrac{1-\cos x}{3x^2}=\lim\limits_{x\to 0}\dfrac{\frac{1}{2}x^2}{3x^2}=\dfrac{1}{6}$．

2. 提示：利用洛必达法则及等价无穷小代换，答案为 $\dfrac{2}{3}$．

3. $\left(\dfrac{1}{\sqrt{3}},\dfrac{3}{4}\right)$．

4. 函数的单调增加区间为 $(-\infty,1]$，单调减少区间为 $[1,+\infty)$；曲线的凸区间为 $(-\infty,2]$，凹区间为 $[2,+\infty)$；点 $(2,2e^{-2})$ 为拐点．

5. 曲率 $K\big|_{(4,8)}=\dfrac{|y''|}{[1+(y')^2]^{\frac{3}{2}}}\bigg|_{(4,8)}=\dfrac{3\sqrt{10}}{800}$，曲率半径 $\rho=\dfrac{1}{K}=\dfrac{80}{3}\sqrt{10}$．

6. 函数的定义域为 $(0,+\infty)$，$f'(x)=\dfrac{1}{x}-\dfrac{1}{e}$，令 $f'(x)=0$ 得驻点 $x=e$，因为 $f''(x)=-\dfrac{1}{x^2}<0$，所以 $x=e$ 时函数取极大值 $f(e)=2$．

五、1. 由题意，点 C 与点 D 关于 y 轴对称，设点 C 的坐标为 $(a\cos\theta,b\sin\theta)$，则点 D 的坐标为 $(-a\cos\theta,b\sin\theta)$，梯形面积为 $A=ab(\cos\theta+1)\sin\theta$，$0<\theta<\dfrac{\pi}{2}$．$A'=ab(2\cos\theta-1)(\cos\theta+1)$，由 $A'=0$ 得 A 在定义域内唯一驻点 $\theta=\dfrac{\pi}{3}$．又当 $0<\theta<\dfrac{\pi}{3}$ 时，$A'>0$；当 $\dfrac{\pi}{3}<\theta<\dfrac{\pi}{2}$ 时，$A'<0$；故 $\theta=\dfrac{\pi}{3}$ 是 A 的最大值点，即有 $A_{\max}=A\left(\dfrac{\pi}{3}\right)=\dfrac{3\sqrt{3}}{4}ab$．

2. 令 $f(x)=\tan x-x-\dfrac{x^3}{3}$，则当 $0<x<\dfrac{\pi}{2}$ 时，
$$f'(x)=\sec^2 x-1-x^2=\tan^2 x-x^2>0,$$
$f(x)$ 在 $\left(0,\dfrac{\pi}{2}\right)$ 内单调递增，又 $f(x)$ 在 $\left[0,\dfrac{\pi}{2}\right]$ 上连续，所以
$$f(x)=\tan x-x-\dfrac{x^3}{3}>f(0)=0,$$
即当 $0<x<\dfrac{\pi}{2}$ 时，$\tan x>x+\dfrac{x^3}{3}$．

3. (1) 对函数 $f(x)$ 和 $g(x)=\ln x$，用柯西中值定理证明．

(2) 当 $x=1$ 时，结论已成立；当 $x\neq 1$ 时，令 $f(x)=x^{\frac{1}{n}}$，取 $a=\min\{1,x\}$，$b=\max\{1,x\}$，利用 (1) 的结论，$\exists\xi_n\in(a,b)$，使 $n(\sqrt[n]{x}-1)=\xi_n^{\frac{1}{n}}\ln x$，又 $\sqrt[n]{a}\leqslant\sqrt[n]{\xi_n}\leqslant\sqrt[n]{b}$，且 $\lim\limits_{n\to\infty}\sqrt[n]{a}=\lim\limits_{n\to\infty}\sqrt[n]{b}=1$，所以 $\lim\limits_{n\to\infty}\sqrt[n]{\xi_n}=1$，故 $\lim\limits_{n\to\infty}n(\sqrt[n]{x}-1)=\ln x$．

第四章 不定积分

本章讨论一元函数积分学的一个基本问题：已知某一函数的导数（或微分）时，如何求该函数？主要介绍原函数和不定积分的基本概念、性质、基本积分公式及几种基本的积分方法．

一、知识框架

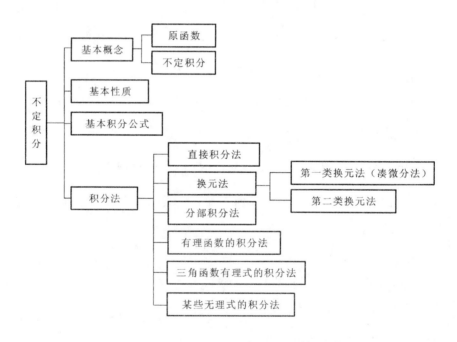

二、教学基本要求

(1) 理解原函数和不定积分的概念．

(2) 掌握不定积分的性质，掌握基本积分公式，掌握不定积分的换元积分法与分部积分法．

(3) 会求有理函数、三角函数有理式及简单无理函数的积分．

三、主要内容解读

(一) 不定积分的概念与性质

1. 原函数的定义

设 $f(x)$ 是一个定义在区间 I 上的函数,如果存在可导函数 $F(x)$,对任意 $x\in I$,都有 $F'(x)=f(x)$(或 $dF(x)=f(x)dx$),则称函数 $F(x)$ 是 $f(x)$ 在区间 I 上的一个原函数.

原函数存在性定理 如果函数 $f(x)$ 在区间 I 上连续,则在区间 I 上其原函数一定存在,即连续函数一定有原函数.

注 因为初等函数在其定义区间上连续,所以初等函数在其定义区间上的原函数一定存在,但原函数不一定都是初等函数,如

$$\int e^{-x^2}dx,\quad \int \frac{\sin x}{x}dx,\quad \int \frac{dx}{\sqrt{1+x^3}},\quad \int \frac{dx}{\ln x}$$

等,都不是初等函数.

原函数结构性定理 如果函数 $F(x)$ 是 $f(x)$ 在区间 I 上的一个原函数,则 $f(x)$ 的原函数有无穷多个,并且其任一原函数都可表示成 $F(x)+C$ 的形式,C 为任意常数.

2. 不定积分的定义

在区间 I 上,函数 $f(x)$ 带有任意常数的原函数 $F(x)+C$ 称为函数 $f(x)$ 的不定积分,记作 $\int f(x)dx$,即 $\int f(x)dx=F(x)+C$,其中 $f(x)$ 称为被积函数,$f(x)dx$ 称为被积表达式,x 称为积分变量,C 称为积分常数,记号 $\int$ 称为积分号(它是一种运算符号).

3. 不定积分的几何意义

当函数 $f(x)$ 的不定积分中任意常数 C 取定一个数时,就得到 $f(x)$ 的一个原函数,该原函数的图形称为 $f(x)$ 的一条积分曲线;当常数 C 任意取值时,就得到 $f(x)$ 的一簇积分曲线,此时在横坐标同为 x 的点处,各条积分曲线的切线斜率相等且均为 $f(x)$.

4. 不定积分的性质

积分与微分有如下运算关系.

(1) $\left[\int f(x)dx\right]'=f(x)$ 或 $d\left(\int f(x)dx\right)=f(x)dx$.

(2) $\int F'(x)dx=F(x)+C$ 或 $\int dF(x)=F(x)+C$.

(3) 积分运算有如下线性运算性质:

若 $f(x)$ 与 $g(x)$ 的原函数存在,a 和 b 是常数,且不全为零,则

$$\int[af(x)+bg(x)]dx=a\int f(x)dx+b\int g(x)dx.$$

此性质可推广到有限个函数的情形.

5. 基本积分公式

(1) $\int k\,dx = kx + C$（k 为常数）;

(2) $\int x^\mu\,dx = \dfrac{1}{\mu+1}x^{\mu+1} + C$（$\mu$ 为常数，且 $\mu \neq -1$）;

(3) $\int \dfrac{1}{x}\,dx = \ln|x| + C$;

(4) $\int e^x\,dx = e^x + C$;

(5) $\int a^x\,dx = \dfrac{a^x}{\ln a} + C$（$a > 0$ 且 $a \neq 1$）;

(6) $\int \cos x\,dx = \sin x + C$;

(7) $\int \sin x\,dx = -\cos x + C$;

(8) $\int \sec^2 x\,dx = \int \dfrac{1}{\cos^2 x}\,dx = \tan x + C$;

(9) $\int \csc^2 x\,dx = \int \dfrac{1}{\sin^2 x}\,dx = -\cot x + C$;

(10) $\int \dfrac{1}{1+x^2}\,dx = \arctan x + C$ 或 $-\operatorname{arccot} x + C$;

(11) $\int \dfrac{1}{\sqrt{1-x^2}}\,dx = \arcsin x + C$ 或 $-\arccos x + C$;

(12) $\int \sec x \tan x\,dx = \sec x + C$;

(13) $\int \csc x \cot x\,dx = -\csc x + C$;

(14) $\int \tan x\,dx = -\ln|\cos x| + C$;

(15) $\int \cot x\,dx = \ln|\sin x| + C$;

(16) $\int \sec x\,dx = \ln|\sec x + \tan x| + C$;

(17) $\int \csc x\,dx = \ln|\csc x - \cot x| + C$;

(18) $\int \dfrac{1}{a^2+x^2}\,dx = \dfrac{1}{a}\arctan\dfrac{x}{a} + C$;

(19) $\int \dfrac{1}{x^2-a^2}\,dx = \dfrac{1}{2a}\ln\left|\dfrac{x-a}{x+a}\right| + C$;

(20) $\int \dfrac{1}{\sqrt{a^2-x^2}}\,dx = \arcsin\dfrac{x}{a} + C$;

(21) $\int \dfrac{1}{\sqrt{x^2+a^2}}\,dx = \ln(x + \sqrt{x^2+a^2}) + C$;

(22) $\int \dfrac{1}{\sqrt{x^2-a^2}}\mathrm{d}x = \ln\left|x+\sqrt{x^2-a^2}\right|+C$.

其中常数 $a>0$.

(二) 换元积分法

1. 第一类换元法

若函数 $f(u)$ 具有原函数 $F(u)$，且函数 $u=\varphi(x)$ 可导，则有换元积分公式

$$\int f[\varphi(x)]\varphi'(x)\mathrm{d}x = \left[\int f(u)\mathrm{d}u\right]_{u=\varphi(x)} = [F(u)+C]_{u=\varphi(x)} = F[\varphi(x)]+C.$$

注 (1) 由 $\int f[\varphi(x)]\varphi'(x)\mathrm{d}x = \int f[\varphi(x)]\mathrm{d}\varphi(x)$，这一步是凑微分的过程，所以第一类换元法也称为凑微分法.

(2) 运算熟练后不必再设中间变量 $u=\varphi(x)$.

(3) 凑微分法是将复合函数的微分法反过来应用于积分运算，务必熟记基本积分公式，并掌握一些常见的凑微分形式及 "凑" 的一些技巧.

常见的凑微分形式如下:

(1) $\int f(ax+b)\mathrm{d}x = \dfrac{1}{a}\int f(ax+b)\mathrm{d}(ax+b)\quad (a\neq 0)$；

(2) $\int x^n f(ax^{n+1}+b)\mathrm{d}x = \dfrac{1}{a(n+1)}\int f(ax^{n+1}+b)\mathrm{d}(ax^{n+1}+b)\quad (a\neq 0)$；

(3) $\int a^x f(a^x+b)\mathrm{d}x = \dfrac{1}{\ln a}\int f(a^x+b)\mathrm{d}(a^x+b)\quad (a>0 且 a\neq 1)$；

(4) $\int \mathrm{e}^x f(\mathrm{e}^x+b)\mathrm{d}x = \int f(\mathrm{e}^x+b)\mathrm{d}(\mathrm{e}^x+b)$；

(5) $\int \dfrac{1}{x} f(\ln x+b)\mathrm{d}x = \int f(\ln x+b)\mathrm{d}(\ln x+b)$；

(6) $\int f\left(\dfrac{1}{x}\right)\dfrac{\mathrm{d}x}{x^2} = -\int f\left(\dfrac{1}{x}\right)\mathrm{d}\left(\dfrac{1}{x}\right)$；

(7) $\int f(\sqrt{x})\dfrac{\mathrm{d}x}{\sqrt{x}} = 2\int f(\sqrt{x})\mathrm{d}(\sqrt{x})$；

(8) $\int f(\sin x)\cos x\mathrm{d}x = \int f(\sin x)\mathrm{d}(\sin x)$；

(9) $\int f(\cos x)\sin x\mathrm{d}x = -\int f(\cos x)\mathrm{d}(\cos x)$；

(10) $\int \dfrac{1}{\cos^2 x} f(\tan x)\mathrm{d}x = \int f(\tan x)\mathrm{d}(\tan x)$；

(11) $\int \dfrac{1}{\sin^2 x} f(\cot x)\mathrm{d}x = -\int f(\cot x)\mathrm{d}(\cot x)$；

(12) $\int \dfrac{1}{\sqrt{1-x^2}} f(\arcsin x)\mathrm{d}x = \int f(\arcsin x)\mathrm{d}(\arcsin x)$；

(13) $\int \dfrac{1}{1+x^2} f(\arctan x)\mathrm{d}x = \int f(\arctan x)\mathrm{d}(\arctan x)$.

2. 第二类换元法

若函数 $x=\varphi(t)$ 单调可导且 $\varphi'(t)\neq 0$，函数 $f[\varphi(t)]\varphi'(t)$ 具有原函数 $F(t)$，则有换元积分公式

$$\int f(x)\mathrm{d}x = \int f[\varphi(t)]\varphi'(t)\mathrm{d}t = [F(t)+C]_{t=\varphi^{-1}(x)} = F[\varphi^{-1}(x)]+C,$$

其中 $t=\varphi^{-1}(x)$ 是 $x=\varphi(t)$ 的反函数。

几种常见的代换公式如下。

1) 三角代换

(1) $\int\sqrt{a^2-x^2}\mathrm{d}x$，令 $x=a\sin t$ 或 $x=a\cos t$；

(2) $\int\sqrt{a^2+x^2}\mathrm{d}x$，令 $x=a\tan t$ 或 $x=a\cot t$；

(3) $\int\sqrt{x^2-a^2}\mathrm{d}x$，令 $x=\pm a\sec t$。

若含有 $\sqrt{ax^2+bx+c}$ 时，先配方成 $\sqrt{a^2\pm x^2}$ 或 $\sqrt{x^2-a^2}$ 的形式，再作相应代换即可。

2) 倒代换

当有理分式函数中分母的次数较高时，可用倒代换 $x=\dfrac{1}{t}$。

3) 根式代换

在简单无理函数的积分中，根式代换常可以去掉被积函数中的根号。

4) 指数代换

当被积函数含有 a^x 时，可令 $a^x=t$。

（三）分部积分法

设函数 $u=u(x)$ 和 $v=v(x)$ 具有连续导数，则有分部积分公式

$$\int u\cdot v'\mathrm{d}x = u\cdot v - \int u'\cdot v\mathrm{d}x \text{（或} \int u\mathrm{d}v = u\cdot v - \int v\mathrm{d}u\text{）}.$$

注 (1) 一般地，当求不定积分 $\int u\mathrm{d}v$ 比较困难，但求 $\int v\mathrm{d}u$ 比较容易时，可试用分部积分法。应用分部积分法时，适当选取 u 和 $\mathrm{d}v$ 是关键，选取 u 和 $\mathrm{d}v$ 一般要考虑 v 容易求得，且 $\int v\mathrm{d}u$ 比 $\int u\mathrm{d}v$ 容易积出。

(2) 当被积函数是幂函数与正(余)弦函数的乘积，或幂函数与指数函数的乘积时，应选择幂函数为分部积分公式中的 u，如 $\int x^2\sin x\mathrm{d}x$，$\int xe^x\mathrm{d}x$ 等。

(3) 当被积函数是幂函数与对数函数的乘积，或幂函数与反三角函数的乘积时，应选择对数函数或反三角函数为分部积分公式中的 u，如 $\int x^2\ln x\mathrm{d}x$，$\int x\arctan x\mathrm{d}x$ 等。

(4) 应用分部积分公式，有可能出现"循环"的现象。当连续多次使用分部积分公式时，应选择同一类函数为 u，如 $\int e^x\sin x\mathrm{d}x$，$\int\sin(\ln x)\mathrm{d}x$ 等。

(5) 有时用分部积分法，虽然不能直接求出积分，但却可以得到一个相关的递推式，利用递推式可求出相应的积分，如 $I_n=\int\dfrac{\mathrm{d}x}{(x^2+a^2)^n}$，其中 n 为正整数。

(6) 求不定积分时，有时需要将换元积分法和分部积分法结合使用，如 $\int e^{\sqrt[3]{x}} dx$.

(7) 有时积分中含有无法计算的项，但利用分部积分公式，可将该项抵消，从而将积分求出，如 $\int \dfrac{1+\sin x}{1+\cos x} e^x dx$，$\int e^{2x}(1+\tan x)^2 dx$ 等.

（四）有理函数及可化为有理函数的不定积分

1．有理函数的不定积分

有理函数的积分总可以化为整式和以下四种类型的部分分式之和的积分：

(1) $\int \dfrac{A}{x-a} dx = A\ln|x-a| + C$；

(2) $\int \dfrac{A}{(x-a)^n} dx = -\dfrac{A}{n-1} \dfrac{1}{(x-a)^{n-1}} + C \quad (n>1)$；

(3) $\int \dfrac{dx}{(x^2+px+q)^n} = \int \dfrac{dx}{\left[\left(x+\dfrac{p}{2}\right)^2 + \dfrac{4q-p^2}{4}\right]^n} = \int \dfrac{du}{(u^2+a^2)^n}$，

其中令 $x + \dfrac{p}{2} = u$，$\dfrac{4q-p^2}{4} = a^2$；

(4) $\int \dfrac{x+a}{(x^2+px+q)^n} dx = -\dfrac{1}{2(n-1)} \dfrac{1}{(x^2+px+q)^{n-1}} + \left(a - \dfrac{p}{2}\right) \int \dfrac{dx}{(x^2+px+q)^n}$，

其中 $p^2 - 4q < 0$.

从理论上讲，有理函数的原函数都是初等函数，即都可以"积"出来. 但是，将有理函数化为部分分式之和的方法，在运算上比较困难. 所以，在求有理函数的积分时，应先根据被积函数的特点，选择基本的积分方法如换元法或分部积分法来进行.

2．三角函数有理式的不定积分

三角函数有理式是指由三角函数经有限次四则运算所构成的函数，其积分形式为 $\int R(\sin x, \cos x) dx$，计算时一般作万能代换，令 $\tan \dfrac{x}{2} = t$，则 $x = 2\arctan t$，相应地，

$$\sin x = \dfrac{2\tan \dfrac{x}{2}}{1+\tan^2 \dfrac{x}{2}} = \dfrac{2t}{1+t^2}, \quad \cos x = \dfrac{1-\tan^2 \dfrac{x}{2}}{1+\tan^2 \dfrac{x}{2}} = \dfrac{1-t^2}{1+t^2}, \quad dx = \dfrac{2dt}{1+t^2},$$

可将积分转变成有理函数的不定积分.

在对三角函数有理式进行积分时，万能代换不一定是最佳方法，还是应先考虑换元积分法或分部积分法. 对这类积分求解的基本思路是

(1) 尽量使分母简单，为此，或分子、分母同乘某个因子，将分母化为 $\sin^k x$（或 $\cos^k x$）的单项式，或将整个分母看成一项.

(2) 尽量使 $R(\sin x,\cos x)$ 的幂降低,通常利用倍角公式或积化和差.

3. 简单无理函数的不定积分

简单无理函数的不定积分,其基本思想是利用适当的代换将其有理化(即去掉根号),转化为有理函数的不定积分. 除了作三角代换以外,一般可有以下几种形式:

(1) $\int R\left(x, \sqrt[n]{\dfrac{ax+b}{cx+d}}\right)dx$ $(ad-bc\neq 0)$,作代换 $t=\sqrt[n]{\dfrac{ax+b}{cx+d}}$.

(2) $\int R\left(x, \sqrt[n_1]{\dfrac{ax+b}{cx+d}}, \sqrt[n_2]{\dfrac{ax+b}{cx+d}}, \cdots, \sqrt[n_k]{\dfrac{ax+b}{cx+d}}\right)dx$,作代换 $t^N=\dfrac{ax+b}{cx+d}$,N 为 $n_1,n_2,\cdots,n_k$ 的最小公倍数.

(3) $\int R(x,\sqrt{ax^2+bx+c})dx$,先通过配方、换元化为 $\int R(u,\sqrt{u^2\pm k^2})du$ 或 $\int R(u,\sqrt{k^2-u^2})du$,尽量使用凑微分法求解,若不易求解,再分别令 $u=k\tan t$,$u=k\sec t$,$u=k\sin t$ 后,可化为三角函数有理式的不定积分.

(4) $\int R(\sqrt{a-x},\sqrt{b-x})dx$,作代换 $\sqrt{a-x}=\sqrt{b-a}\tan t$.

(5) $\int R(\sqrt{x-a},\sqrt{b-x})dx$,作代换 $\sqrt{x-a}=\sqrt{b-a}\sin t$.

(6) $\int R(\sqrt{x-a},\sqrt{x-b})dx$,作代换 $\sqrt{x-a}=\sqrt{b-a}\sec t$.

(五) 分段函数的不定积分

如果分段函数在其定义域上连续,则必有原函数,且其原函数连续. 如果分段函数的分界点是函数的第一类间断点,则在包含该点在内的区间内不存在原函数. 求分段函数的不定积分的步骤如下:

(1) 分别求出各区间段的不定积分表达式;
(2) 由原函数的连续性确定出各积分常数的关系.

四、典型例题解析

例 1 设 $f(x)$ 的导函数为 $\sin x$,求 $f(x)$ 的原函数.

思路分析 考查不定积分(原函数)与被积函数的关系,连续两次求不定积分即可.

解 由题意可知,$f'(x)=\sin x$,于是 $f(x)=\int\sin x dx=-\cos x+C_1$,所以 $f(x)$ 的原函数为

$$\int(-\cos x+C_1)dx=-\sin x+C_1 x+C_2.$$

例 2 求下列不定积分.

(1) $\int(4-3x)^2 dx$; (2) $\int\dfrac{3^x}{e^x}dx$; (3) $\int\cos^2\dfrac{x}{2}dx$; (4) $\int\dfrac{x^4}{x^2+1}dx$.

解 (1) $\int (4-3x)^2 dx = \int (16-24x+9x^2)dx = 16x-12x^2+3x^3+C$.

(2) $\int \dfrac{3^x}{e^x}dx = \int \left(\dfrac{3}{e}\right)^x dx = \dfrac{\left(\dfrac{3}{e}\right)^x}{\ln\dfrac{3}{e}}+C = \dfrac{1}{\ln 3-1}\cdot\dfrac{3^x}{e^x}+C$.

(3) $\int \cos^2\dfrac{x}{2}dx = \dfrac{1}{2}\int(\cos x+1)dx = \dfrac{1}{2}\sin x+\dfrac{1}{2}x+C$.

(4) $\int \dfrac{x^4}{x^2+1}dx = \int \dfrac{x^4-1+1}{x^2+1}dx = \int\left(x^2-1+\dfrac{1}{x^2+1}\right)dx = \dfrac{1}{3}x^3-x+\arctan x+C$.

小结 利用基本积分表直接积分，需要对被积函数进行恒等变形．常用恒等变形方法有分项积分、加项减项、利用三角公式与代数公式．

例3 求下列不定积分．

(1) $\int \dfrac{1}{1-x^2}\ln\dfrac{1+x}{1-x}dx$；

(2) $\int \dfrac{1}{1+x^2}\arctan\dfrac{1+x}{1-x}dx$；

(3) $\int \dfrac{\cos x+\sin x+1}{(1+\cos x)^2}\cdot\dfrac{1+\sin x}{1+\cos x}dx$；

(4) $\int \dfrac{1+\sin x}{1+\sin x+\cos x}dx$．

解 (1) 因为 $\left(\ln\dfrac{1+x}{1-x}\right)' = \dfrac{\left(\dfrac{1+x}{1-x}\right)'}{\dfrac{1+x}{1-x}} = \dfrac{2}{1-x^2}$，于是

$$\int \dfrac{1}{1-x^2}\ln\dfrac{1+x}{1-x}dx = \dfrac{1}{2}\int \ln\dfrac{1+x}{1-x}d\left(\ln\dfrac{1+x}{1-x}\right) = \dfrac{1}{4}\left(\ln\dfrac{1+x}{1-x}\right)^2+C.$$

(2) 因为 $\left(\arctan\dfrac{1+x}{1-x}\right)' = \dfrac{\left(\dfrac{1+x}{1-x}\right)'}{1+\left(\dfrac{1+x}{1-x}\right)^2} = \dfrac{1}{1+x^2}$，于是

$$\int \dfrac{1}{1+x^2}\arctan\dfrac{1+x}{1-x}dx = \int \arctan\dfrac{1+x}{1-x}d\left(\arctan\dfrac{1+x}{1-x}\right) = \dfrac{1}{2}\left(\arctan\dfrac{1+x}{1-x}\right)^2+C.$$

(3) 因为 $\left(\dfrac{1+\sin x}{1+\cos x}\right)' = \dfrac{\cos x+\sin x+1}{(1+\cos x)^2}$，于是

$$\int \dfrac{\cos x+\sin x+1}{(1+\cos x)^2}\cdot\dfrac{1+\sin x}{1+\cos x}dx = \int \dfrac{1+\sin x}{1+\cos x}d\left(\dfrac{1+\sin x}{1+\cos x}\right) = \dfrac{1}{2}\left(\dfrac{1+\sin x}{1+\cos x}\right)^2+C.$$

(4) $\int \dfrac{1+\sin x}{1+\sin x+\cos x}dx = \int \dfrac{\dfrac{1}{2}(1+\sin x+\cos x)+\dfrac{1}{2}(\sin x-\cos x)+\dfrac{1}{2}}{1+\sin x+\cos x}dx$

$$= \dfrac{1}{2}\int dx - \dfrac{1}{2}\int \dfrac{\cos x-\sin x}{1+\sin x+\cos x}dx + \dfrac{1}{2}\int \dfrac{1}{1+\sin x+\cos x}dx$$

$$= \frac{1}{2}x - \frac{1}{2}\int\frac{d(1+\sin x+\cos x)}{1+\sin x+\cos x} + \frac{1}{2}\int\frac{1}{2\sin\frac{x}{2}\cos\frac{x}{2}+2\cos^2\frac{x}{2}}dx$$

$$= \frac{1}{2}x - \frac{1}{2}\ln|1+\sin x+\cos x| + \frac{1}{2}\int\frac{1}{1+\tan\frac{x}{2}}d\left(1+\tan\frac{x}{2}\right)$$

$$= \frac{1}{2}x - \frac{1}{2}\ln|1+\sin x+\cos x| + \frac{1}{2}\ln\left|1+\tan\frac{x}{2}\right| + C.$$

小结 上述积分均用了第一类换元法. 这种方法的关键是将被积函数的其中一部分凑成某函数的微分形式.

例 4 求下列不定积分.

(1) $\int\frac{e^{3x}+e^x}{e^{4x}-e^{2x}+1}dx$; (2) $\int\frac{dx}{x(x^8+1)}$.

解 (1) $\int\frac{e^{3x}+e^x}{e^{4x}-e^{2x}+1}dx = \int\frac{e^x+e^{-x}}{e^{2x}-1+e^{-2x}}dx = \int\frac{d(e^x-e^{-x})}{(e^x-e^{-x})^2+1}$

$$= \arctan(e^x-e^{-x}) + C.$$

(2) $\int\frac{dx}{x(x^8+1)} = \int\frac{x^7 dx}{x^8(x^8+1)} = \int x^7\left(\frac{1}{x^8}-\frac{1}{x^8+1}\right)dx$

$$= \int\frac{dx}{x} - \frac{1}{8}\int\frac{d(1+x^8)}{1+x^8} = \ln|x| - \frac{1}{8}\ln(1+x^8) + C.$$

小结 这一类积分, 先将被积函数进行整理变形, 然后再凑微分.

例 5 求下列不定积分.

(1) $\int 3^{x^2+3x}(2x+3)dx$; (2) $\int(3x^2-2x+5)^{\frac{3}{2}}(3x-1)dx$;

(3) $\int\frac{\ln(x+\sqrt{1+x^2})}{\sqrt{1+x^2}}dx$; (4) $\int\frac{xdx}{(1+x^2+\sqrt{x^2+1})\ln(1+\sqrt{x^2+1})}$.

解 (1) $\int 3^{x^2+3x}(2x+3)dx = \int 3^{x^2+3x}d(x^2+3x) = \frac{3^{x^2+3x}}{\ln 3} + C$.

(2) $\int(3x^2-2x+5)^{\frac{3}{2}}(3x-1)dx = \frac{1}{2}\int(3x^2-2x+5)^{\frac{3}{2}}d(3x^2-2x+5)$

$$= \frac{1}{5}(3x^2-2x+5)^{\frac{5}{2}} + C.$$

(3) $\int\frac{\ln(x+\sqrt{1+x^2})}{\sqrt{1+x^2}}dx = \int\ln(x+\sqrt{x^2+1})d\left(\ln(x+\sqrt{x^2+1})\right)$

$$= \frac{1}{2}\ln^2(x+\sqrt{x^2+1}) + C.$$

(4) $\int\frac{xdx}{(1+x^2+\sqrt{x^2+1})\ln(1+\sqrt{x^2+1})} = \int\frac{d\left(\ln(1+\sqrt{x^2+1})\right)}{\ln(1+\sqrt{x^2+1})}$

$$= \ln[\ln(1+\sqrt{x^2+1})] + C.$$

小结 这种凑微分比较灵活，但依然可以通过观察被积函数的结构找到微分形式.

例 6 求下列不定积分.

(1) $\displaystyle\int \frac{dx}{(x+1)^2 \sqrt{x^2+2x+2}}$; (2) $\displaystyle\int \frac{dx}{x^4 \sqrt{1+x^2}}$;

(3) $\displaystyle\int \frac{dx}{(2x^2+1)\sqrt{1+x^2}}$; (4) $\displaystyle\int \frac{x^2 dx}{\sqrt{a^2-x^2}} \quad (a>0)$;

(5) $\displaystyle\int \sqrt{(1-x^2)^3}\, dx$; (6) $\displaystyle\int \frac{x+1}{x^2\sqrt{x^2-1}}\, dx$.

解 (1) $\displaystyle\int \frac{dx}{(x+1)^2 \sqrt{x^2+2x+2}} = \int \frac{d(x+1)}{(x+1)^2 \sqrt{(x+1)^2+1}}$,

令 $x+1 = \tan t \left(-\dfrac{\pi}{2} < t < \dfrac{\pi}{2}\right)$，则

$$\text{原式} = \int \frac{\sec^2 t\, dt}{\tan^2 t \sec t} = \int \frac{\cos t\, dt}{\sin^2 t} = \int \frac{d(\sin t)}{\sin^2 t} = -\frac{1}{\sin t} + C = -\frac{\sqrt{x^2+2x+2}}{x+1} + C.$$

(2) 令 $x = \tan t \left(-\dfrac{\pi}{2} < t < \dfrac{\pi}{2}\right)$，则

$$\int \frac{dx}{x^4 \sqrt{1+x^2}} = \int \frac{\sec^2 t\, dt}{\tan^4 t \sec t} = \int \frac{\cos^3 t}{\sin^4 t}\, dt = \int \frac{1-\sin^2 t}{\sin^4 t}\, d(\sin t) = \int \frac{d(\sin t)}{\sin^4 t} - \int \frac{d(\sin t)}{\sin^2 t}$$

$$= -\frac{1}{3\sin^3 t} + \frac{1}{\sin t} + C = -\frac{1}{3}\left(\frac{\sqrt{1+x^2}}{x}\right)^3 + \frac{\sqrt{1+x^2}}{x} + C.$$

(3) 令 $x = \tan t \left(-\dfrac{\pi}{2} < t < \dfrac{\pi}{2}\right)$，则

$$\int \frac{dx}{(2x^2+1)\sqrt{1+x^2}} = \int \frac{\sec^2 t}{(2\tan^2 t + 1)\sec t}\, dt = \int \frac{\cos t}{2\sin^2 t + \cos^2 t}\, dt = \int \frac{d(\sin t)}{1+\sin^2 t}$$

$$= \arctan(\sin t) + C = \arctan \frac{x}{\sqrt{1+x^2}} + C.$$

(4) 令 $x = a\sin t \left(-\dfrac{\pi}{2} < t < \dfrac{\pi}{2}\right)$，则

$$\int \frac{x^2 dx}{\sqrt{a^2-x^2}} = \int \frac{a^2 \sin^2 t \cdot a\cos t\, dt}{a\cos t} = a^2 \int \frac{1-\cos 2t}{2}\, dt = \frac{1}{2}a^2 t - \frac{1}{4}a^2 \sin 2t + C$$

$$= \frac{a^2}{2}\left(\arcsin \frac{x}{a} - \frac{x}{a^2}\sqrt{a^2-x^2}\right) + C.$$

(5) 令 $x = \sin t \left(-\dfrac{\pi}{2} < t < \dfrac{\pi}{2}\right)$，则

$$\int \sqrt{(1-x^2)^3}\,dx = \int \cos^4 t\,dt = \int \frac{(1+\cos 2t)^2}{4}\,dt = \int \frac{1+2\cos 2t+\cos^2 2t}{4}\,dt$$

$$= \frac{1}{4}t + \frac{1}{4}\sin 2t + \frac{1}{8}\int(1+\cos 4t)\,dt = \frac{3}{8}t + \frac{1}{4}\sin 2t + \frac{1}{32}\sin 4t + C,$$

其中 $\sin 2t = 2\sin t\cos t = 2x\sqrt{1-x^2}$, $\cos 2t = 1-2\sin^2 t = 1-2x^2$,

$$\sin 4t = 2\sin 2t \cos 2t = 4x(1-2x^2)\sqrt{1-x^2},$$

所以

$$\int \sqrt{(1-x^2)^3}\,dx = \frac{3}{8}\arcsin x + \frac{1}{2}x\sqrt{1-x^2} + \frac{1}{8}x(1-2x^2)\sqrt{1-x^2} + C$$

$$= \frac{3}{8}\arcsin x + \frac{5}{8}x\sqrt{1-x^2} - \frac{x^3}{4}\sqrt{1-x^2} + C.$$

(6) 当 $x>1$ 时，令 $x = \sec t$ $\left(0 < t < \dfrac{\pi}{2}\right)$，则 $dx = \sec t \tan t\,dt$，于是

$$\int \frac{x+1}{x^2\sqrt{x^2-1}}\,dx = \int \frac{\sec t + 1}{\sec^2 t \tan t}\sec t \tan t\,dt = \int(1+\cos t)\,dt = t + \sin t + C$$

$$= \arccos\frac{1}{x} + \frac{\sqrt{x^2-1}}{x} + C,$$

当 $x < -1$ 时，令 $x = -\sec t$ $\left(0 < t < \dfrac{\pi}{2}\right)$，则 $dx = -\sec t \tan t\,dt$，于是

$$\int \frac{x+1}{x^2\sqrt{x^2-1}}\,dx = -\int \frac{-\sec t + 1}{\sec^2 t \tan t}\sec t \tan t\,dt = \int(1-\cos t)\,dt = t - \sin t + C$$

$$= \arccos\left(-\frac{1}{x}\right) + \frac{\sqrt{x^2-1}}{x} + C.$$

所以

$$\int \frac{x+1}{x^2\sqrt{x^2-1}}\,dx = \arccos\frac{1}{|x|} + \frac{\sqrt{x^2-1}}{x} + C.$$

小结 被积函数中含有 $\sqrt{x^2 \pm a^2}$ 或 $\sqrt{a^2 - x^2}$，且又不能凑微分，便可考虑第二类换元法中的三角代换法.

例7 求下列不定积分.

(1) $\displaystyle\int \frac{\sqrt{x^2-1}}{x^4}\,dx$ ($x > 0$);   (2) $\displaystyle\int \frac{dx}{x\sqrt{1+x^4}}$.

解 (1) 令 $x = \dfrac{1}{t}$，则

$$\int \frac{\sqrt{x^2-1}}{x^4}\,dx = \int \frac{\sqrt{\dfrac{1-t^2}{t^2}}}{\dfrac{1}{t^4}}\left(-\frac{1}{t^2}\right)dt = -\int t\sqrt{1-t^2}\,dt$$

$$=\frac{1}{2}\int(1-t^2)^{\frac{1}{2}}\mathrm{d}(1-t^2)=\frac{1}{3}(1-t^2)^{\frac{3}{2}}+C=\frac{(x^2-1)^{\frac{3}{2}}}{3x^3}+C.$$

(2) 令 $x=\frac{1}{t}$，则

$$\int\frac{\mathrm{d}x}{x\sqrt{1+x^4}}=\int\frac{-\frac{1}{t^2}\mathrm{d}t}{\frac{1}{t}\sqrt{\frac{t^4+1}{t^4}}}=-\int\frac{t\mathrm{d}t}{\sqrt{1+t^4}}=-\frac{1}{2}\int\frac{\mathrm{d}(t^2)}{\sqrt{1+(t^2)^2}}$$

$$=-\frac{1}{2}\ln(t^2+\sqrt{1+t^4})+C=-\frac{1}{2}\ln\frac{1+\sqrt{1+x^4}}{x^2}+C.$$

小结 当被积函数为分式形式且分母中变量的次数比分子中变量次数高出两次以上时，可尝试倒代换．

例 8 求下列不定积分．

(1) $\int x\cos^2 x\mathrm{d}x$； (2) $\int\sec^3 x\mathrm{d}x$；

(3) $\int\cos(\ln x)\mathrm{d}x$； (4) $\int\frac{x\cos^4\frac{x}{2}}{\sin^3 x}\mathrm{d}x$．

解 (1) $\int x\cos^2 x\mathrm{d}x=\frac{1}{2}\int x(1+\cos 2x)\mathrm{d}x=\frac{1}{4}x^2+\frac{1}{4}\int x\mathrm{d}(\sin 2x)$

$$=\frac{1}{4}x^2+\frac{1}{4}x\sin 2x-\frac{1}{4}\int\sin 2x\mathrm{d}x$$

$$=\frac{1}{4}x^2+\frac{1}{4}x\sin 2x+\frac{1}{8}\cos 2x+C.$$

(2) $\int\sec^3 x\mathrm{d}x=\int\sec x\mathrm{d}(\tan x)=\sec x\tan x-\int\tan^2 x\sec x\mathrm{d}x$

$$=\sec x\tan x-\int(\sec^2 x-1)\sec x\mathrm{d}x$$

$$=\sec x\tan x+\ln|\sec x+\tan x|-\int\sec^3 x\mathrm{d}x,$$

于是

$$\int\sec^3 x\mathrm{d}x=\frac{1}{2}\sec x\tan x+\frac{1}{2}\ln|\sec x+\tan x|+C.$$

(3) $\int\cos(\ln x)\mathrm{d}x=x\cos(\ln x)+\int\sin(\ln x)\mathrm{d}x$

$$=x[\cos(\ln x)+\sin(\ln x)]-\int\cos(\ln x)\mathrm{d}x,$$

于是

$$\int\cos(\ln x)\mathrm{d}x=\frac{x}{2}[\cos(\ln x)+\sin(\ln x)]+C.$$

(4) $\int\frac{x\cos^4\frac{x}{2}}{\sin^3 x}\mathrm{d}x=\frac{1}{8}\int\frac{x\cos^4\frac{x}{2}}{\sin^3\frac{x}{2}\cos^3\frac{x}{2}}\mathrm{d}x=\frac{1}{4}\int\frac{x}{\sin^3\frac{x}{2}}\mathrm{d}\left(\sin\frac{x}{2}\right)$

$$=-\frac{1}{8}\int x\mathrm{d}\left(\sin^{-2}\frac{x}{2}\right)=-\frac{1}{8}x\csc^2\frac{x}{2}+\frac{1}{8}\int\csc^2\frac{x}{2}\mathrm{d}x$$

$$=-\frac{1}{8}x\csc^2\frac{x}{2}-\frac{1}{4}\cot\frac{x}{2}+C.$$

例 9 求下列不定积分.

(1) $\int\dfrac{x\ln(x+\sqrt{1+x^2})}{(1-x^2)^2}\mathrm{d}x$； (2) $\int\dfrac{x\arctan x}{\sqrt{1+x^2}}\mathrm{d}x$； (3) $\int\dfrac{\arctan\mathrm{e}^x}{\mathrm{e}^{2x}}\mathrm{d}x$.

解 (1) $\int\dfrac{x\ln(x+\sqrt{1+x^2})}{(1-x^2)^2}\mathrm{d}x=\dfrac{1}{2}\int\ln(x+\sqrt{1+x^2})\mathrm{d}\left(\dfrac{1}{1-x^2}\right)$

$$=\frac{1}{2}\ln(x+\sqrt{1+x^2})\frac{1}{1-x^2}-\frac{1}{2}\int\frac{1}{1-x^2}\cdot\frac{1}{\sqrt{1+x^2}}\mathrm{d}x.$$

对于积分 $\int\dfrac{1}{1-x^2}\cdot\dfrac{1}{\sqrt{1+x^2}}\mathrm{d}x$，令 $x=\tan t\left(-\dfrac{\pi}{2}<t<\dfrac{\pi}{2}\right)$，则

$$\int\frac{1}{1-x^2}\cdot\frac{1}{\sqrt{1+x^2}}\mathrm{d}x=\int\frac{1}{1-\tan^2 t}\cdot\frac{1}{\sec t}\cdot\sec^2 t\mathrm{d}t=\int\frac{\cos t}{1-2\sin^2 t}\mathrm{d}t$$

$$=\frac{1}{\sqrt{2}}\int\frac{\mathrm{d}(\sqrt{2}\sin t)}{1-2\sin^2 t}=\frac{1}{2\sqrt{2}}\ln\left|\frac{1+\sqrt{2}\sin t}{1-\sqrt{2}\sin t}\right|+C_1=\frac{1}{2\sqrt{2}}\ln\left|\frac{\sqrt{1+x^2}+\sqrt{2}x}{\sqrt{1+x^2}-\sqrt{2}x}\right|+C_1,$$

所以，

$$\text{原式}=\frac{\ln(x+\sqrt{1+x^2})}{2(1-x^2)}-\frac{1}{4\sqrt{2}}\ln\left|\frac{\sqrt{1+x^2}+\sqrt{2}x}{\sqrt{1+x^2}-\sqrt{2}x}\right|+C \quad \left(C=-\frac{1}{2}C_1\right).$$

(2) $\int\dfrac{x\arctan x}{\sqrt{1+x^2}}\mathrm{d}x=\int\arctan x\mathrm{d}(\sqrt{1+x^2})=\sqrt{1+x^2}\arctan x-\int\dfrac{\sqrt{1+x^2}}{1+x^2}\mathrm{d}x$

$$=\sqrt{1+x^2}\arctan x-\int\frac{1}{\sqrt{1+x^2}}\mathrm{d}x=\sqrt{1+x^2}\arctan x-\ln(x+\sqrt{1+x^2})+C.$$

(3) $\int\dfrac{\arctan\mathrm{e}^x}{\mathrm{e}^{2x}}\mathrm{d}x=-\dfrac{1}{2}\int\arctan\mathrm{e}^x\mathrm{d}(\mathrm{e}^{-2x})=-\dfrac{1}{2}\mathrm{e}^{-2x}\arctan\mathrm{e}^x+\dfrac{1}{2}\int\mathrm{e}^{-2x}\dfrac{\mathrm{e}^x}{1+\mathrm{e}^{2x}}\mathrm{d}x$

$$=-\frac{1}{2}\mathrm{e}^{-2x}\arctan\mathrm{e}^x+\frac{1}{2}\int\frac{\mathrm{e}^{-x}}{1+\mathrm{e}^{2x}}\mathrm{d}x=-\frac{1}{2}\mathrm{e}^{-2x}\arctan\mathrm{e}^x+\frac{1}{2}\int\frac{1}{\mathrm{e}^x(1+\mathrm{e}^{2x})}\mathrm{d}x$$

$$=-\frac{1}{2}\mathrm{e}^{-2x}\arctan\mathrm{e}^x+\frac{1}{2}\int\left(\frac{1}{\mathrm{e}^x}-\frac{\mathrm{e}^x}{1+\mathrm{e}^{2x}}\right)\mathrm{d}x$$

$$=-\frac{1}{2}(\mathrm{e}^{-2x}\arctan\mathrm{e}^x+\mathrm{e}^{-x}+\arctan\mathrm{e}^x)+C.$$

小结 当被积函数较为复杂且采用分部积分法时，依然遵循"反对幂指三"的顺序选择 u.

例 10 求下列不定积分.

(1) $\int\dfrac{x^2}{(x-2)^{100}}\mathrm{d}x$； (2) $\int\dfrac{(\ln x)^3}{x^2}\mathrm{d}x$.

解 (1) $\int \dfrac{x^2}{(x-2)^{100}} dx = -\dfrac{1}{99}\int x^2 d((x-2)^{-99})$

$= -\dfrac{x^2}{99(x-2)^{99}} + \dfrac{2}{99}\int x(x-2)^{-99} dx$

$= -\dfrac{x^2}{99(x-2)^{99}} - \dfrac{2}{99\cdot 98}\int x d((x-2)^{-98})$

$= -\dfrac{x^2}{99(x-2)^{99}} - \dfrac{2x}{99\cdot 98(x-2)^{98}} + \dfrac{2}{99\cdot 98}\int (x-2)^{-98} dx$

$= -\dfrac{x^2}{99(x-2)^{99}} - \dfrac{2x}{99\cdot 98(x-2)^{98}} - \dfrac{2}{99\cdot 98\cdot 97(x-2)^{97}} + C.$

(2) $\int \dfrac{(\ln x)^3}{x^2} dx = -\int (\ln x)^3 d\left(\dfrac{1}{x}\right) = -\dfrac{1}{x}(\ln x)^3 + \int \dfrac{3(\ln x)^2}{x^2} dx$

$= -\dfrac{1}{x}(\ln x)^3 - 3\int (\ln x)^2 d\left(\dfrac{1}{x}\right) = -\dfrac{(\ln x)^3}{x} - \dfrac{3(\ln x)^2}{x} + 6\int \dfrac{\ln x}{x^2} dx$

$= -\dfrac{(\ln x)^3}{x} - \dfrac{3(\ln x)^2}{x} - 6\int \ln x d\left(\dfrac{1}{x}\right) = -\dfrac{(\ln x)^3}{x} - \dfrac{3(\ln x)^2}{x} - \dfrac{6\ln x}{x} + 6\int \dfrac{1}{x^2} dx$

$= -\dfrac{(\ln x)^3}{x} - \dfrac{3(\ln x)^2}{x} - \dfrac{6\ln x}{x} - \dfrac{6}{x} + C.$

小结 这一类积分需要多次使用分部积分法.

例 11 设 $f(x) = \begin{cases} x\ln(1+x^2) - 3, & x \geq 0, \\ (x^2+2x-3)e^{-x}, & x < 0, \end{cases}$ 求 $\int f(x)dx$.

解 $\int f(x)dx = \begin{cases} \int [x\ln(1+x^2) - 3]dx, & x \geq 0, \\ \int (x^2+2x-3)e^{-x} dx, & x < 0 \end{cases}$

$= \begin{cases} \dfrac{1}{2}(1+x^2)\ln(1+x^2) - \dfrac{1}{2}x^2 - 3x + C_1, & x \geq 0, \\ -(x^2+4x+1)e^{-x} + C_2, & x < 0. \end{cases}$

考虑到 $\int f(x)dx$ 在 $x = 0$ 处的连续性, 所以 $C_1 = -1 + C_2$, $C_2 = 1 + C_1$, 设 $C_1 = C$, 所以

$\int f(x)dx = \begin{cases} \dfrac{1}{2}(1+x^2)\ln(1+x^2) - \dfrac{1}{2}x^2 - 3x + C, & x \geq 0, \\ -(x^2+4x+1)e^{-x} + 1 + C, & x < 0. \end{cases}$

小结 如果分段函数在其定义域上连续, 则必有原函数, 且其原函数连续. 求分段函数的不定积分的步骤如下:

(1) 分别求出各区间段的不定积分表达式.

(2) 由原函数的连续性确定出各积分常数的关系.

如果分段函数的分界点是函数的第一类间断点, 则在包含该点在内的区间内不存在原函数, 此时的 $\int f(x)dx$ 只能分区间表示.

例 12 求 $\int \max\{1, |x|\} dx$.

思路分析 被积函数为一个分段函数，则其不定积分也为一个分段函数.

解 被积函数 $\max\{1, |x|\} = \begin{cases} 1, & |x| \leq 1, \\ -x, & x < -1, \\ x, & x > 1, \end{cases}$ 于是当 $x < -1$ 时，

$$\int \max\{1, |x|\} dx = -\int x dx = -\frac{x^2}{2} + C_1;$$

当 $|x| \leq 1$ 时，

$$\int \max\{1, |x|\} dx = \int dx = x + C_2;$$

当 $x > 1$ 时，

$$\int \max\{1, |x|\} dx = \int x dx = \frac{x^2}{2} + C_3.$$

由 $\int \max\{1, |x|\} dx$ 在 $x = \pm 1$ 处的连续性可知 $C_2 = C_1 + \frac{1}{2}, C_3 = C_2 + \frac{1}{2} = C_1 + 1$，设 $C_1 = C$，所以

$$\int \max\{1, |x|\} dx = \begin{cases} -\dfrac{x^2}{2} + C, & x < -1, \\ x + \dfrac{1}{2} + C, & |x| \leq 1, \\ \dfrac{x^2}{2} + 1 + C, & x > 1. \end{cases}$$

例 13 设 $f'(e^x) = a\sin x + b\cos x$ （a, b 为不同时为零的常数），求 $f(x)$.

解 令 $t = e^x, x = \ln t$，则 $f'(t) = a\sin(\ln t) + b\cos(\ln t)$，所以

$$f(x) = \int [a\sin(\ln x) + b\cos(\ln x)] dx = a\int \sin(\ln x) dx + b\int \cos(\ln x) dx$$

$$= \frac{ax}{2}[\sin(\ln x) - \cos(\ln x)] + \frac{bx}{2}[\cos(\ln x) + \sin(\ln x)] + C$$

$$= \frac{x}{2}[(a+b)\sin(\ln x) + (b-a)\cos(\ln x)] + C.$$

例 14 求下列不定积分.

(1) $\int \dfrac{x\arctan x}{(1+x^2)^2} dx$;   (2) $\int \arcsin\sqrt{\dfrac{x}{1+x}} dx$;

(3) $\int \dfrac{\arcsin x}{x^2} \cdot \dfrac{1+x^2}{\sqrt{1-x^2}} dx$;   (4) $\int \dfrac{\arctan x}{x^2(1+x^2)} dx$.

解 (1) $\int \dfrac{x\arctan x}{(1+x^2)^2} dx = \dfrac{1}{2}\int \dfrac{\arctan x}{(1+x^2)^2} d(1+x^2) = -\dfrac{1}{2}\int \arctan x \, d\left((1+x^2)^{-1}\right)$

$$= -\frac{1}{2} \frac{\arctan x}{1+x^2} + \frac{1}{2}\int \frac{1}{1+x^2} d(\arctan x)$$

$$= -\frac{1}{2}\frac{\arctan x}{1+x^2} + \frac{1}{2}\int\frac{1}{(1+x^2)^2}dx,$$

对于积分 $\frac{1}{2}\int\frac{1}{(1+x^2)^2}dx$,令 $x = \tan t\left(-\frac{\pi}{2} < t < \frac{\pi}{2}\right)$,则

$$\frac{1}{2}\int\frac{1}{(1+x^2)^2}dx = \frac{1}{2}\int\cos^2 t\,dt = \frac{1}{2}\int\frac{1+\cos 2t}{2}dt = \frac{1}{4}t + \frac{1}{4}\sin t \cos t + C$$

$$= \frac{1}{4}\arctan x + \frac{1}{4}\cdot\frac{x}{1+x^2} + C,$$

所以,

$$原式 = -\frac{1}{2}\frac{\arctan x}{1+x^2} + \frac{1}{4}\arctan x + \frac{x}{4(1+x^2)} + C.$$

(2) 令 $\arcsin\sqrt{\frac{x}{1+x}} = t$,则 $x = \tan^2 t$,于是

$$\int\arcsin\sqrt{\frac{x}{1+x}}dx = \int t\,d(\tan^2 t) = t\tan^2 t - \int\tan^2 t\,dt = t\tan^2 t - \tan t + t + C$$

$$= x\arcsin\sqrt{\frac{x}{1+x}} - \sqrt{x} + \arcsin\sqrt{\frac{x}{1+x}} + C = (1+x)\arcsin\sqrt{\frac{x}{1+x}} - \sqrt{x} + C.$$

(3) 令 $x = \sin t\left(-\frac{\pi}{2} < t < \frac{\pi}{2}\right)$,则

$$\int\frac{\arcsin x}{x^2}\cdot\frac{1+x^2}{\sqrt{1-x^2}}dx = \int\frac{t}{\sin^2 t}\cdot\frac{1+\sin^2 t}{\cos t}\cos t\,dt = \int t(\csc^2 t + 1)dt$$

$$= -\int t\,d(\cot t) + \int t\,dt = -t\cot t + \int\cot t\,dt + \frac{1}{2}t^2$$

$$= -t\cot t + \ln|\sin t| + \frac{1}{2}t^2 + C$$

$$= -\frac{\sqrt{1-x^2}}{x}\arcsin x + \ln|x| + \frac{1}{2}(\arcsin x)^2 + C.$$

(4) 令 $x = \tan t\left(-\frac{\pi}{2} < t < \frac{\pi}{2}\right)$,则

$$\int\frac{\arctan x}{x^2(1+x^2)}dx = \int\frac{t}{\tan^2 t \sec^2 t}\sec^2 t\,dt = \int t(\csc^2 t - 1)dt$$

$$= \int t\csc^2 t\,dt - \int t\,dt = -\int t\,d(\cot t) - \frac{1}{2}t^2 = -t\cot t + \int\cot t\,dt - \frac{1}{2}t^2$$

$$= -t\cot t + \ln|\sin t| - \frac{1}{2}t^2 + C = -\frac{\arctan x}{x} + \ln\left|\frac{x}{\sqrt{1+x^2}}\right| - \frac{1}{2}(\arctan x)^2 + C.$$

例 15 求下列不定积分.

(1) $\int\sqrt{\frac{x}{1-x\sqrt{x}}}dx$; (2) $\int\frac{dx}{\sqrt[3]{(x-1)^4(x-2)^2}}$; (3) $\int\frac{\sqrt{x-1}\arctan\sqrt{x-1}}{x}dx$.

解 (1) 令 $\sqrt{x} = t$,则

$$\int\sqrt{\frac{x}{1-x\sqrt{x}}}dx = \int\frac{2t^2}{\sqrt{1-t^3}}dt = -\frac{2}{3}\int\frac{d(1-t^3)}{\sqrt{1-t^3}} = -\frac{4}{3}\sqrt{1-t^3}+C = -\frac{4}{3}\sqrt{1-x\sqrt{x}}+C.$$

(2) 根号下形式较复杂,可先将分母中部分有理化.

$$\int\frac{dx}{\sqrt[3]{(x-1)^4(x-2)^2}} = \int\frac{1}{(x-1)^2}\sqrt[3]{\left(\frac{x-1}{x-2}\right)^2}dx$$

$$= \int\left(\frac{x-2}{x-1}\right)^{-\frac{2}{3}}d\left(\frac{x-2}{x-1}\right) = 3\left(\frac{x-2}{x-1}\right)^{\frac{1}{3}}+C = 3\sqrt[3]{\frac{x-2}{x-1}}+C.$$

(3) 令 $t = \arctan\sqrt{x-1}$,则 $\tan t = \sqrt{x-1}$,$x = \sec^2 t$,$dx = 2\sec^2 t \tan t dt$,于是

$$\int\frac{\sqrt{x-1}\arctan\sqrt{x-1}}{x}dx = \int\frac{t\tan t}{\sec^2 t}2\sec^2 t \tan t dt = 2\int t\tan^2 t dt$$

$$= 2\int t(\sec^2 t - 1)dt = 2\int t\sec^2 t dt - \int 2t dt = 2\int t d(\tan t) - t^2$$

$$= 2t\tan t - 2\int\tan t dt - t^2 = 2t\tan t + 2\ln|\cos t| - t^2 + C$$

$$= 2\sqrt{x-1}\arctan\sqrt{x-1} - \ln|x| - (\arctan\sqrt{x-1})^2 + C.$$

例 16 求下列不定积分.

(1) $\int\dfrac{2-\sin x}{2+\cos x}dx$; (2) $\int\dfrac{dx}{5+2\sin x - \cos x}$.

思路分析 对于三角函数有理式的不定积分,一般采用万能代换.令 $t = \tan\dfrac{x}{2}$,则 $x = 2\arctan t$,相应地,$\sin x = \dfrac{2t}{1+t^2}$,$\cos x = \dfrac{1-t^2}{1+t^2}$,$dx = \dfrac{2dt}{1+t^2}$,于是得到关于 t 的有理函数的积分,再进一步计算.

解 (1) $\int\dfrac{2-\sin x}{2+\cos x}dx = 2\int\dfrac{1}{2+\cos x}dx + \int\dfrac{d(2+\cos x)}{2+\cos x}$

$$= 2\int\dfrac{1}{2+\cos x}dx + \ln(2+\cos x),$$

对于 $\int\dfrac{1}{2+\cos x}dx$,令 $\tan\dfrac{x}{2} = t$,则 $\cos x = \dfrac{1-t^2}{1+t^2}$,$dx = \dfrac{2dt}{1+t^2}$,于是

$$\int\frac{1}{2+\cos x}dx = \int\frac{\frac{2dt}{1+t^2}}{2+\frac{1-t^2}{1+t^2}} = 2\int\frac{dt}{3+t^2}$$

$$= \frac{2}{\sqrt{3}}\arctan\frac{t}{\sqrt{3}} + C = \frac{2}{\sqrt{3}}\arctan\left[\frac{1}{\sqrt{3}}\left(\tan\frac{x}{2}\right)\right] + C_1,$$

所以,

$$\int\frac{2-\sin x}{2+\cos x}dx = \frac{4}{\sqrt{3}}\arctan\left[\frac{1}{\sqrt{3}}\left(\tan\frac{x}{2}\right)\right] + \ln(2+\cos x) + C \quad (C = 2C_1).$$

(2) 令 $t = \tan\dfrac{x}{2}$，则 $\sin x = \dfrac{2t}{1+t^2}$，$\cos x = \dfrac{1-t^2}{1+t^2}$，$dx = \dfrac{2dt}{1+t^2}$，于是

$$\int \dfrac{dx}{5+2\sin x - \cos x} = \int \dfrac{\dfrac{2dt}{1+t^2}}{5+2\dfrac{2t}{1+t^2}-\dfrac{1-t^2}{1+t^2}} = \int \dfrac{dt}{3t^2+2t+2}$$

$$= \dfrac{1}{3}\int \dfrac{dt}{\left(t+\dfrac{1}{3}\right)^2+\left(\dfrac{\sqrt{5}}{3}\right)^2} = \dfrac{1}{\sqrt{5}}\int \dfrac{d\left(\dfrac{3t+1}{\sqrt{5}}\right)}{\left(\dfrac{3t+1}{\sqrt{5}}\right)^2+1} = \dfrac{1}{\sqrt{5}}\arctan\left(\dfrac{3t+1}{\sqrt{5}}\right)+C$$

$$= \dfrac{1}{\sqrt{5}}\arctan\left(\dfrac{3\tan\dfrac{x}{2}+1}{\sqrt{5}}\right)+C.$$

例 17 求不定积分.

(1) $\displaystyle\int \dfrac{dx}{a^2\sin^2 x + b^2\cos^2 x}$ $(ab\neq 0)$；   (2) $\displaystyle\int \dfrac{1}{(a\sin x + b\cos x)^2} dx$ $(ab\neq 0)$.

解 (1) $\displaystyle\int \dfrac{dx}{a^2\sin^2 x + b^2\cos^2 x} = \int \dfrac{\sec^2 x\, dx}{a^2\tan^2 x + b^2}$

$$= \dfrac{1}{ab}\int \dfrac{d\left(\dfrac{a}{b}\tan x\right)}{1+\left(\dfrac{a}{b}\tan x\right)^2} = \dfrac{1}{ab}\arctan\left(\dfrac{a}{b}\tan x\right)+C.$$

(2) $\displaystyle\int \dfrac{1}{(a\sin x + b\cos x)^2} dx = \int \dfrac{dx}{(a\tan x + b)^2\cos^2 x}$

$$= \dfrac{1}{a}\int \dfrac{d(a\tan x + b)}{(a\tan x + b)^2} = -\dfrac{1}{a(a\tan x + b)}+C$$

$$= -\dfrac{\cos x}{a(a\sin x + b\cos x)}+C.$$

五、习题选解

习题 4-1 不定积分的概念与性质

1. 已知曲线在点 (x,y) 处的切线斜率为 $\sin x - \cos x$，且曲线过点 $(\pi,0)$，求该曲线的方程.

解 设曲线方程 $y=y(x)$，由题意知 $\dfrac{dy}{dx} = \sin x - \cos x$，则

$$y = \int(\sin x - \cos x)dx = \int \sin x\, dx - \int \cos x\, dx = -\cos x - \sin x + C,$$

将 $(\pi,0)$ 代入，得 $C=-1$，所以该曲线的方程 $y=-\cos x-\sin x-1$.

2. 一辆汽车自静止开始运动，经 t s 后的速度为 $3t^2$ m/s，求

(1) 在 3 s 后汽车离开出发点的距离是多少？

(2) 汽车走完 360 m 需要多长时间？

解 设 t s 后汽车离开出发点的距离为 $s=s(t)$，则 $s'=3t^2$，$s=\int 3t^2 dt = t^3+C$，因为当 $t=0$ 时 $s=0$，所以 $C=0$，因此位移函数为 $s=t^3$.

(1) 在 3 s 后物体离开出发点的距离是 $s(3)=3^3=27$ (m).

(2) 物体走完 360 m 所需的时间为 $t=\sqrt[3]{360} \approx 7.11$ (s).

3. 求下列不定积分.

(1) $\int(1-3x^2)^2 dx$；

(3) $\int\dfrac{1}{x^2(x^2+1)}dx$；

(5) $\int\dfrac{x^2+\sqrt{x^3}+3}{\sqrt{x}}dx$；

(7) $\int\sin^2\dfrac{x}{2}dx$；

(9) $\int\dfrac{e^{2x}-1}{e^x-1}dx$；

(11) $\int 3^x e^x dx$；

(13) $\int\sec x(\sec x-\tan x)dx$；

(15) $\int\dfrac{\cos 2x}{\sin^2 x}dx$；

(17) $\int\dfrac{x^4}{x^2+1}dx$；

(18) $\int\dfrac{x^2+x+1}{(x^2+1)x}dx$；

(19) $\int\dfrac{3x^4+3x^2-1}{x^2+1}dx$；

(20) $\int\left(\sqrt{\dfrac{1+x}{1-x}}+\sqrt{\dfrac{1-x}{1+x}}\right)dx$.

解 (1) $\int(1-3x^2)^2 dx = \int(1-6x^2+9x^4)dx = x-2x^3+\dfrac{9}{5}x^5+C$.

(3) $\int\dfrac{1}{x^2(x^2+1)}dx = \int\left(\dfrac{1}{x^2}-\dfrac{1}{x^2+1}\right)dx = -\dfrac{1}{x}-\arctan x+C$.

(5) $\int\dfrac{x^2+\sqrt{x^3}+3}{\sqrt{x}}dx = \int x^{\frac{3}{2}}dx + \int x dx + \int 3x^{-\frac{1}{2}}dx = \dfrac{2}{5}x^{\frac{5}{2}}+\dfrac{1}{2}x^2+6x^{\frac{1}{2}}+C$.

(7) $\int\sin^2\dfrac{x}{2}dx = \dfrac{1}{2}\int(1-\cos x)dx = \dfrac{1}{2}(x-\sin x)+C$.

(9) $\int\dfrac{e^{2x}-1}{e^x-1}dx = \int(e^x+1)dx = e^x+x+C$.

(11) $\int 3^x e^x dx = \int(3e)^x dx = \dfrac{(3e)^x}{\ln(3e)}+C = \dfrac{3^x e^x}{1+\ln 3}+C$.

(13) $\int\sec x(\sec x-\tan x)dx = \int\sec^2 x dx - \int\sec x\tan x dx = \tan x-\sec x+C$.

(15) $\int\dfrac{\cos 2x}{\sin^2 x}dx = \int\dfrac{1-2\sin^2 x}{\sin^2 x}dx = \int\csc^2 x dx - 2\int dx = -\cot x-2x+C$.

(17) $\int\dfrac{x^4}{x^2+1}dx = \int\dfrac{(x^4-1)+1}{x^2+1}dx = \int(x^2-1)dx + \int\dfrac{1}{x^2+1}dx = \dfrac{x^3}{3}-x+\arctan x+C$.

(18) $\int\dfrac{x^2+x+1}{(x^2+1)x}dx = \int\dfrac{(x^2+1)+x}{(x^2+1)x}dx = \int\dfrac{1}{x}dx + \int\dfrac{1}{x^2+1}dx = \ln|x|+\arctan x+C$.

(19) $\int \dfrac{3x^4+3x^2-1}{x^2+1}dx = \int \dfrac{3x^2(x^2+1)-1}{x^2+1}dx = \int 3x^2 dx - \int \dfrac{1}{x^2+1}dx = x^3 - \arctan x + C$.

(20) $\int\left(\sqrt{\dfrac{1+x}{1-x}}+\sqrt{\dfrac{1-x}{1+x}}\right)dx = \int\left(\dfrac{1+x}{\sqrt{1-x^2}}+\dfrac{1-x}{\sqrt{1-x^2}}\right)dx$

$\qquad = \int \dfrac{2}{\sqrt{1-x^2}}dx = 2\arcsin x + C \quad (-1 < x < 1)$.

习题 4-2 换元积分法

1. 计算下列不定积分.

(1) $\int (2x+1)^6 dx$;

(3) $\int \dfrac{dx}{(3x-1)^2}$;

(5) $\int \dfrac{e^{\frac{1}{x}}}{x^2}dx$;

(7) $\int \cos(1-5x)dx$;

(9) $\int \cos^7 x \sin x dx$;

(11) $\int \dfrac{\sin x}{\cos^2 x}dx$;

(13) $\int \dfrac{x}{x^2+2}dx$;

(15) $\int \dfrac{dx}{x\ln x}$;

(17) $\int \dfrac{\sqrt{1+\ln x}}{x}dx$;

(18) $\int \dfrac{e^x}{e^x+1}dx$;

(19) $\int \dfrac{\sqrt{1+\tan x}}{\cos^2 x}dx$;

(21) $\int e^{\sin x} \cos x dx$;

(23) $\int x(x^2+3)^4 dx$;

(25) $\int e^{-x}\cos(e^{-x})dx$;

(27) $\int \dfrac{dx}{9x^2+16}$;

(29) $\int \dfrac{dx}{\sqrt{4-x^2}\arcsin\dfrac{x}{2}}$;

(31) $\int \dfrac{\ln(x+\sqrt{1+x^2})}{\sqrt{1+x^2}}dx$.

解 (1) $\int (2x+1)^6 dx = \dfrac{1}{2}\int (2x+1)^6 d(2x+1) = \dfrac{1}{14}(2x+1)^7 + C$.

(3) $\int \dfrac{dx}{(3x-1)^2} = \dfrac{1}{3}\int (3x-1)^{-2}d(3x-1) = -\dfrac{1}{3(3x-1)}+C$.

(5) $\int \dfrac{e^{\frac{1}{x}}}{x^2}dx = -\int e^{\frac{1}{x}}d\left(\dfrac{1}{x}\right) = -e^{\frac{1}{x}}+C$.

(7) $\int \cos(1-5x)dx = -\dfrac{1}{5}\int \cos(1-5x)d(1-5x) = -\dfrac{1}{5}\sin(1-5x)+C$.

(9) $\int \cos^7 x \sin x dx = -\int \cos^7 x d(\cos x) = -\dfrac{1}{8}\cos^8 x + C$.

(11) $\int \dfrac{\sin x}{\cos^2 x}dx = -\int \dfrac{1}{\cos^2 x}d(\cos x) = \dfrac{1}{\cos x}+C$.

(13) $\int \dfrac{x}{x^2+2}dx = \dfrac{1}{2}\int \dfrac{1}{x^2+2}d(x^2+2) = \dfrac{1}{2}\ln(x^2+2)+C$.

(15) $\int \dfrac{dx}{x\ln x} = \int \dfrac{d(\ln x)}{\ln x} = \ln|\ln x| + C$.

(17) $\int \dfrac{\sqrt{1+\ln x}\,\mathrm{d}x}{x} = \int \sqrt{1+\ln x}\,\mathrm{d}(1+\ln x) = \dfrac{2}{3}(1+\ln x)^{\frac{3}{2}} + C$.

(18) $\int \dfrac{\mathrm{e}^x}{\mathrm{e}^x+1}\mathrm{d}x = \int \dfrac{1}{\mathrm{e}^x+1}\mathrm{d}(\mathrm{e}^x+1) = \ln(\mathrm{e}^x+1) + C$.

(19) $\int \dfrac{\sqrt{1+\tan x}}{\cos^2 x}\mathrm{d}x = \int (1+\tan x)^{\frac{1}{2}}\mathrm{d}(1+\tan x) = \dfrac{2}{3}(1+\tan x)^{\frac{3}{2}} + C$.

(21) $\int \mathrm{e}^{\sin x}\cos x\,\mathrm{d}x = \int \mathrm{e}^{\sin x}\mathrm{d}(\sin x) = \mathrm{e}^{\sin x} + C$.

(23) $\int x(x^2+3)^4 \mathrm{d}x = \dfrac{1}{2}\int (x^2+3)^4 \mathrm{d}(x^2+3) = \dfrac{1}{10}(x^2+3)^5 + C$.

(25) $\int \mathrm{e}^{-x}\cos(\mathrm{e}^{-x})\mathrm{d}x = -\int \cos(\mathrm{e}^{-x})\mathrm{d}(\mathrm{e}^{-x}) = -\sin(\mathrm{e}^{-x}) + C$.

(27) $\int \dfrac{\mathrm{d}x}{9x^2+16} = \dfrac{1}{16}\int \dfrac{1}{1+\left(\dfrac{3}{4}x\right)^2}\mathrm{d}x = \dfrac{1}{16}\cdot\dfrac{4}{3}\int \dfrac{1}{1+\left(\dfrac{3}{4}x\right)^2}\mathrm{d}\left(\dfrac{3}{4}x\right) = \dfrac{1}{12}\arctan\dfrac{3x}{4} + C$.

(29) $\int \dfrac{\mathrm{d}x}{\sqrt{4-x^2}\arcsin\dfrac{x}{2}} = \int \dfrac{1}{\arcsin\dfrac{x}{2}}\mathrm{d}\left(\arcsin\dfrac{x}{2}\right) = \ln\left|\arcsin\dfrac{x}{2}\right| + C$.

(31) 因为 $[\ln(x+\sqrt{1+x^2})]' = \dfrac{1}{x+\sqrt{1+x^2}}\cdot\left(1+\dfrac{2x}{2\sqrt{1+x^2}}\right) = \dfrac{1}{\sqrt{1+x^2}}$，于是

$$\int \dfrac{\ln(x+\sqrt{1+x^2})}{\sqrt{1+x^2}}\mathrm{d}x = \int \ln(x+\sqrt{1+x^2})\mathrm{d}\left(\ln(x+\sqrt{1+x^2})\right) = \dfrac{1}{2}[\ln(x+\sqrt{1+x^2})]^2 + C.$$

2．计算下列不定积分．

(1) $\int \dfrac{\mathrm{d}x}{1+\sqrt[4]{x}}$;

(3) $\int \dfrac{x}{x^8-1}\mathrm{d}x$;

(4) $\int \dfrac{\mathrm{d}x}{x^3(1+x^2)}$;

(5) $\int \dfrac{x^2}{\sqrt{1-x^2}}\mathrm{d}x$;

(7) $\int \dfrac{\mathrm{d}x}{\sqrt{(x^2+1)^3}}$;

(9) $\int \dfrac{x^4+1}{x^6+1}\mathrm{d}x$;

(10) $\int \dfrac{\mathrm{d}x}{x+\sqrt{1-x^2}}$.

解 (1) 令 $\sqrt[4]{x} = t$，则 $x = t^4$，$\mathrm{d}x = 4t^3\mathrm{d}t$，于是

$$\int \dfrac{\mathrm{d}x}{1+\sqrt[4]{x}} = 4\int \dfrac{t^3}{1+t}\mathrm{d}t = 4\int \dfrac{t^3+1-1}{1+t}\mathrm{d}t = 4\int (t^2-t+1)\mathrm{d}t - 4\int \dfrac{1}{1+t}\mathrm{d}(1+t)$$

$$= \dfrac{4}{3}t^3 - 2t^2 + 4t - 4\ln|1+t| + C = \dfrac{4}{3}\sqrt[4]{x^3} - 2\sqrt{x} + 4\sqrt[4]{x} - 4\ln(1+\sqrt[4]{x}) + C.$$

(3) $\int \dfrac{x}{x^8-1}\mathrm{d}x = \dfrac{1}{4}\int \left(\dfrac{1}{x^4-1} - \dfrac{1}{x^4+1}\right)\mathrm{d}(x^2) = \dfrac{1}{4}\int \dfrac{1}{(x^2)^2-1}\mathrm{d}(x^2) - \dfrac{1}{4}\int \dfrac{1}{(x^2)^2+1}\mathrm{d}(x^2)$

$$= \dfrac{1}{8}\ln\left|\dfrac{x^2-1}{x^2+1}\right| - \dfrac{1}{4}\arctan(x^2) + C.$$

(4) 令 $x = \dfrac{1}{t}$，则 $\mathrm{d}x = -\dfrac{1}{t^2}\mathrm{d}t$，于是

$$\int \dfrac{\mathrm{d}x}{x^3(1+x^2)} = \int \dfrac{1}{x^3+x^5}\mathrm{d}x = \int \dfrac{1}{\dfrac{1}{t^3}+\dfrac{1}{t^5}} \cdot \left(-\dfrac{1}{t^2}\right)\mathrm{d}t = -\int \dfrac{t^3}{1+t^2}\mathrm{d}t$$

$$= -\int \dfrac{t^3+t-t}{1+t^2}\mathrm{d}t = -\int \left(t - \dfrac{t}{1+t^2}\right)\mathrm{d}t = -\int t\mathrm{d}t + \dfrac{1}{2}\int \dfrac{1}{1+t^2}\mathrm{d}(1+t^2)$$

$$= -\dfrac{1}{2}t^2 + \dfrac{1}{2}\ln(1+t^2) + C = -\dfrac{1}{2x^2} + \dfrac{1}{2}\ln\left(1+\dfrac{1}{x^2}\right) + C.$$

(5) 令 $x = \sin t \left(-\dfrac{\pi}{2} < t < \dfrac{\pi}{2}\right)$，则 $\mathrm{d}x = \cos t\,\mathrm{d}t$，

$$\int \dfrac{x^2}{\sqrt{1-x^2}}\mathrm{d}x = \int \sin^2 t\,\mathrm{d}t = \int \dfrac{1-\cos 2t}{2}\mathrm{d}t = \dfrac{t}{2} - \dfrac{\sin 2t}{4} + C = \dfrac{\arcsin x}{2} - \dfrac{x\sqrt{1-x^2}}{2} + C.$$

(7) 令 $x = \tan t \left(-\dfrac{\pi}{2} < t < \dfrac{\pi}{2}\right)$，则 $\mathrm{d}x = \sec^2 t\,\mathrm{d}t$，

$$\int \dfrac{\mathrm{d}x}{\sqrt{(x^2+1)^3}} = \int \cos t\,\mathrm{d}t = \sin t + C = \dfrac{x}{\sqrt{1+x^2}} + C.$$

(9) $\int \dfrac{x^4+1}{x^6+1}\mathrm{d}x = \int \dfrac{(x^4-x^2+1)+x^2}{(x^2+1)(x^4-x^2+1)}\mathrm{d}x = \int \dfrac{1}{x^2+1}\mathrm{d}x + \int \dfrac{x^2}{x^6+1}\mathrm{d}x$

$$= \int \dfrac{1}{x^2+1}\mathrm{d}x + \dfrac{1}{3}\int \dfrac{1}{x^6+1}\mathrm{d}(x^3) = \arctan x + \dfrac{1}{3}\arctan(x^3) + C.$$

(10) 令 $x = \sin t \left(-\dfrac{\pi}{2} < x < \dfrac{\pi}{2}\right)$，则

$$\int \dfrac{\mathrm{d}x}{x+\sqrt{1-x^2}} = \int \dfrac{\cos t}{\sin t + \cos t}\mathrm{d}t = \dfrac{1}{2}\int \dfrac{(\sin t + \cos t) + (\cos t - \sin t)}{\sin t + \cos t}\mathrm{d}t$$

$$= \dfrac{1}{2}\int \mathrm{d}t + \dfrac{1}{2}\int \dfrac{1}{\sin t + \cos t}\mathrm{d}(\sin t + \cos t)$$

$$= \dfrac{1}{2}t + \dfrac{1}{2}\ln|\sin t + \cos t| + C = \dfrac{1}{2}\arcsin x + \dfrac{1}{2}\ln\left|x + \sqrt{1-x^2}\right| + C.$$

习题 4-3　分部积分法

1. 计算下列不定积分．

(1) $\int x\cos x\,\mathrm{d}x$；

(5) $\int x^2 \mathrm{e}^{-x}\,\mathrm{d}x$；

(7) $\int \arcsin x\,\mathrm{d}x$；

(9) $\int \ln x\,\mathrm{d}x$；

(11) $\int \dfrac{\ln(\ln x)}{x}\mathrm{d}x$；

(13) $\int \cos(\ln x)\,\mathrm{d}x$；

(14) $\int \sec^3 x\,\mathrm{d}x$；

(15) $\int \mathrm{e}^{\sqrt{3x+9}}\,\mathrm{d}x$；

(17) $\int \dfrac{x\arctan x}{\sqrt{1+x^2}}\mathrm{d}x$；

(18) $\int \ln(x+\sqrt{1+x^2})\mathrm{d}x$;   (19) $\int \dfrac{x\mathrm{e}^x}{\sqrt{\mathrm{e}^x-1}}\mathrm{d}x$.

解 (1) $\int x\cos x\mathrm{d}x = \int x\mathrm{d}(\sin x) = x\sin x - \int \sin x\mathrm{d}x = x\sin x + \cos x + C$.

(5) $\int x^2\mathrm{e}^{-x}\mathrm{d}x = -\int x^2\mathrm{d}(\mathrm{e}^{-x}) = -x^2\mathrm{e}^{-x} + 2\int x\mathrm{e}^{-x}\mathrm{d}x = -x^2\mathrm{e}^{-x} - 2\int x\mathrm{d}(\mathrm{e}^{-x})$

$= -x^2\mathrm{e}^{-x} - 2x\mathrm{e}^{-x} + 2\int \mathrm{e}^{-x}\mathrm{d}x = -\mathrm{e}^{-x}(x^2+2x+2) + C$.

(7) $\int \arcsin x\mathrm{d}x = x\arcsin x - \int x\mathrm{d}(\arcsin x) = x\arcsin x - \int \dfrac{x}{\sqrt{1-x^2}}\mathrm{d}x$

$= x\arcsin x + \dfrac{1}{2}\int (1-x^2)^{-\frac{1}{2}}\mathrm{d}(1-x^2) = x\arcsin x + \sqrt{1-x^2} + C$.

(9) $\int \ln x\mathrm{d}x = x\ln x - \int x\mathrm{d}(\ln x) = x\ln x - \int x\dfrac{1}{x}\mathrm{d}x = x\ln x - x + C$.

(11) $\int \dfrac{\ln(\ln x)}{x}\mathrm{d}x = \int \ln(\ln x)\mathrm{d}(\ln x) = \ln x\cdot \ln(\ln x) - \int \ln x\mathrm{d}(\ln(\ln x))$

$= \ln x\cdot \ln(\ln x) - \int \ln x\dfrac{1}{\ln x}\dfrac{1}{x}\mathrm{d}x = \ln x\cdot \ln(\ln x) - \ln x + C$

$= [\ln(\ln x) - 1]\ln x + C$.

(13) $\int \cos(\ln x)\mathrm{d}x = x\cos(\ln x) - \int x\mathrm{d}(\cos(\ln x)) = x\cos(\ln x) + \int \sin(\ln x)\mathrm{d}x$

$= x\cos(\ln x) + x\sin(\ln x) - \int x\mathrm{d}(\sin(\ln x))$

$= x[\cos(\ln x) + \sin(\ln x)] - \int \cos(\ln x)\mathrm{d}x$,

所以

$$\int \cos(\ln x)\mathrm{d}x = \dfrac{1}{2}x[\sin(\ln x) + \cos(\ln x)] + C$$.

(14) $\int \sec^3 x\mathrm{d}x = \int \sec x\sec^2 x\mathrm{d}x = \int \sec x\mathrm{d}(\tan x) = \sec x\tan x - \int \tan^2 x\sec x\mathrm{d}x$

$= \sec x\tan x - \int (\sec^2 x - 1)\sec x\mathrm{d}x = \sec x\tan x - \int \sec^3 x\mathrm{d}x + \int \sec x\mathrm{d}x$

$= \sec x\tan x + \ln|\sec x + \tan x| - \int \sec^3 x\mathrm{d}x$,

所以

$$\int \sec^3 x\mathrm{d}x = \dfrac{1}{2}(\sec x\tan x + \ln|\sec x + \tan x|) + C$$.

(15) 令 $\sqrt{3x+9} = t$ ，则 $x = \dfrac{t^2-9}{3}$ ，$\mathrm{d}x = \dfrac{2t}{3}\mathrm{d}t$ ，

$\int \mathrm{e}^{\sqrt{3x+9}}\mathrm{d}x = \dfrac{2}{3}\int \mathrm{e}^t t\mathrm{d}t = \dfrac{2}{3}\int t\mathrm{d}(\mathrm{e}^t) = \dfrac{2}{3}t\mathrm{e}^t - \dfrac{2}{3}\mathrm{e}^t + C = \dfrac{2}{3}(\sqrt{3x+9}-1)\mathrm{e}^{\sqrt{3x+9}} + C$.

(17) $\int \dfrac{x\arctan x}{\sqrt{1+x^2}}\mathrm{d}x = \int \arctan x\mathrm{d}(\sqrt{1+x^2}) = \sqrt{1+x^2}\arctan x - \int \dfrac{1}{\sqrt{1+x^2}}\mathrm{d}x$

$= \sqrt{1+x^2}\arctan x - \ln(x+\sqrt{1+x^2}) + C$.

(18) 因为 $d\left(\ln(x+\sqrt{1+x^2})\right) = \dfrac{1}{\sqrt{1+x^2}}dx$，所以

$$\int \ln(x+\sqrt{1+x^2})dx = x\ln(x+\sqrt{1+x^2}) - \int x d\left(\ln(x+\sqrt{1+x^2})\right)$$

$$= x\ln(x+\sqrt{1+x^2}) - \int x \dfrac{1}{\sqrt{1+x^2}}dx = x\ln(x+\sqrt{1+x^2}) - \dfrac{1}{2}\int \dfrac{1}{\sqrt{1+x^2}}d(1+x^2)$$

$$= x\ln(x+\sqrt{1+x^2}) - \sqrt{1+x^2} + C.$$

(19) $\int \dfrac{xe^x}{\sqrt{e^x-1}}dx = \int \dfrac{x}{\sqrt{e^x-1}}d(e^x-1) = 2\int x d(\sqrt{e^x-1}) = 2x\sqrt{e^x-1} - 2\int \sqrt{e^x-1}dx,$

对于积分 $\int \sqrt{e^x-1}dx$，令 $\sqrt{e^x-1}=t$，则 $x=\ln(t^2+1)$，$dx = \dfrac{2t}{t^2+1}dt$，于是

$$\int \sqrt{e^x-1}dx = \int t \cdot \dfrac{2t}{t^2+1}dt = 2\int \dfrac{t^2+1-1}{t^2+1}dt = 2t - 2\arctan t + C_1 = 2\sqrt{e^x-1} - 2\arctan\sqrt{e^x-1} + C_1,$$

所以

$$\int \dfrac{xe^x}{\sqrt{e^x-1}}dx = 2x\sqrt{e^x-1} - 4\sqrt{e^x-1} + 4\arctan\sqrt{e^x-1} + C \quad (C = -2C_1).$$

2． 设 $f'\left(\dfrac{1}{x}\right) = 1+x$，求 $f(x)$．

解 设 $t = \dfrac{1}{x}$，则 $x = \dfrac{1}{t}$，由 $f'\left(\dfrac{1}{x}\right) = 1+x$ 得 $f'(t) = 1 + \dfrac{1}{t}$，于是

$$f(t) = \int f'(t)dt = \int\left(1+\dfrac{1}{t}\right)dt = t + \ln|t| + C,$$

所以 $f(x) = x + \ln|x| + C$．

3． 已知 $f(x)$ 的一个原函数是 e^{-x^2}，求 $\int xf'(x)dx$．

解 $\int xf'(x)dx = \int x d(f(x)) = xf(x) - \int f(x)dx,$

因为 e^{-x^2} 是 $f(x)$ 的一个原函数，所以 $\int f(x)dx = e^{-x^2} + C_1$，且 $f(x) = (e^{-x^2})' = -2xe^{-x^2}$，所以

$$\int xf'(x)dx = -2x^2 e^{-x^2} - e^{-x^2} + C \quad (C = -C_1).$$

习题 4-4 有理函数的不定积分

1． 求下列不定积分．

(1) $\int \dfrac{1}{x(x-1)^2}dx$；

(3) $\int \dfrac{x+1}{x^2-x-12}dx$；

(5) $\int \dfrac{2x^3+2x^2+5x+5}{x^4+5x^2+4}dx$；

(7) $\int \dfrac{1}{2+\sin x}dx$；

(9) $\int \dfrac{x}{\sqrt{3x+1}+\sqrt{2x+1}}dx$；

(10) $\int \dfrac{1}{x}\sqrt{\dfrac{x+1}{x-1}}dx$

(11) $\int \dfrac{xdx}{\sqrt{1+x^2+\sqrt{(1+x^2)^3}}}$；

(12) $\int \dfrac{\sqrt{x+1}}{\sqrt{x+1}+1}dx$；

(13) $\int \dfrac{dx}{\sqrt[3]{(x-1)^4(x-2)^2}}$；

(15) $\int \dfrac{dx}{(1+e^x)^2}$；

(16) $\int \dfrac{\sqrt{e^x-1}}{\sqrt{e^x+1}}dx$．

解 (1) $\int \dfrac{1}{x(x-1)^2} dx = \int \left[\dfrac{1}{x} - \dfrac{1}{x-1} + \dfrac{1}{(x-1)^2} \right] dx$

$\qquad = \ln|x| - \ln|x-1| - \dfrac{1}{x-1} + C = \ln\left|\dfrac{x}{x-1}\right| - \dfrac{1}{x-1} + C.$

(3) $\int \dfrac{x+1}{x^2-x-12} dx = \int \dfrac{x+1}{(x-4)(x+3)} dx = \dfrac{5}{7} \int \dfrac{1}{x-4} dx + \dfrac{2}{7} \int \dfrac{1}{x+3} dx$

$\qquad = \dfrac{5}{7} \ln|x-4| + \dfrac{2}{7} \ln|x+3| + C.$

(5) $\int \dfrac{2x^3 + 2x^2 + 5x + 5}{x^4 + 5x^2 + 4} dx = \int \dfrac{2x^3 + 5x}{x^4 + 5x^2 + 4} dx + \int \dfrac{2x^2 + 5}{x^4 + 5x^2 + 4} dx$

$\qquad = \int \dfrac{2x^3 + 5x}{x^4 + 5x^2 + 4} dx + \int \dfrac{(x^2+1) + (x^2+4)}{(x^2+1)(x^2+4)} dx$

$\qquad = \dfrac{1}{2} \int \dfrac{1}{x^4 + 5x^2 + 4} d(x^4 + 5x^2 + 4) + \int \left(\dfrac{1}{x^2+1} + \dfrac{1}{x^2+4} \right) dx$

$\qquad = \dfrac{1}{2} \ln(x^4 + 5x^2 + 4) + \arctan x + \dfrac{1}{2} \arctan \dfrac{x}{2} + C.$

(7) 令 $u = \tan \dfrac{x}{2}$,则 $x = 2\arctan u$, $dx = \dfrac{2du}{1+u^2}$,

$\int \dfrac{1}{2 + \sin x} dx = \int \dfrac{1}{2 + \dfrac{2u}{1+u^2}} \cdot \dfrac{2}{1+u^2} du = \int \dfrac{1}{u^2 + u + 1} du = \int \dfrac{1}{\left(u + \dfrac{1}{2}\right)^2 + \left(\dfrac{\sqrt{3}}{2}\right)^2} du$

$\qquad = \dfrac{2}{\sqrt{3}} \arctan \dfrac{2u+1}{\sqrt{3}} + C = \dfrac{2}{\sqrt{3}} \arctan \left(\dfrac{2\tan \dfrac{x}{2} + 1}{\sqrt{3}} \right) + C.$

(9) $\int \dfrac{x}{\sqrt{3x+1} + \sqrt{2x+1}} dx = \int \dfrac{x(\sqrt{3x+1} - \sqrt{2x+1})}{x} dx = \int (\sqrt{3x+1} - \sqrt{2x+1}) dx$

$\qquad = \dfrac{1}{3} \int \sqrt{3x+1} \, d(3x+1) - \dfrac{1}{2} \int \sqrt{2x+1} \, d(2x+1)$

$\qquad = \dfrac{2}{9} (3x+1)^{\frac{3}{2}} - \dfrac{1}{3} (2x+1)^{\frac{3}{2}} + C.$

(10) 令 $\sqrt{\dfrac{x+1}{x-1}} = u$,则 $x = \dfrac{u^2+1}{u^2-1}$, $dx = \dfrac{-4u}{(u^2-1)^2} du$,于是

$\int \dfrac{1}{x} \sqrt{\dfrac{x+1}{x-1}} dx = -\int \dfrac{u^2-1}{u^2+1} \cdot u \cdot \dfrac{4u}{(u^2-1)^2} du = \int \dfrac{-4u^2}{(u^2+1)(u^2-1)} du = -2 \int \left(\dfrac{1}{u^2+1} + \dfrac{1}{u^2-1} \right) du$

$\qquad = -2 \int \dfrac{1}{u^2+1} du - 2 \int \dfrac{1}{u^2-1} du = -2\arctan u - \ln \left| \dfrac{u-1}{u+1} \right| + C$

$\qquad = -2 \arctan \sqrt{\dfrac{x+1}{x-1}} - \ln \left| \dfrac{\sqrt{x+1} - \sqrt{x-1}}{\sqrt{x+1} + \sqrt{x-1}} \right| + C.$

(11) 令 $1+x^2=t$，则
$$\int\frac{x\mathrm{d}x}{\sqrt{1+x^2+\sqrt{(1+x^2)^3}}}=\frac{1}{2}\int\frac{\mathrm{d}(1+x^2)}{\sqrt{1+x^2+\sqrt{(1+x^2)^3}}}=\frac{1}{2}\int\frac{\mathrm{d}t}{\sqrt{t}\sqrt{1+\sqrt{t}}}$$
$$=\int\frac{\mathrm{d}(1+\sqrt{t})}{\sqrt{1+\sqrt{t}}}=2\sqrt{1+\sqrt{t}}+C=2\sqrt{1+\sqrt{1+x^2}}+C.$$

(12) 令 $\sqrt{x+1}=u$，则 $x=u^2-1$，于是
$$\int\frac{\sqrt{x+1}}{\sqrt{x+1}+1}\mathrm{d}x=\int\frac{u}{u+1}\cdot 2u\mathrm{d}u=2\int\frac{u^2-1+1}{u+1}\mathrm{d}u$$
$$=2\int(u-1)\mathrm{d}u+2\int\frac{1}{u+1}\mathrm{d}(u+1)=u^2-2u+2\ln|1+u|+C_1$$
$$=x+1-2\sqrt{x+1}+2\ln(1+\sqrt{x+1})+C_1$$
$$=x-2\sqrt{x+1}+2\ln(1+\sqrt{x+1})+C\quad(C=1+C_1).$$

(13) 令 $t=\sqrt[3]{\frac{x-1}{x-2}}$，则 $x=\frac{2t^3-1}{t^3-1}$，$\mathrm{d}x=\frac{-3t^2}{(t^3-1)^2}\mathrm{d}t$，于是
$$\int\frac{\mathrm{d}x}{\sqrt[3]{(x-1)^4(x-2)^2}}=\int\frac{\mathrm{d}x}{(x-1)(x-2)\sqrt[3]{\frac{x-1}{x-2}}}=-3\int\frac{1}{t^2}\mathrm{d}t=\frac{3}{t}+C=3\sqrt[3]{\frac{x-2}{x-1}}+C,$$

或
$$\int\frac{\mathrm{d}x}{\sqrt[3]{(x-1)^4(x-2)^2}}=\int\left(\frac{x-2}{x-1}\right)^{-\frac{2}{3}}\frac{1}{(x-1)^2}\mathrm{d}x=\int\left(\frac{x-2}{x-1}\right)^{-\frac{2}{3}}\mathrm{d}\left(\frac{x-2}{x-1}\right)=3\sqrt[3]{\frac{x-2}{x-1}}+C.$$

(15) $\int\frac{\mathrm{d}x}{(1+\mathrm{e}^x)^2}=\int\frac{\mathrm{d}(\mathrm{e}^x)}{\mathrm{e}^x(1+\mathrm{e}^x)^2}$，令 $t=\mathrm{e}^x$，则
$$\int\frac{\mathrm{d}(\mathrm{e}^x)}{\mathrm{e}^x(1+\mathrm{e}^x)^2}=\int\frac{\mathrm{d}t}{t(1+t)^2}=\int\left[\frac{1}{t}-\frac{1}{1+t}-\frac{1}{(1+t)^2}\right]\mathrm{d}t=\ln t-\ln(1+t)+\frac{1}{1+t}+C$$
$$=\ln\frac{\mathrm{e}^x}{1+\mathrm{e}^x}+\frac{1}{1+\mathrm{e}^x}+C=x-\ln(1+\mathrm{e}^x)+\frac{1}{1+\mathrm{e}^x}+C.$$

(16) 令 $\frac{\sqrt{\mathrm{e}^x-1}}{\sqrt{\mathrm{e}^x+1}}=t$，则 $x=\ln\frac{1+t^2}{1-t^2}$，$\mathrm{d}x=\frac{4t}{(1-t^2)(1+t^2)}\mathrm{d}t$，于是
$$\int\frac{\sqrt{\mathrm{e}^x-1}}{\sqrt{\mathrm{e}^x+1}}\mathrm{d}x=\int\frac{4t^2}{(1-t^2)(1+t^2)}\mathrm{d}t=2\int\left(\frac{1}{1-t^2}-\frac{1}{1+t^2}\right)\mathrm{d}t$$
$$=\int\left(\frac{1}{1-t}+\frac{1}{1+t}\right)\mathrm{d}t-2\int\frac{1}{1+t^2}\mathrm{d}t=\ln\left|\frac{1+t}{1-t}\right|-2\arctan t+C$$
$$=\ln\left(\frac{\sqrt{\mathrm{e}^x+1}+\sqrt{\mathrm{e}^x-1}}{\sqrt{\mathrm{e}^x+1}-\sqrt{\mathrm{e}^x-1}}\right)-2\arctan\sqrt{\frac{\mathrm{e}^x-1}{\mathrm{e}^x+1}}+C.$$

总 习 题 四

3. 计算下列不定积分.

(1) $\int \cos^2 \dfrac{x}{2} dx$; (3) $\int \dfrac{2+2\ln x}{(x\ln x)^2} dx$; (5) $\int \tan^4 x dx$;

(7) $\int \sin x \sin 3x dx$; (8) $\int \sqrt{x} \sin \sqrt{x} dx$; (9) $\int e^{2x}(\tan x + 1)^2 dx$;

(11) $\int \sin x \ln(\tan x) dx$; (12) $\int \dfrac{x^2 e^x}{(x+2)^2} dx$; (13) $\int \dfrac{1}{1+e^{\frac{x}{2}}+e^{\frac{x}{3}}+e^{\frac{x}{6}}} dx$;

(15) $\int \dfrac{1}{(2+\cos x)\sin x} dx$.

解 (1) $\int \cos^2 \dfrac{x}{2} dx = \int \dfrac{1+\cos x}{2} dx = \dfrac{x+\sin x}{2} + C$.

(3) $\int \dfrac{2+2\ln x}{(x\ln x)^2} dx = 2\int \dfrac{(x\ln x)'}{(x\ln x)^2} dx = 2\int \dfrac{1}{(x\ln x)^2} d(x\ln x) = -\dfrac{2}{x\ln x} + C$.

(5) $\int \tan^4 x dx = \int (\sec^2 x - 1)\tan^2 x dx = \int \sec^2 x \cdot \tan^2 x dx - \int \tan^2 x dx$

$\qquad = \int \tan^2 x d(\tan x) - \int (\sec^2 x - 1) dx = \dfrac{1}{3}\tan^3 x - \tan x + x + C$.

(7) $\int \sin x \sin 3x dx = \int \dfrac{1}{2}(\cos 2x - \cos 4x) dx = \dfrac{1}{4}\sin 2x - \dfrac{1}{8}\sin 4x + C$.

(8) 令 $\sqrt{x} = t$, 则 $x = t^2$, $dx = 2tdt$, 于是

$\int \sqrt{x} \sin \sqrt{x} dx = \int t \sin t \cdot 2t dt = -2\int t^2 d(\cos t) = -2t^2 \cos t + 4\int t \cos t dt$

$\qquad = -2t^2 \cos t + 4\int t d(\sin t) = -2t^2 \cos t + 4t \sin t - 4\int \sin t dt$

$\qquad = -2t^2 \cos t + 4t \sin t + 4\cos t + C = -2x\cos\sqrt{x} + 4\sqrt{x}\sin\sqrt{x} + 4\cos\sqrt{x} + C$.

(9) $\int e^{2x}(\tan x + 1)^2 dx = \int e^{2x}(\tan^2 x + 1 + 2\tan x) dx$

$\qquad = \int e^{2x}(\sec^2 x + 2\tan x) dx = \int e^{2x} d(\tan x) + 2\int e^{2x} \tan x dx$

$\qquad = e^{2x}\tan x - 2\int e^{2x} \tan x dx + 2\int e^{2x} \tan x dx = e^{2x}\tan x + C$.

(11) $\int \sin x \ln(\tan x) dx = -\int \ln(\tan x) d(\cos x) = -\cos x \ln(\tan x) + \int \cos x \cdot \dfrac{\sec^2 x}{\tan x} dx$

$\qquad = -\cos x \ln(\tan x) + \int \dfrac{1}{\sin x} dx = -\cos x \ln(\tan x) + \ln|\csc x - \cot x| + C$.

(12) $\int \dfrac{x^2 e^x}{(x+2)^2} dx = -\int x^2 e^x d\left(\dfrac{1}{x+2}\right) = -\dfrac{x^2 e^x}{x+2} + \int \dfrac{(x^2+2x)e^x}{x+2} dx$

$\qquad = -\dfrac{x^2 e^x}{x+2} + \int xe^x dx = -\dfrac{x^2 e^x}{x+2} + \int x d(e^x) = -\dfrac{x^2 e^x}{x+2} + xe^x - e^x + C$.

(13) 令 $e^{\frac{x}{6}} = t$, 则 $x = 6\ln t$, $dx = \dfrac{6}{t} dt$, 于是

$$\int \frac{1}{1+e^{\frac{x}{2}}+e^{\frac{x}{3}}+e^{\frac{x}{6}}} dx = \int \frac{1}{1+t^3+t^2+t} \cdot \frac{6}{t} dt = 6\int \frac{1}{t(t+1)(t^2+1)} dt,$$

而 $\dfrac{1}{t(t+1)(t^2+1)} = \dfrac{1}{t} - \dfrac{1}{2} \cdot \dfrac{1}{t+1} - \dfrac{1}{2} \cdot \dfrac{t+1}{t^2+1}$,于是

$$6\int \frac{1}{t(1+t)(1+t^2)} dt = 6\left(\int \frac{1}{t} dt - \frac{1}{2}\int \frac{1}{t+1} dt - \frac{1}{2}\int \frac{t}{t^2+1} dt - \frac{1}{2}\int \frac{dt}{t^2+1} \right)$$

$$= 6\left[\ln|t| - \frac{1}{2}\ln|t+1| - \frac{1}{4}\int \frac{1}{t^2+1} d(t^2+1) - \frac{1}{2}\arctan t \right]$$

$$= 6\ln|t| - 3\ln|t+1| - \frac{3}{2}\ln(t^2+1) - 3\arctan t + C$$

$$= 6\ln\left(e^{\frac{x}{6}}\right) - 3\ln\left(1+e^{\frac{x}{6}}\right) - \frac{3}{2}\ln\left(1+e^{\frac{x}{3}}\right) - 3\arctan\left(e^{\frac{x}{6}}\right) + C$$

$$= x - 3\ln\left(1+e^{\frac{x}{6}}\right) - \frac{3}{2}\ln\left(1+e^{\frac{x}{3}}\right) - 3\arctan\left(e^{\frac{x}{6}}\right) + C.$$

(15) 令 $t = \tan\dfrac{x}{2}$,则 $x = 2\arctan t$, $dx = \dfrac{2dt}{1+t^2}$,

$$\int \frac{1}{(2+\cos x)\sin x} dx = \int \frac{\frac{2}{1+t^2}}{\left(2+\frac{1-t^2}{1+t^2}\right)\frac{2t}{1+t^2}} dt = \int \frac{1+t^2}{t(3+t^2)} dt$$

$$= \frac{1}{3}\int \left(\frac{1}{t} + \frac{2t}{3+t^2} \right) dt = \frac{1}{3}\ln|t(3+t^2)| + C$$

$$= \frac{1}{3}\ln\left| 3\tan\frac{x}{2} + \left(\tan\frac{x}{2}\right)^3 \right| + C.$$

4. 设函数 $f(x) = \begin{cases} 2, & x > 1, \\ x, & 0 \leqslant x < 1, \\ \sin x, & x < 0, \end{cases}$ 求 $\int f(x) dx$.

解 $\int f(x) dx = \begin{cases} 2x + C_1, & x > 1, \\ \dfrac{x^2}{2} + C_2, & 0 \leqslant x < 1, \\ -\cos x + C_3, & x < 0, \end{cases}$

因为 $f(x)$ 在 $(-\infty, 1)$ 内连续,所以 $\int f(x) dx$ 在 $(-\infty, 1)$ 内存在,因而 $\int f(x) dx$ 在 $x = 0$ 处可导、连续,因此 $\lim\limits_{x \to 0^+}\left(\dfrac{x^2}{2} + C_2 \right) = \lim\limits_{x \to 0^-}(-\cos x + C_3)$,即 $C_2 = -1 + C_3$,于是

$$\int f(x)dx = \begin{cases} 2x + C_1, & x > 1, \\ \dfrac{x^2}{2} + C_2, & 0 \leqslant x < 1, \\ -\cos x + 1 + C_2, & x < 0 \end{cases} \quad (C_1, C_2 \text{ 为相互独立的常数}).$$

注 如果分段函数的分界点是函数的第一类间断点,则在包含该点的区间内不存在原函数. 此处的 $\int f(x)dx$ 只能分区间表示.

5. 已知 $\dfrac{\sin x}{x}$ 是 $f(x)$ 的一个原函数,求 $\int x^3 f'(x)dx$.

解 由题意可知 $\left(\dfrac{\sin x}{x}\right)' = f(x)$,则 $f(x) = \dfrac{x\cos x - \sin x}{x^2}$,所以

$$\int x^3 f'(x)dx = \int x^3 d f(x) = x^3 f(x) - 3\int x^2 f(x)dx = x^3 f(x) - 3\int x^2 \dfrac{x\cos x - \sin x}{x^2}dx$$
$$= x^3 f(x) - 3\int x\cos x\, dx + 3\int \sin x\, dx = x^3 f(x) - 3\cos x - 3\int x\, d(\sin x)$$
$$= x^3 f(x) - 3\cos x - 3x\sin x + 3\int \sin x\, dx = x^3 \cdot \dfrac{x\cos x - \sin x}{x^2} - 3x\sin x - 6\cos x + C$$
$$= x^2 \cos x - 4x\sin x - 6\cos x + C.$$

六、自 测 题

自 测 题 一

一、选择题 (4 小题,每小题 4 分,共 16 分).

1. 下列说法正确的是( ).

A. $f(x)$ 在区间 I 上存在原函数,则 $f(x)$ 在 I 上有界

B. $f(x)$ 在区间 I 上不连续,则 $f(x)$ 在 I 上不存在原函数

C. $f(x)$ 在区间 I 上有界且仅有有限个间断点,则 $f(x)$ 在 I 上存在原函数

D. $f(x)$ 在区间 I 上存在第一类间断点,则 $f(x)$ 在 I 上不存在原函数

2. $\int |x|\, dx = ($).

A. $|x| + C$ B. $x|x| + C$ C. $\dfrac{1}{2}x|x| + C$ D. $\dfrac{1}{2}x^2 + C$

3. 设 $I = \int \dfrac{e^x - 1}{e^x + 1}dx$,则 $I = ($).

A. $\ln(e^x - 1) + C$ B. $\ln(e^x + 1) + C$

C. $2\ln(e^x + 1) - x + C$ D. $x - \ln(e^x + 1) + C$

4. 若 $\sin 2x$ 为函数 $f(x)$ 的一个原函数,则 $\int x f(x)dx$ 等于( ).

A. $x\sin 2x + \cos 2x + C$ B. $x\sin 2x - \cos 2x + C$

C. $x\sin 2x - \frac{1}{2}\cos 2x + C$ D. $x\sin 2x + \frac{1}{2}\cos 2x + C$

二、填空题 (6 小题, 每小题 4 分, 共 24 分).

1. $\int \sqrt{x}\,dx = $ _____.

2. $\int (\sec^2 x + \sin x)\,dx = $ _____.

3. 设 $\frac{\cos x}{x}$ 是 $f(x)$ 的一个原函数, 则 $\int f(x)\frac{\cos x}{x}\,dx = $ _____.

4. 已知 $f(x) = e^x$, 则 $\int \frac{f'(\ln x)}{x}\,dx = $ _____.

5. $\int \frac{1}{3+2x}\,dx = $ _____.

6. $\int 3^x e^x\,dx = $ _____.

三、计算题 (10 小题, 每小题 6 分, 共 60 分).

1. 计算不定积分 $\int x\arctan x\,dx$.

2. $\int \frac{1}{x(1+2x)}\,dx$.

3. 已知 $\frac{\sin x}{x}$ 是 $f(x)$ 的一个原函数, 求 $\int x f'(x)\,dx$.

4. $\int \frac{\sqrt{a^2 - x^2}}{x^4}\,dx \quad (a > 0)$.

5. $\int \tan x\,dx$.

6. $\int \frac{x^4}{1+x^2}\,dx$.

7. 求 $I = \int \frac{2^x \cdot 3^x}{9^x - 4^x}\,dx$.

8. 求 $I = \int \frac{x}{(\arcsin x^2)^3 \sqrt{1-x^4}}\,dx$.

9. 求 $I = \int \frac{xe^x}{\sqrt{e^x - 1}}\,dx$.

10. 设 $f(x) = \begin{cases} \sin 2x, & x \leqslant 0, \\ \ln(2x+1), & x > 0, \end{cases}$ 求 $f(x)$ 的原函数 $F(x)$.

自 测 题 二

一、选择题 (4 小题, 每小题 4 分, 共 16 分)

1. 下列等式成立的是( ).

A. $d\int \sin x\,dx = \sin x\,dx$ B. $d\int \sin x\,dx = \cos x\,dx$

C. $\int d\sin x = \cos x$ D. $\int d\sin x = \sin x$

2. $f(x)$ 的一个原函数为 0，则( )．

A. $f(x)$ 的任一原函数均为 0   B. $f(x)$ 的不定积分为 0

C. $f(x) \equiv C \ (C \neq 0)$ D. $f(x) \equiv 0$

3. $F(x)$ 是连续函数 $f(x)$ 的原函数，则( )．

A. 若 $f(x)$ 为奇函数，则 $F(x)$ 为偶函数

B. 若 $f(x)$ 为偶函数，则 $F(x)$ 为奇函数

C. 若 $f(x)$ 为周期函数，则 $F(x)$ 为周期函数

D. 若 $f(x)$ 为单调函数，则 $F(x)$ 为单调函数

4. 若 e^x 为函数 $f(x)$ 的一个原函数，则 $\int xf(x)dx$ 等于( )．

A. $e^x(1-x)+C$ B. $e^x(1+x)+C$

C. $e^x(x-1)+C$ D. $-e^x(1+x)+C$

二、填空题 (6 小题，每小题 4 分，共 24 分)．

1. $\int \dfrac{\sin x}{\cos^2 x} dx = $ _____．

2. 已知 $f'(e^x) = xe^{-x}$，且 $f(1) = 0$，则 $x > 0$ 时，$f(x) = $ _____．

3. $\int (e^x - 3\cos x)dx = $ _____．

4. 已知 $f(x) = \begin{cases} \dfrac{x\cos x - \sin x}{x^2}, & x < 0, \\ a, & x = 0, \\ \dfrac{\ln(1+x) - x}{x^2} + \dfrac{1}{2}, & x > 0 \end{cases}$ 存在原函数，则 $a = $ _____．

5. 设 $f(\ln x) = \dfrac{\ln(1+x)}{x}$，则 $\int f(x)dx = $ _____．

6. $\int 2^x e^x dx = $ _____．

三、计算题 (10 小题，每小题 6 分，共 60 分)．

1. $\int \dfrac{dx}{x(1+x)}$．

2. $\int \dfrac{\ln(x+\sqrt{1+x^2})}{\sqrt{1+x^2}} dx$．

3. 已知 $\dfrac{\cos x}{x}$ 是 $f(x)$ 的一个原函数，求 $\int xf'(x)dx$．

4. $\int \dfrac{2+2\ln x}{(x\ln x)^2} dx$．

5. $\int x\ln x dx$．

6. $\int \dfrac{1+x+x^2}{x(1+x^2)} dx$.

7. 求 $I = \int \dfrac{1}{x^2} \sqrt[3]{\dfrac{(x-1)^2}{x^2}} dx$.

8. 求 $I = \int \dfrac{1}{1-x^2} \ln\dfrac{1+x}{1-x} dx$.

9. $\int \dfrac{dx}{x\sqrt{x^2-1}} \quad (x>0)$.

10. 设 $f(x) = \begin{cases} 1, & x<0, \\ x+1, & 0\leqslant x \leqslant 1, \\ 2x, & x>1, \end{cases}$ 求 $\int f(x) dx$.

自测题一参考答案

一、**1.** D; **2.** C; **3.** C; **4.** D.

二、**1.** $\dfrac{2}{3} x^{\frac{3}{2}} + C$; **2.** $\tan x - \cos x + C$; **3.** $\dfrac{1}{2}\left(\dfrac{\cos x}{x}\right)^2 + C$;

4. $x + C$; **5.** $\dfrac{1}{2}\ln|3+2x| + C$; **6.** $\dfrac{3^x e^x}{1+\ln 3} + C$.

三、**1.** $\dfrac{x^2}{2}\arctan x - \dfrac{x}{2} + \dfrac{1}{2}\arctan x + C$.

2. $\int \dfrac{1}{x(1+2x)} dx = \int\left(\dfrac{1}{x} - \dfrac{2}{1+2x}\right) dx = \ln|x| - \ln|2x+1| + C = \ln\left|\dfrac{x}{1+2x}\right| + C$.

3. $\int x f'(x) dx = \int x d(f(x)) = x f(x) - \int f(x) dx$

$$= x\left(\dfrac{\sin x}{x}\right)' - \dfrac{\sin x}{x} + C = \dfrac{x\cos x - 2\sin x}{x} + C.$$

4. 令 $x = a\sin t, t \in \left(-\dfrac{\pi}{2}, 0\right) \cup \left(0, \dfrac{\pi}{2}\right)$, 则

$$\int \dfrac{\sqrt{a^2-x^2}}{x^4} dx = \int \dfrac{a^2 \cos^2 t}{a^4 \sin^4 t} dt = -\dfrac{1}{a^2}\int \cot^2 t \, d(\cot t)$$

$$= -\dfrac{1}{3a^2} \cot^3 t + C = -\dfrac{(a^2-x^2)^{\frac{3}{2}}}{3a^2 x^3} + C.$$

5. $-\ln|\cos x| + C$.

6. $\dfrac{x^3}{3} - x + \arctan x + C$.

7. $\dfrac{1}{2(\ln 3 - \ln 2)} \ln\left|\dfrac{3^x - 2^x}{3^x + 2^x}\right| + C$.

8. $-\dfrac{1}{4}(\arcsin x^2)^{-2}+C$.

提示: $\dfrac{x}{\sqrt{1-x^4}}dx = \dfrac{1}{2\sqrt{1-x^4}}d(x^2) = \dfrac{1}{2}d(\arcsin x^2)$.

9. $2x\sqrt{e^x-1}-4\sqrt{e^x-1}+4\arctan\sqrt{e^x-1}+C$.

提示: 作变换 $t=\sqrt{e^x-1}$.

10. $F(x)=\begin{cases}-\dfrac{1}{2}\cos 2x+C, & x\leqslant 0,\\ x\ln(2x+1)-x+\dfrac{1}{2}\ln(2x+1)-\dfrac{1}{2}+C, & x>0.\end{cases}$

提示: 先求出每部分函数的原函数, 在分界点利用原函数的连续性约束自由常数.

自测题二参考答案

一、**1.** A; **2.** D; **3.** A; **4.** C.

二、**1.** $\sec x+C$; **2.** $\dfrac{1}{2}(\ln x)^2$; **3.** $e^x-3\sin x+C$; **4.** 0;

5. $x-(1+e^{-x})\ln(1+e^x)+C$; **6.** $\dfrac{2^x e^x}{1+\ln 2}+C$.

三、**1.** $\displaystyle\int\dfrac{dx}{x(1+x)}=\int\left(\dfrac{1}{x}-\dfrac{1}{1+x}\right)dx=\ln|x|-\ln|x+1|+C=\ln\left|\dfrac{x}{1+x}\right|+C$.

2. $\dfrac{1}{2}[\ln(x+\sqrt{1+x^2})]^2+C$.

3. $\displaystyle\int xf'(x)dx = \int x d(f(x)) = xf(x)-\int f(x)dx$

$\qquad = x\left(\dfrac{\cos x}{x}\right)' - \dfrac{\cos x}{x}+C = \dfrac{-x\sin x-2\cos x}{x}+C$.

4. $\displaystyle\int\dfrac{2+2\ln x}{(x\ln x)^2}dx = 2\int\dfrac{1}{(x\ln x)^2}d(x\ln x) = \dfrac{-2}{x\ln x}+C$.

5. $\dfrac{x^2}{2}\ln x-\dfrac{x^2}{4}+C$.

6. $\arctan x+\ln|x|+C$.

7. $\dfrac{3}{5}\left(1-\dfrac{1}{x}\right)^{\frac{5}{3}}+C$.

8. $\dfrac{1}{4}\left(\ln\dfrac{1+x}{1-x}\right)^2+C$. 提示: $\left(\ln\dfrac{1+x}{1-x}\right)'=\dfrac{2}{1-x^2}$, $\dfrac{1}{1-x^2}dx=\dfrac{1}{2}d\left(\ln\dfrac{1+x}{1-x}\right)$.

9. $\arccos\dfrac{1}{x}+C$. 提示: $\dfrac{\mathrm{d}x}{x\sqrt{x^2-1}}=\dfrac{\dfrac{1}{x^2}\mathrm{d}x}{\sqrt{1-\dfrac{1}{x^2}}}=-\dfrac{\mathrm{d}\left(\dfrac{1}{x}\right)}{\sqrt{1-\dfrac{1}{x^2}}}$.

10. $\displaystyle\int f(x)\mathrm{d}x=\begin{cases}x+C, & x<0,\\ \dfrac{1}{2}x^2+x+C, & 0\leqslant x\leqslant 1,\\ x^2+\dfrac{1}{2}+C, & x>1.\end{cases}$

提示: 先求出每部分函数的原函数, 在分界点利用原函数的连续性约束自由常数.

第五章　定积分及其应用

定积分是积分学的基本内容和重要组成部分，在几何学、物理学等自然科学和工程技术领域中有着广泛的应用．本章将介绍定积分的概念、性质、计算及应用，并将定积分推广到反常积分．

一、知识框架

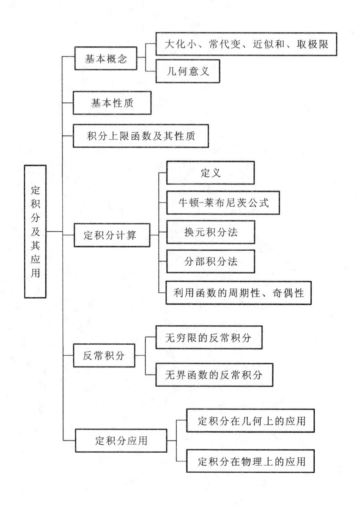

二、教学基本要求

(1) 理解定积分的概念,掌握定积分的性质.
(2) 理解积分上限函数,会求其导数,掌握牛顿-莱布尼茨公式.
(3) 掌握定积分的换元法与分部积分法.
(4) 了解反常积分的概念并会计算反常积分.
(5) 掌握用定积分的元素法表达和计算一些几何量与物理量(平面图形的面积、平面曲线的弧长、旋转体的体积、平行截面面积为已知的立体体积、质量、变力所做的功、液体侧压力、转动惯量、引力等).

三、主要内容解读

(一) 定积分的概念与性质

1. 定积分的概念

设函数 $f(x)$ 在闭区间 $[a,b]$ 上有界,在 (a,b) 内任意插入 $n-1$ 个分点
$$a = x_0 < x_1 < x_2 < \cdots < x_{i-1} < x_i < \cdots < x_{n-1} < x_n = b,$$
把区间分成 n 个小区间
$$[x_0, x_1], [x_1, x_2], \cdots, [x_{n-1}, x_n],$$
各小区间的长度记为
$$\Delta x_i = x_i - x_{i-1}, \quad i = 1, 2, \cdots, n,$$
在每个小区间 $[x_{i-1}, x_i]$ 上任意取一点 ξ_i,作乘积 $f(\xi_i)\Delta x_i$,并作和式
$$S = \sum_{i=1}^{n} f(\xi_i)\Delta x_i,$$
记 $\lambda = \max\{\Delta x_1, \Delta x_2, \cdots, \Delta x_n\}$,如果无论区间 $[a,b]$ 怎样划分,也无论小区间 $[x_{i-1}, x_i]$ 上的点 ξ_i 怎样选取,只要当 $\lambda \to 0$ 时,和 S 总趋于确定的值,则称此极限值为函数 $f(x)$ 在闭区间 $[a,b]$ 上的定积分,记为 $\int_a^b f(x)\mathrm{d}x$,即
$$\int_a^b f(x)\mathrm{d}x = \lim_{\lambda \to 0} \sum_{i=1}^{n} f(\xi_i)\Delta x_i,$$
其中 $f(x)$ 称为被积函数,$f(x)\mathrm{d}x$ 称为被积表达式,x 称为积分变量,a 称为积分下限,b 称为积分上限,$[a,b]$ 称为积分区间,$\sum_{i=1}^{n} f(\xi_i)\Delta x_i$ 称为 $f(x)$ 在 $[a,b]$ 上的积分和.

如果 $f(x)$ 在 $[a,b]$ 上的定积分存在,则称 $f(x)$ 在 $[a,b]$ 上可积.

注 (1) 定积分的值只与被积函数及积分区间有关,与积分变量用什么字母表示无关,即 $\int_a^b f(x)\mathrm{d}x = \int_a^b f(t)\mathrm{d}t = \int_a^b f(u)\mathrm{d}u$.

(2) 设 $f(x)$ 在区间 $[a,b]$ 上连续,则 $f(x)$ 在 $[a,b]$ 上可积.

(3) 设 $f(x)$ 在区间 $[a,b]$ 上有界,且只有有限个间断点,则 $f(x)$ 在 $[a,b]$ 上可积.

定积分的几何意义:

(1) 若在区间 $[a,b]$ 上 $f(x) \geqslant 0$,则 $\int_a^b f(x) \mathrm{d}x$ 在几何上表示由曲线 $y = f(x)$,两条直线 $x=a$ 和 $x=b$ 与 x 轴所围成的曲边梯形的面积.

(2) 若在区间 $[a,b]$ 上 $f(x) \leqslant 0$,由曲线 $y=f(x)$,两条直线 $x=a$ 和 $x=b$ 与 x 轴所围成的曲边梯形位于 x 轴的下方,则 $\int_a^b f(x) \mathrm{d}x$ 在几何上表示该曲边梯形面积的负值.

(3) 若在 $[a,b]$ 上 $f(x)$ 既取正值又取负值,曲线 $y = f(x)$ 既有在 x 轴上方的部分,又有在 x 轴下方的部分,则在一般情形下,$\int_a^b f(x) \mathrm{d}x$ 在几何上表示介于 x 轴,曲线 $y = f(x)$ 及两条直线 $x=a$ 和 $x=b$ 之间的各部分面积的代数和.

2. 定积分的性质

首先约定:

(1) $a=b$ 时,$\int_a^b f(x) \mathrm{d}x = 0$.

(2) $a>b$ 时,$\int_a^b f(x) \mathrm{d}x = -\int_b^a f(x) \mathrm{d}x$.

在下面的讨论中,设函数在所讨论的区间上都可积,且各性质中积分上下限的大小,如不特别指明,均不加以限制.

性质 1 $\int_a^b [f(x) \pm g(x)] \mathrm{d}x = \int_a^b f(x) \mathrm{d}x \pm \int_a^b g(x) \mathrm{d}x$.

性质 2 $\int_a^b kf(x) \mathrm{d}x = k \int_a^b f(x) \mathrm{d}x$ (k 是常数).

性质 3 $\int_a^b f(x) \mathrm{d}x = \int_a^c f(x) \mathrm{d}x + \int_c^b f(x) \mathrm{d}x$.

性质 4 $\int_a^b \mathrm{d}x = b - a$.

性质 5 如果在区间 $[a,b]$ 上,$f(x) \geqslant 0$,则 $\int_a^b f(x) \mathrm{d}x \geqslant 0$ ($a<b$).

推论 1 如果在区间 $[a,b]$ 上,$f(x) \leqslant g(x)$,则 $\int_a^b f(x) \mathrm{d}x \leqslant \int_a^b g(x) \mathrm{d}x$ ($a<b$).

推论 2 $\left| \int_a^b f(x) \mathrm{d}x \right| \leqslant \int_a^b |f(x)| \mathrm{d}x$ ($a<b$).

性质 6 设 M 及 m 分别是函数 $f(x)$ 在区间 $[a,b]$ 上的最大值及最小值,则

$$m(b-a) \leqslant \int_a^b f(x) \mathrm{d}x \leqslant M(b-a) \quad (a<b).$$

注 利用此性质可估计积分值的大致范围.

性质 7 (积分中值定理) 如果函数 $f(x)$ 在闭区间 $[a,b]$ 上连续,则在 $[a,b]$ 上至少存在一点 ξ,使

$$\int_a^b f(x) \mathrm{d}x = f(\xi)(b-a) \quad (a \leqslant \xi \leqslant b).$$

（二）微积分基本公式

1. 积分上限的函数及其导数

如果函数 $f(x)$ 在闭区间 $[a,b]$ 上连续，则积分上限的函数 $\varPhi(x) = \int_a^x f(t)\mathrm{d}t$ $(a \leqslant x \leqslant b)$ 在 $[a,b]$ 上可导，并且它的导数为

$$\varPhi'(x) = \frac{\mathrm{d}}{\mathrm{d}x}\int_a^x f(t)\mathrm{d}t = f(x).$$

推广：

(1) 如果函数 $f(x)$ 在闭区间 $[a,b]$ 上连续，那么积分下限的函数 $\int_x^b f(t)\mathrm{d}t$ 在 $[a,b]$ 上可导，其导数为

$$\frac{\mathrm{d}}{\mathrm{d}x}\int_x^b f(t)\mathrm{d}t = -f(x).$$

(2) 如果 $f(x)$ 在闭区间 $[a,b]$ 上连续，$\varphi(x)$，$\psi(x)$ 在 $[a,b]$ 上可导，且

$$a \leqslant \varphi(x),\ \psi(x) \leqslant b,\ x \in [a,b],$$

则有

$$\frac{\mathrm{d}}{\mathrm{d}x}\int_{\varphi(x)}^{\psi(x)} f(t)\mathrm{d}t = f[\psi(x)]\psi'(x) - f[\varphi(x)]\varphi'(x).$$

原函数存在定理 如果函数 $f(x)$ 在闭区间 $[a,b]$ 上连续，则函数

$$\varPhi(x) = \int_a^x f(t)\mathrm{d}t$$

是函数 $f(x)$ 在闭区间 $[a,b]$ 上的一个原函数.

2. 牛顿-莱布尼茨公式

如果函数 $f(x)$ 在闭区间 $[a,b]$ 上连续，且 $F(x)$ 是 $f(x)$ 在 $[a,b]$ 上的一个原函数，则

$$\int_a^b f(x)\mathrm{d}x = F(b) - F(a).$$

（三）定积分的换元积分法与分部积分法

1. 定积分的换元积分法

如果函数 $f(x)$ 在闭区间 $[a,b]$ 上连续，函数 $x = \varphi(t)$ 在 $[\alpha,\beta]$（或 $[\beta,\alpha]$）上具有连续导数，且其值域为 $[a,b]$，$\varphi(\alpha) = a$，$\varphi(\beta) = b$，那么

$$\int_a^b f(x)\mathrm{d}x = \int_\alpha^\beta f[\varphi(t)]\varphi'(t)\mathrm{d}t.$$

上式称为定积分的换元积分公式.

注 (1) 在作变量替换的同时，一定要更换积分上下限.

(2) 用 $x = \varphi(t)$ 引入新变量 t 时，一定要注意反函数 $t = \varphi^{-1}(x)$ 的单值、可微等条件.

(3) 定积分的换元公式也可以反过来用，即

$$\int_\alpha^\beta f[\varphi(x)]\varphi'(x)\mathrm{d}x \xrightarrow{\diamondsuit t = \varphi(x)} \int_{\varphi(\alpha)}^{\varphi(\beta)} f(t)\mathrm{d}t = \int_a^b f(t)\mathrm{d}t.$$

(4) 定积分的换元法在使用的过程中，会遇到和不定积分类似的情形.

2. 定积分的分部积分法

如果函数 $u(x)$，$v(x)$ 在闭区间 $[a,b]$ 上具有连续导数，则有
$$\int_a^b u\,\mathrm{d}v = [uv]_a^b - \int_a^b v\,\mathrm{d}u.$$

3. 几个结论

(1) 设 $f(x)$ 是连续的周期函数，周期为 T，则 $\int_a^{a+T} f(x)\,\mathrm{d}x = \int_0^T f(x)\,\mathrm{d}x$.

(2) $f(x)$ 在 $[-a,a]$ 上连续，若 $f(x)$ 为偶函数，则 $\int_{-a}^a f(x)\,\mathrm{d}x = 2\int_0^a f(x)\,\mathrm{d}x$；若 $f(x)$ 为奇函数，则 $\int_{-a}^a f(x)\,\mathrm{d}x = 0$.

(3) 若 $f(x)$ 在 $[0,1]$ 上连续，则
$$\int_0^{\frac{\pi}{2}} f(\sin x)\,\mathrm{d}x = \int_0^{\frac{\pi}{2}} f(\cos x)\,\mathrm{d}x;$$
$$\int_0^{\pi} x f(\sin x)\,\mathrm{d}x = \frac{\pi}{2}\int_0^{\pi} f(\sin x)\,\mathrm{d}x = \pi\int_0^{\frac{\pi}{2}} f(\sin x)\,\mathrm{d}x.$$

(4) 设 $I_n = \int_0^{\frac{\pi}{2}} \sin^n x\,\mathrm{d}x = \int_0^{\frac{\pi}{2}} \cos^n x\,\mathrm{d}x$，则当 n 为正偶数时，$I_n = \frac{n-1}{n}\cdot\frac{n-3}{n-2}\cdots\frac{3}{4}\cdot\frac{1}{2}\cdot\frac{\pi}{2}$；当 n 为大于 1 的正奇数时，$I_n = \frac{n-1}{n}\cdot\frac{n-3}{n-2}\cdots\frac{4}{5}\cdot\frac{2}{3}$.

4. 特殊形式定积分的计算

1) 分段函数及可化为分段函数的定积分

在求分段函数的定积分时，要利用定积分关于积分区间的可加性，分段积分再求和. 当被积函数是某一复合函数时，可以先利用定积分的换元法化简，再求定积分. 对于可化为分段函数的积分，如被积函数带有绝对值符号或最大值、最小值函数等，可以先化为分段函数后，再计算定积分.

2) 三角函数有理式的积分

通过变量代换把原积分分解成可抵消或易积分的若干个积分. 常用的变量代换如下：
(1) 若积分区间是对称的，令 $x = -u$；
(2) 若积分区间为 $[0,\pi]$，令 $x = \pi - u$；
(3) 若积分区间为 $\left[0,\dfrac{\pi}{2}\right]$，令 $x = \dfrac{\pi}{2} - u$；
(4) 若积分区间为 $\left[0,\dfrac{\pi}{4}\right]$，令 $x = \dfrac{\pi}{4} - u$.

（四）反常积分

1. 无穷限的反常积分

设函数 $f(x)$ 在区间 $[a,+\infty)$ 上连续，取 $t > a$，称极限 $\lim\limits_{t\to+\infty}\int_a^t f(x)\,\mathrm{d}x$ 为函数 $f(x)$ 在

无穷区间 $[a,+\infty)$ 上的反常积分，记作 $\int_a^{+\infty} f(x)\mathrm{d}x$，即

$$\int_a^{+\infty} f(x)\mathrm{d}x = \lim_{t\to+\infty}\int_a^t f(x)\mathrm{d}x,$$

如果极限 $\lim\limits_{t\to+\infty}\int_a^t f(x)\mathrm{d}x$ 存在，则称反常积分 $\int_a^{+\infty} f(x)\mathrm{d}x$ 收敛；如果上述极限不存在，则称反常积分 $\int_a^{+\infty} f(x)\mathrm{d}x$ 发散，这时，$\int_a^{+\infty} f(x)\mathrm{d}x$ 只是一个记号，不再表示任何数值了.

类似地，设函数 $f(x)$ 在区间 $(-\infty,b]$ 上连续，取 $t<b$，称极限 $\lim\limits_{t\to-\infty}\int_t^b f(x)\mathrm{d}x$ 为函数 $f(x)$ 在无穷区间 $(-\infty,b]$ 上的反常积分，记作 $\int_{-\infty}^b f(x)\mathrm{d}x$，即

$$\int_{-\infty}^b f(x)\mathrm{d}x = \lim_{t\to-\infty}\int_t^b f(x)\mathrm{d}x,$$

如果极限 $\lim\limits_{t\to-\infty}\int_t^b f(x)\mathrm{d}x$ 存在，则称反常积分 $\int_{-\infty}^b f(x)\mathrm{d}x$ 收敛；如果上述极限不存在，则称反常积分 $\int_{-\infty}^b f(x)\mathrm{d}x$ 发散.

设函数 $f(x)$ 在区间 $(-\infty,+\infty)$ 上连续，对于 $(-\infty,+\infty)$ 上的反常积分 $\int_{-\infty}^{+\infty} f(x)\mathrm{d}x$，规定

$$\int_{-\infty}^{+\infty} f(x)\mathrm{d}x = \int_{-\infty}^a f(x)\mathrm{d}x + \int_a^{+\infty} f(x)\mathrm{d}x,$$

其中 a 是任意确定的常数. 如果反常积分 $\int_{-\infty}^a f(x)\mathrm{d}x$ 与 $\int_a^{+\infty} f(x)\mathrm{d}x$ 都收敛，则称 $\int_{-\infty}^{+\infty} f(x)\mathrm{d}x$ 收敛；否则，称 $\int_{-\infty}^{+\infty} f(x)\mathrm{d}x$ 发散.

上述三种情形的积分均称为无穷限的反常积分，简称无穷积分.

若 $F(x)$ 是 $f(x)$ 在积分区间上的一个原函数，则可用推广的牛顿-莱布尼茨公式计算无穷限的反常积分，即

$$\int_a^{+\infty} f(x)\mathrm{d}x = [F(x)]_a^{+\infty} = F(+\infty) - F(a),$$

$$\int_{-\infty}^b f(x)\mathrm{d}x = [F(x)]_{-\infty}^b = F(b) - F(-\infty),$$

$$\int_{-\infty}^{+\infty} f(x)\mathrm{d}x = [F(x)]_{-\infty}^{+\infty} = F(+\infty) - F(-\infty),$$

其中，$F(+\infty) = \lim\limits_{x\to+\infty} F(x), F(-\infty) = \lim\limits_{x\to-\infty} F(x)$，且 $F(+\infty),F(-\infty)$ 都存在. 若 $F(+\infty)$ 不存在，则 $\int_a^{+\infty} f(x)\mathrm{d}x$ 发散；若 $F(-\infty)$ 不存在，则 $\int_{-\infty}^b f(x)\mathrm{d}x$ 发散；若 $F(+\infty)$ 和 $F(-\infty)$ 中至少有一个不存在，则 $\int_{-\infty}^{+\infty} f(x)\mathrm{d}x$ 发散.

2．无界函数的反常积分

设 $x_0 \in [a,b]$，若对 x_0 的任意充分小的去心邻域 $\mathring{U}(x_0)$，函数 $f(x)$ 在 $\mathring{U}(x_0)$ 内有定义且无界，则称 x_0 是 $f(x)$ 的瑕点(或无界间断点).

设函数 $f(x)$ 在区间 $(a,b]$ 上连续，点 a 为 $f(x)$ 的瑕点. 取 $t>a$，称极限 $\lim\limits_{t\to a^+}\int_t^b f(x)\mathrm{d}x$ 为函数 $f(x)$ 在 $(a,b]$ 上的反常积分，记作 $\int_a^b f(x)\mathrm{d}x$，即

$$\int_a^b f(x)\mathrm{d}x = \lim_{t\to a^+}\int_t^b f(x)\mathrm{d}x,$$

如果极限 $\lim\limits_{t\to a^+}\int_t^b f(x)\mathrm{d}x$ 存在，则称反常积分 $\int_a^b f(x)\mathrm{d}x$ 收敛；如果上述极限不存在，则称反常积分 $\int_a^b f(x)\mathrm{d}x$ 发散.

类似地，设函数 $f(x)$ 在区间 $[a,b)$ 上连续，点 b 为 $f(x)$ 的瑕点. 取 $t<b$，称极限 $\lim\limits_{t\to b^-}\int_a^t f(x)\mathrm{d}x$ 为函数 $f(x)$ 在 $[a,b)$ 上的反常积分，记作 $\int_a^b f(x)\mathrm{d}x$，即

$$\int_a^b f(x)\mathrm{d}x = \lim_{t\to b^-}\int_a^t f(x)\mathrm{d}x,$$

如果极限 $\lim\limits_{t\to b^-}\int_a^t f(x)\mathrm{d}x$ 存在，则称反常积分 $\int_a^b f(x)\mathrm{d}x$ 收敛；如果上述极限不存在，则称反常积分 $\int_a^b f(x)\mathrm{d}x$ 发散.

设函数 $f(x)$ 在区间 $[a,b]$ 上除点 $c\,(a<c<b)$ 外连续，点 c 为 $f(x)$ 的瑕点. 对于 $[a,b]$ 上的反常积分 $\int_a^b f(x)\mathrm{d}x$，规定

$$\int_a^b f(x)\mathrm{d}x = \int_a^c f(x)\mathrm{d}x + \int_c^b f(x)\mathrm{d}x,$$

如果反常积分 $\int_a^c f(x)\mathrm{d}x$ 与 $\int_c^b f(x)\mathrm{d}x$ 都收敛，则称 $\int_a^b f(x)\mathrm{d}x$ 收敛；否则，称 $\int_a^b f(x)\mathrm{d}x$ 发散.

上述三种情形的积分均称为无界函数的反常积分，或称为瑕积分.

若 $F(x)$ 是 $f(x)$ 在积分区间上的一个原函数，也可用推广的牛顿-莱布尼茨公式计算无界函数的反常积分.

若 $x=a$ 为 $f(x)$ 的瑕点，且极限 $\lim\limits_{x\to a^+} F(x)$ 存在，则反常积分

$$\int_a^b f(x)\mathrm{d}x = [F(x)]_{a^+}^b = F(b) - F(a^+),$$

如果极限 $\lim\limits_{x\to a^+} F(x)$ 不存在，则反常积分 $\int_a^b f(x)\mathrm{d}x$ 发散.

若 $x=b$ 为 $f(x)$ 的瑕点，且极限 $\lim\limits_{x\to b^-} F(x)$ 存在，则反常积分

$$\int_a^b f(x)\mathrm{d}x = [F(x)]_a^{b^-} = F(b^-) - F(a),$$

如果极限 $\lim\limits_{x\to b^-} F(x)$ 不存在，则反常积分 $\int_a^b f(x)\mathrm{d}x$ 发散.

如果函数 $f(x)$ 在区间 $[a,b]$ 上除点 $c\,(a<c<b)$ 外连续，且点 c 为 $f(x)$ 的瑕点，其反常积分仍有类似的计算公式.

当 $f(x)$ 在无穷区间 I 上有一个瑕点时，可将 I 分成两个子区间，从而将积分分成一个无穷限的反常积分与一个瑕积分. 如果 $f(x)$ 在每个子区间的反常积分都收敛，就称 $f(x)$ 在区间 I 上的反常积分收敛，其积分值为 $f(x)$ 在这两个子区间上的反常积分之和. 当然，反常积分也可以像定积分那样用换元积分法，经过换元后可能变成定积分，也可能变成另外一种反常积分.

（五）定积分在几何上的应用

1. 定积分的元素法

一般地，如果所求量 U 是一个与变量 x 的变化区间 $[a,b]$ 有关的量，量 U 关于区间 $[a,b]$ 具有可加性，即若把 $[a,b]$ 分成若干部分区间时，U 也相应地分成若干部分量 ΔU_i，而 U 等于所有部分量之和，且部分量的近似值可表示为 $f(\xi_i)\Delta x_i$，那么就可以考虑用定积分来表达这个量.

用定积分表达所求量 U 的步骤如下：

(1) 选取积分变量，如 x，确定 x 的变化区间 $[a,b]$.

(2) 把 $[a,b]$ 分成 n 个小区间，取其中任一小区间并记作 $[x, x+\mathrm{d}x]$，如果相应于这个小区间的部分量 ΔU 能近似地表示为 $[a,b]$ 上的一个连续函数在 x 处的函数值 $f(x)$ 与 $\mathrm{d}x$ 的乘积，就把 $f(x)\mathrm{d}x$ 称为量 U 的元素并记作 $\mathrm{d}U$，即
$$\mathrm{d}U = f(x)\mathrm{d}x;$$

(3) 以 $\mathrm{d}U = f(x)\mathrm{d}x$ 为被积表达式，在区间 $[a,b]$ 上作定积分，得
$$U = \int_a^b f(x)\mathrm{d}x,$$

这就是所求量 U 的积分表达式.

2. 平面图形的面积

1) 直角坐标情形

(1) 由连续曲线 $y = f(x)$ 与直线 $x = a$，$x = b$ $(a<b)$ 及 x 轴所围成的平面图形的面积 A 为
$$A = \int_a^b |f(x)|\mathrm{d}x.$$

(2) 由连续曲线 $y = f(x)$，$y = g(x)$ 与直线 $x = a$，$x = b$ $(a<b)$ 所围成的平面图形的面积 A 为
$$A = \int_a^b |f(x) - g(x)|\mathrm{d}x.$$

(3) 由连续曲线 $x = \varphi(y)$ 与直线 $y = c$，$y = d$ $(c<d)$ 及 y 轴所围成的平面图形的面积 A 为
$$A = \int_c^d |\varphi(y)|\mathrm{d}y.$$

(4) 由连续曲线 $x = \varphi(y)$，$x = \psi(y)$ 与直线 $y = c$，$y = d$ $(c<d)$ 所围成的平面图形的面积 A 为
$$A = \int_c^d |\varphi(y) - \psi(y)|\mathrm{d}y.$$

2) 参数方程情形

一般地，当曲边梯形的曲边 $y = f(x)$ $(f(x) \geqslant 0$，$x \in [a,b])$ 由参数方程
$$\begin{cases} x = \varphi(t), \\ y = \psi(t) \end{cases}$$

给出时, 如果 $x=\varphi(t)$ 满足: $\varphi(\alpha)=a$, $\varphi(\beta)=b$, $\varphi(t)$ 在 $[\alpha,\beta]$ (或 $[\beta,\alpha]$) 上具有连续导数, $y=\psi(t)$ 连续, 则曲边梯形的面积为

$$A=\int_a^b f(x)\mathrm{d}x=\int_\alpha^\beta \psi(t)\varphi'(t)\mathrm{d}t.$$

3) 极坐标情形

(1) 设曲边扇形由曲线 $\rho=\rho(\theta)$, 射线 $\theta=\alpha$, $\theta=\beta$ 所围成, 这里 $\rho(\theta)$ 在闭区间 $[\alpha,\beta]$ 上连续, 且 $\rho(\theta)\geqslant 0$, 则此平面图形的面积为

$$A=\int_\alpha^\beta \frac{1}{2}[\rho(\theta)]^2\mathrm{d}\theta.$$

(2) 一般地, 由曲线 $\rho=\rho_1(\theta)$, $\rho=\rho_2(\theta)$, 射线 $\theta=\alpha$, $\theta=\beta$ 所围成的图形, 这里 $\rho_1(\theta),\rho_2(\theta)$ 在闭区间 $[\alpha,\beta]$ 上连续, 且 $\rho_2(\theta)\geqslant\rho_1(\theta)\geqslant 0$, 则此平面图形的面积为

$$A=\int_\alpha^\beta \frac{1}{2}[\rho_2^2(\theta)-\rho_1^2(\theta)]\mathrm{d}\theta.$$

3. 立体的体积

1) 平行截面面积为已知的立体体积

位于垂直于 x 轴的两平面 $x=a$, $x=b$ 之间的立体, 过 $[a,b]$ 上任意一点 x 且垂直于 x 轴的平面与立体的截面面积 $A(x)$ 已知, 且 $A(x)$ 为 $[a,b]$ 上的连续函数, 则此立体的体积为

$$V=\int_a^b A(x)\mathrm{d}x.$$

2) 旋转体的体积

(1) 由 $[a,b]$ 上的连续曲线 $y=f(x)$ 与直线 $x=a$, $x=b$ ($a<b$) 及 x 轴所围成的曲边梯形绕 x 轴旋转一周所形成的旋转体体积为

$$V=\int_a^b \pi[f(x)]^2\mathrm{d}x.$$

(2) 由 $[c,d]$ 上的连续曲线 $x=\varphi(y)$ 与直线 $y=c$, $y=d$ ($c<d$) 及 y 轴所围成的曲边梯形绕 y 轴旋转一周所形成的旋转体体积为

$$V=\int_c^d \pi[\varphi(y)]^2\mathrm{d}y.$$

(3) (柱壳法)由 $[a,b]$ 上的连续曲线 $y=f(x)$ 与直线 $x=a$, $x=b$ ($a<b$) 及 x 轴所围成的曲边梯形绕 y 轴旋转一周所形成的旋转体体积为

$$V=2\pi\int_a^b x|f(x)|\mathrm{d}x.$$

4. 平面曲线的弧长

光滑曲线弧是可求长的.

(1) 曲线弧由直角坐标方程 $y=f(x)$ ($a\leqslant x\leqslant b$) 给出, 其中 $f(x)$ 在区间 $[a,b]$ 上具有一阶连续导数, 则此曲线弧的弧长 $s=\int_a^b \sqrt{1+(y')^2}\mathrm{d}x$.

(2) 如果曲线弧由参数方程 $\begin{cases} x = \varphi(t), \\ y = \psi(t) \end{cases}$ ($\alpha \leq t \leq \beta$) 给出，且 $\varphi(t)$，$\psi(t)$ 在 $[\alpha,\beta]$ 上具有连续导数，则曲线弧的弧长

$$s = \int_\alpha^\beta \sqrt{[\varphi'(t)]^2 + [\psi'(t)]^2}\, \mathrm{d}t.$$

(3) 如果曲线弧由极坐标方程 $\rho = \rho(\theta)$ ($\alpha \leq \theta \leq \beta$) 给出，且 $\rho(\theta)$ 在 $[\alpha,\beta]$ 上具有连续导数，则弧长

$$s = \int_\alpha^\beta \sqrt{[\rho(\theta)]^2 + [\rho'(\theta)]^2}\, \mathrm{d}\theta.$$

（六）定积分在物理上的应用

1．细直棒的质量

非均匀细直棒，在 x 轴上的位置是 a 到 b 之间，其线密度 $\mu(x)(\mu(x)>0)$ 是 $[a,b]$ 上的连续函数，则其质量 $M = \int_a^b \mu(x)\mathrm{d}x$.

2．变力沿直线所做的功

一物体受到连续变力 $F(x)$ 的作用，沿 x 轴从点 a 移动到点 b 时，力 $F(x)$ 所做的功为

$$W = \int_a^b F(x)\mathrm{d}x.$$

3．液体的侧压力

设液体的密度为 ρ，将一面积为 A 的平板铅直放置在液体中，其中 $y = f_1(x)$ 和 $y = f_2(x)$ 分别表示平板的左、右边界曲线，其中 $x \in [a,b]$，则平板的一个侧面所受到的液体侧压力为

$$P = \int_a^b \rho g x \cdot [f_2(x) - f_1(x)]\mathrm{d}x.$$

4．转动惯量

长为 l，线密度为连续函数 $\mu(x)(\mu(x)>0)$ 的非均匀细直棒，一端在原点，放置在 x 轴上，绕 y 轴的转动惯量 $I = \int_0^l \mu(x)x^2 \mathrm{d}x$.

5．引力

长度为 l，线密度为 μ 的均匀细直棒，在其中垂线上距棒 a 单位处有一质量为 m 的质点 M. 将细直棒放置在 y 轴上，则该细直棒对质点 M 的引力在水平方向的分力为

$$F_x = -\int_{-\frac{l}{2}}^{\frac{l}{2}} G \frac{am\mu \mathrm{d}y}{(a^2 + y^2)^{\frac{3}{2}}} = -\frac{2Gm\mu l}{a} \cdot \frac{1}{\sqrt{4a^2 + l^2}},$$

其中，负号表示 F_x 指向 x 轴的负向，引力在铅直方向的分力为零．

四、典型例题解析

例1 设 $f(x), g(x)$ 分别是可导的奇函数和偶函数，则 $\int_{-a}^{a}[f'(x)+g'(x)]dx = ($ $)$.

A. $f(a)$ B. $g(a)$ C. $2g(a)$ D. $2f(a)$

解 利用定积分关于积分区间的可加性和牛顿-莱布尼茨公式得

$$\int_{-a}^{a}[f'(x)+g'(x)]dx = \int_{-a}^{a}f'(x)dx + \int_{-a}^{a}g'(x)dx = f(a)-f(-a)+g(a)-g(-a),$$

因为 $f(x), g(x)$ 分别是奇函数和偶函数，所以 $\int_{-a}^{a}[f'(x)+g'(x)]dx = 2f(a)$. 故选 D.

例2 求 $\lim\limits_{n\to\infty}\dfrac{1}{n^2}(\sqrt{n}+\sqrt{2n}+\cdots+\sqrt{n^2})$.

思路分析 将这类问题转化为定积分主要是确定被积函数和积分上下限. 通常可采取如下方法: 先将区间 $[0,1]$ n 等分，写出积分和，再与所求极限相比较来找出被积函数与积分上下限. 通常用结论 $\int_{0}^{1}f(x)dx = \lim\limits_{n\to\infty}\dfrac{1}{n}\sum\limits_{k=1}^{n}f\left(\dfrac{k}{n}\right)$.

解 将区间 $[0,1]$ n 等分，则每个小区间长为 $\Delta x_i = \dfrac{1}{n}$，然后把 $\dfrac{1}{n^2} = \dfrac{1}{n}\cdot\dfrac{1}{n}$ 的一个因子 $\dfrac{1}{n}$ 乘入和式中各项. 于是将所求极限转化为求定积分，即

$$\lim_{n\to\infty}\dfrac{1}{n^2}(\sqrt{n}+\sqrt{2n}+\cdots+\sqrt{n^2}) = \lim_{n\to\infty}\dfrac{1}{n}\left(\sqrt{\dfrac{1}{n}}+\sqrt{\dfrac{2}{n}}+\cdots+\sqrt{\dfrac{n}{n}}\right) = \int_{0}^{1}\sqrt{x}dx = \dfrac{2}{3}.$$

例3 比较 $\int_{1}^{2}e^x dx$, $\int_{1}^{2}e^{x^2}dx$, $\int_{1}^{2}(1+x)dx$ 的大小.

思路分析 对于定积分的大小比较，可以先算出定积分的值再比较大小，而在无法求出积分值时，则只能利用定积分的性质，通过比较被积函数之间的大小来确定积分值的大小.

解 方法一: 在 $[1,2]$ 上，有 $e^x \leqslant e^{x^2}$. 而令 $f(x) = e^x - (x+1)$，则 $f'(x) = e^x - 1$. 当 $x>0$ 时，$f'(x)>0$，$f(x)$ 在 $[0,+\infty)$ 上单调增加，从而 $f(x)>f(0)$，可知在 $[1,2]$ 上，有 $e^x > 1+x$. 从而有 $\int_{1}^{2}(1+x)dx < \int_{1}^{2}e^x dx < \int_{1}^{2}e^{x^2}dx$.

方法二: 在 $[1,2]$ 上，有 $e^x \leqslant e^{x^2}$. 由泰勒中值定理 $e^x = 1+x+\dfrac{e^\xi}{2!}x^2$ 得 $e^x > 1+x$. 因此,

$$\int_{1}^{2}(1+x)dx < \int_{1}^{2}e^x dx < \int_{1}^{2}e^{x^2}dx.$$

小结 在比较定积分大小时，一是在相同被积函数下根据积分区间的大小判断，二是在相同积分区间下根据被积函数的大小比较.

例4 估计定积分 $\int_{0}^{2}e^{x^2-x}dx$ 的值.

思路分析 要估计定积分的值，关键在于确定被积函数在积分区间上的最大值与最

小值.

解 设 $f(x)=e^{x^2-x}$，因为 $f'(x)=e^{x^2-x}(2x-1)$，令 $f'(x)=0$，求得驻点 $x=\dfrac{1}{2}$，而 $f(0)=e^0=1$，$f(2)=e^2$，$f\left(\dfrac{1}{2}\right)=e^{-\frac{1}{4}}$，故 $e^{-\frac{1}{4}}\leqslant f(x)\leqslant e^2$，$x\in[0,2]$，从而

$$2e^{-\frac{1}{4}}\leqslant \int_0^2 e^{x^2-x}dx\leqslant 2e^2.$$

例 5 求 $\lim\limits_{n\to\infty}\int_0^1\dfrac{x^n}{1+x}dx$.

解 因为 $0\leqslant x\leqslant 1$，所以有 $0\leqslant\dfrac{x^n}{1+x}\leqslant x^n$，于是可得 $0\leqslant\int_0^1\dfrac{x^n}{1+x}dx\leqslant\int_0^1 x^n dx$，又因为 $\int_0^1 x^n dx=\dfrac{1}{n+1}\to 0$ $(n\to\infty)$，所以 $\lim\limits_{n\to\infty}\int_0^1\dfrac{x^n}{1+x}dx=0$.

例 6 设函数 $f(x)$ 在 $[0,1]$ 上连续，在 $(0,1)$ 内可导，且 $4\int_{\frac{3}{4}}^1 f(x)dx=f(0)$，证明在 $(0,1)$ 内存在一点 c，使 $f'(c)=0$.

思路分析 由条件和结论容易联想到使用微分中值定理，又因条件里出现积分形式，可联想到利用积分中值定理.

证 由于 $f(x)$ 在 $[0,1]$ 上连续，由积分中值定理，可得

$$f(0)=4\int_{\frac{3}{4}}^1 f(x)dx=4f(\xi)\left(1-\dfrac{3}{4}\right)=f(\xi),$$

其中 $\xi\in\left[\dfrac{3}{4},1\right]\subset[0,1]$. 于是利用罗尔中值定理，存在 $c\in(0,\xi)\subset(0,1)$，使 $f'(c)=0$. 证毕.

例 7 计算 $\int_0^{\frac{\pi}{2}}\cos x\sin^3 x dx$.

解 $\int_0^{\frac{\pi}{2}}\cos x\sin^3 x dx=\int_0^{\frac{\pi}{2}}\sin^3 x d(\sin x)=\left[\dfrac{1}{4}\sin^4 x\right]_0^{\frac{\pi}{2}}=\dfrac{1}{4}$.

例 8 计算 $\int_{\frac{3}{4}}^1\dfrac{dx}{\sqrt{1-x}-1}$.

解 令 $\sqrt{1-x}=u$，则 $x=1-u^2$，$dx=-2udu$，且当 $x=\dfrac{3}{4}$ 时，$u=\dfrac{1}{2}$，当 $x=1$ 时，$u=0$，于是

$$原式=\int_{\frac{1}{2}}^0\dfrac{-2u}{u-1}du=2\int_0^{\frac{1}{2}}\dfrac{u-1+1}{u-1}du=2[u+\ln|u-1|]_0^{\frac{1}{2}}=1-2\ln 2.$$

例 9 计算 $\int_0^a x^2\sqrt{a^2-x^2}dx$ $(a>0)$.

解 令 $x=a\sin t$，则 $dx=a\cos t dt$，当 $x=0$ 时，$t=0$，当 $x=a$ 时，$t=\dfrac{\pi}{2}$，于是

$$\int_0^a x^2\sqrt{a^2-x^2}dx=\int_0^{\frac{\pi}{2}}a^2\sin^2 t\cdot a\cos t\cdot a\cos t dt$$

$$= \frac{a^4}{4}\int_0^{\frac{\pi}{2}} \sin^2 2t\,dt = \frac{a^4}{8}\int_0^{\frac{\pi}{2}}(1-\cos 4t)dt$$

$$= \frac{a^4}{8}\left[t - \frac{1}{4}\sin 4t\right]_0^{\frac{\pi}{2}} = \frac{\pi}{16}a^4.$$

例 10 计算 $\int_0^2 \max\{x^2, x\}dx$.

思路分析 被积函数在积分区间上是分段函数

$$f(x) = \begin{cases} x, & 0 \leqslant x \leqslant 1, \\ x^2, & 1 < x \leqslant 2. \end{cases}$$

解 $\int_0^2 \max\{x^2, x\}dx = \int_0^1 x\,dx + \int_1^2 x^2\,dx = \left[\frac{x^2}{2}\right]_0^1 + \left[\frac{x^3}{3}\right]_1^2 = \frac{1}{2} + \frac{7}{3} = \frac{17}{6}.$

例 11 计算 $\int_0^1 \frac{x}{\sqrt{4-x}}dx$.

解 令 $t = \sqrt{4-x}$，则

$$\int_0^1 \frac{x}{\sqrt{4-x}}dx = \int_{\sqrt{3}}^2 2(4-t^2)dt = 2\left[4t - \frac{1}{3}t^3\right]_{\sqrt{3}}^2 = \frac{32}{3} - 6\sqrt{3}.$$

例 12 计算 $\int_0^{2a} x\sqrt{2ax - x^2}dx$，其中 $a > 0$.

解 $\int_0^{2a} x\sqrt{2ax - x^2}dx = \int_0^{2a} x\sqrt{a^2 - (x-a)^2}dx$，令 $x - a = a\sin t$，则

$$\int_0^{2a} x\sqrt{2ax - x^2}dx = a^3 \int_{-\frac{\pi}{2}}^{\frac{\pi}{2}}(1+\sin t)\cos^2 t\,dt = 2a^3 \int_0^{\frac{\pi}{2}}\cos^2 t\,dt + 0 = \frac{\pi}{2}a^3.$$

例 13 计算 $\int_0^a \frac{dx}{x + \sqrt{a^2 - x^2}}$，其中 $a > 0$.

解 方法一：令 $x = a\sin t$，则

$$\int_0^a \frac{dx}{x + \sqrt{a^2 - x^2}} = \int_0^{\frac{\pi}{2}} \frac{\cos t}{\sin t + \cos t}dt = \frac{1}{2}\int_0^{\frac{\pi}{2}} \frac{(\sin t + \cos t) + (\cos t - \sin t)}{\sin t + \cos t}dt$$

$$= \frac{1}{2}\int_0^{\frac{\pi}{2}} dt + \frac{1}{2}\int_0^{\frac{\pi}{2}} \frac{d(\sin t + \cos t)}{\sin t + \cos t}$$

$$= \frac{\pi}{4} + \frac{1}{2}[\ln|\sin t + \cos t|]_0^{\frac{\pi}{2}} = \frac{\pi}{4}.$$

方法二：令 $x = a\sin t$，则

$$\int_0^a \frac{dx}{x + \sqrt{a^2 - x^2}} = \int_0^{\frac{\pi}{2}} \frac{\cos t}{\sin t + \cos t}dt,$$

又令 $t = \frac{\pi}{2} - u$，则有

$$\int_0^{\frac{\pi}{2}} \frac{\cos t}{\sin t + \cos t}dt = \int_0^{\frac{\pi}{2}} \frac{\sin u}{\sin u + \cos u}du,$$

所以

$$\int_0^a \frac{\mathrm{d}x}{x+\sqrt{a^2-x^2}} = \frac{1}{2}\left(\int_0^{\frac{\pi}{2}} \frac{\sin t}{\sin t+\cos t}\mathrm{d}t + \int_0^{\frac{\pi}{2}} \frac{\cos t}{\sin t+\cos t}\mathrm{d}t\right) = \frac{1}{2}\int_0^{\frac{\pi}{2}}\mathrm{d}t = \frac{\pi}{4}.$$

小结 被积函数中含有根式的，尽量去掉根式，去根式的一般方法是根式代换或三角代换法.

例 14 计算 $\int_{-1}^{1} \frac{2x^2+x}{1+\sqrt{1-x^2}}\mathrm{d}x$.

思路分析 由于积分区间关于原点对称，首先应考虑被积函数的奇偶性.

解 $\int_{-1}^{1} \frac{2x^2+x}{1+\sqrt{1-x^2}}\mathrm{d}x = \int_{-1}^{1} \frac{2x^2}{1+\sqrt{1-x^2}}\mathrm{d}x + \int_{-1}^{1} \frac{x}{1+\sqrt{1-x^2}}\mathrm{d}x$.

由于 $\frac{2x^2}{1+\sqrt{1-x^2}}$ 是偶函数，而 $\frac{x}{1+\sqrt{1-x^2}}$ 是奇函数，有 $\int_{-1}^{1} \frac{x}{1+\sqrt{1-x^2}}\mathrm{d}x = 0$，于是

$$\int_{-1}^{1} \frac{2x^2+x}{1+\sqrt{1-x^2}}\mathrm{d}x = 4\int_0^1 \frac{x^2}{1+\sqrt{1-x^2}}\mathrm{d}x = 4\int_0^1 \frac{x^2(1-\sqrt{1-x^2})}{x^2}\mathrm{d}x = 4\int_0^1 \mathrm{d}x - 4\int_0^1 \sqrt{1-x^2}\mathrm{d}x.$$

由定积分的几何意义可知 $\int_0^1 \sqrt{1-x^2}\mathrm{d}x = \frac{\pi}{4}$，故

$$\int_{-1}^{1} \frac{2x^2+x}{1+\sqrt{1-x^2}}\mathrm{d}x = 4\int_0^1 \mathrm{d}x - 4 \cdot \frac{\pi}{4} = 4-\pi.$$

小结 利用定积分的对称性及定积分的几何意义，可使定积分的计算简便.

例 15 计算 $\int_{\mathrm{e}^{\frac{1}{2}}}^{\mathrm{e}^{\frac{3}{4}}} \frac{\mathrm{d}x}{x\sqrt{\ln x(1-\ln x)}}$.

思路分析 被积函数中含有 $\frac{1}{x}$ 及 $\ln x$，考虑凑微分.

解 $\int_{\mathrm{e}^{\frac{1}{2}}}^{\mathrm{e}^{\frac{3}{4}}} \frac{\mathrm{d}x}{x\sqrt{\ln x(1-\ln x)}} = \int_{\mathrm{e}^{\frac{1}{2}}}^{\mathrm{e}^{\frac{3}{4}}} \frac{\mathrm{d}(\ln x)}{\sqrt{\ln x(1-\ln x)}} = \int_{\mathrm{e}^{\frac{1}{2}}}^{\mathrm{e}^{\frac{3}{4}}} \frac{\mathrm{d}(\ln x)}{\sqrt{\ln x}\sqrt{1-(\sqrt{\ln x})^2}}$

$$= \int_{\mathrm{e}^{\frac{1}{2}}}^{\mathrm{e}^{\frac{3}{4}}} \frac{2\mathrm{d}(\sqrt{\ln x})}{\sqrt{1-(\sqrt{\ln x})^2}} = [2\arcsin(\sqrt{\ln x})]_{\mathrm{e}^{\frac{1}{2}}}^{\mathrm{e}^{\frac{3}{4}}} = \frac{\pi}{6}.$$

例 16 计算 $\int_0^{\frac{\pi}{4}} \frac{\sin x}{1+\sin x}\mathrm{d}x$.

解 $\int_0^{\frac{\pi}{4}} \frac{\sin x}{1+\sin x}\mathrm{d}x = \int_0^{\frac{\pi}{4}} \frac{\sin x(1-\sin x)}{1-\sin^2 x}\mathrm{d}x = \int_0^{\frac{\pi}{4}} \frac{\sin x}{\cos^2 x}\mathrm{d}x - \int_0^{\frac{\pi}{4}} \tan^2 x\mathrm{d}x$

$$= -\int_0^{\frac{\pi}{4}} \frac{\mathrm{d}(\cos x)}{\cos^2 x} - \int_0^{\frac{\pi}{4}} (\sec^2 x - 1)\mathrm{d}x = \left[\frac{1}{\cos x}\right]_0^{\frac{\pi}{4}} - [\tan x - x]_0^{\frac{\pi}{4}} = \frac{\pi}{4} - 2 + \sqrt{2}.$$

小结 此题为三角有理式积分的类型，也可用万能代换公式来求解，请读者不妨一试.

例 17 计算 $\int_0^{\ln 5} \frac{\mathrm{e}^x\sqrt{\mathrm{e}^x-1}}{\mathrm{e}^x+3}\mathrm{d}x$.

思路分析 被积函数中含有根式，不易直接求原函数，考虑作适当变换去掉根式.

解 设 $u = \sqrt{e^x - 1}$, 则 $x = \ln(1+u^2)$, $dx = \dfrac{2u}{1+u^2} du$, 于是

$$\int_0^{\ln 5} \dfrac{e^x \sqrt{e^x - 1}}{e^x + 3} dx = \int_0^2 \dfrac{(u^2+1)u}{u^2+4} \cdot \dfrac{2u}{u^2+1} du = 2\int_0^2 \dfrac{u^2}{u^2+4} du$$

$$= 2\int_0^2 \dfrac{(u^2+4)-4}{u^2+4} du = 2\int_0^2 du - 8\int_0^2 \dfrac{1}{u^2+4} du$$

$$= 4 - 4\int_0^2 \dfrac{1}{1+\left(\dfrac{u}{2}\right)^2} d\left(\dfrac{u}{2}\right) = 4 - \left[4\arctan\dfrac{u}{2}\right]_0^2 = 4 - \pi.$$

例 18 计算 $\int_0^{\frac{\pi}{3}} x\sin x\, dx$.

思路分析 被积函数中出现幂函数与三角函数乘积的情形, 通常采用分部积分法.

解 $\int_0^{\frac{\pi}{3}} x\sin x\, dx = -\int_0^{\frac{\pi}{3}} x\, d(\cos x) = -[x\cos x]_0^{\frac{\pi}{3}} + \int_0^{\frac{\pi}{3}} \cos x\, dx$

$$= -\dfrac{\pi}{6} + [\sin x]_0^{\frac{\pi}{3}} = \dfrac{\sqrt{3}}{2} - \dfrac{\pi}{6}.$$

例 19 计算 $\int_0^1 \dfrac{\ln(1+x)}{(3-x)^2} dx$.

思路分析 被积函数中出现对数函数的情形, 可考虑采用分部积分法.

解 $\int_0^1 \dfrac{\ln(1+x)}{(3-x)^2} dx = \int_0^1 \ln(1+x)\, d\left(\dfrac{1}{3-x}\right) = \left[\dfrac{1}{3-x}\ln(1+x)\right]_0^1 - \int_0^1 \dfrac{1}{(3-x)} \cdot \dfrac{1}{(1+x)} dx$

$$= \dfrac{1}{2}\ln 2 - \dfrac{1}{4}\int_0^1 \left(\dfrac{1}{1+x} + \dfrac{1}{3-x}\right) dx = \dfrac{1}{2}\ln 2 - \dfrac{1}{4}[\ln|1+x|]_0^1 + \dfrac{1}{4}[\ln|3-x|]_0^1$$

$$= \dfrac{1}{2}\ln 2 - \dfrac{1}{4}\ln 3.$$

例 20 计算 $\int_0^{\frac{\pi}{2}} e^x \sin x\, dx$.

思路分析 被积函数中出现指数函数与三角函数乘积的情形, 通常要多次利用分部积分法.

解 因为

$$\int_0^{\frac{\pi}{2}} e^x \sin x\, dx = \int_0^{\frac{\pi}{2}} \sin x\, d(e^x) = [e^x \sin x]_0^{\frac{\pi}{2}} - \int_0^{\frac{\pi}{2}} e^x \cos x\, dx = e^{\frac{\pi}{2}} - \int_0^{\frac{\pi}{2}} \cos x\, d(e^x)$$

$$= e^{\frac{\pi}{2}} - [e^x \cos x]_0^{\frac{\pi}{2}} - \int_0^{\frac{\pi}{2}} e^x \sin x\, dx = e^{\frac{\pi}{2}} + 1 - \int_0^{\frac{\pi}{2}} e^x \sin x\, dx,$$

所以

$$\int_0^{\frac{\pi}{2}} e^x \sin x\, dx = \dfrac{1}{2}(e^{\frac{\pi}{2}} + 1).$$

例 21 设 $f(x)$ 在 $[-l, l]$ 上连续, 且 $\Phi(x) = \int_0^x f(t) dt$ $(-l \leqslant x \leqslant l)$, 证明:

(1) 若 $f(x)$ 为偶函数, 则 $\Phi(x)$ 是 $[-l, l]$ 上的奇函数;

(2) 若 $f(x)$ 为奇函数，则 $\Phi(x)$ 是 $[-l,l]$ 上的偶函数．

证 (1) 若 $f(x)$ 为偶函数，则 $f(-u)=f(u)$，令 $t=-u$，则

$$\Phi(-x)=\int_0^{-x} f(t)\mathrm{d}t=\int_0^x f(-u)\mathrm{d}(-u)=-\int_0^x f(u)\mathrm{d}u=-\int_0^x f(t)\mathrm{d}t=-\Phi(x),$$

所以 $\Phi(x)$ 是 $[-l,l]$ 上的奇函数．

(2) 若 $f(x)$ 为奇函数，则 $f(-u)=-f(u)$，令 $t=-u$，则

$$\Phi(-x)=\int_0^{-x} f(t)\mathrm{d}t=\int_0^x f(-u)\mathrm{d}(-u)=\int_0^x f(u)\mathrm{d}u=\int_0^x f(t)\mathrm{d}t=\Phi(x),$$

所以 $\Phi(x)$ 是 $[-l,l]$ 上的偶函数．

例 22 建立 $I_{2n}=\int_0^{\frac{\pi}{4}}\tan^{2n} x\mathrm{d}x\ (n\geqslant 1)$ 的递推公式，并计算 $\int_0^{\frac{\pi}{4}}\tan^6 x\mathrm{d}x$ 的值．

解 $I_{2n}=\int_0^{\frac{\pi}{4}}\tan^{2n} x\mathrm{d}x=\int_0^{\frac{\pi}{4}}\tan^{2n-2} x(\sec^2 x-1)\mathrm{d}x$

$=\int_0^{\frac{\pi}{4}}\tan^{2n-2} x\sec^2 x\mathrm{d}x-\int_0^{\frac{\pi}{4}}\tan^{2n-2} x\mathrm{d}x=\int_0^{\frac{\pi}{4}}\tan^{2n-2} x\mathrm{d}(\tan x)-I_{2n-2}$

$=\left[\dfrac{1}{2n-1}\tan^{2n-1} x\right]_0^{\frac{\pi}{4}}-I_{2n-2}=\dfrac{1}{2n-1}-I_{2n-2},$

从而，$I_{2n}=\dfrac{1}{2n-1}-I_{2n-2}$．

所以由以上递推公式得

$$\int_0^{\frac{\pi}{4}}\tan^6 x\mathrm{d}x=I_6=\dfrac{1}{5}-I_4=\dfrac{1}{5}-\dfrac{1}{3}+I_2=\dfrac{13}{15}-\dfrac{\pi}{4},$$

其中

$$I_2=\int_0^{\frac{\pi}{4}}\tan^2 x\mathrm{d}x=\int_0^{\frac{\pi}{4}}(\sec^2 x-1)\mathrm{d}x=[\tan x-x]_0^{\frac{\pi}{4}}=1-\dfrac{\pi}{4}.$$

例 23 若 $F(x)=\int_0^{x^2} xf(t)\mathrm{d}t$，其中 $f(x)$ 连续，求 $F'(x)$．

思路分析 关于积分上限函数求导，有如下公式：

$$\dfrac{\mathrm{d}}{\mathrm{d}x}\int_{\varphi(x)}^{\psi(x)} f(t)\mathrm{d}t=f[\psi(x)]\psi'(x)-f[\varphi(x)]\varphi'(x).$$

解 由于在被积函数中 x 不是积分变量，可提到积分号外，即 $F(x)=x\int_0^{x^2} f(t)\mathrm{d}t$，故

$$F'(x)=\int_0^{x^2} f(t)\mathrm{d}t+xf(x^2)\cdot 2x=\int_0^{x^2} f(t)\mathrm{d}t+2x^2 f(x^2).$$

小结 积分上限函数求导时，如果被积函数形式为 $g(x)f(t)$ 时，应先将 $g(x)$ 提到积分号外．

例 24 若 $f(x)=\int_0^x \sin(x-t)\mathrm{d}t$，求 $f'(x)$．

思路分析 积分上限函数求导时，如果被积函数中含有 $g(x,t)$ 形式，一般先采用换元法，然后再求导．

解 令 $x-t=u$，则

$$f(x) = \int_0^x \sin(x-t)\mathrm{d}t = \int_x^0 \sin u \mathrm{d}(-u) = \int_0^x \sin u \mathrm{d}u,$$

于是
$$f'(x) = \sin x.$$

例 25 计算 $\dfrac{\mathrm{d}}{\mathrm{d}x}\int_0^x tf(x^2-t^2)\mathrm{d}t$，其中 $f(x)$ 连续．

解 $\int_0^x tf(x^2-t^2)\mathrm{d}t = -\dfrac{1}{2}\int_0^x f(x^2-t^2)\mathrm{d}(x^2-t^2)$．

令 $x^2 - t^2 = u$，当 $t=0$ 时，$u=x^2$，当 $t=x$ 时，$u=0$，则
$$\int_0^x tf(x^2-t^2)\mathrm{d}t = -\dfrac{1}{2}\int_{x^2}^0 f(u)\mathrm{d}u = \dfrac{1}{2}\int_0^{x^2} f(u)\mathrm{d}u,$$

故
$$\dfrac{\mathrm{d}}{\mathrm{d}x}\int_0^x tf(x^2-t^2)\mathrm{d}t = \dfrac{\mathrm{d}}{\mathrm{d}x}\left(\dfrac{1}{2}\int_0^{x^2} f(u)\mathrm{d}u\right) = \dfrac{1}{2}f(x^2)\cdot 2x = xf(x^2).$$

错误解答 $\dfrac{\mathrm{d}}{\mathrm{d}x}\int_0^x tf(x^2-t^2)\mathrm{d}t = xf(x^2-x^2) = xf(0)$．

错解分析 这里错误地使用了积分上限函数的求导公式，公式 $\dfrac{\mathrm{d}}{\mathrm{d}x}\int_a^x f(t)\mathrm{d}t = f(x)$ 中要求被积函数 $f(t)$ 中不含有变限函数的自变量 x，而 $f(x^2-t^2)$ 含有 x，因此不能直接求导，而应先换元．

例 26 设 $f(x) = \begin{cases} 3x^2, & 0 \leqslant x < 1, \\ 5-2x, & 1 \leqslant x \leqslant 2, \end{cases}$ $F(x) = \int_0^x f(t)\mathrm{d}t$，$0 \leqslant x \leqslant 2$，求 $F(x)$，并讨论 $F(x)$ 的连续性．

思路分析 由于 $f(x)$ 是分段函数，对 $F(x)$ 也要分段讨论．

解 先求 $F(x)$ 的表达式．$F(x)$ 的定义域为 $[0,2]$，当 $x \in [0,1]$ 时，$[0,x] \subset [0,1]$，因此
$$F(x) = \int_0^x f(t)\mathrm{d}t = \int_0^x 3t^2 \mathrm{d}t = [t^3]_0^x = x^3.$$

当 $x \in (1,2]$ 时，$[0,x] = [0,1] \bigcup [1,x]$，因此
$$F(x) = \int_0^1 3t^2\mathrm{d}t + \int_1^x (5-2t)\mathrm{d}t = [t^3]_0^1 + [5t - t^2]_1^x = -3 + 5x - x^2,$$

故
$$F(x) = \begin{cases} x^3, & 0 \leqslant x \leqslant 1, \\ -3 + 5x - x^2, & 1 < x \leqslant 2. \end{cases}$$

再讨论 $F(x)$ 的连续性，$F(x)$ 在 $[0,1)$ 及 $(1,2]$ 上连续，而在 $x=1$ 处，由于
$$\lim_{x \to 1^+} F(x) = \lim_{x \to 1^+}(-3 + 5x - x^2) = 1, \quad \lim_{x \to 1^-} F(x) = \lim_{x \to 1^-} x^3 = 1, \quad F(1) = 1,$$

$F(x)$ 在 $x=1$ 处连续，从而 $F(x)$ 在 $[0,2]$ 上连续．

小结 积分上限函数 $F(x) = \int_0^x f(t)\mathrm{d}t$ 的积分区间为 $[0,x]$，根据 x 的取值不同，会影响被积函数的表达式的确定．在概率论里，一般称 $F(x) = \int_{-\infty}^x f(t)\mathrm{d}t$ 为某连续型随机变量的分布函数，其中 $f(x)$（$f(x) \geqslant 0$）称为概率密度函数．

例 27 $f(x)$ 在 $[0,1]$ 上连续，且单调减少，$f(x) > 0$，证明：对于满足 $0 < \alpha < \beta < 1$ 的任何 α, β，有

$$\beta \int_0^\alpha f(x)dx > \alpha \int_\alpha^\beta f(x)dx.$$

思路分析 这类问题一般是固定 α, β 两个常数中的一个，将另一个视为变量，最后代值．因此，需要构造一个辅助函数．

证 构造辅助函数

$$F(x) = x\int_0^\alpha f(t)dt - \alpha \int_\alpha^x f(t)dt \quad (x \geq \alpha),$$

显然 $F(\alpha) = \alpha \int_0^\alpha f(t)dt > 0$．因为 $F'(x) = \int_0^\alpha f(t)dt - \alpha f(x) = \int_0^\alpha [f(t) - f(x)]dt > 0$（这是因为 $t < \alpha$，$x \geq \alpha$，且 $f(x)$ 单调减少），所以当 $x \geq \alpha$ 时，$F(x)$ 单调增加，则 $F(\beta) > F(\alpha) > 0$，即

$$\beta \int_0^\alpha f(x)dx > \alpha \int_\alpha^\beta f(x)dx.$$

例 28 求 $\lim\limits_{x \to 0} \dfrac{\int_0^{x^2} \sin^2 t \, dt}{\int_x^0 t^2(t - \sin t)dt}$．

思路分析 该极限属 $\dfrac{0}{0}$ 型未定式，可用洛必达法则．

解
$$\lim_{x \to 0} \frac{\int_0^{x^2} \sin^2 t \, dt}{\int_x^0 t^2(t - \sin t)dt} = \lim_{x \to 0} \frac{2x(\sin x^2)^2}{-x^2 \cdot (x - \sin x)} = \lim_{x \to 0} \frac{2x^5}{-x^2(x - \sin x)}$$

$$= -2\lim_{x \to 0} \frac{x^3}{x - \sin x} = -2\lim_{x \to 0} \frac{3x^2}{1 - \cos x} = -2\lim_{x \to 0} \frac{3x^2}{\frac{1}{2}x^2} = -12.$$

小结 在应用洛必达法则时，尽量先利用等价无穷小代换，这样会使计算简化．

例 29 求函数 $f(x) = \int_0^x \dfrac{t+2}{t^2 + 2t + 2}dt$ 在 $[0,1]$ 上的最大值和最小值．

思路分析 遇到变限积分时，一般需对其求导．再利用导数的性质进行判断．

解 由于 $f'(x) = \dfrac{x+2}{x^2 + 2x + 2}$，当 $0 \leq x \leq 1$ 时，$f'(x) > 0$，所以 $f(x)$ 单调增加，因此左、右两个端点分别为最小值点和最大值点．$f(0) = \int_0^0 \dfrac{t+2}{t^2 + 2t + 2}dt = 0$ 为函数在 $[0,1]$ 上的最小值，

$$f(1) = \int_0^1 \frac{t+2}{t^2 + 2t + 2}dt = \frac{1}{2}\int_0^1 \frac{1}{t^2 + 2t + 2}d(t^2 + 2t + 2) + \int_0^1 \frac{1}{(t+1)^2 + 1}d(t+1)$$

$$= \frac{1}{2}[\ln(t^2 + 2t + 2)]_0^1 + [\arctan(t+1)]_0^1 = \frac{1}{2}\ln\frac{5}{2} + \arctan 2 - \frac{\pi}{4}$$

为函数在 $[0,1]$ 上的最大值．

小结 单调连续函数在闭区间上的最小值与最大值一定是在端点处取得．

例 30 设 $f(x)$ 在 $[a,b]$ 上二阶可导，且 $f''(x) < 0$，证明：
$$\int_a^b f(x)\mathrm{d}x \leqslant (b-a)f\left(\frac{a+b}{2}\right).$$

思路分析 条件中出现二阶可导，可尝试泰勒公式.

证 $\forall x, t \in [a,b]$，由泰勒公式得
$$f(x) = f(t) + f'(t)(x-t) + \frac{f''(\xi)}{2!}(x-t)^2 \leqslant f(t) + f'(t)(x-t),$$
令 $t = \frac{a+b}{2}$，所以
$$f(x) \leqslant f\left(\frac{a+b}{2}\right) + f'\left(\frac{a+b}{2}\right)\left(x - \frac{a+b}{2}\right).$$
对上述不等式两边积分，得
$$\int_a^b f(x)\mathrm{d}x \leqslant \int_a^b f\left(\frac{a+b}{2}\right)\mathrm{d}x + \int_a^b f'\left(\frac{a+b}{2}\right)\left(x - \frac{a+b}{2}\right)\mathrm{d}x$$
$$= (b-a)f\left(\frac{a+b}{2}\right) + f'\left(\frac{a+b}{2}\right) \cdot \int_a^b \left(x - \frac{a+b}{2}\right)\mathrm{d}x$$
$$= (b-a)f\left(\frac{a+b}{2}\right) + f'\left(\frac{a+b}{2}\right) \cdot 0 = (b-a)f\left(\frac{a+b}{2}\right).$$

例 31 设两曲线 $y = f(x)$ 与 $y = g(x)$ 在点 $(0,0)$ 处的切线相同，其中
$$g(x) = \int_0^{\arcsin x} \mathrm{e}^{-t^2}\mathrm{d}t, \quad x \in [-1,1],$$
试求该切线的方程并求极限 $\lim\limits_{n \to \infty} nf\left(\frac{3}{n}\right)$.

思路分析 因为两曲线 $y = f(x)$ 与 $y = g(x)$ 在点 $(0,0)$ 处的切线相同，隐含着条件 $f(0) = g(0)$，$f'(0) = g'(0)$.

解 由已知条件得
$$f(0) = g(0) = \int_0^0 \mathrm{e}^{-t^2}\mathrm{d}t = 0,$$
且由两曲线在 $(0,0)$ 处切线斜率相同知
$$f'(0) = g'(0) = \left.\frac{\mathrm{e}^{-(\arcsin x)^2}}{\sqrt{1-x^2}}\right|_{x=0} = 1,$$
故所求切线方程为 $y = x$，且
$$\lim_{n \to \infty} nf\left(\frac{3}{n}\right) = \lim_{n \to \infty} 3 \cdot \frac{f\left(\frac{3}{n}\right) - f(0)}{\frac{3}{n} - 0} = 3f'(0) = 3.$$

例 32 设 $f(x)$ 在 $[a,b]$ 上连续，且 $f(x) > 0$，则
$$\ln\left[\frac{1}{b-a}\int_a^b f(x)\mathrm{d}x\right] \geqslant \frac{1}{b-a}\int_a^b \ln f(x)\mathrm{d}x.$$

证 $\ln t$ 在点 t_0 $(t_0 > 0)$ 处的泰勒公式为

$$\ln t = \ln t_0 + \frac{1}{t_0}(t-t_0) - \frac{1}{2\xi^2}(t-t_0)^2,$$

所以

$$\ln t \leqslant \ln t_0 + \frac{1}{t_0}(t-t_0) = \ln t_0 + \frac{t}{t_0} - 1,$$

令 $t = f(x)$，$t_0 = \frac{1}{b-a}\int_a^b f(x)\mathrm{d}x$，得

$$\ln f(x) \leqslant \ln\left[\frac{1}{b-a}\int_a^b f(x)\mathrm{d}x\right] + \frac{f(x)}{\frac{1}{b-a}\int_a^b f(x)\mathrm{d}x} - 1,$$

两边同时取定积分(注意到 $\int_a^b f(x)\mathrm{d}x$ 是常数)，得

$$\int_a^b \ln f(x)\mathrm{d}x \leqslant (b-a)\ln\left[\frac{1}{b-a}\int_a^b f(x)\mathrm{d}x\right] + (b-a) - (b-a),$$

即

$$\int_a^b \ln f(x)\mathrm{d}x \leqslant (b-a)\ln\left[\frac{1}{b-a}\int_a^b f(x)\mathrm{d}x\right],$$

所以

$$\ln\left[\frac{1}{b-a}\int_a^b f(x)\mathrm{d}x\right] \geqslant \frac{1}{b-a}\int_a^b \ln f(x)\mathrm{d}x.$$

例33 设 $f(x)$ 在 $[0,1]$ 上有一阶连续导数，且 $f(1)-f(0)=1$，试证：
$$\int_0^1 [f'(x)]^2\mathrm{d}x \geqslant 1.$$

证 $\int_0^1 [f'(x)]^2\mathrm{d}x = \int_0^1 [f'(x)]^2\mathrm{d}x \int_0^1 1^2\mathrm{d}x \geqslant \left[\int_0^1 f'(x)\mathrm{d}x\right]^2 = [f(1)-f(0)]^2 = 1.$

小结 这里用到了柯西积分不等式 $\int_a^b f^2(x)\mathrm{d}x \int_a^b g^2(x)\mathrm{d}x \geqslant \left[\int_a^b f(x)g(x)\mathrm{d}x\right]^2.$

例34 设 $f(x)$ 在 $[0,\pi]$ 上具有二阶连续导数，$f'(\pi)=3$，且 $\int_0^\pi [f(x)+f''(x)]\cos x\mathrm{d}x = 2$，求 $f'(0)$．

思路分析 被积函数中含有抽象函数的导数形式，可考虑用分部积分法求解．

解 由于
$$\int_0^\pi [f(x)+f''(x)]\cos x\mathrm{d}x = \int_0^\pi f(x)\mathrm{d}(\sin x) + \int_0^\pi \cos x\mathrm{d}(f'(x))$$
$$= [f(x)\sin x]_0^\pi - \int_0^\pi f'(x)\sin x\mathrm{d}x + [f'(x)\cos x]_0^\pi + \int_0^\pi f'(x)\sin x\mathrm{d}x$$
$$= -f'(\pi) - f'(0) = 2,$$

故 $f'(0) = -2 - f'(\pi) = -2 - 3 = -5.$

例35 设函数 $f(x)$ 连续，$\varphi(x) = \int_0^1 f(xt)\mathrm{d}t$，且 $\lim\limits_{x\to 0}\frac{f(x)}{x} = A$（$A$ 为常数），求 $\varphi'(x)$ 并讨论 $\varphi'(x)$ 在 $x=0$ 处的连续性．

思路分析 $\varphi'(x)$ 不能直接求，因为 $\int_0^1 f(xt)\mathrm{d}t$ 的被积函数中含有 $\varphi(x)$ 的自变量 x，需要通过换元将 x 从被积函数中分离出来，然后利用积分上限函数的求导法则，求出 $\varphi'(x)$，最后用函数连续的定义来判定 $\varphi'(x)$ 在 $x=0$ 处的连续性.

解 由 $\lim\limits_{x\to 0}\dfrac{f(x)}{x}=A$ 知 $\lim\limits_{x\to 0}f(x)=0$，而 $f(x)$ 连续，所以 $f(0)=0$，$\varphi(0)=0$. 当 $x\ne 0$ 时，令 $u=xt$，则

$$\varphi(x)=\dfrac{\int_0^x f(u)\mathrm{d}u}{x},$$

从而

$$\varphi'(x)=\dfrac{xf(x)-\int_0^x f(u)\mathrm{d}u}{x^2},\quad x\ne 0,$$

又因为

$$\lim_{x\to 0}\dfrac{\varphi(x)-\varphi(0)}{x-0}=\lim_{x\to 0}\dfrac{\int_0^x f(u)\mathrm{d}u}{x^2}=\lim_{x\to 0}\dfrac{f(x)}{2x}=\dfrac{A}{2},$$

即 $\varphi'(0)=\dfrac{A}{2}$，所以

$$\varphi'(x)=\begin{cases}\dfrac{xf(x)-\int_0^x f(u)\mathrm{d}u}{x^2},&x\ne 0,\\ \dfrac{A}{2},&x=0.\end{cases}$$

由于

$$\lim_{x\to 0}\varphi'(x)=\lim_{x\to 0}\dfrac{xf(x)-\int_0^x f(u)\mathrm{d}u}{x^2}=\lim_{x\to 0}\dfrac{f(x)}{x}-\lim_{x\to 0}\dfrac{\int_0^x f(u)\mathrm{d}u}{x^2}=A-\lim_{x\to 0}\dfrac{f(x)}{2x}=\dfrac{A}{2}=\varphi'(0),$$

从而知 $\varphi'(x)$ 在 $x=0$ 处连续.

小结 这是一道综合考查定积分换元法、积分上限函数求导、导数的定义、讨论函数在一点的连续性等知识点的综合题. 而有些读者在做题过程中常会犯如下两种错误：

(1) 直接求出

$$\varphi'(x)=\dfrac{xf(x)-\int_0^x f(u)\mathrm{d}u}{x^2},$$

而没有利用定义去求 $\varphi'(0)$，就得到结论 $\varphi'(0)$ 不存在，从而得出 $\varphi'(x)$ 在 $x=0$ 处不连续的结论.

(2) 在求 $\lim\limits_{x\to 0}\varphi'(x)$ 时，不是去拆成两项求极限，而是立即用洛必达法则

$$\lim_{x\to 0}\varphi'(x)=\lim_{x\to 0}\dfrac{xf'(x)+f(x)-f(x)}{2x}=\dfrac{1}{2}\lim_{x\to 0}f'(x),$$

又由 $\lim\limits_{x\to 0}\dfrac{f(x)}{x}=A$ 用洛必达法则得到 $\lim\limits_{x\to 0}f'(x)=A$，出现该错误的原因是使用洛必达法则

需要有条件 $f(x)$ 在 $x=0$ 的邻域内可导,但题设中仅有 $f(x)$ 连续的条件,因此上面出现的 $\lim\limits_{x\to 0}f'(x)$ 是否存在是不能确定的.

例 36 计算下列反常积分.

(1) $\int_0^{+\infty}\dfrac{1}{(x^2+1)(x^2+4)}\mathrm{d}x$;   (2) $\int_0^1\sin(\ln x)\mathrm{d}x$.

解 (1) $\int_0^{+\infty}\dfrac{1}{(x^2+1)(x^2+4)}\mathrm{d}x = \lim\limits_{t\to+\infty}\dfrac{1}{3}\int_0^t\left(\dfrac{1}{x^2+1}-\dfrac{1}{x^2+4}\right)\mathrm{d}x$

$$= \lim\limits_{t\to+\infty}\left[\dfrac{1}{3}\arctan x - \dfrac{1}{6}\arctan\dfrac{x}{2}\right]_0^t$$

$$= \lim\limits_{t\to+\infty}\left(\dfrac{1}{3}\arctan t - \dfrac{1}{6}\arctan\dfrac{t}{2}\right) = \dfrac{\pi}{12}.$$

(2) $\int_0^1\sin(\ln x)\mathrm{d}x = \lim\limits_{t\to 0^+}\int_t^1\sin(\ln x)\mathrm{d}x = \lim\limits_{t\to 0^+}\dfrac{1}{2}[x\sin(\ln x) - x\cos(\ln x)]_t^1$

$$= \dfrac{1}{2}\lim\limits_{t\to 0^+}[-1 - t\sin(\ln t) + t\cos(\ln t)] = -\dfrac{1}{2}.$$

例 37 计算 $\int_2^4\dfrac{\mathrm{d}x}{\sqrt{(x-2)(4-x)}}$.

思路分析 该积分为无界函数的反常积分,且有两个瑕点,于是由定义,当且仅当 $\int_2^3\dfrac{\mathrm{d}x}{\sqrt{(x-2)(4-x)}}$ 和 $\int_3^4\dfrac{\mathrm{d}x}{\sqrt{(x-2)(4-x)}}$ 均收敛时,原反常积分才收敛.

解 因为

$$\int_2^3\dfrac{\mathrm{d}x}{\sqrt{(x-2)(4-x)}} = \int_2^3\dfrac{\mathrm{d}(x-3)}{\sqrt{1-(x-3)^2}}$$

$$= [\arcsin(x-3)]_{2^+}^3 = -\lim\limits_{x\to 2^+}\arcsin(x-3) = \dfrac{\pi}{2},$$

$$\int_3^4\dfrac{\mathrm{d}x}{\sqrt{(x-2)(4-x)}} = \int_3^4\dfrac{\mathrm{d}(x-3)}{\sqrt{1-(x-3)^2}}$$

$$= [\arcsin(x-3)]_3^{4^-} = \lim\limits_{x\to 4^-}\arcsin(x-3) = \dfrac{\pi}{2},$$

所以

$$\int_2^4\dfrac{\mathrm{d}x}{\sqrt{(x-2)(4-x)}} = \dfrac{\pi}{2} + \dfrac{\pi}{2} = \pi.$$

例 38 计算 $\int_0^{+\infty}\dfrac{\mathrm{d}x}{\sqrt{x(x+1)^5}}$.

思路分析 此题为混合型反常积分,积分上限为 $+\infty$,下限 0 为被积函数的瑕点.

解 令 $\sqrt{x}=t$,则有

$$\int_0^{+\infty}\dfrac{\mathrm{d}x}{\sqrt{x(x+1)^5}} = \int_0^{+\infty}\dfrac{2t\mathrm{d}t}{t(t^2+1)^{\frac{5}{2}}} = 2\int_0^{+\infty}\dfrac{\mathrm{d}t}{(t^2+1)^{\frac{5}{2}}},$$

再令 $t = \tan\theta$，于是可得

$$2\int_0^{+\infty} \frac{\mathrm{d}t}{(t^2+1)^{\frac{5}{2}}} = 2\int_0^{\frac{\pi}{2}} \frac{\sec^2\theta \mathrm{d}\theta}{\sec^5\theta} = 2\int_0^{\frac{\pi}{2}} \frac{\mathrm{d}\theta}{\sec^3\theta}$$

$$= 2\int_0^{\frac{\pi}{2}} \cos^3\theta \mathrm{d}\theta = 2\int_0^{\frac{\pi}{2}} (1-\sin^2\theta)\mathrm{d}(\sin\theta)$$

$$= 2\left[\sin\theta - \frac{1}{3}\sin^3\theta\right]_0^{\frac{\pi}{2}} = \frac{4}{3}.$$

例 39 过坐标原点作曲线 $y = \ln x$ 的切线，该切线与曲线 $y = \ln x$ 及 x 轴围成平面图形 D. 求：(1) D 的面积 A；(2) D 绕直线 $x = e$ 旋转一周所得旋转体的体积 V.

思路分析 先求出切点坐标及切线方程，再用定积分求面积 A，旋转体体积可用大的立体体积减去小的立体体积进行计算.

解 (1) 设切点横坐标为 x_0，则曲线 $y = \ln x$ 在点 $(x_0, \ln x_0)$ 处的切线方程是

$$y = \ln x_0 + \frac{1}{x_0}(x - x_0).$$

由该切线过原点得切点坐标为 $(e, 1)$，所以该切线的方程是 $y = \frac{1}{e}x$. 从而 D 的面积为

$$A = \int_0^1 (e^y - ey)\mathrm{d}y = \frac{e}{2} - 1.$$

(2) 切线 $y = \frac{1}{e}x$ 与 x 轴及直线 $x = e$ 围成的三角形绕直线 $x = e$ 旋转所得的旋转体体积为

$$V_1 = \frac{1}{3}\pi e^2,$$

曲线 $y = \ln x$ 与 x 轴及直线 $x = e$ 围成的图形绕直线 $x = e$ 旋转所得的旋转体体积为

$$V_2 = \int_0^1 \pi(e - e^y)^2 \mathrm{d}y = \pi\left(-\frac{1}{2}e^2 + 2e - \frac{1}{2}\right).$$

因此，所求体积为

$$V = V_1 - V_2 = \frac{\pi}{6}(5e^2 - 12e + 3).$$

例 40 计算由摆线 $x = a(t - \sin t)$，$y = a(1 - \cos t)$ 的一拱 $(0 \leqslant t \leqslant 2\pi)$ 与 x 轴所围成的图形，分别绕 x 轴与 y 轴旋转一周所形成的旋转体的体积.

解 绕 x 轴旋转所得旋转体的体积为

$$V_x = \pi\int_0^{2\pi a} y^2 \mathrm{d}x = \pi\int_0^{2\pi} a^2(1-\cos t)^2 a(1-\cos t)\mathrm{d}t$$

$$= \pi a^3 \int_0^{2\pi}(1-\cos t)^3 \mathrm{d}t = 8\pi a^3 \int_0^{2\pi} \sin^6\frac{t}{2}\mathrm{d}t \quad (\diamondsuit \frac{t}{2} = u)$$

$$= 16\pi a^3 \int_0^{\pi} \sin^6 u\, \mathrm{d}u = 32\pi a^3 \int_0^{\frac{\pi}{2}} \sin^6 u\, \mathrm{d}u$$

$$= 32\pi a^3 \cdot \frac{5}{6} \cdot \frac{3}{4} \cdot \frac{1}{2} \cdot \frac{\pi}{2} = 5\pi^2 a^3.$$

绕 y 轴旋转所得旋转体的体积为

$$V_y = \pi \int_{2\pi}^{\pi} a^2(t-\sin t)^2 a\sin t\,dt - \pi \int_0^{\pi} a^2(t-\sin t)^2 a\sin t\,dt$$

$$= -\pi a^3 \int_0^{2\pi} (t-\sin t)^2 \sin t\,dt = 6\pi^3 a^3,$$

其中

$$\int_0^{2\pi}(t-\sin t)^2\sin t\,dt = \int_0^{2\pi}(t^2\sin t - 2t\sin^2 t + \sin^3 t)dt \quad (\diamondsuit u = t-\pi)$$

$$= \int_{-\pi}^{\pi}[-(u^2+2\pi u+\pi^2)\sin u - 2(u+\pi)\sin^2 u - \sin^3 u]du$$

$$= -4\pi\int_0^{\pi} u\sin u\,du - 4\pi\int_0^{\pi}\sin^2 u\,du = -4\pi^2 - 8\pi\cdot\frac{1}{2}\cdot\frac{\pi}{2} = -6\pi^2.$$

还可以根据柱壳法,求绕 y 轴旋转所得旋转体的体积为

$$V_y = 2\pi\int_0^{2\pi a} xy\,dx = 2\pi\int_0^{2\pi} a(t-\sin t)\cdot a(1-\cos t)\cdot a(1-\cos t)dt = 6\pi^3 a^3.$$

例 41 某建筑工程打地基时,需用汽锤将桩打进土层,汽锤每次击打,都将克服土层对桩的阻力而做功,设土层对桩的阻力的大小与桩被打进地下的深度成正比(比例系数为 $k,k>0$),汽锤第一次击打打进地下 a m,根据设计方案,要求汽锤每次击打桩时所做的功与前一次击打时所做的功之比为常数 $r(0<r<1)$,问:

(1) 汽锤打桩三次后,可将桩打进地下多深?

(2) 若击打次数不限,汽锤至多能将桩打进地下多深?

思路分析 本题属于变力做功问题,可用定积分来计算.

解 (1) 设第 n 次击打后,桩被打进地下 x_n,第 n 次击打时,汽锤所做的功为 W_n $(n=1,2,\cdots)$. 由题设,当桩被打进地下的深度为 x 时,土层对桩的阻力的大小为 kx,所以

$$W_1 = \int_0^{x_1} kx\,dx = \frac{k}{2}x_1^2 = \frac{k}{2}a^2, \qquad W_2 = \int_{x_1}^{x_2} kx\,dx = \frac{k}{2}(x_2^2-x_1^2) = \frac{k}{2}(x_2^2-a^2).$$

由 $W_2 = rW_1$ 得 $x_2^2 - x_1^2 = ra^2$,即 $x_2^2 = (1+r)a^2$,于是

$$W_3 = \int_{x_2}^{x_3} kx\,dx = \frac{k}{2}(x_3^2-x_2^2) = \frac{k}{2}[x_3^2-(1+r)a^2].$$

由 $W_3 = rW_2 = r^2 W_1$ 得 $x_3^2 - (1+r)a^2 = r^2 a^2$,即 $x_3^2 = (1+r+r^2)a^2$,从而汽锤击打三次后,可将桩打进地下 $x_3 = a\sqrt{1+r+r^2}$ (m).

(2) 问题是求 $\lim_{n\to\infty} x_n$,为此先用归纳法证明:$x_{n+1} = a\sqrt{1+r+\cdots+r^n}$. 假设 $x_n = \sqrt{1+r+\cdots+r^{n-1}}\,a$,则

$$W_{n+1} = \int_{x_n}^{x_{n+1}} kx\,dx = \frac{k}{2}(x_{n+1}^2 - x_n^2) = \frac{k}{2}[x_{n+1}^2 - (1+r+\cdots+r^{n-1})a^2],$$

由 $W_{n+1} = rW_n = r^2 W_{n-1} = \cdots = r^n W_1$ 得 $x_{n+1}^2 - (1+r+\cdots+r^{n-1})a^2 = r^n a^2$,从而

$$x_{n+1} = \sqrt{1+r+\cdots+r^n}\,a,$$

于是

$$\lim_{n\to\infty} x_{n+1} = \lim_{n\to\infty}\sqrt{\frac{1-r^{n+1}}{1-r}}a = \frac{a}{\sqrt{1-r}},$$

若不限击打次数,汽锤至多能将桩打进地下 $\dfrac{a}{\sqrt{1-r}}$ m.

五、习题选解

习题 5-1 定积分的概念与性质

1. 利用定积分的定义计算 $\int_0^1 e^x dx$.

解 因为被积函数 $f(x) = e^x$ 在积分区间 $[0,1]$ 上连续,而连续函数是可积的,所以积分与区间 $[0,1]$ 的分法及点 ξ_i 的取法无关. 为了便于计算,不妨把区间 $[0,1]$ 分成 n 等份,分点为 $x_i = \dfrac{i}{n}, i = 0, 1, 2, \cdots, n$,这样,第 i 个小区间 $[x_{i-1}, x_i]$ 的长度 $\Delta x_i = \dfrac{1}{n}$,取 $\xi_i = x_i, i = 1, 2, \cdots, n$,得和式

$$\sum_{i=1}^n f(\xi_i)\Delta x_i = \sum_{i=1}^n e^{\frac{i}{n}} \cdot \frac{1}{n} = \frac{e^{\frac{1}{n}} + e^{\frac{2}{n}} + \cdots + e^{\frac{n}{n}}}{n} = \frac{(1-e)e^{\frac{1}{n}}}{n(1-e^{\frac{1}{n}})},$$

又 $\lim\limits_{n\to\infty} \dfrac{(1-e)e^{\frac{1}{n}}}{n(1-e^{\frac{1}{n}})} = \lim\limits_{n\to\infty} \dfrac{(1-e)e^{\frac{1}{n}}}{n\cdot\left(-\dfrac{1}{n}\right)} = e - 1$,即 $\int_0^1 e^x dx = e - 1$.

2. 利用定积分的几何意义求下列定积分的值.

(1) $\int_0^1 2x dx$; (3) $\int_0^a \sqrt{a^2 - x^2} dx$.

解 (1) 由定积分的几何意义,$\int_0^1 2x dx$ 表示由直线 $y = 2x$,$x = 1$ 与 x 轴所围成的直角三角形的面积,其面积为 1,因此 $\int_0^1 2x dx = 1$.

(3) 由定积分的几何意义,$\int_0^a \sqrt{a^2 - x^2} dx$ 表示一个以原点为圆心、半径为 a 的圆在第一象限的部分的面积,故 $\int_0^a \sqrt{a^2 - x^2} dx = \dfrac{\pi a^2}{4}$.

3. 设 $f(x)$ 及 $g(x)$ 在 $[a,b]$ 上连续,证明:

(1) 若在 $[a,b]$ 上 $f(x) \geqslant 0$,且 $f(x)$ 不恒为 0,则 $\int_a^b f(x) dx > 0$;

(2) 若在 $[a,b]$ 上 $f(x) \geqslant 0$,且 $\int_a^b f(x) dx = 0$,则在 $[a,b]$ 上 $f(x) \equiv 0$;

(3) 若在 $[a,b]$ 上 $f(x) \leqslant g(x)$,且 $\int_a^b f(x) dx = \int_a^b g(x) dx$,则在 $[a,b]$ 上 $f(x) \equiv g(x)$.

证 (1) 由条件知,必存在 $x_0 \in [a,b]$,使 $f(x_0) > 0$. 又由函数 $f(x)$ 在 x_0 处连续可知,存在 $a \leq \alpha < \beta \leq b$,使当 $x \in [\alpha, \beta]$ 时,$f(x) \geq \dfrac{f(x_0)}{2}$,因此

$$\int_a^b f(x)\mathrm{d}x = \int_a^\alpha f(x)\mathrm{d}x + \int_\alpha^\beta f(x)\mathrm{d}x + \int_\beta^b f(x)\mathrm{d}x,$$

由定积分性质得到 $\int_a^\alpha f(x)\mathrm{d}x \geq 0$,$\int_\alpha^\beta f(x)\mathrm{d}x \geq \int_\alpha^\beta \dfrac{f(x_0)}{2}\mathrm{d}x = \dfrac{\beta-\alpha}{2}f(x_0) > 0$,$\int_\beta^b f(x)\mathrm{d}x \geq 0$,故得到结论 $\int_a^b f(x)\mathrm{d}x > 0$.

(2) 用反证法,假设 $f(x)$ 不恒等于 0,则由(1)得到 $\int_a^b f(x)\mathrm{d}x > 0$,与条件 $\int_a^b f(x)\mathrm{d}x = 0$ 矛盾,因此(2)成立.

(3) 令 $h(x) = g(x) - f(x)$,由条件知 $h(x) \geq 0$,且

$$\int_a^b h(x)\mathrm{d}x = \int_a^b g(x)\mathrm{d}x - \int_a^b f(x)\mathrm{d}x = 0,$$

由(2)可得在 $[a,b]$ 上 $h(x) \equiv 0$,即 $f(x) \equiv g(x)$.

4. 不计算积分,比较下列各组积分值的大小.

(1) $\int_0^1 \mathrm{e}^x \mathrm{d}x$ 与 $\int_0^1 \mathrm{e}^{x^2} \mathrm{d}x$;   (3) $\int_1^2 \ln x \mathrm{d}x$ 与 $\int_1^2 (\ln x)^2 \mathrm{d}x$.

解 (1) 因为在区间 $[0,1]$ 上,$x \geq x^2$,$\mathrm{e}^x \geq \mathrm{e}^{x^2}$,所以 $\int_0^1 \mathrm{e}^x \mathrm{d}x \geq \int_0^1 \mathrm{e}^{x^2} \mathrm{d}x$,若 $\int_0^1 \mathrm{e}^x \mathrm{d}x = \int_0^1 \mathrm{e}^{x^2} \mathrm{d}x$,则由第 3 题(3),可得 $\mathrm{e}^x \equiv \mathrm{e}^{x^2}$,$x \in [0,1]$,这不可能,故 $\int_0^1 \mathrm{e}^x \mathrm{d}x > \int_0^1 \mathrm{e}^{x^2} \mathrm{d}x$.

(3) 因为在区间 $[1,2]$ 上,$0 \leq \ln x < 1$,则 $\ln x \geq (\ln x)^2$,与(1)同,可得

$$\int_1^2 \ln x \mathrm{d}x > \int_1^2 (\ln x)^2 \mathrm{d}x.$$

5. 利用定积分性质估计下列积分值.

(1) $\int_1^2 \mathrm{e}^x \mathrm{d}x$;   (3) $\int_{\frac{1}{\sqrt{3}}}^{\sqrt{3}} x\arctan x \mathrm{d}x$.

解 (1) 在区间 $[1,2]$ 上,$\mathrm{e} \leq \mathrm{e}^x \leq \mathrm{e}^2$,因此有 $\mathrm{e} = \int_1^2 \mathrm{e}\,\mathrm{d}x \leq \int_1^2 \mathrm{e}^x \mathrm{d}x \leq \int_1^2 \mathrm{e}^2 \mathrm{d}x = \mathrm{e}^2$.

(3) 在区间 $\left[\dfrac{1}{\sqrt{3}}, \sqrt{3}\right]$ 上,函数 $f(x) = x\arctan x$ 是单调增加的,因此

$$\dfrac{\pi}{6\sqrt{3}} = f\left(\dfrac{1}{\sqrt{3}}\right) \leq x\arctan x \leq f(\sqrt{3}) = \dfrac{\pi}{\sqrt{3}},$$

故 $\dfrac{\pi}{6\sqrt{3}} \cdot \dfrac{2\sqrt{3}}{3} \leq \int_{\frac{1}{\sqrt{3}}}^{\sqrt{3}} x\arctan x \mathrm{d}x \leq \dfrac{\pi}{\sqrt{3}} \cdot \dfrac{2\sqrt{3}}{3}$,即 $\dfrac{\pi}{9} \leq \int_{\frac{1}{\sqrt{3}}}^{\sqrt{3}} x\arctan x \mathrm{d}x \leq \dfrac{2\pi}{3}$.

6. 设 $f(x)$ 在 $[0,1]$ 上连续,在 $(0,1)$ 内可导,且 $3\int_0^{\frac{1}{3}} f(x)\mathrm{d}x = f(1)$. 证明至少存在一点 $\xi \in (0,1)$,使 $f'(\xi) = 0$.

证 由积分中值定理知,$\exists \eta \in \left[0, \dfrac{1}{3}\right]$,使 $3\int_0^{\frac{1}{3}} f(x)\mathrm{d}x = f(\eta) = f(1)$,再由罗尔中值定理知,$\exists \xi \in (\eta, 1) \subset (0,1)$ 使 $f'(\xi) = 0$.

习题 5-2 微积分基本公式

1. 求下列函数的导数.

(1) $f(x) = \int_1^x \sqrt[3]{1+t^2} \, dt$；

(3) $f(x) = \int_{\sin x}^{\cos x} t \ln t \, dt$；

(5) $\begin{cases} x = \int_0^t \sin u \, du, \\ y = \int_0^t \cos u \, du; \end{cases}$

(6) $\int_1^y e^t \, dt + \int_0^{xy} \cos t \, dt = 0$.

解 (1) $f'(x) = \sqrt[3]{1+x^2}$.

(3) $f'(x) = \cos x \ln(\cos x) \cdot (\cos x)' - \sin x \ln(\sin x) \cdot (\sin x)'$
$= -\sin x \cos x \ln(\cos x) - \sin x \cos x \ln(\sin x)$
$= -\sin x \cos x [\ln(\cos x) + \ln(\sin x)]$.

(5) $\dfrac{dy}{dx} = \dfrac{\dfrac{dy}{dt}}{\dfrac{dx}{dt}} = \dfrac{\cos t}{\sin t} = \cot t$.

(6) 将方程两边对 x 求导, 得 $e^y y' + \cos(xy) \cdot (xy)' = 0$, 即 $e^y y' + \cos(xy) \cdot (y + xy') = 0$, 于是

$$y' = \frac{-y\cos(xy)}{e^y + x\cos(xy)}.$$

2. 设函数 $I(x) = \int_0^x t e^{-t^2} \, dt$, 求 $I(x)$ 的极值点.

解 $I'(x) = x e^{-x^2}$, 令 $I'(x) = 0$, 得 $x = 0$. 当 $x < 0$ 时, $I'(x) < 0$, 当 $x > 0$ 时, $I'(x) > 0$, 故 $x = 0$ 为函数 $I(x)$ 的唯一极值点, 并且是极小值点.

3. 求下列极限.

(1) $\lim\limits_{x \to 0} \dfrac{\int_{\cos x}^1 e^{-t^2} \, dt}{x^2}$；

(3) $\lim\limits_{x \to 0} \dfrac{\int_0^x (1 - \sin 2t)^{\frac{1}{t}} \, dt}{x}$.

解 (1) $\lim\limits_{x \to 0} \dfrac{\int_{\cos x}^1 e^{-t^2} \, dt}{x^2} = \lim\limits_{x \to 0} \dfrac{-e^{-\cos^2 x} \cdot (-\sin x)}{2x} = \dfrac{1}{2e}$.

(3) $\lim\limits_{x \to 0} \dfrac{\int_0^x (1 - \sin 2t)^{\frac{1}{t}} \, dt}{x} = \lim\limits_{x \to 0}(1 - \sin 2x)^{\frac{1}{x}} = \lim\limits_{x \to 0}\left[(1 - \sin 2x)^{\frac{1}{\sin 2x}}\right]^{\frac{-\sin 2x}{x}} = e^{-2}$.

4. 计算下列定积分.

(1) $\int_0^1 \sqrt[3]{x}(1+\sqrt{x}) \, dx$；

(3) $\int_0^1 \dfrac{x}{\sqrt{1-x^2}} \, dx$；

(5) $\int_0^{\frac{\pi}{4}} \tan^2 x \, dx$；

(7) $\int_{-\frac{\pi}{2}}^{\frac{\pi}{2}} \sqrt{1 - \cos 2x} \, dx$；

(9) $\int_0^{\frac{\pi}{2}} |\sin x - \cos x| \, dx$.

解 (1) $\int_0^1 \sqrt[3]{x}(1+\sqrt{x})dx = \int_0^1 (x^{\frac{1}{3}}+x^{\frac{5}{6}})dx = \left[\frac{3}{4}x^{\frac{4}{3}}+\frac{6}{11}x^{\frac{11}{6}}\right]_0^1 = \frac{57}{44}$.

(3) $\int_0^1 \frac{x}{\sqrt{1-x^2}}dx = -\int_0^1 \frac{1}{2\sqrt{1-x^2}}d(1-x^2) = [-\sqrt{1-x^2}]_0^1 = 1$.

(5) $\int_0^{\frac{\pi}{4}} \tan^2 x\, dx = \int_0^{\frac{\pi}{4}} (\sec^2 x - 1)dx = [\tan x - x]_0^{\frac{\pi}{4}} = 1 - \frac{\pi}{4}$.

(7) $\int_{-\frac{\pi}{2}}^{\frac{\pi}{2}} \sqrt{1-\cos 2x}\, dx = \int_{-\frac{\pi}{2}}^{\frac{\pi}{2}} \sqrt{2\sin^2 x}\, dx = \sqrt{2}\int_{-\frac{\pi}{2}}^{\frac{\pi}{2}} |\sin x|\, dx$

$= -\sqrt{2}\int_{-\frac{\pi}{2}}^0 \sin x\, dx + \sqrt{2}\int_0^{\frac{\pi}{2}} \sin x\, dx = \sqrt{2}[\cos x]_{-\frac{\pi}{2}}^0 - \sqrt{2}[\cos x]_0^{\frac{\pi}{2}} = 2\sqrt{2}$.

(9) $\int_0^{\frac{\pi}{2}} |\sin x - \cos x|\, dx = \int_0^{\frac{\pi}{4}} (\cos x - \sin x)dx + \int_{\frac{\pi}{4}}^{\frac{\pi}{2}} (\sin x - \cos x)dx$

$= [\sin x + \cos x]_0^{\frac{\pi}{4}} - [\sin x + \cos x]_{\frac{\pi}{4}}^{\frac{\pi}{2}} = 2(\sqrt{2} - 1)$.

5. 设 $f(x) = \begin{cases} x^2, & 0 \leqslant x < 1, \\ x, & 1 \leqslant x \leqslant 2, \end{cases}$ 求 $\Phi(x) = \int_0^x f(t)dt$ 在 $[0,2]$ 上的表达式, 并讨论 $\Phi(x)$ 在 $(0,2)$ 内的连续性.

解 当 $0 \leqslant x < 1$ 时, $\Phi(x) = \int_0^x t^2 dt = \frac{x^3}{3}$, 当 $1 \leqslant x \leqslant 2$ 时, $\Phi(x) = \int_0^1 t^2 dt + \int_1^x t\, dt = \frac{x^2}{2} - \frac{1}{6}$, 即

$$\Phi(x) = \begin{cases} \frac{1}{3}x^3, & 0 \leqslant x < 1, \\ \frac{1}{2}x^2 - \frac{1}{6}, & 1 \leqslant x \leqslant 2, \end{cases}$$

由初等函数的连续性, $\Phi(x)$ 在 $(0,1)$ 和 $(1,2)$ 内分别连续, 又由于 $\lim\limits_{x \to 1^-} \Phi(x) = \lim\limits_{x \to 1^-} \frac{x^3}{3} = \frac{1}{3}$, $\lim\limits_{x \to 1^+} \Phi(x) = \lim\limits_{x \to 1^+} \left(\frac{x^2}{2} - \frac{1}{6}\right) = \frac{1}{3}$, 且 $\Phi(1) = \frac{1}{3}$, 故 $\Phi(x)$ 在 $x = 1$ 处连续, 因此 $\Phi(x)$ 在 $(0,2)$ 内连续.

6. 设 $f(x) = \begin{cases} \frac{1}{2}\sin x, & 0 \leqslant x \leqslant \pi, \\ 0, & x < 0 \text{ 或 } x > \pi, \end{cases}$ 求 $\Phi(x) = \int_0^x f(t)dt$ 在 $(-\infty, +\infty)$ 内的表达式.

解 当 $x < 0$ 时,

$$\Phi(x) = \int_0^x f(t)dt = 0;$$

当 $0 \leqslant x < \pi$ 时,

$$\Phi(x) = \int_0^x f(t)dt = \int_0^x \frac{1}{2}\sin t\, dt = \frac{1-\cos x}{2};$$

当 $x \geq \pi$ 时,
$$\Phi(x) = \int_0^x f(t)dt = \int_0^\pi \frac{1}{2}\sin t\,dt + \int_\pi^x 0\,dt = 1.$$

故
$$\Phi(x) = \begin{cases} 0, & x < 0, \\ \dfrac{1-\cos x}{2}, & 0 \leq x < \pi, \\ 1, & x \geq \pi. \end{cases}$$

7. 设 $f(x)$ 在 $[a,b]$ 上连续,在 (a,b) 内可导,且 $f'(x) \leq 0$,$F(x) = \dfrac{1}{x-a}\int_a^x f(t)dt$,证明:在 (a,b) 内,$F'(x) \leq 0$.

证 因为
$$F'(x) = \frac{(x-a)f(x) - \int_a^x f(t)dt}{(x-a)^2},$$

由积分中值定理,$\exists \xi \in [a,x]$,使 $\int_a^x f(t)dt = (x-a)f(\xi)$,因此
$$F'(x) = \frac{(x-a)f(x) - (x-a)f(\xi)}{(x-a)^2} = \frac{f(x) - f(\xi)}{x-a},$$

由拉格朗日中值定理,$\exists \eta \in (\xi,x) \subset (a,b)$,使 $f(x) - f(\xi) = f'(\eta)(x-\xi)$,因此
$$F'(x) = \frac{x-\xi}{x-a}f'(\eta) \leq 0.$$

8. 设 $f(x)$ 在 $[0,1]$ 上连续,且 $f(x) < 1$,证明:$2x - \int_0^x f(t)dt = 1$ 在 $[0,1]$ 上有且只有一个解.

证 令 $F(x) = 2x - \int_0^x f(t)dt - 1$,则 $F(x)$ 在 $[0,1]$ 上连续,且 $F(0) = -1 < 0$,
$$F(1) = 1 - \int_0^1 f(t)dt > 0,$$

由零点定理知,$F(x)$ 在 $(0,1)$ 内至少有一个零点,即 $2x - \int_0^x f(t)dt = 1$ 在 $(0,1)$ 内至少有一个解. 又因为 $F'(x) = 2 - f(x) > 0$,所以 $F(x)$ 在 $[0,1]$ 上单调增加,因此 $2x - \int_0^x f(t)dt = 1$ 在 $[0,1]$ 上有且只有一个解.

9. 设 $f(x)$ 是连续函数,且 $f(x) = x + 2\int_0^1 f(t)dt$,求 $f(x)$.

解 设 $\int_0^1 f(t)dt = k$,则 $f(x) = x + 2k$,于是 $k = \int_0^1 f(x)dx = \int_0^1 (x+2k)dx = \dfrac{1}{2} + 2k$,

解得 $k = -\dfrac{1}{2}$,所以 $f(x) = x - 1$.

习题 5-3 定积分的换元积分法与分部积分法

1. 计算下列定积分.

(1) $\int_1^{\sqrt{3}} \dfrac{1}{x^2\sqrt{1+x^2}}dx$;

(4) $\int_0^{\pi} \sqrt{\sin^3 x - \sin^5 x}\,dx$;

(5) $\int_{-2}^0 \dfrac{1}{x^2+2x+2}dx$;

(6) $\int_0^{\frac{\pi}{2}} \dfrac{1}{2+\sin x}dx$.

解 (1) 令 $x=\tan t$，则 $dx=\sec^2 t\,dt$，当 $x=1$ 时，$t=\dfrac{\pi}{4}$，当 $x=\sqrt{3}$ 时，$t=\dfrac{\pi}{3}$，于是

$$\int_1^{\sqrt{3}} \dfrac{1}{x^2\sqrt{1+x^2}}dx = \int_{\frac{\pi}{4}}^{\frac{\pi}{3}} \dfrac{\sec^2 t}{\tan^2 t \sec t}dt = \int_{\frac{\pi}{4}}^{\frac{\pi}{3}} \dfrac{\cos t}{\sin^2 t}dt = \int_{\frac{\pi}{4}}^{\frac{\pi}{3}} \dfrac{1}{\sin^2 t}d(\sin t) = \left[-\dfrac{1}{\sin t}\right]_{\frac{\pi}{4}}^{\frac{\pi}{3}} = \sqrt{2} - \dfrac{2\sqrt{3}}{3}.$$

(4) $\int_0^{\pi} \sqrt{\sin^3 x - \sin^5 x}\,dx = \int_0^{\pi} \sin^{\frac{3}{2}} x |\cos x|\,dx = \int_0^{\frac{\pi}{2}} \sin^{\frac{3}{2}} x \cos x\,dx + \int_{\frac{\pi}{2}}^{\pi} \sin^{\frac{3}{2}} x(-\cos x)\,dx$

$= \int_0^{\frac{\pi}{2}} \sin^{\frac{3}{2}} x\,d(\sin x) - \int_{\frac{\pi}{2}}^{\pi} \sin^{\frac{3}{2}} x\,d(\sin x)$

$= \dfrac{2}{5}\left[\sin^{\frac{5}{2}} x\right]_0^{\frac{\pi}{2}} - \dfrac{2}{5}\left[\sin^{\frac{5}{2}} x\right]_{\frac{\pi}{2}}^{\pi} = \dfrac{4}{5}.$

(5) $\int_{-2}^0 \dfrac{1}{x^2+2x+2}dx = \int_{-2}^0 \dfrac{1}{1+(x+1)^2}d(x+1) = [\arctan(x+1)]_{-2}^0 = \dfrac{\pi}{2}.$

(6) $\int_0^{\frac{\pi}{2}} \dfrac{1}{2+\sin x}dx = \dfrac{1}{2}\int_0^{\frac{\pi}{2}} \dfrac{1}{1+\sin\frac{x}{2}\cos\frac{x}{2}}dx = \dfrac{1}{2}\int_0^{\frac{\pi}{2}} \dfrac{\sec^2\frac{x}{2}}{\sec^2\frac{x}{2}+\tan\frac{x}{2}}dx$

$= \int_0^{\frac{\pi}{2}} \dfrac{1}{\tan^2\frac{x}{2}+\tan\frac{x}{2}+1}d\left(\tan\frac{x}{2}\right),$

令 $u=\tan\dfrac{x}{2}$，则

$$\int_0^{\frac{\pi}{2}} \dfrac{1}{\tan^2\frac{x}{2}+\tan\frac{x}{2}+1}d\left(\tan\dfrac{x}{2}\right) = \int_0^1 \dfrac{1}{u^2+u+1}du = \int_0^1 \dfrac{1}{\left(u+\dfrac{1}{2}\right)^2+\dfrac{3}{4}}du$$

$$= \dfrac{2}{\sqrt{3}}\int_0^1 \dfrac{d\left(\dfrac{2u+1}{\sqrt{3}}\right)}{\left(\dfrac{2u+1}{\sqrt{3}}\right)^2+1} = \dfrac{2}{\sqrt{3}}\left[\arctan\dfrac{2u+1}{\sqrt{3}}\right]_0^1 = \dfrac{\sqrt{3}}{9}\pi.$$

2. 利用函数的奇偶性计算下列定积分.

(1) $\int_{-\pi}^{\pi} \sin^3 x \cos x\,dx$;

(2) $\int_{-\frac{\sqrt{3}}{2}}^{\frac{\sqrt{3}}{2}} \dfrac{(\arcsin x)^2}{\sqrt{1-x^2}}dx$;

(4) $\int_{-1}^1 \dfrac{2x^2+x\cos x}{1+\sqrt{1-x^2}}dx$.

解 (1) 由于 $f(x)=\sin^3 x\cos x$ 为奇函数，$\int_{-\pi}^{\pi}\sin^3 x\cos x\,dx=0$.

(2) $\int_{-\frac{\sqrt{3}}{2}}^{\frac{\sqrt{3}}{2}}\frac{(\arcsin x)^2}{\sqrt{1-x^2}}dx = 2\int_{0}^{\frac{\sqrt{3}}{2}}\frac{(\arcsin x)^2}{\sqrt{1-x^2}}dx = 2\int_{0}^{\frac{\sqrt{3}}{2}}(\arcsin x)^2 d(\arcsin x)$

$$= \left[\frac{2}{3}(\arcsin x)^3\right]_0^{\frac{\sqrt{3}}{2}} = \frac{2\pi^3}{81}.$$

(4) $\int_{-1}^{1}\frac{2x^2+x\cos x}{1+\sqrt{1-x^2}}dx = \int_{-1}^{1}\frac{2x^2}{1+\sqrt{1-x^2}}dx + \int_{-1}^{1}\frac{x\cos x}{1+\sqrt{1-x^2}}dx = 4\int_{0}^{1}\frac{x^2}{1+\sqrt{1-x^2}}dx$

$$= 4\int_{0}^{1}\frac{x^2(1-\sqrt{1-x^2})}{x^2}dx = 4\int_{0}^{1}dx - 4\int_{0}^{1}\sqrt{1-x^2}\,dx = 4-\pi.$$

3. 证明：$\int_{x}^{1}\frac{dt}{1+t^2} = \int_{1}^{\frac{1}{x}}\frac{dt}{1+t^2}$ $(x>0)$.

证 令 $t=\frac{1}{u}$，则 $\int_{x}^{1}\frac{dt}{1+t^2} = \int_{\frac{1}{x}}^{1}\frac{1}{1+\left(\frac{1}{u}\right)^2}\cdot\left(-\frac{1}{u^2}\right)du = \int_{1}^{\frac{1}{x}}\frac{du}{u^2+1} = \int_{1}^{\frac{1}{x}}\frac{dt}{1+t^2}$.

4. 设 $f(x)$ 在 $[a,b]$ 上连续，证明：$\int_{a}^{b}f(x)dx = \int_{a}^{b}f(a+b-x)dx$.

证 令 $x=a+b-u$，则

$$\int_{a}^{b}f(x)dx = -\int_{b}^{a}f(a+b-u)du = \int_{a}^{b}f(a+b-u)du = \int_{a}^{b}f(a+b-x)dx.$$

5. 证明：$\int_{0}^{1}x^m(1-x)^n dx = \int_{0}^{1}x^n(1-x)^m dx$ $(m,n\in\mathbf{N})$.

证 令 $x=1-u$，则

$$\int_{0}^{1}x^m(1-x)^n dx = -\int_{1}^{0}(1-u)^m u^n du = \int_{0}^{1}x^n(1-x)^m dx.$$

6. 证明：$\int_{0}^{\pi}\sin^n x\,dx = 2\int_{0}^{\frac{\pi}{2}}\sin^n x\,dx$，其中 n 是非负整数.

证 因为 $\int_{0}^{\pi}\sin^n x\,dx = \int_{0}^{\frac{\pi}{2}}\sin^n x\,dx + \int_{\frac{\pi}{2}}^{\pi}\sin^n x\,dx$，对 $\int_{\frac{\pi}{2}}^{\pi}\sin^n x\,dx$，令 $x=\pi-t$，则

$$\int_{\frac{\pi}{2}}^{\pi}\sin^n x\,dx = -\int_{\frac{\pi}{2}}^{0}\sin^n(\pi-t)dt = \int_{0}^{\frac{\pi}{2}}\sin^n t\,dt = \int_{0}^{\frac{\pi}{2}}\sin^n x\,dx,$$

所以

$$\int_{0}^{\pi}\sin^n x\,dx = 2\int_{0}^{\frac{\pi}{2}}\sin^n x\,dx.$$

8. 计算下列定积分.

(1) $\int_{0}^{1}xe^{-x}dx$;　　(3) $\int_{0}^{2\pi}e^{2x}\cos x\,dx$;　　(4) $\int_{0}^{\frac{\pi^2}{4}}\cos\sqrt{x}\,dx$.

解 (1) $\int_{0}^{1}xe^{-x}dx = -\int_{0}^{1}x\,d(e^{-x}) = -[xe^{-x}]_0^1 + \int_{0}^{1}e^{-x}dx = -e^{-1} - [e^{-x}]_0^1 = 1-2e^{-1}$.

(3) $\int_0^{2\pi} e^{2x}\cos x\,dx = \int_0^{2\pi} e^{2x}d(\sin x) = [e^{2x}\sin x]_0^{2\pi} - 2\int_0^{2\pi} e^{2x}\sin x\,dx$

$\quad = 2\int_0^{2\pi} e^{2x}d(\cos x) = [2e^{2x}\cos x]_0^{2\pi} - 4\int_0^{2\pi} e^{2x}\cos x\,dx$

$\quad = 2(e^{4\pi}-1) - 4\int_0^{2\pi} e^{2x}\cos x\,dx,$

所以, $\int_0^{2\pi} e^{2x}\cos x\,dx = \dfrac{2}{5}(e^{4\pi}-1)$.

(4) 令 $\sqrt{x}=t$, 则

$$\int_0^{\frac{\pi^2}{4}} \cos\sqrt{x}\,dx = 2\int_0^{\frac{\pi}{2}} t\cos t\,dt = 2\int_0^{\frac{\pi}{2}} t\,d(\sin t)$$

$$= 2[t\sin t]_0^{\frac{\pi}{2}} - 2\int_0^{\frac{\pi}{2}} \sin t\,dt = \pi + 2[\cos t]_0^{\frac{\pi}{2}} = \pi - 2.$$

9. 设 $f''(x)$ 在 $[0,1]$ 上连续, 且 $f(0)=1$, $f(2)=3$, $f'(2)=5$, 求 $\int_0^1 xf''(2x)dx$.

解 $\int_0^1 xf''(2x)dx = \dfrac{1}{2}\int_0^1 x\,df'(2x) = \dfrac{1}{2}[xf'(2x)]_0^1 - \dfrac{1}{2}\int_0^1 f'(2x)dx$

$\quad = \dfrac{f'(2)}{2} - \dfrac{1}{4}[f(2x)]_0^1 = \dfrac{f'(2)}{2} - \dfrac{1}{4}[f(2)-f(0)] = 2.$

10. 设连续函数 $f(x)$ 满足方程 $\int_0^x f(x-t)dt = e^{-2x}-1$, 求 $\int_0^1 f(x)dx$.

解 令 $x-t=u$, 则 $\int_0^x f(x-t)dt = -\int_x^0 f(u)du = \int_0^x f(u)du = e^{-2x}-1$, 所以

$$\int_0^1 f(x)dx = e^{-2}-1 = \dfrac{1}{e^2}-1.$$

11. 设 $f(x) = \begin{cases} xe^{-x^2}, & x \geqslant 0, \\ \dfrac{1}{1+\cos x}, & x < 0, \end{cases}$ 计算 $\int_1^4 f(x-2)dx$.

解 令 $x-2=t$, 则

$\int_1^4 f(x-2)dx = \int_{-1}^2 f(t)dt = \int_{-1}^0 \dfrac{dt}{1+\cos t} + \int_0^2 te^{-t^2}dt$

$\quad = \int_{-1}^0 \dfrac{dt}{2\cos^2\dfrac{t}{2}} - \dfrac{1}{2}\int_0^2 e^{-t^2}d(-t^2) = \int_{-1}^0 \sec^2\dfrac{t}{2}d\left(\dfrac{t}{2}\right) - \dfrac{1}{2}\left[e^{-t^2}\right]_0^2$

$\quad = \left[\tan\dfrac{t}{2}\right]_{-1}^0 - \left[\dfrac{1}{2}e^{-t^2}\right]_0^2 = \tan\dfrac{1}{2} - \dfrac{1}{2}e^{-4} + \dfrac{1}{2}.$

习题 5-4 反 常 积 分

1. 判断下列各反常积分的敛散性, 如果收敛, 计算反常积分的值.

(1) $\int_0^{+\infty} e^{-ax}dx\ (a>0)$; (2) $\int_0^{+\infty} x\cos x\,dx$; (3) $\int_{-\infty}^{+\infty} \dfrac{1}{x^2+2x+2}dx$;

(4) $\int_0^{+\infty} \frac{1}{\sqrt{x(x+1)^3}} dx$；   (5) $\int_1^2 \frac{x}{\sqrt{x-1}} dx$；   (7) $\int_0^2 \frac{1}{(1-x)^2} dx$.

解 (1) $\int_0^{+\infty} e^{-ax} dx = -\frac{1}{a}\int_0^{+\infty} e^{-ax} d(-ax) = -\frac{1}{a}[e^{-ax}]_0^{+\infty} = -\frac{1}{a}(\lim_{x\to+\infty} e^{-ax} - 1) = \frac{1}{a}$.

(2) $\int_0^{+\infty} x\cos x\, dx = \lim_{b\to+\infty} \int_0^b x\cos x\, dx = \lim_{b\to+\infty}(b\sin b + \cos b - 1)$，由于极限不存在，该反常积分发散．

(3) $\int_{-\infty}^{+\infty} \frac{1}{x^2+2x+2} dx = \int_{-\infty}^{+\infty} \frac{1}{(x+1)^2+1} d(x+1) = [\arctan(x+1)]_{-\infty}^{+\infty} = \pi$.

(4) $x=0$ 为瑕点，令 $x = \frac{1}{t}$，当 $x\to 0^+$ 时，$t\to+\infty$；当 $x\to+\infty$ 时，$t\to 0^+$．于是

$$\int_0^{+\infty} \frac{1}{\sqrt{x(x+1)^3}} dx = \int_{+\infty}^0 \frac{1}{\sqrt{\frac{1}{t}\left(\frac{1+t}{t}\right)^3}} \cdot \left(-\frac{1}{t^2}\right) dt = \int_0^{+\infty} \frac{1}{\sqrt{(t+1)^3}} dt$$

$$= \int_0^{+\infty} (1+t)^{-\frac{3}{2}} d(1+t) = \left[-\frac{2}{\sqrt{1+t}}\right]_0^{+\infty} = -2\left(\lim_{t\to+\infty} \frac{1}{\sqrt{1+t}} - 1\right) = 2.$$

(5) $x=1$ 为瑕点，

$$\int_1^2 \frac{x}{\sqrt{x-1}} dx = \int_1^2 \frac{x-1+1}{\sqrt{x-1}} dx = \int_1^2 \sqrt{x-1}\, d(x-1) + \int_1^2 \frac{1}{\sqrt{x-1}} d(x-1)$$

$$= \left[\frac{2}{3}(x-1)^{\frac{3}{2}}\right]_1^2 + 2\left[\sqrt{x-1}\right]_{1^+}^2 = \frac{2}{3} + 2(1 - \lim_{x\to 1^+}\sqrt{x-1}) = \frac{8}{3}.$$

(7) $x=1$ 为瑕点，$\int_0^1 \frac{1}{(1-x)^2} dx = -\int_0^1 \frac{1}{(1-x)^2} d(1-x) = \left[\frac{1}{1-x}\right]_0^{1^-} = \lim_{x\to 1^-}\frac{1}{1-x} - 1 = +\infty$，

反常积分 $\int_0^1 \frac{1}{(1-x)^2} dx$ 发散，所以反常积分 $\int_0^2 \frac{1}{(1-x)^2} dx$ 发散．

2. 当 k 为何值时，反常积分 $\int_2^{+\infty} \frac{dx}{x(\ln x)^k}$ 收敛？当 k 为何值时，此反常积分发散？

解 当 $k=1$ 时，$\int_2^{+\infty} \frac{dx}{x\ln x} = \int_2^{+\infty} \frac{d(\ln x)}{\ln x} = [\ln|\ln x|]_2^{+\infty} = +\infty$．

当 $k\neq 1$ 时，

$$\int_2^{+\infty} \frac{dx}{x(\ln x)^k} = \int_2^{+\infty} \frac{d(\ln x)}{(\ln x)^k} = \frac{1}{1-k}[(\ln x)^{1-k}]_2^{+\infty}$$

$$= \begin{cases} +\infty, & k<1, \\ \dfrac{1}{(k-1)(\ln 2)^{k-1}}, & k>1. \end{cases}$$

因此，当 $k \leqslant 1$ 时，反常积分 $\int_2^{+\infty} \dfrac{\mathrm{d}x}{x(\ln x)^k}$ 发散，当 $k > 1$ 时，反常积分 $\int_2^{+\infty} \dfrac{\mathrm{d}x}{x(\ln x)^k}$ 收敛，其值为 $\dfrac{1}{(k-1)(\ln 2)^{k-1}}$．

3． 证明：反常积分 $\int_a^b \dfrac{\mathrm{d}x}{(x-a)^p}$（常数 $p > 0$），当 $0 < p < 1$ 时收敛，当 $p \geqslant 1$ 时发散．

证 当 $p = 1$ 时，
$$\int_a^b \dfrac{\mathrm{d}x}{(x-a)^p} = \int_a^b \dfrac{\mathrm{d}x}{x-a} = [\ln|x-a|]_{a^+}^b = \ln(b-a) - \lim_{x \to a^+} \ln|x-a| = +\infty，$$

当 $p \neq 1$ 时，
$$\int_a^b \dfrac{\mathrm{d}x}{(x-a)^p} = \left[\dfrac{(x-a)^{1-p}}{1-p}\right]_{a^+}^b = \begin{cases} \dfrac{(b-a)^{1-p}}{1-p}, & p < 1, \\ +\infty, & p > 1. \end{cases}$$

因此，当 $0 < p < 1$ 时，反常积分收敛，其值为 $\dfrac{(b-a)^{1-p}}{1-p}$，当 $p \geqslant 1$ 时，反常积分发散．

习题 5-5　定积分在几何上的应用

1． 计算下列曲线所围成图形的面积．

(1) 抛物线 $y = 6 - x^2$ 与直线 $y = 3 - 2x$；

(2) 曲线 $y = \dfrac{1}{x}$ 与直线 $y = x$，$x = 2$；

(3) 曲线 $y = x^2$ 与直线 $y = x$，$y = 2x$；

(4) 曲线 $y = \mathrm{e}^{-x}$，直线 $x = 1$ 及 x 轴，$x > 1$．

解 (1) 抛物线与直线的交点为 $(-1, 5)$ 和 $(3, -3)$，所求面积
$$A = \int_{-1}^3 (6 - x^2 - 3 + 2x)\mathrm{d}x = \dfrac{32}{3}．$$

(2) $A = \int_1^2 \left(x - \dfrac{1}{x}\right)\mathrm{d}x = \left[\dfrac{1}{2}x^2 - \ln x\right]_1^2 = \dfrac{3}{2} - \ln 2$．

(3) $D_1 = \{(x, y) \mid x \leqslant y \leqslant 2x, 0 \leqslant x \leqslant 1\}$，$D_2 = \{(x, y) \mid x^2 \leqslant y \leqslant 2x, 1 \leqslant x \leqslant 2\}$，
$$A_1 = \int_0^1 (2x - x)\mathrm{d}x = \left[\dfrac{1}{2}x^2\right]_0^1 = \dfrac{1}{2}, \qquad A_2 = \int_1^2 (2x - x^2)\mathrm{d}x = \left[x^2 - \dfrac{1}{3}x^3\right]_1^2 = \dfrac{2}{3}，$$

所以 $A = A_1 + A_2 = \dfrac{7}{6}$．

(4) $A = \int_1^{+\infty} \mathrm{e}^{-x} \mathrm{d}x = -[\mathrm{e}^{-x}]_1^{+\infty} = \mathrm{e}^{-1}$．

2． 计算下列曲线所围成图形的面积．

(1) 星形线 $x = a\cos^3 t$，$y = a\sin^3 t$；

(2) $\rho = 1$ 及 $\rho = 2\cos\theta$．

解 (1) $A = 4\int_0^a y\,dx = 4\int_{\frac{\pi}{2}}^0 a\sin^3 t \cdot 3a\cos^2 t(-\sin t)\,dt = 12a^2\int_0^{\frac{\pi}{2}}\cos^2 t\sin^4 t\,dt$

$= 12a^2\left(\int_0^{\frac{\pi}{2}}\sin^4 t\,dt - \int_0^{\frac{\pi}{2}}\sin^6 t\,dt\right) = 12a^2\left(\frac{3}{4}\cdot\frac{1}{2}\cdot\frac{\pi}{2} - \frac{5}{6}\cdot\frac{3}{4}\cdot\frac{1}{2}\cdot\frac{\pi}{2}\right) = \frac{3}{8}\pi a^2$.

(2) 曲线 $\rho = 1$ 与 $\rho = 2\cos\theta$ 交点的极坐标为 $\left(1, \frac{\pi}{3}\right)$ 和 $\left(1, -\frac{\pi}{3}\right)$，所以所求的面积为

$$A = 2\left[\int_0^{\frac{\pi}{3}}\frac{1}{2}\cdot 1^2\,d\theta + \int_{\frac{\pi}{3}}^{\frac{\pi}{2}}\frac{1}{2}\cdot(2\cos\theta)^2\,d\theta\right] = \frac{\pi}{3} + 4\int_{\frac{\pi}{3}}^{\frac{\pi}{2}}\cos^2\theta\,d\theta$$

$$= \frac{\pi}{3} + [2\theta + \sin 2\theta]_{\frac{\pi}{3}}^{\frac{\pi}{2}} = \frac{2\pi}{3} - \frac{\sqrt{3}}{2}.$$

3. 计算下列旋转体的体积.

(1) 由曲线 $xy = 1$ 与直线 $x = 1$，$x = 2$ 及 x 轴所围图形绕 x 轴旋转一周所形成的旋转体；

(3) 由曲线 $y = x^3$，直线 $x = 2$ 及 $y = 0$ 所围成的图形分别绕 x 轴，y 轴旋转一周所形成的旋转体；

(4) 由曲线 $y = \ln x$，直线 $x = e$ 及 $y = 0$ 所围成的图形分别绕 x 轴，y 轴旋转一周所形成的旋转体.

解 (1) $V = \int_1^2 \pi\left(\frac{1}{x}\right)^2 dx = \pi\left[-\frac{1}{x}\right]_1^2 = \frac{\pi}{2}$.

(3) 绕 x 轴旋转所得旋转体的体积为

$$V_x = \int_0^2 \pi y^2\,dx = \int_0^2 \pi x^6\,dx = \left[\frac{\pi}{7}x^7\right]_0^2 = \frac{128}{7}\pi,$$

绕 y 轴旋转所得旋转体的体积为

$$V_y = \pi 2^2\cdot 8 - \int_0^8 \pi x^2\,dy = 32\pi - \pi\int_0^8 y^{\frac{2}{3}}\,dy = 32\pi - \frac{3}{5}\pi[y^{\frac{5}{3}}]_0^8 = \frac{64}{5}\pi,$$

或

$$V_y = 2\pi\int_0^2 x\cdot x^3\,dx = \frac{2\pi}{5}[x^5]_0^2 = \frac{64}{5}\pi.$$

(4) $V_x = \pi\int_1^e (\ln x)^2\,dx = \pi[x(\ln x)^2]_1^e - 2\pi\int_1^e \ln x\,dx$

$= \pi e - 2\pi[x\ln x]_1^e + 2\pi\int_1^e dx = \pi(e-2)$,

$$V_y = \pi\cdot e^2\cdot 1 - \pi\int_0^1 (e^y)^2\,dy = \pi e^2 - \frac{\pi}{2}\left[e^{2y}\right]_0^1 = \frac{\pi}{2}(e^2+1),$$

或

$$V_y = 2\pi\int_1^e x\ln x\,dx = \pi\int_1^e \ln x\,d(x^2) = \pi[x^2\ln x]_1^e - \pi\int_1^e x\,dx = \frac{\pi}{2}(e^2+1).$$

4. 求下列曲线的弧长.

(1) 曲线 $y = \frac{2}{3}x^{\frac{3}{2}}$ $(a \leqslant x \leqslant b)$；

(2) 星形线 $x = a\cos^3 t$，$y = a\sin^3 t$；

(3) 对数螺线 $\rho = e^{a\theta}$，$0 \leq \theta \leq \pi$.

解 (1) 弧长元素 $ds = \sqrt{1+(x^{\frac{1}{2}})^2}dx = \sqrt{1+x}dx$，所求弧长为

$$s = \int_a^b \sqrt{1+x}dx = \left[\frac{2}{3}(1+x)^{\frac{3}{2}}\right]_a^b = \frac{2}{3}[(1+b)^{\frac{3}{2}}-(1+a)^{\frac{3}{2}}].$$

(2) $s = 4\int_0^{\frac{\pi}{2}} \sqrt{[x'(t)]^2+[y'(t)]^2}dt = 12a\int_0^{\frac{\pi}{2}} \sin t \cos t \, dt = 6a$.

(3) $s = \int_0^{\pi} \sqrt{\rho^2+(\rho')^2}d\theta = \int_0^{\pi} \sqrt{(e^{a\theta})^2+(ae^{a\theta})^2}d\theta = \sqrt{1+a^2}\int_0^{\pi} e^{a\theta}d\theta$

$= \dfrac{\sqrt{1+a^2}}{a}(e^{\pi a}-1)$.

5. 在曲线 $y = x^2$ $(x \geq 0)$ 上某点 A 处作一切线，使之与曲线及 x 轴所围成的图形面积为 $\dfrac{1}{12}$，试求：

(1) 切点 A 的坐标；

(2) 过切点 A 的切线方程；

(3) 上述所围成图形绕 x 轴旋转一周所形成的旋转体的体积.

解 (1) 设切点为 (a, a^2)，$a > 0$，$y'|_{x=a} = 2a$，则切线为 $y - a^2 = 2a(x-a)$，即 $y = 2ax - a^2$，此切线与 x 轴的交点坐标为 $\left(\dfrac{a}{2}, 0\right)$，且与曲线及 x 轴所围成的图形面积为

$$S = \int_0^a x^2 dx - \frac{1}{2} \cdot \frac{a}{2} \cdot a^2 = \frac{a^3}{12},$$

由题意，$S = \dfrac{1}{12}$，故 $a = 1$，所以切点坐标为 $(1,1)$.

(2) 切线方程为 $y = 2x - 1$.

(3) $V = \pi \int_0^1 (x^2)^2 dx - \pi \int_{\frac{1}{2}}^1 (2x-1)^2 dx = \dfrac{\pi}{5} - \dfrac{\pi}{6} = \dfrac{\pi}{30}$.

6. 若由曲线 $y = 1 - x^2$ $(0 \leq x \leq 1)$ 及 x 轴，y 轴所围成的平面区域被曲线 $y = ax^2$ 分成面积相等的两部分，试求 a 的值.

解 设由曲线 $y = 1 - x^2$ $(0 \leq x \leq 1)$ 及 x 轴，y 轴所围成的平面图形的面积为 A，则 $A = \int_0^1 (1-x^2)dx = \dfrac{2}{3}$，由 $\begin{cases} y = ax^2, \\ y = 1 - x^2, \end{cases}$ 且 $x > 0$，解得

$$\begin{cases} x = \dfrac{1}{\sqrt{a+1}}, \\ y = \dfrac{a}{a+1}. \end{cases}$$

设 $y = ax^2$，$y = 1 - x^2$ 与 y 轴所围成的面积为 A_1，则 $A = 2A_1$，即

$$A_1 = \int_0^{\frac{1}{\sqrt{a+1}}} (1 - x^2 - ax^2) dx = \frac{2}{3\sqrt{a+1}} = \frac{1}{3},$$

所以 $a = 3$.

7. 求以半径为 R 的圆为底, 平行且等于底圆直径的线段为顶, 高为 h 的正劈锥体的体积.

解 取底圆所在的平面为 xOy 面, 圆心 O 为原点, 并使 x 轴与正劈锥的顶平行, 底圆的方程 $x^2 + y^2 = R^2$, 过 x 轴上的点 $x(-R \leqslant x \leqslant R)$ 作垂直于 x 轴的平面, 截正劈锥体得等腰三角形, 这截面的面积为 $A(x) = h\sqrt{R^2 - x^2}$, 于是, 所求正劈锥体的体积为

$$V = \int_{-R}^{R} A(x) dx = h \int_{-R}^{R} \sqrt{R^2 - x^2} dx = 2h \int_0^R \sqrt{R^2 - x^2} dx = \frac{\pi R^2 h}{2}.$$

习题 5-6 定积分在物理上的应用

1. 一金属棒长 3 m, 离棒左端 x m 处的线密度为 $\mu(x) = \dfrac{1}{\sqrt{1+x}}$ kg/m, 问 x 为何值时, $[0, x]$ 一段的质量为全棒质量的一半.

解 x 应满足 $\int_0^x \dfrac{1}{\sqrt{t+1}} dt = \dfrac{1}{2} \int_0^3 \dfrac{1}{\sqrt{t+1}} dt$, 因为 $\int_0^x \dfrac{1}{\sqrt{t+1}} dt = [2\sqrt{t+1}]_0^x = 2\sqrt{x+1} - 2$, $\dfrac{1}{2} \int_0^3 \dfrac{1}{\sqrt{t+1}} dt = \dfrac{1}{2}[2\sqrt{t+1}]_0^3 = 1$, 所以 $2\sqrt{x+1} - 2 = 1$, $x = \dfrac{5}{4}$ (m).

3. 一个盛满水的水池为圆台状, 上底半径为 2 m, 下底半径为 1 m, 圆台的高为 3 m, 试计算将水池内的水全部抽出池外所做的功(设水的密度为 ρ).

解 以下底圆心为原点, 向上为正向作 Ox 轴, 取积分变量为 x, 其变化范围为 $[0, 3]$, 则小区间 $[x, x+dx]$ 对应的薄层水的体积近似为 $\pi \left(\dfrac{3+x}{3}\right)^2 dx$, 将此薄层水抽出池外所做功的元素 $dW = \rho g \pi (3-x) \left(\dfrac{3+x}{3}\right)^2 dx$, 将水池内的水全部抽出池外所做的功

$$W = \pi \rho g \int_0^3 (3-x) \left(\frac{3+x}{3}\right)^2 dx = 8.25 \pi \rho g.$$

4. 一底为 8 cm、高为 6 cm 的等腰三角形片, 铅直地沉没在水中, 顶在上, 底在下, 且与水面平行, 而顶离水面 3 cm, 试求它每面所受的压力.

解 取三角形顶点为原点, x 轴竖直向下, y 轴水平向右, 建立坐标系. 取积分变量为 x, 则 x 的变化范围为 $[0, 0.06]$, 易知 B 的坐标为 $(0.06, 0.04)$, 因此 OB 的方程为 $y = \dfrac{2}{3} x$, 故小区间 $[x, x+dx]$ 对应的小窄条面积近似值为 $dS = 2 \cdot \dfrac{2}{3} x dx = \dfrac{4}{3} x dx$, 水的密度为 $\rho = 10^3$ kg/m³, 在 x 处的水压强为 $p = \rho g (x + 0.03)$, 所求压力为

$$F = \int_0^{0.06} \rho g (x + 0.03) \cdot \frac{4}{3} x dx \approx 1.65 \text{ (N)}.$$

5. 设有一个半径为 R、质量为 m 的均匀圆盘，求圆盘对通过中心与其垂直的轴的转动惯量.

解 设积分变量 $x\in[0,R]$，圆盘面密度为 μ，则区间 $[x,x+\mathrm{d}x]$ 对应的小圆环的面积为 $A=2\pi x\mathrm{d}x$，对相应轴的转动惯量元素为 $\mathrm{d}I=x^2\cdot\mu\cdot 2\pi x\mathrm{d}x=2\pi\mu x^3\mathrm{d}x$，故圆盘对轴的转动惯量为 $I=\int_0^R 2\pi\mu x^3\mathrm{d}x=\frac{1}{2}\pi\mu R^4=\frac{1}{2}mR^2$，其中 $\mu=\dfrac{m}{\pi R^2}$.

6. 一长度为 l、线密度为 μ 的均匀细直棒，在与棒的一端垂直距离为 a 单位处有一质量为 m 的质点 M，试求这细棒对质点 M 的引力.

解 建立坐标系，将细直棒的下端取为原点，取 y 轴通过细直棒且竖直向上，取 x 轴水平向右，质点 M 在 x 轴上且与棒的一端垂直距离为 a 单位. 取 y 为积分变量，则 y 的变化范围为 $[0,l]$，小区间 $[y,y+\mathrm{d}y]$ 对应的一小段细直棒对质点 M 的引力大小元素为

$$\mathrm{d}F=G\cdot\frac{m\mu\mathrm{d}y}{r^2},$$

其中 $r=\sqrt{a^2+y^2}$，这个引力在 x 轴，y 轴方向的分力分别为

$$\mathrm{d}F_x=-\frac{a}{r}\mathrm{d}F=-G\frac{m\mu a}{(a^2+y^2)^{3/2}}\mathrm{d}y,$$

$$\mathrm{d}F_y=\frac{y}{r}\mathrm{d}F=G\frac{m\mu y}{(a^2+y^2)^{3/2}}\mathrm{d}y,$$

因此

$$F_x=\int_0^l -G\frac{m\mu a}{(a^2+y^2)^{3/2}}\mathrm{d}y=-\frac{Gm\mu l}{a\sqrt{a^2+l^2}},$$

$$F_y=\int_0^l G\frac{m\mu y}{(a^2+y^2)^{3/2}}\mathrm{d}y=Gm\mu\left(\frac{1}{a}-\frac{1}{\sqrt{a^2+l^2}}\right).$$

总 习 题 五

1. 填空题.

(2) 设 $f(x)=\ln x-2x^2\int_1^e \dfrac{f(t)}{t}\mathrm{d}t$，则 $f(x)=$ _____.

解 令 $\int_1^e \dfrac{f(t)}{t}\mathrm{d}t=k$，则 $f(x)=\ln x-2kx^2$，

$$k=\int_1^e \frac{f(x)}{x}\mathrm{d}x=\int_1^e\left(\frac{\ln x}{x}-2kx\right)\mathrm{d}x$$

$$=\int_1^e \ln x\mathrm{d}(\ln x)-[kx^2]_1^e=\frac{1}{2}[\ln^2 x]_1^e-(ke^2-k)=\frac{1}{2}-ke^2+k,$$

解得 $k=\dfrac{1}{2e^2}$，所以 $f(x)=\ln x-\dfrac{x^2}{e^2}$.

2. 单项选择题.

(1) 设函数 $f(x) = \int_0^{1-\cos x} \sin t^2 dt$, $g(x) = \dfrac{x^5}{5} + \dfrac{x^6}{6}$, 则当 $x \to 0$ 时, $f(x)$ 是 $g(x)$ 的( ).

  A. 低阶无穷小   B. 高阶无穷小
  C. 等价无穷小   D. 同阶但非等价的无穷小

解 $\lim\limits_{x \to 0} \dfrac{f(x)}{g(x)} = \lim\limits_{x \to 0} \dfrac{\int_0^{1-\cos x} \sin t^2 dt}{\dfrac{x^5}{5} + \dfrac{x^6}{6}} = \lim\limits_{x \to 0} \dfrac{\sin(1-\cos x)^2 \cdot \sin x}{x^4 + x^5}$

$= \lim\limits_{x \to 0} \dfrac{\sin(1-\cos x)^2}{x^3 + x^4} = \lim\limits_{x \to 0} \dfrac{\dfrac{x^4}{4}}{x^3 + x^4} = 0$,

故选 B.

(3) 下列反常积分收敛的是( ).

  A. $\int_1^{+\infty} \dfrac{dx}{x^{\frac{4}{5}}}$ B. $\int_1^{+\infty} \dfrac{dx}{\sqrt{x+1}}$ C. $\int_1^{+\infty} \dfrac{dx}{x^3}$ D. $\int_{-1}^1 \dfrac{dx}{x^2}$

解 选项 A 中, $\int_1^{+\infty} \dfrac{dx}{x^{\frac{4}{5}}} = [5x^{\frac{1}{5}}]_1^{+\infty} = +\infty$, 发散;

选项 B 中, $\int_1^{+\infty} \dfrac{dx}{\sqrt{x+1}} = 2[\sqrt{x+1}]_1^{+\infty} = +\infty$, 发散;

选项 C 中, $\int_1^{+\infty} \dfrac{dx}{x^3} = -\left[\dfrac{1}{2x^2}\right]_1^{+\infty} = \dfrac{1}{2}$, 收敛;

选项 D 中, $x=0$ 是瑕点, 其中 $\int_0^1 \dfrac{1}{x^2} dx = -\left[\dfrac{1}{x}\right]_{0^+}^1 = -1 + \lim\limits_{x \to 0^+} \dfrac{1}{x} = +\infty$, 发散.

故选 C.

3. 计算下列极限.

(1) $\lim\limits_{n \to \infty} \dfrac{1}{n} \sum\limits_{i=1}^n \sqrt{1 + \dfrac{i}{n}}$;

(2) $\lim\limits_{n \to \infty} \dfrac{1}{n} \ln \dfrac{(n+1)(n+2)\cdots(n+n)}{n^n}$;

(3) $\lim\limits_{x \to a} \dfrac{x}{x-a} \int_a^x f(t) dt$, 其中 $f(x)$ 连续;

(4) $\lim\limits_{x \to +\infty} \dfrac{\int_0^x (\arctan t)^2 dt}{\sqrt{x^2+1}}$.

解 (1) $\lim\limits_{n \to \infty} \dfrac{1}{n} \sum\limits_{i=1}^n \sqrt{1 + \dfrac{i}{n}} = \int_0^1 \sqrt{1+x} dx = \left[\dfrac{2}{3}(1+x)^{\frac{3}{2}}\right]_0^1 = \dfrac{2}{3}(2\sqrt{2} - 1)$.

(2) $\lim\limits_{n \to \infty} \dfrac{1}{n} \ln \dfrac{(n+1)(n+2)\cdots(n+n)}{n^n} = \lim\limits_{n \to \infty} \dfrac{1}{n} \sum\limits_{i=1}^n \ln\left(1 + \dfrac{i}{n}\right)$

$= \int_0^1 \ln(1+x) dx = \int_0^1 \ln(1+x) d(1+x)$

$= [(1+x)\ln(1+x)]_0^1 - \int_0^1 dx = 2\ln 2 - 1$.

(3) $\lim\limits_{x\to a}\dfrac{x}{x-a}\int_a^x f(t)\mathrm{d}t = \lim\limits_{x\to a}\dfrac{x\int_a^x f(t)\mathrm{d}t}{x-a} = \lim\limits_{x\to a}[xf(x)+\int_a^x f(t)\mathrm{d}t] = af(a)$.

(4) 当 $x>\tan 1$ 时，$\arctan x>1$，记 $c=\int_0^{\tan 1}(\arctan t)^2\mathrm{d}t$，则当 $x>\tan 1$ 时，有

$$\int_0^x(\arctan t)^2\mathrm{d}t = c+\int_{\tan 1}^x(\arctan t)^2\mathrm{d}t > c+\int_{\tan 1}^x \mathrm{d}t = c+x-\tan 1,$$

则 $\lim\limits_{x\to +\infty}\int_0^x(\arctan t)^2\mathrm{d}t = +\infty$，故所求极限为 $\dfrac{\infty}{\infty}$ 型未定式，由洛必达法则得

$$\lim\limits_{x\to+\infty}\dfrac{\int_0^x(\arctan t)^2\mathrm{d}t}{\sqrt{x^2+1}} = \lim\limits_{x\to+\infty}\dfrac{(\arctan x)^2}{\dfrac{x}{\sqrt{x^2+1}}} = \dfrac{\pi^2}{4}.$$

4. 证明积分不等式：$\dfrac{3}{\mathrm{e}^4}\leqslant \int_{-1}^2 \mathrm{e}^{-x^2}\mathrm{d}x \leqslant 3$.

证 在区间 $[-1,2]$ 上，$\dfrac{1}{\mathrm{e}^4}\leqslant \mathrm{e}^{-x^2}\leqslant \mathrm{e}^0=1$，则 $\dfrac{3}{\mathrm{e}^4}\leqslant \int_{-1}^2 \mathrm{e}^{-x^2}\mathrm{d}x \leqslant 3$.

5. 计算下列积分.

(1) $\int_0^{\frac{\pi}{2}}\dfrac{x+\sin x}{1+\cos x}\mathrm{d}x$；　(2) $\int_0^{\frac{\pi}{4}}\ln(1+\tan x)\mathrm{d}x$；　(3) $\int_0^a \dfrac{\mathrm{d}x}{x+\sqrt{a^2-x^2}}$ $(a>0)$；

(5) $\int_0^{\frac{\pi}{2}}\dfrac{\mathrm{d}x}{1+\cos^2 x}$；　(6) $\int_0^\pi x\sqrt{\cos^2 x-\cos^4 x}\mathrm{d}x$；　(7) $\int_{-\frac{\pi}{2}}^{\frac{\pi}{2}}\sin^2 x\ln(x+\sqrt{4+x^2})\mathrm{d}x$.

解 (1) $\int_0^{\frac{\pi}{2}}\dfrac{x+\sin x}{1+\cos x}\mathrm{d}x = \int_0^{\frac{\pi}{2}}\dfrac{x+2\sin\dfrac{x}{2}\cos\dfrac{x}{2}}{2\cos^2\dfrac{x}{2}}\mathrm{d}x = \int_0^{\frac{\pi}{2}} x\mathrm{d}\left(\tan\dfrac{x}{2}\right)+\int_0^{\frac{\pi}{2}}\tan\dfrac{x}{2}\mathrm{d}x$

$$=\left[x\tan\dfrac{x}{2}\right]_0^{\frac{\pi}{2}} - \int_0^{\frac{\pi}{2}}\tan\dfrac{x}{2}\mathrm{d}x + \int_0^{\frac{\pi}{2}}\tan\dfrac{x}{2}\mathrm{d}x = \dfrac{\pi}{2}.$$

(2) 令 $x=\dfrac{\pi}{4}-u$，则

$$\int_0^{\frac{\pi}{4}}\ln(1+\tan x)\mathrm{d}x = \int_0^{\frac{\pi}{4}}[\ln 2 - \ln(1+\tan u)]\mathrm{d}u$$

$$=\dfrac{\pi}{4}\ln 2 - \int_0^{\frac{\pi}{4}}\ln(1+\tan x)\mathrm{d}x,$$

所以 $\int_0^{\frac{\pi}{4}}\ln(1+\tan x)\mathrm{d}x = \dfrac{\pi}{8}\ln 2$.

(3) 令 $x=a\sin t$，则

$$\int_0^a \dfrac{\mathrm{d}x}{x+\sqrt{a^2-x^2}} = \int_0^{\frac{\pi}{2}}\dfrac{\cos t\,\mathrm{d}t}{\sin t+\cos t} = \dfrac{1}{2}\int_0^{\frac{\pi}{2}}\dfrac{(\sin t+\cos t)+(\cos t-\sin t)\mathrm{d}t}{\sin t+\cos t}$$

$$=\dfrac{\pi}{4}+\dfrac{1}{2}\int_0^{\frac{\pi}{2}}\dfrac{\mathrm{d}(\sin t+\cos t)}{\sin t+\cos t} = \dfrac{\pi}{4}+\dfrac{1}{2}[\ln|\sin t+\cos t|]_0^{\frac{\pi}{2}} = \dfrac{\pi}{4}.$$

(5) $\int_0^{\frac{\pi}{2}} \frac{dx}{1+\cos^2 x} = \int_0^{\frac{\pi}{2}} \frac{\sec^2 x dx}{\sec^2 x + 1} = \int_0^{\frac{\pi}{2}} \frac{d(\tan x)}{\tan^2 x + 2} = \frac{1}{\sqrt{2}} \int_0^{\frac{\pi}{2}} \frac{d\left(\frac{\tan x}{\sqrt{2}}\right)}{1+\left(\frac{\tan x}{\sqrt{2}}\right)^2}$

$$= \left[\frac{1}{\sqrt{2}} \arctan\left(\frac{\tan x}{\sqrt{2}}\right)\right]_0^{\frac{\pi}{2}^-} = \frac{1}{\sqrt{2}} \lim_{x \to \frac{\pi}{2}^-} \arctan\left(\frac{\tan x}{\sqrt{2}}\right) = \frac{\sqrt{2}}{4}\pi.$$

(6) $\int_0^\pi x\sqrt{\cos^2 x - \cos^4 x}\,dx = \int_0^\pi x|\cos x||\sin x|\,dx = \frac{\pi}{2}\int_0^\pi |\cos x|\sin x\,dx$

$$= \frac{\pi}{2}\left(\int_0^{\frac{\pi}{2}} \cos x \sin x\,dx - \int_{\frac{\pi}{2}}^\pi \cos x \sin x\,dx\right)$$

$$= \frac{\pi}{2}\left[\frac{1}{2}\sin^2 x\right]_0^{\frac{\pi}{2}} - \frac{\pi}{2}\left[\frac{1}{2}\sin^2 x\right]_{\frac{\pi}{2}}^\pi = \frac{\pi}{2}.$$

(7) 令 $I = \int_{-\frac{\pi}{2}}^{\frac{\pi}{2}} \sin^2 x \ln(x+\sqrt{4+x^2})\,dx$, $x = -t$, 则

$$I = -\int_{\frac{\pi}{2}}^{-\frac{\pi}{2}} \sin^2 t \ln(-t+\sqrt{4+t^2})\,dt = \int_{-\frac{\pi}{2}}^{\frac{\pi}{2}} \sin^2 t \ln \frac{4}{t+\sqrt{4+t^2}}\,dt$$

$$= \int_{-\frac{\pi}{2}}^{\frac{\pi}{2}} [\sin^2 t \ln 4 - \sin^2 t \ln(t+\sqrt{4+t^2})]\,dt = \int_{-\frac{\pi}{2}}^{\frac{\pi}{2}} \sin^2 t \ln 4\,dt - I,$$

所以 $\quad I = \frac{\ln 4}{2}\int_{-\frac{\pi}{2}}^{\frac{\pi}{2}} \sin^2 t\,dt = \ln 4 \int_0^{\frac{\pi}{2}} \sin^2 t\,dt = 2\ln 2 \cdot \frac{1}{2} \cdot \frac{\pi}{2} = \frac{\pi}{2}\ln 2.$

6. 设函数 $f(x)$ 在 $(-\infty,+\infty)$ 内满足 $f(x) = f(x-\pi) + \sin x$, 且 $f(x) = x$, $x \in [0,\pi)$, 计算 $\int_\pi^{3\pi} f(x)\,dx$.

解 当 $x \in [\pi, 2\pi)$, 即 $x-\pi \in [0,\pi)$ 时, $f(x) = f(x-\pi) + \sin x = x - \pi + \sin x$; 当 $x \in [2\pi, 3\pi)$, 即 $x - 2\pi \in [0,\pi)$ 时,

$$f(x) = f(x-\pi) + \sin x = f(x-2\pi) + \sin(x-\pi) + \sin x = x - 2\pi.$$

综上所述, 当 $x \in [\pi, 3\pi)$ 时, 有

$$f(x) = \begin{cases} x - \pi + \sin x, & x \in [\pi, 2\pi), \\ x - 2\pi, & x \in [2\pi, 3\pi), \end{cases}$$

所以

$$\int_\pi^{3\pi} f(x)\,dx = \int_\pi^{2\pi} (x-\pi+\sin x)\,dx + \int_{2\pi}^{3\pi}(x-2\pi)\,dx = \pi^2 - 2.$$

7. 设函数 $f(x)$ 在 $(-\infty,+\infty)$ 内连续, 且 $f(x) = x^2 - x\int_0^2 f(x)\,dx + 2\int_0^1 f(x)\,dx$, 求 $f(x)$.

解 设 $\int_0^1 f(x)\,dx = a$, $\int_0^2 f(x)\,dx = b$, 则 $f(x) = x^2 - bx + 2a$, 于是

$$a = \int_0^1 f(x)\,dx = \int_0^1 (x^2 - bx + 2a)\,dx = \frac{1}{3} - \frac{1}{2}b + 2a,$$

$$b = \int_0^2 f(x)\mathrm{d}x = \int_0^2 (x^2 - bx + 2a)\mathrm{d}x = \frac{8}{3} - 2b + 4a,$$

因此 $a = \frac{1}{3}$, $b = \frac{4}{3}$, 所以 $f(x) = x^2 - \frac{4}{3}x + \frac{2}{3}$.

9. 设 $f(x)$, $g(x)$ 在 $[a,b]$ 上均连续, 证明:

(1) $\left[\int_a^b f(x)g(x)\mathrm{d}x\right]^2 \leqslant \int_a^b f^2(x)\mathrm{d}x \cdot \int_a^b g^2(x)\mathrm{d}x$ (柯西-施瓦茨不等式);

(2) $\left\{\int_a^b [f(x)+g(x)]^2 \mathrm{d}x\right\}^{\frac{1}{2}} \leqslant \left[\int_a^b f^2(x)\mathrm{d}x\right]^{\frac{1}{2}} + \left[\int_a^b g^2(x)\mathrm{d}x\right]^{\frac{1}{2}}$ (闵可夫斯基不等式).

证 (1) 对任意实数 λ, 有 $\int_a^b [f(x) + \lambda g(x)]^2 \mathrm{d}x \geqslant 0$, 即

$$\int_a^b f^2(x)\mathrm{d}x + 2\lambda \int_a^b f(x)g(x)\mathrm{d}x + \lambda^2 \int_a^b g^2(x)\mathrm{d}x \geqslant 0,$$

左边是一个关于 λ 的二次多项式, 它非负的条件是

$$4\left[\int_a^b f(x)g(x)\mathrm{d}x\right]^2 - 4\int_a^b f^2(x)\mathrm{d}x \cdot \int_a^b g^2(x)\mathrm{d}x \leqslant 0,$$

即有

$$\left[\int_a^b f(x)g(x)\mathrm{d}x\right]^2 \leqslant \int_a^b f^2(x)\mathrm{d}x \cdot \int_a^b g^2(x)\mathrm{d}x.$$

(2) $\int_a^b [f(x)+g(x)]^2 \mathrm{d}x = \int_a^b [f^2(x) + 2f(x)g(x) + g^2(x)]\mathrm{d}x$

$$= \int_a^b f^2(x)\mathrm{d}x + 2\int_a^b f(x)g(x)\mathrm{d}x + \int_a^b g^2(x)\mathrm{d}x$$

$$\leqslant \int_a^b f^2(x)\mathrm{d}x + 2\left[\int_a^b f^2(x)\mathrm{d}x \int_a^b g^2(x)\mathrm{d}x\right]^{\frac{1}{2}} + \int_a^b g^2(x)\mathrm{d}x$$

$$= \left\{\left[\int_a^b f^2(x)\mathrm{d}x\right]^{\frac{1}{2}} + \left[\int_a^b g^2(x)\mathrm{d}x\right]^{\frac{1}{2}}\right\}^2,$$

所以 $\left\{\int_a^b [f(x)+g(x)]^2 \mathrm{d}x\right\}^{\frac{1}{2}} \leqslant \left[\int_a^b f^2(x)\mathrm{d}x\right]^{\frac{1}{2}} + \left[\int_a^b g^2(x)\mathrm{d}x\right]^{\frac{1}{2}}$.

10. 设 $f(x)$ 在 $[a,b]$ 上连续, 且 $f(x) > 0$, 证明 $\int_a^b f(x)\mathrm{d}x \cdot \int_a^b \frac{\mathrm{d}x}{f(x)} \geqslant (b-a)^2$.

证 方法一: 根据第 9 题 (1) 柯西-施瓦茨不等式, 有

$$\left[\int_a^b f(x)g(x)\mathrm{d}x\right]^2 \leqslant \int_a^b f^2(x)\mathrm{d}x \cdot \int_a^b g^2(x)\mathrm{d}x,$$

$$\left[\int_a^b \sqrt{f(x)} \cdot \frac{1}{\sqrt{f(x)}}\mathrm{d}x\right]^2 \leqslant \int_a^b [\sqrt{f(x)}]^2 \mathrm{d}x \cdot \int_a^b \left[\frac{1}{\sqrt{f(x)}}\right]^2 \mathrm{d}x,$$

从而可得 $\int_a^b f(x)\mathrm{d}x \cdot \int_a^b \frac{\mathrm{d}x}{f(x)} \geqslant (b-a)^2$.

方法二: 设 $F(x) = \int_a^x f(t)\mathrm{d}t \cdot \int_a^x \frac{\mathrm{d}t}{f(t)} - (x-a)^2$, 且 $f(x) > 0$, 则

$$F'(x) = f(x) \cdot \int_a^x \frac{\mathrm{d}t}{f(t)} + \frac{1}{f(x)} \cdot \int_a^x f(t)\mathrm{d}t - 2(x-a)$$

$$= \int_a^x \left[\frac{f(x)}{f(t)} + \frac{f(t)}{f(x)} \right] \mathrm{d}t - 2(x-a) \geq \int_a^x 2\mathrm{d}t - 2(x-a) = 0,$$

所以 $F(x)$ 在 $[a,b]$ 上单调增加，又由于 $F(x)$ 在 $[a,b]$ 上连续，故 $F(b) \geq F(a) = 0$，即

$$\int_a^b f(x)\mathrm{d}x \cdot \int_a^b \frac{\mathrm{d}x}{f(x)} \geq (b-a)^2.$$

11. 设 $f(x)$ 在 $[a,b]$ 上连续，且 $f(x) > 0$，$F(x) = \int_a^x f(t)\mathrm{d}t + \int_b^x \frac{\mathrm{d}t}{f(t)}$，$x \in [a,b]$，证明：
(1) $F'(x) \geq 2$；(2) 方程 $F(x) = 0$ 在 (a,b) 内有且仅有一个根.

证 (1) 因为 $f(x)$ 在 $[a,b]$ 上连续，所以 $F(x)$ 在 $[a,b]$ 上可导，且

$$F'(x) = f(x) + \frac{1}{f(x)} \geq 2.$$

(2) 因为 $F(x)$ 在 $[a,b]$ 上连续，且 $f(x) > 0, a < b$，所以

$$F(a) = \int_b^a \frac{1}{f(t)}\mathrm{d}t = -\int_a^b \frac{\mathrm{d}t}{f(t)} < 0, \qquad F(b) = \int_a^b f(t)\mathrm{d}t > 0,$$

由零点定理知 $F(x) = 0$ 在 (a,b) 内至少有一个根，又 $F'(x) \geq 2 > 0$，$F(x)$ 在 $[a,b]$ 上单调增加，所以方程 $F(x) = 0$ 在 (a,b) 内有且仅有一个根.

12. 设 $f(x)$ 为连续函数，证明：$\int_0^x f(t)(x-t)\mathrm{d}t = \int_0^x \left[\int_0^t f(u)\mathrm{d}u \right] \mathrm{d}t$.

证 由分部积分公式得

$$\int_0^x \left[\int_0^t f(u)\mathrm{d}u \right] \mathrm{d}t = \left[t\int_0^t f(u)\mathrm{d}u \right]_0^x - \int_0^x tf(t)\mathrm{d}t = x\int_0^x f(u)\mathrm{d}u - \int_0^x tf(t)\mathrm{d}t$$

$$= \int_0^x xf(t)\mathrm{d}t - \int_0^x tf(t)\mathrm{d}t = \int_0^x f(t)(x-t)\mathrm{d}t.$$

13. 设 $f(x)$ 在 $[a,b]$ 上连续，$g(x)$ 在 $[a,b]$ 上连续且不变号，证明至少存在一点 $\xi \in [a,b]$，使下式成立：

$$\int_a^b f(x)g(x)\mathrm{d}x = f(\xi)\int_a^b g(x)\mathrm{d}x \quad (\text{积分第一中值定理}).$$

证 不妨设 $g(x) \geq 0$，由定积分性质知 $\int_a^b g(x)\mathrm{d}x \geq 0$，因为 $f(x)$ 在 $[a,b]$ 上连续，所以记 $m \leq f(x) \leq M$，$x \in [a,b]$，则 $mg(x) \leq f(x)g(x) \leq Mg(x)$，则

$$m\int_a^b g(x)\mathrm{d}x \leq \int_a^b f(x)g(x)\mathrm{d}x \leq M\int_a^b g(x)\mathrm{d}x,$$

当 $\int_a^b g(x)\mathrm{d}x = 0$ 时，$\int_a^b f(x)g(x)\mathrm{d}x = 0$，对任意的 $\xi \in [a,b]$ 都有

$$\int_a^b f(x)g(x)\mathrm{d}x = f(\xi)\int_a^b g(x)\mathrm{d}x,$$

结论显然成立；当 $\int_a^b g(x)\mathrm{d}x > 0$ 时，有 $m \leq \dfrac{\int_a^b f(x)g(x)\mathrm{d}x}{\int_a^b g(x)\mathrm{d}x} \leq M$，由介值定理，存在

$\xi \in [a,b]$，使
$$f(\xi) = \frac{\int_a^b f(x)g(x)\mathrm{d}x}{\int_a^b g(x)\mathrm{d}x},$$
即
$$\int_a^b f(x)g(x)\mathrm{d}x = f(\xi)\int_a^b g(x)\mathrm{d}x.$$

14. 设 $f(x)$ 在 $[a,b]$ 上连续，在 (a,b) 内可导，且 $f(a)=0$，$f'(x) \leqslant M$（M 为常数），证明：$\int_a^b f(x)\mathrm{d}x \leqslant \frac{M}{2}(b-a)^2$.

证 因为 $f(x)$ 在 $[a,b]$ 上连续，在 (a,b) 内可导，所以 $f(x)$ 在 $[a,x]$（$a<x\leqslant b$）上满足拉格朗日中值定理的条件，则 $f(x)=f(x)-f(a)=f'(\xi)(x-a)$，$\xi \in (a,x)$，又因为 $f'(x)\leqslant M$，则 $f(x)\leqslant M(x-a)$，从而 $\int_a^b f(x)\mathrm{d}x \leqslant \int_a^b M(x-a)\mathrm{d}x = \frac{M}{2}(b-a)^2$.

15. 已知 $\int_0^{+\infty} \frac{\sin x}{x}\mathrm{d}x = \frac{\pi}{2}$，试证：(1) $\int_0^{+\infty} \frac{\sin x \cos x}{x}\mathrm{d}x = \frac{\pi}{4}$.

证 (1) $\int_0^{+\infty} \frac{\sin x \cos x}{x}\mathrm{d}x = \int_0^{+\infty} \frac{\sin 2x}{2x}\mathrm{d}x = \frac{1}{2}\int_0^{+\infty} \frac{\sin 2x}{2x}\mathrm{d}(2x)$ （令 $t=2x$）
$$= \frac{1}{2}\int_0^{+\infty} \frac{\sin t}{t}\mathrm{d}t = \frac{\pi}{4}.$$

16. 设曲线 $y=ax^2$（$a>0, x<0$）与曲线 $y=1-x^2$ 交于点 A，把过坐标原点 O 和点 A 的直线与曲线 $y=ax^2$ 围成的图形记为 D，问 a 为何值时，图形 D 绕 x 轴旋转一周所得的旋转体体积最大？最大体积是多少？

解 当 $x<0$ 时，由 $\begin{cases} y=ax^2, \\ y=1-x^2, \end{cases}$ 解得 $\begin{cases} x=-\dfrac{1}{\sqrt{1+a}}, \\ y=\dfrac{a}{1+a}, \end{cases}$ 故直线 OA 的方程为 $y=-\dfrac{ax}{\sqrt{1+a}}$，旋转体的体积为
$$V(a) = \pi \int_{-\frac{1}{\sqrt{1+a}}}^{0}\left(\frac{a^2 x^2}{1+a} - a^2 x^4\right)\mathrm{d}x = \frac{2\pi a^2}{15(1+a)^{\frac{5}{2}}}, \quad a>0,$$
$$V'(a) = \frac{\pi(4a-a^2)}{15(1+a)^{\frac{7}{2}}},$$

令 $V'(a)=0$，并由 $a>0$，得唯一驻点 $a=4$. 当 $0<a<4$ 时，$V'(a)>0$；当 $a>4$ 时，$V'(a)<0$. 所以当 $a=4$ 时，$V(a)$ 取得唯一的极大值，即最大值，且最大值为
$$V(4) = \frac{2\pi}{15} \cdot \frac{16}{5^{\frac{5}{2}}} = \frac{32\sqrt{5}}{1875}\pi.$$

17. 设抛物线 $y=ax^2+bx+c$ 通过点 $(0,0)$，且当 $x\in[0,1]$ 时 $y\geqslant 0$，试确定 a,b,c 的值，使抛物线 $y=ax^2+bx+c$ 与直线 $x=1$，$y=0$ 所围平面图形的面积为 $\dfrac{4}{9}$，且使该图形

绕 x 轴旋转一周而成的旋转体的体积最小.

解 因为抛物线 $y=ax^2+bx+c$ 通过点 $(0,0)$，所以 $c=0$，从而 $y=ax^2+bx$，抛物线 $y=ax^2+bx$ 与直线 $x=1,y=0$ 所围成的图形面积为 $\int_0^1(ax^2+bx)dx=\dfrac{a}{3}+\dfrac{b}{2}=\dfrac{4}{9}$，得 $a=\dfrac{4}{3}-\dfrac{3}{2}b$，该图形绕 x 轴旋转而成的旋转体体积为

$$V(b)=\pi\int_0^1(ax^2+bx)^2dx=\pi\left(\dfrac{a^2}{5}+\dfrac{b^2}{3}+\dfrac{ab}{2}\right)=\dfrac{\pi}{30}(b-2)^2+\dfrac{2}{9}\pi,\quad V'(b)=\dfrac{\pi}{15}(b-2),$$

令 $V'(b)=0$，得唯一驻点 $b=2$，此时 $a=-\dfrac{5}{3}$，且旋转体体积最小，即 $a=-\dfrac{5}{3}$，$b=2$，$c=0$.

18. 过坐标原点作曲线 $y=\ln x$ 的切线，该切线与曲线 $y=\ln x$ 及 x 轴围成平面图形 D.

(1) 求 D 的面积 A；

(2) 求 D 绕直线 $x=e$ 旋转一周所得旋转体的体积 V.

解 设切点坐标为 $(a,\ln a)$，则该切线方程为 $y-\ln a=\dfrac{1}{a}(x-a)$，此切线经过原点，故其切点为 $(e,1)$，切线方程为 $y=\dfrac{x}{e}$.

(1) $A=\dfrac{e}{2}-\int_1^e\ln xdx=\dfrac{e}{2}-[x\ln x]_1^e+\int_1^e dx=\dfrac{e}{2}-1$.

(2) $V=\dfrac{1}{3}\pi e^2\cdot 1-\pi\int_0^1(e-e^y)^2dy=\dfrac{1}{3}\pi e^2-\pi\left[e^2y-2ee^y+\dfrac{1}{2}e^{2y}\right]_0^1=\dfrac{\pi}{6}(5e^2-12e+3)$.

19. 求抛物线 $y=\dfrac{1}{2}x^2$ 被圆 $x^2+y^2=3$ 所截下的有限部分的弧长.

解 由 $\begin{cases}x^2+y^2=3,\\ y=\dfrac{1}{2}x^2\end{cases}$ 解得抛物线与圆的两个交点为 $(-\sqrt{2},1)$，$(\sqrt{2},1)$，于是所求的弧长为

$$s=2\int_0^{\sqrt{2}}\sqrt{1+(y')^2}dx=2\int_0^{\sqrt{2}}\sqrt{1+x^2}dx,$$

其中

$$\int_0^{\sqrt{2}}\sqrt{1+x^2}dx=\left[x\sqrt{1+x^2}\right]_0^{\sqrt{2}}-\int_0^{\sqrt{2}}\dfrac{x^2}{\sqrt{1+x^2}}dx$$

$$=\sqrt{6}-\int_0^{\sqrt{2}}\dfrac{(1+x^2)-1}{\sqrt{1+x^2}}dx=\sqrt{6}-\int_0^{\sqrt{2}}\sqrt{1+x^2}dx+\int_0^{\sqrt{2}}\dfrac{1}{\sqrt{1+x^2}}dx,$$

所以

$$\int_0^{\sqrt{2}}\sqrt{1+x^2}dx=\dfrac{\sqrt{6}}{2}+\dfrac{1}{2}\int_0^{\sqrt{2}}\dfrac{1}{\sqrt{1+x^2}}dx$$

$$= \frac{\sqrt{6}}{2} + \frac{1}{2}\left[\ln(x+\sqrt{1+x^2})\right]_0^{\sqrt{2}} = \frac{\sqrt{6}}{2} + \frac{1}{2}\ln(\sqrt{2}+\sqrt{3}),$$

故 $s = 2\int_0^{\sqrt{2}} \sqrt{1+x^2}\,\mathrm{d}x = \sqrt{6} + \ln(\sqrt{2}+\sqrt{3})$.

六、自 测 题

自 测 题 一

一、选择题 (8 小题, 每小题 3 分, 共 24 分).

1. 下列等式中不正确的是( ).

A. $\left[\int f(x)\mathrm{d}x\right]' = f(x)$ 　　　　B. $\left[\int_0^x f(t)\mathrm{d}t\right]' = f(x)$, 其中 $f(x)$ 连续

C. $\mathrm{d}\int f(x)\mathrm{d}x = f(x)\mathrm{d}x$ 　　　　D. $\int \mathrm{d}F(x) = F(x)$

2. $\int_{-a}^{a} \frac{x\mathrm{d}x}{1+\cos x} = $ ( ).

A. 1 　　　　B. 0 　　　　C. $2a$ 　　　　D. $\frac{3a}{4}$

3. 下列计算正确的是( ).

A. $\int_{-1}^{1} \frac{1}{1+x^2}\mathrm{d}x = -\int_{-1}^{1} \frac{\mathrm{d}\left(\frac{1}{x}\right)}{1+\left(\frac{1}{x}\right)^2} = \left[-\arctan\frac{1}{x}\right]_{-1}^{1} = -\frac{\pi}{2}$

B. 令 $x = \frac{1}{t}$, 则 $\int_{-1}^{1} \frac{\mathrm{d}x}{x^2+x+1} = -\int_{-1}^{1} \frac{\mathrm{d}t}{t^2+t+1}$, 所以 $\int_{-1}^{1} \frac{\mathrm{d}x}{x^2+x+1} = 0$

C. $\int_{-\infty}^{+\infty} \frac{x}{1+x^2}\mathrm{d}x = \lim_{A\to+\infty} \int_{-A}^{A} \frac{x}{1+x^2}\mathrm{d}x = 0$

D. $\int_{-1}^{1} \mathrm{e}^{-x^2}\sin 3x\,\mathrm{d}x = 0$

4. $f(x) = \int_0^x (2\cos t + \cos 3t)\mathrm{d}t$ 在 $x = \frac{\pi}{3}$ 处必( ).

A. 取极小值 　　B. 取极大值 　　C. 不取极值 　　D. 是单调的

5. $\int_0^{\frac{\pi}{2}} |\sin x - \cos x|\mathrm{d}x = ($).

A. 0 　　　　B. $2\sqrt{2}$ 　　　　C. $2\sqrt{2}-1$ 　　　　D. $2(\sqrt{2}-1)$

6. 设 $M = \int_{-\frac{\pi}{2}}^{\frac{\pi}{2}} \frac{\sin x}{1+x^2}\cos^4 x\,\mathrm{d}x$, $N = \int_{-\frac{\pi}{2}}^{\frac{\pi}{2}} (\sin^3 x + \cos^4 x)\mathrm{d}x$, $P = \int_{-\frac{\pi}{2}}^{\frac{\pi}{2}} (x^2\sin^3 x - \cos^4 x)\mathrm{d}x$, 则有( ).

A. $N < P < M$ B. $M < P < N$
C. $N < M < P$ D. $P < M < N$

7. 若 $f(x)$ 在 $(-\infty,+\infty)$ 内连续，$a\in(-\infty,+\infty)$，$F(x)=\int_a^x f(t)\mathrm{d}t$，则以下叙述错误的是(　　)．

   A. $F(x)$ 在 $(-\infty,+\infty)$ 内连续
   B. $F(x)$ 在 $(-\infty,+\infty)$ 内连续，但未必可导
   C. $F(x)$ 在 $(-\infty,+\infty)$ 内可导，且 $F'(x)=f(x)$
   D. 若 $F(x)$ 是以 $T(T>0)$ 为周期的函数，则 $f(x)$ 也是以 T 为周期的函数

8. 曲线 $\begin{cases} x=a(\cos t+t\sin t), \\ y=a(\sin t-t\cos t) \end{cases}$ $(a>0)$ 从 $t=0$ 到 $t=\pi$ 的一段弧长 $s=$（　　）．

   A. $\int_0^\pi \sqrt{1+[a(\sin t-t\cos t)]^2}\,\mathrm{d}t$ B. $\int_0^\pi \sqrt{1+(at\sin t)^2}\,at\cos t\,\mathrm{d}t$
   C. $\int_0^\pi \sqrt{1+(at\sin t)^2}\,\mathrm{d}t$ D. $\int_0^\pi at\,\mathrm{d}t$

二、**填空题** (6 小题，每小题 3 分，共 18 分)．

1. $\displaystyle\lim_{x\to 0}\frac{\int_0^x \cos t^2\,\mathrm{d}t}{x}=$ ＿＿＿＿＿．

2. 设 $f(x)=\mathrm{e}^{-x}$，则 $\displaystyle\int_1^2 \frac{f'(\ln x)}{x}\mathrm{d}x=$ ＿＿＿＿＿．

3. 设 $f(x)=\begin{cases} x+1, & x<0, \\ x^2, & x\geqslant 0, \end{cases}$ 则 $\displaystyle\int_{-1}^1 f(x)\mathrm{d}x=$ ＿＿＿＿＿．

4. $\displaystyle\int_0^1 \sqrt{1-x^2}\,\mathrm{d}x=$ ＿＿＿＿＿．

5. $\displaystyle\int_0^{+\infty} \frac{x}{(1+x^2)^2}\mathrm{d}x=$ ＿＿＿＿＿．

6. $\displaystyle\frac{\mathrm{d}}{\mathrm{d}x}\int_{\sin x}^{\cos x} \cos(\pi t^2)\,\mathrm{d}t=$ ＿＿＿＿＿．

三、**判断题** (4 小题，每小题 2 分，共 8 分)．

1. 非负函数 $f(x)$ 在 $[a,b]$ 上连续，$a<b$，$f(x)\neq 0$，则 $\int_a^b f(x)\mathrm{d}x>0$． （　　）

2. $\pi\leqslant \int_0^\pi(\sin^2 x+1)\mathrm{d}x\leqslant 2\pi$． （　　）

3. $\int_{-1}^1 \frac{1}{x^3}\mathrm{d}x$ 是发散的反常积分． （　　）

4. 设 $f(x)$ 是连续的偶函数，则 $F(x)=\int_0^x f(t)\mathrm{d}t$ 是奇函数． （　　）

四、**计算题** (5 小题，每小题 6 分，共 30 分)．

1. 计算极限 $\displaystyle\lim_{x\to a}\frac{x\cdot\int_a^x \cos t^2\,\mathrm{d}t}{x-a}$．

2. 已知 $f(x) = \begin{cases} \dfrac{1}{1+x}, & x \geq 0, \\ \dfrac{1}{1+e^x}, & x < 0, \end{cases}$ 求 $\int_{-1}^{1} f(x)dx$.

3. 计算 $\int_{-2}^{2} \max\{x, x^2\}dx$.

4. 判断反常积分 $\int_{0}^{1} \dfrac{x}{\sqrt{1-x^2}}dx$ 的敛散性,若收敛,计算其值.

5. 已知摆线 $\begin{cases} x = a(t - \sin t), \\ y = a(1 - \cos t) \end{cases}$ 的一拱 $(0 \leq \theta \leq 2\pi)$,其中 $a > 0$,

(1) 计算该摆线的长度;
(2) 求该摆线与 x 轴所围成图形的面积.

五、解答与证明题 (3 小题,第 1 小题 6 分,第 2、3 小题每题 7 分,共 20 分).

1. 证明: $\int_{0}^{2} x^m (2-x)^n dx = \int_{0}^{2} x^n (2-x)^m dx \quad (m > 0, n > 0)$.

2. 设 $f(x)$ 在区间 $[a,b]$ 上有二阶连续导数,$f(a) = f'(a) = 0$,求证:
$$\int_{a}^{b} f(x)dx = \dfrac{1}{2} \int_{a}^{b} f''(x)(x-b)^2 dx.$$

3. 已知两曲线 $y = f(x)$,$y = \int_{0}^{\arctan x} e^{-t^2} dt$ 在点 $(0,0)$ 处的切线相同,写出此切线方程,并求极限 $\lim\limits_{n \to \infty} n f\left(\dfrac{2}{n}\right)$.

自 测 题 二

一、选择题 (8 小题,每小题 3 分,共 24 分).

1. $\int_{0}^{\frac{\pi}{2}} (\sin x - \cos x)dx = (\quad)$.

A. 0 B. $2\sqrt{2}$ C. $2\sqrt{2} - 1$ D. $2(\sqrt{2} - 1)$

2. $\int_{-\pi}^{\pi} \dfrac{x \cos x}{1 + x^2} dx = (\quad)$.

A. 2 B. 1 C. 0 D. -1

3. 积分 $\int_{-1}^{1} \ln(x + \sqrt{1 + x^2})dx = (\quad)$.

A. 0 B. $1 + \dfrac{\pi}{2}$ C. $\dfrac{\pi}{2}$ D. $1 - \dfrac{\pi}{2}$

4. 设 $\int_{0}^{1} (2x + k\sqrt{x})dx = 2$,则 $k = (\quad)$.

A. 0 B. $\dfrac{2}{3}$ C. 1 D. $\dfrac{3}{2}$

5. 设 $f(x)$ 是连续函数,且 $F(x) = \int_{x}^{e^{-x}} f(t)dt$,则 $F'(x) = (\quad)$.

A. $-e^{-x}f(e^{-x})-f(x)$ 　　　B. $-e^{-x}f(e^{-x})+f(x)$
C. $e^{-x}f(e^{-x})-f(x)$ 　　　D. $e^{-x}f(e^{-x})+f(x)$

6. $F(x)=\int_x^{x+2\pi}e^{\sin t}\sin t\,dt$，则 $F(x)$（　　）.

A. 恒为 0　　　B. 为正常数　　　C. 为负常数　　　D. 不为常数

7. 已知 $f'(x)\cdot\int_0^2 f(x)dx=8$ 且 $f(0)=0$，则 $\int_0^2 f(x)dx=($　　$)$.

A. 2　　　B. ± 2　　　C. 4　　　D. 4 或 -4

8. 若在 $[0,1]$ 上有 $f(0)=g(0)=0$，$f(1)=g(1)=1$，且 $f''(x)>0$，$g''(x)<0$，则 $I_1=\int_0^1 f(x)dx$，$I_2=\int_0^1 g(x)dx$，$I_3=\int_0^1 x\,dx$ 的大小关系是（　　）.

A. $I_1\geq I_2\geq I_3$　　B. $I_3\geq I_2\geq I_1$　　C. $I_2\geq I_3\geq I_1$　　D. $I_2\geq I_1\geq I_3$

二、填空题 (6 小题，每小题 3 分，共 18 分).

1. $\lim\limits_{x\to 0}\dfrac{\int_{\cos x}^1 e^{-t^2}dt}{x^2}=$ _____.

2. $\int_0^{\frac{\pi}{2}}\dfrac{\sin x}{1+\cos x}dx=$ _____.

3. $\int_0^1\sqrt{2x-x^2}\,dx=$ _____.

4. $\int_1^{+\infty}\dfrac{1}{x^4}dx=$ _____.

5. 设 $f(x)=\int_0^x t(t-1)dt$，则 $f(x)$ 的单调减少区间是 _____.

6. $0<x<\dfrac{\pi}{2}$，$\dfrac{d}{dx}\int_0^x\dfrac{1}{\cos(x-t)}dt=$ _____.

三、判断题 (4 小题，每小题 2 分，共 8 分).

1. 非负函数 $f(x)$ 在 $[a,b]$ 上可积，$a<b$，$f(x)\neq 0$，则 $\int_a^b f(x)dx>0$. 　　　　　　　(　　)

2. $f(x)$ 在 $[a,b]$ 上可积，则 $F(x)=\int_a^x f(t)dt$ 在 $[a,b]$ 上连续. 　　　　　(　　)

3. 无论 p 取何值，$\int_0^{+\infty}\dfrac{1}{x^p}dx$ 都是发散的. 　　　　　　　　　　　(　　)

4. 设 $f(x)$ 是以 T $(T>0)$ 为周期的连续函数，则 $F(x)=\int_0^x f(t)dt$ 也是以 T 为周期的函数.
　　　　　　　　　　　　　　　　　　　　　　　　　　　　　　　　　　　　(　　)

四、计算题 (5 小题，每小题 6 分，共 30 分).

1. 计算极限 $\lim\limits_{x\to 0}\dfrac{\int_0^x\ln(1+t)dt}{x^2}$.

2. 已知 $f(x)=\begin{cases}\dfrac{1}{1+\cos x}, & -\pi<x<0,\\ xe^{-x^2}, & x\geq 0,\end{cases}$ 求 $\int_{-1}^1 f(x)dx$.

3. 设 $f(x) = \int_1^{x^2} \dfrac{\sin t}{t} \mathrm{d}t$,求 $\int_0^1 x f(x) \mathrm{d}x$.

4. 设 $f(x) = 4x - \int_0^1 f(x) \mathrm{d}x$,求 $f(x)$.

5. 设由曲线 $y = \sqrt{x}$,直线 $x = 4$ 及 x 轴所围图形为 T,
(1) 求 T 的面积;
(2) 求 T 绕 y 轴旋转而成的旋转体的体积.

五、解答与证明题 (3 小题,第 1 小题 6 分,第 2、3 小题每题 7 分,共 20 分).

1. 试证:$\int_1^a f\left(x^2 + \dfrac{a^2}{x^2}\right) \dfrac{\mathrm{d}x}{x} = \int_1^a f\left(x + \dfrac{a^2}{x}\right) \dfrac{\mathrm{d}x}{x}$ $(a > 0)$.

2. 设 $f(x)$ 在 $[0,1]$ 上可导,且 $3 \int_{\frac{2}{3}}^1 f(x) \mathrm{d}x = f(0)$,证明:$\exists \xi \in (0,1)$,使 $f'(\xi) = 0$.

3. 设 $f(x) = \int_x^{x^2} \left(1 + \dfrac{1}{2t}\right)^t \sin \dfrac{1}{\sqrt{t}} \mathrm{d}t$ $(x > 0)$,求 $\lim\limits_{n \to \infty} f(n) \sin \dfrac{1}{n}$.

自测题一参考答案

一、**1.** D; **2.** B; **3.** D; **4.** B; **5.** D; **6.** D; **7.** B; **8.** D.

二、**1.** 1; **2.** $-\dfrac{1}{2}$; **3.** $\dfrac{5}{6}$; **4.** $\dfrac{\pi}{4}$; **5.** $\dfrac{1}{2}$; **6.** $(\sin x - \cos x)\cos(\pi \sin^2 x)$.

三、**1.** √; **2.** √; **3.** √; **4.** √.

四、**1.** $\lim\limits_{x \to a} \dfrac{x \cdot \int_a^x \cos t^2 \mathrm{d}t}{x - a} = \lim\limits_{x \to a} \dfrac{\int_a^x \cos t^2 \mathrm{d}t + x \cos x^2}{1} = a \cos a^2$.

2. $\int_{-1}^1 f(x) \mathrm{d}x = \int_{-1}^0 \dfrac{\mathrm{d}x}{1 + \mathrm{e}^x} + \int_0^1 \dfrac{\mathrm{d}x}{1 + x} = \int_{-1}^0 \dfrac{\mathrm{e}^{-x}}{1 + \mathrm{e}^{-x}} \mathrm{d}x + [\ln(1+x)]_0^1$
$= [-\ln(1 + \mathrm{e}^{-x})]_{-1}^0 + \ln 2 = \ln(1 + \mathrm{e})$.

3. $\int_{-2}^2 \max\{x, x^2\} \mathrm{d}x = \int_{-2}^0 x^2 \mathrm{d}x + \int_0^1 x \mathrm{d}x + \int_1^2 x^2 \mathrm{d}x = \left[\dfrac{x^3}{3}\right]_{-2}^0 + \left[\dfrac{x^2}{2}\right]_0^1 + \left[\dfrac{x^3}{3}\right]_1^2 = \dfrac{11}{2}$.

4. $x = 1$ 为瑕点,
$\int_0^1 \dfrac{x}{\sqrt{1 - x^2}} \mathrm{d}x = -\dfrac{1}{2} \int_0^1 (1 - x^2)^{-\frac{1}{2}} \mathrm{d}(1 - x^2) = \left[-\sqrt{1 - x^2}\right]_0^{1^-} = 1 - \lim\limits_{x \to 1^-} \sqrt{1 - x^2} = 1$.

5. (1) $s = \int_0^{2\pi} \sqrt{a^2(1 - \cos t)^2 + a^2 \sin^2 t} \mathrm{d}t = \int_0^{2\pi} 2a \sin \dfrac{t}{2} \mathrm{d}t = 8a$;

(2) $A = \int_0^{2\pi a} y \mathrm{d}x = \int_0^{2\pi} a^2 (1 - \cos t)^2 \mathrm{d}t = 4a^2 \int_0^{2\pi} \sin^4 \dfrac{t}{2} \mathrm{d}t$,令 $u = \dfrac{t}{2}$,则

$4a^2 \int_0^{2\pi} \sin^4 \dfrac{t}{2} \mathrm{d}t = 8a^2 \int_0^\pi \sin^4 u \mathrm{d}u = 16a^2 \int_0^{\frac{\pi}{2}} \sin^4 u \mathrm{d}u$
$= 16a^2 \cdot \dfrac{3}{4} \cdot \dfrac{1}{2} \cdot \dfrac{\pi}{2} = 3\pi a^2$.

五、**1.** 令 $t = 2 - x$,则 $\int_0^2 x^m (2 - x)^n \mathrm{d}x = -\int_2^0 (2 - t)^m t^n \mathrm{d}t = \int_0^2 x^n (2 - x)^m \mathrm{d}x$.

2. 由分部积分法，

$$\int_a^b f(x)\mathrm{d}x = \int_a^b f(x)\mathrm{d}(x-b) = [f(x)(x-b)]_a^b - \int_a^b f'(x)(x-b)\mathrm{d}x$$

$$= -\frac{1}{2}\int_a^b f'(x)\mathrm{d}(x-b)^2 = -\frac{1}{2}[f'(x)(x-b)^2]_a^b + \frac{1}{2}\int_a^b f''(x)(x-b)^2\mathrm{d}x$$

$$= \frac{1}{2}\int_a^b f''(x)(x-b)^2\mathrm{d}x.$$

3. $f(0) = 0$，$f'(0) = \left.\dfrac{\mathrm{e}^{-(\arctan x)^2}}{1+x^2}\right|_{x=0} = 1$，所求切线方程为 $y = x$；

$$\lim_{n\to\infty} n f\left(\frac{2}{n}\right) = \lim_{n\to\infty} 2 \cdot \frac{f\left(\dfrac{2}{n}\right) - f(0)}{\dfrac{2}{n}} = 2f'(0) = 2.$$

自测题二参考答案

一、**1.** A； **2.** C； **3.** A； **4.** D； **5.** A； **6.** B； **7.** D； **8.** C.

二、**1.** $\dfrac{1}{2\mathrm{e}}$； **2.** $\ln 2$； **3.** $\dfrac{\pi}{4}$； **4.** $\dfrac{1}{3}$； **5.** $[0,1]$； **6.** $\dfrac{1}{\cos x}$.

三、**1.** ×； **2.** √； **3.** √； **4.** ×.

四、**1.** $\lim\limits_{x\to 0}\dfrac{\int_0^x \ln(1+t)\mathrm{d}t}{x^2} = \lim\limits_{x\to 0}\dfrac{\ln(1+x)}{2x} = \dfrac{1}{2}$.

2. $\int_{-1}^1 f(x)\mathrm{d}x = \int_{-1}^0 \dfrac{\mathrm{d}x}{1+\cos x} + \int_0^1 x\mathrm{e}^{-x^2}\mathrm{d}x = \int_{-1}^0 \dfrac{1}{2\cos^2\dfrac{x}{2}}\mathrm{d}x - \dfrac{1}{2}\int_0^1 \mathrm{e}^{-x^2}\mathrm{d}(-x^2)$

$$= \int_{-1}^0 \sec^2\dfrac{x}{2}\mathrm{d}\left(\dfrac{x}{2}\right) - \dfrac{1}{2}\int_0^1 \mathrm{e}^{-x^2}\mathrm{d}(-x^2) = \left[\tan\dfrac{x}{2}\right]_{-1}^0 - \dfrac{1}{2}[\mathrm{e}^{-x^2}]_0^1$$

$$= \tan\dfrac{1}{2} + \dfrac{1}{2} - \dfrac{1}{2}\mathrm{e}^{-1}.$$

3. $f'(x) = \dfrac{\sin x^2}{x^2}\cdot 2x = \dfrac{2\sin x^2}{x}$，$f(1) = 0$，

$$\int_0^1 xf(x)\mathrm{d}x = \int_0^1 f(x)\mathrm{d}\left(\dfrac{x^2}{2}\right) = \left[\dfrac{x^2}{2}f(x)\right]_0^1 - \int_0^1 \dfrac{x^2}{2}f'(x)\mathrm{d}x$$

$$= 0 - \int_0^1 \dfrac{x^2}{2}\dfrac{2\sin x^2}{x}\mathrm{d}x = -\int_0^1 x\sin x^2 \mathrm{d}x = \dfrac{1}{2}[\cos x^2]_0^1 = \dfrac{\cos 1 - 1}{2}.$$

4. $f(x) = 4x - 1$.

5. 曲线 $y = \sqrt{x}$ 与直线 $x = 4$ 的交点为 $(4, 2)$.

(1) $A = \int_0^4 \sqrt{x}\,dx = \left[\dfrac{2}{3}x^{\frac{3}{2}}\right]_0^4 = \dfrac{16}{3}$;

(2) $V = \pi \cdot 4^2 \cdot 2 - \pi \int_0^2 (y^2)^2\,dy = 32\pi - \left[\dfrac{\pi}{5}y^5\right]_0^2 = \dfrac{128\pi}{5}$,

或

$$V = 2\pi \int_0^4 x\sqrt{x}\,dx = 2\pi \int_0^4 x^{\frac{3}{2}}\,dx = \left[\dfrac{4\pi}{5}x^{\frac{5}{2}}\right]_0^4 = \dfrac{128\pi}{5}.$$

五、1. 作变换 $x^2 = t$，则

$$\int_1^a f\left(x^2 + \dfrac{a^2}{x^2}\right)\dfrac{dx}{x} = \dfrac{1}{2}\int_1^{a^2} f\left(t + \dfrac{a^2}{t}\right)\dfrac{dt}{t}$$

$$= \dfrac{1}{2}\int_1^a f\left(t + \dfrac{a^2}{t}\right)\dfrac{dt}{t} + \dfrac{1}{2}\int_a^{a^2} f\left(t + \dfrac{a^2}{t}\right)\dfrac{dt}{t},$$

再作变换 $t = \dfrac{a^2}{x}$，则 $\int_a^{a^2} f\left(t + \dfrac{a^2}{t}\right)\dfrac{dt}{t} = \int_1^a f\left(x + \dfrac{a^2}{x}\right)\dfrac{dx}{x}$.

综上，$\int_1^a f\left(x^2 + \dfrac{a^2}{x^2}\right)\dfrac{dx}{x} = \int_1^a f\left(x + \dfrac{a^2}{x}\right)\dfrac{dx}{x}$.

2. 由积分中值定理，$\exists \eta \in \left[\dfrac{2}{3}, 1\right]$，使 $f(0) = 3\int_{\frac{2}{3}}^1 f(x)\,dx = f(\eta)$，再由罗尔中值定理，$\exists \xi \in (0, \eta) \subset (0,1)$，使 $f'(\xi) = 0$.

3. 令 $y = \sqrt{t}$，则

$$f(n) = \int_n^{n^2}\left(1 + \dfrac{1}{2t}\right)^t \sin\dfrac{1}{\sqrt{t}}\,dt = \int_{\sqrt{n}}^n 2y\left(1 + \dfrac{1}{2y^2}\right)^{y^2}\sin\dfrac{1}{y}\,dy$$

$$= 2\xi_n\left(1 + \dfrac{1}{2\xi_n^2}\right)^{\xi_n^2}\sin\dfrac{1}{\xi_n}(n - \sqrt{n}) = 2\left(1 + \dfrac{1}{2\xi_n^2}\right)^{\xi_n^2}\dfrac{\sin\dfrac{1}{\xi_n}}{\dfrac{1}{\xi_n}}(n - \sqrt{n}),\ \sqrt{n} \leqslant \xi_n \leqslant n,$$

注意到 $\lim\limits_{n\to\infty}(n - \sqrt{n})\sin\dfrac{1}{n} = \lim\limits_{n\to\infty}\dfrac{n^2 - n}{n + \sqrt{n}}\sin\dfrac{1}{n} = 1$，故

$$\lim_{n\to\infty} f(n)\sin\dfrac{1}{n} = \lim_{n\to\infty} 2\left(1 + \dfrac{1}{2\xi_n^2}\right)^{\xi_n^2}\dfrac{\sin\dfrac{1}{\xi_n}}{\dfrac{1}{\xi_n}} = 2e^{\frac{1}{2}}.$$

第六章　常微分方程

在研究和解决自然科学、工程技术及社会经济等方面的问题时，需要寻求与问题相关的函数关系．在某些情况下，往往不能直接求出函数关系，却可以建立未知函数及其导数或微分之间的关系式，这种关系式就是微分方程．本章主要介绍微分方程的一些基本概念，讨论一些常见类型的微分方程的解法及应用．

一、知识框架

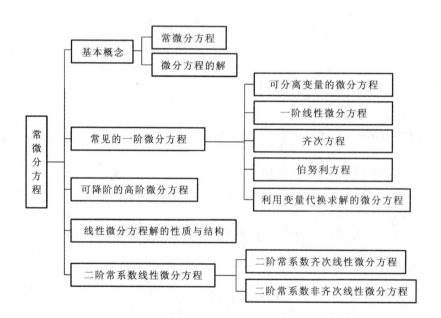

二、教学基本要求

(1) 了解微分方程及其阶、解、通解、初始条件和特解等概念．
(2) 掌握可分离变量的微分方程及一阶线性微分方程的解法．
(3) 会解齐次方程和伯努利方程，会用简单的变量代换解某些微分方程．
(4) 会用降阶法解下列类型的方程：$y^{(n)} = f(x)$，$y'' = f(x, y')$ 和 $y'' = f(y, y')$．
(5) 理解线性微分方程解的性质及解的结构．

(6) 掌握二阶常系数齐次线性微分方程的解法，会解某些高于二阶的常系数齐次线性微分方程.

(7) 会求自由项为多项式、指数函数、正弦函数、余弦函数，以及它们的和与积的二阶常系数非齐次线性微分方程的通解和特解.

(8) 会用微分方程解决一些几何、物理及经济等方面的简单应用问题.

三、主要内容解读

（一）微分方程的基本概念

一般地，将含有自变量、未知函数、未知函数的导数或微分的方程称为微分方程. 如果微分方程中的未知函数是一元函数，则称为常微分方程，未知函数是多元函数的就称为偏微分方程.

微分方程中出现的未知函数的最高阶导数的阶数称为微分方程的阶. 二阶及二阶以上的微分方程称为高阶微分方程.

n 阶微分方程的一般形式是 $F(x,y,y',\cdots,y^{(n)})=0$ 或 $y^{(n)}=f(x,y,y',\cdots,y^{(n-1)})$.

如果函数 $y(x)$ 满足微分方程，即将函数 $y(x)$ 代入微分方程后能使之成为恒等式，则称该函数为微分方程的解. 微分方程的解中含有任意常数，且相互独立的任意常数的个数与微分方程的阶数相同，这样的解称为微分方程的通解. 不含有任意常数的解称为微分方程的特解. 由问题所给出的特定条件可以确定通解中的常数，这是得到特解的常用方法，这些条件叫作初始条件.

n 阶微分方程的初始条件一般为

$$y(x_0)=y_0,\quad y'(x_0)=y'_0,\cdots,y^{(n-1)}(x_0)=y_0^{(n-1)},$$

或

$$y\big|_{x=x_0}=y_0,\quad y'\big|_{x=x_0}=y'_0,\cdots,y^{(n-1)}\big|_{x=x_0}=y_0^{(n-1)},$$

其中 $x_0,y_0,y'_0,\cdots,y_0^{(n-1)}$ 都是给定的值.

求微分方程满足初始条件的特解的问题称为初值问题. 一阶微分方程的初值问题记作

$$\begin{cases}F(x,y,y')=0,\\ y(x_0)=y_0.\end{cases}$$

二阶微分方程的初值问题记作

$$\begin{cases}F(x,y,y',y'')=0,\\ y(x_0)=y_0,y'(x_0)=y'_0.\end{cases}$$

微分方程解的图形称为它的积分曲线. 通解的几何图形是由一簇曲线构成的积分曲线族，而特解的几何图形就是积分曲线族中的一条特定的积分曲线.

（二）一阶微分方程

1. 可分离变量的微分方程

形如 $\dfrac{dy}{dx} = h(x)g(y)$ 的方程称为可分离变量的微分方程，其中 $h(x), g(y)$ 是已知的连续函数，将方程分离变量得 $\dfrac{dy}{g(y)} = h(x)dx$，然后两边对 x 积分，得

$$\int \frac{dy}{g(y)} = \int h(x)dx + C \quad (C \text{ 为任意常数}).$$

2. 一阶线性微分方程

形如 $\dfrac{dy}{dx} + P(x)y = Q(x)$ 的方程称为一阶线性微分方程．当 $Q(x) \equiv 0$ 时，称其为一阶齐次线性微分方程；当 $Q(x) \not\equiv 0$ 时，称其为一阶非齐次线性微分方程．

对于非齐次线性微分方程，可先求与之对应的一阶齐次线性微分方程 $\dfrac{dy}{dx} + P(x)y = 0$ 的通解 $y = Ce^{-\int P(x)dx}$，然后利用常数变易法，令 $y = u(x)e^{-\int P(x)dx}$，代入非齐次线性微分方程并解得 $u(x) = \int Q(x)e^{\int P(x)dx}dx + C$，再将 $u(x)$ 代入变换式中，就得到一阶非齐次线性微分方程的通解

$$y = e^{-\int P(x)dx}\left[\int Q(x)e^{\int P(x)dx}dx + C\right].$$

注 将上式改写为 $y = Ce^{-\int P(x)dx} + e^{-\int P(x)dx}\int Q(x)e^{\int P(x)dx}dx$，容易看出，一阶非齐次线性微分方程的通解由两项组成．其中第一项是对应的齐次线性微分方程的通解，第二项是非齐次线性微分方程的一个特解．

3. 齐次方程

形如

$$\frac{dy}{dx} = \varphi\left(\frac{y}{x}\right)$$

的微分方程称为齐次方程．

令 $u = \dfrac{y}{x}$，则 $y = xu$，代入方程得 $\dfrac{du}{\varphi(u) - u} = \dfrac{dx}{x}$，两边积分 $\int \dfrac{du}{\varphi(u) - u} = \int \dfrac{dx}{x}$．求出积分后，再将 u 用 $\dfrac{y}{x}$ 代回，即得所给齐次方程的通解．

4. 伯努利方程

形如

$$\frac{dy}{dx} + P(x)y = Q(x)y^n \quad (n \neq 0, 1)$$

的方程称为伯努利方程. 以 $(1-n)y^{-n}$ 乘方程的两端, 得

$$(1-n)y^{-n}\frac{dy}{dx}+(1-n)P(x)y^{1-n}=(1-n)Q(x),$$

再令 $z=y^{1-n}$, 得

$$\frac{dz}{dx}+(1-n)P(x)z=(1-n)Q(x).$$

这是以 z 为函数, x 为自变量的一阶非齐次线性微分方程. 求出该方程的通解后, 再以 y^{1-n} 代替 z 便得到伯努利方程的通解.

注 伯努利方程中的 n 并非仅限于正整数, n 可以是任意实数.

5. 利用变量代换解一阶微分方程

除了可分离变量微分方程和线性微分方程之外, 还会遇到其他类型的一阶微分方程. 有些通过适当的变量代换, 可以化为前面两种形式的微分方程.

一般地, 对于 $y'=f(ax+by+c)$ 型的微分方程 (a,b,c 为常数), 可作代换 $u=ax+by+c$, 则 $u'=a+by'$, 而 $y'=f(u)$, 代入所给方程, 即可化为可分离变量微分方程 $u'=a+bf(u)$.

注 (1) 不同类型微分方程的求解方法有所不同, 因此, 能正确识别方程的类型是前提, 而熟练掌握几种常见类型方程的基本解法是基础. 又由于微分方程的形式繁杂, 能直接应用几种基本解法的方程有限, 有时对于一些类型不明确的方程可通过变量代换化为可求解的方程. 如何根据方程的特点来选择适当的代换是解决问题的关键.

(2) 在实际问题中建立微分方程, 一般需要求解初值问题.

(三) 高阶微分方程

1. 可降阶的高阶微分方程

1) $y^{(n)}=f(x)$ 型微分方程

这类方程可通过逐次积分降低方程的阶数. 将方程两边对 x 积分一次, 得

$$y^{(n-1)}=\int f(x)dx+C_1,$$

再积分一次, 得

$$y^{(n-2)}=\int\left[\int f(x)dx\right]dx+C_1x+C_2.$$

如此继续进行, 连续积分 n 次, 便得到原方程的含有 n 个任意常数的通解.

2) $y''=f(x,y')$ 型微分方程

这类微分方程的特点是方程中不显含未知函数 y. 令 $y'=p(x)$, 则 $y''=\frac{dp}{dx}=p'$, 代入方程得 $p'=f(x,p)$, 这是一个关于变量 x,p 的一阶微分方程. 若求得其通解为 $p=\varphi(x,C_1)$, 即 $\frac{dy}{dx}=\varphi(x,C_1)$, 两边再积分, 便得到原微分方程的通解

$$y=\int\varphi(x,C_1)dx+C_2.$$

3) $y'' = f(y, y')$ 型微分方程

这类微分方程的特点是方程中不显含自变量 x. 令 $y' = p(y)$, 则有 $y'' = \dfrac{\mathrm{d}p}{\mathrm{d}x} = \dfrac{\mathrm{d}p}{\mathrm{d}y} \dfrac{\mathrm{d}y}{\mathrm{d}x} = p \dfrac{\mathrm{d}p}{\mathrm{d}y}$, 将它们代入方程, 就有 $p \dfrac{\mathrm{d}p}{\mathrm{d}y} = f(y, p)$. 这是一个关于变量 y, p 的一阶微分方程. 若求得其通解为 $p = \varphi(y, C_1)$, 即 $\dfrac{\mathrm{d}y}{\mathrm{d}x} = \varphi(y, C_1)$, 分离变量并积分, 可得原方程 $y'' = f(y, y')$ 的通解 $\displaystyle\int \dfrac{\mathrm{d}y}{\varphi(y, C_1)} = x + C_2$ (C_1, C_2 为任意常数).

注 (1) 在实际问题中, 求解初值问题, 对于可降阶的高阶微分方程, 往往是边降阶边代入初始条件以确定其中的某个任意常数.

(2) 对于 $y'' = f(y')$ 型微分方程, 可令 $y' = p(x)$ 或 $y' = p(y)$, 一般来说, 多用前者, 但有时用后者方便. 例如, 微分方程 $y'' = \mathrm{e}^{-(y')^2}$, 令 $y' = p(y)$, 则 $y'' = p \dfrac{\mathrm{d}p}{\mathrm{d}y}$, 原方程化为 $p \dfrac{\mathrm{d}p}{\mathrm{d}y} = \mathrm{e}^{-p^2}$, 即 $p \mathrm{e}^{p^2} \mathrm{d}p = \mathrm{d}y$, 这样就可以继续求解了.

2. 线性微分方程解的结构

二阶线性微分方程的一般形式为 $y'' + P(x)y' + Q(x)y = f(x)$. 当 $f(x) \equiv 0$ 时, 称方程为二阶齐次线性微分方程; 当 $f(x) \not\equiv 0$ 时, 称方程为二阶非齐次线性微分方程. 而 $y'' + P(x)y' + Q(x)y = 0$ 是与非齐次线性微分方程 $y'' + P(x)y' + Q(x)y = f(x)$ 对应的齐次线性微分方程.

1) 齐次线性微分方程解的性质

定理 (解的叠加性) 如果函数 $y_1(x)$ 与 $y_2(x)$ 是二阶齐次线性微分方程 $y'' + P(x)y' + Q(x)y = 0$ 的两个解, 则 $y = C_1 y_1(x) + C_2 y_2(x)$ 也是此方程的解, 其中 C_1, C_2 是任意常数.

这个性质表明二阶齐次线性微分方程的解具有叠加性.

二阶齐次线性微分方程的通解结构 若 $y_1(x)$ 与 $y_2(x)$ 是二阶齐次线性微分方程 $y'' + P(x)y' + Q(x)y = 0$ 的两个线性无关的特解, 则 $y = C_1 y_1(x) + C_2 y_2(x)$ 是此方程的通解, 其中 C_1, C_2 是任意常数.

上述结论可推广到二阶以上的齐次线性微分方程.

2) 非齐次线性微分方程解的性质

二阶非齐次线性微分方程的通解结构 若 $y^*(x)$ 是二阶非齐次线性微分方程 $y'' + P(x)y' + Q(x)y = f(x)$ 的一个特解, $Y(x)$ 是与该方程对应的二阶齐次线性微分方程 $y'' + P(x)y' + Q(x)y = 0$ 的通解, 则 $y = Y(x) + y^*(x)$ 是二阶非齐次线性微分方程 $y'' + P(x)y' + Q(x)y = f(x)$ 的通解.

非齐次线性微分方程解的叠加性 若 y_1^* 与 y_2^* 分别是二阶非齐次线性微分方程 $y'' + P(x)y' + Q(x)y = f_1(x)$ 和 $y'' + P(x)y' + Q(x)y = f_2(x)$ 的特解, 则 $y_1^* + y_2^*$ 就是二阶非齐次线性微分方程 $y'' + P(x)y' + Q(x)y = f_1(x) + f_2(x)$ 的特解.

注 上述结论不仅与前面讨论的一阶非齐次线性微分方程的结论一致,而且还可以推广到二阶以上的非齐次线性微分方程.

3. 二阶常系数齐次线性微分方程

形如 $y'' + py' + qy = 0$ 的方程(p,q 为常数),称为二阶常系数齐次线性微分方程. 可用特征方程法求出其特征方程 $r^2 + pr + q = 0$ 的根 r_1 和 r_2,然后根据以下三种情形得到微分方程的解:

(1) 当 $p^2 - 4q > 0$ 时,特征方程有两个不相等的实根 $r_1 \neq r_2$. 此时微分方程的通解为 $y = C_1 e^{r_1 x} + C_2 e^{r_2 x}$.

(2) 当 $p^2 - 4q = 0$ 时,特征方程有两个相等的实根 $r_1 = r_2 = -\dfrac{p}{2}$. 这时微分方程的通解为 $y = (C_1 + C_2 x) e^{r_1 x}$.

(3) 当 $p^2 - 4q < 0$ 时,特征方程有一对共轭复根 $r_1 = \alpha + i\beta$,$r_2 = \alpha - i\beta$(这里 $\alpha = -\dfrac{p}{2}, \beta = \dfrac{1}{2}\sqrt{4q - p^2}$),则微分方程的通解为 $y = e^{\alpha x}(C_1 \cos \beta x + C_2 \sin \beta x)$.

4. 二阶常系数非齐次线性微分方程

二阶常系数非齐次线性微分方程的一般形式是 $y'' + py' + qy = f(x)$(p,q 是常数,$f(x)$ 是给定的连续函数). 利用特征方程法先求出与之对应的二阶常系数齐次线性微分方程的通解 Y,再用待定系数法求出非齐次线性微分方程的一个特解 y^*,根据非齐次线性微分方程解的结构,即可得到它的通解 $y = Y + y^*$.

二阶常系数非齐次线性微分方程的特解 y^* 的求法如下.

(1) $f(x) = e^{\lambda x} P_m(x)$ 型. 其中 λ 是已知常数,$P_m(x)$ 是已知的 m 次多项式. 方程具有形如 $y^* = x^k Q_m(x) e^{\lambda x}$ 的特解,其中 $Q_m(x)$ 是与 $P_m(x)$ 同次(m 次)的多项式,而 k 的取法如下:
$$k = \begin{cases} 0, & \lambda \text{ 不是特征方程的根,} \\ 1, & \lambda \text{ 是特征方程的单根,} \\ 2, & \lambda \text{ 是特征方程的重根.} \end{cases}$$

(2) $f(x) = e^{\lambda x}[P_l(x)\cos \omega x + P_n(x)\sin \omega x]$ 型. 其中 λ, ω 是常数,$P_l(x), P_n(x)$ 分别是 x 的 l 次和 n 次多项式. 方程具有形如
$$y^* = x^k e^{\lambda x}[R_m^{(1)}(x)\cos \omega x + R_m^{(2)}(x)\sin \omega x]$$
的特解,其中 $R_m^{(1)}(x)$ 与 $R_m^{(2)}(x)$ 是系数待定的 m 次多项式,而 k 按 $\lambda + i\omega$(或 $\lambda - i\omega$)不是特征方程的根或是特征方程的单根,分别取 0 或 1.

将上述待定特解代入微分方程,用待定系数法即可确定特解 y^*.

(四) 微分方程的应用

1. 微分方程在几何上的应用

为了建立几何问题的微分方程,需要利用导数的几何意义及相关几何量的关系. 常

用的几何量如下.

(1) 与切(法)线有关的几何量：切(法)线的斜率及倾角；切(法)线在坐标轴上的截距；切(法)线在两坐标轴之间的长度；原点到切(法)线的距离.

(2) 弧长、曲率与曲率半径.

(3) 曲边梯形的面积及其绕坐标轴旋转而成的旋转体体积.

2．微分方程在物理上的应用

用微分方程解简单的物理问题，关键在于根据条件建立微分方程，常用微元法.

四、典型例题解析

例1 微分方程 $(y'')^3 + (y')^4 - y^5 = e^x$ 的阶数是(　　).

A. 5　　　　　　　B. 2　　　　　　　C. 3　　　　　　　D. 4

思路分析 微分方程的阶数指的是方程中出现的未知函数的最高阶导数的阶数.

解 方程 $(y'')^3 + (y')^4 - y^5 = e^x$ 中函数的最高阶导数的阶数为2，选项 B 正确.

例2 若连续函数 $f(x)$ 满足关系式 $f(x) = \int_0^{2x} f\left(\dfrac{t}{2}\right)dt + \ln 2$，则 $f(x) = $ _____ .

思路分析 出现积分上限函数时，一般要对其求导.

解 在等式 $f(x) = \int_0^{2x} f\left(\dfrac{t}{2}\right)dt + \ln 2$ 两边对 x 求导，得 $f'(x) = 2f(x)$，该微分方程通解为 $f(x) = Ce^{2x}$，又由于 $f(0) = \ln 2$，得到 $C = \ln 2$，所以 $f(x) = e^{2x}\ln 2$.

例3 若函数 $y = \cos 2x$ 是微分方程 $y' + P(x)y = 0$ 的一个特解，则该方程满足初始条件 $y(0) = 2$ 的特解为(　　).

A. $y = \cos 2x + 2$　　　　　　　B. $y = \cos 2x + 1$

C. $y = 2\cos x$　　　　　　　　　D. $y = 2\cos 2x$

思路分析 若 $y_1 \not\equiv 0$ 为一阶齐次线性微分方程 $\dfrac{dy}{dx} + P(x)y = 0$ 的一个特解，则 $\dfrac{dy}{dx} + P(x)y = 0$ 的通解为 $y = Cy_1$，这便是一阶齐次线性微分方程解的结构.

解 根据解的结构，通解为 $y = C\cos 2x$，由 $y(0) = 2$ 得 $C = 2$，故选项 D 正确. 其他选项经验证不满足方程或定解条件.

例4 设函数 $y_1(x), y_2(x)$ 是微分方程 $y' + P(x)y = 0$ 的两个不同特解，则该方程的通解为(　　).

A. $y = C_1 y_1 + C_2 y_2$ （C_1, C_2 为两个独立的任意常数）

B. $y = y_1 + Cy_2$

C. $y = y_1 + C(y_1 + y_2)$

D. $y = C(y_2 - y_1)$

思路分析 先要找到一阶齐次线性微分方程的一个非零解 $y^*(x)$，则其通解为 $Cy^*(x)$. 因为 $y_1(x), y_2(x)$ 是微分方程 $y' + P(x)y = 0$ 的两个不同特解，所以 $y_2 - y_1$ 是该方程的一个非零特解. 然后利用一阶齐次线性微分方程解的结构，即可得到结论.

解 因为 $y_1(x), y_2(x)$ 是微分方程 $y' + P(x)y = 0$ 的两个不同特解，所以 $y_2 - y_1$ 是该方程的一个非零特解. 根据解的结构，其通解为 $y = C(y_2 - y_1)$，即选项 D 正确. 另外，根据通解定义，选项 A 中有两个独立的任意常数，故其不对. 当 $y_2 \equiv 0$ 时，选项 B 不对. 当 $y_2 = -y_1$ 时，选项 C 不对.

例 5 设 $y_1(x), y_2(x), y_3(x)$ 是线性微分方程 $y'' + P(x)y' + Q(x)y = f(x)$ 的三个不同特解，且 $\dfrac{y_2(x) - y_1(x)}{y_3(x) - y_1(x)} \neq$ 常数，则该微分方程的通解为_____.

解 因为 $y_1(x), y_2(x), y_3(x)$ 是微分方程 $y'' + P(x)y' + Q(x)y = f(x)$ 的三个不同特解，所以 $y_2 - y_1$，$y_3 - y_1$ 是与该方程对应的齐次线性微分方程的两个非零特解. 又

$$\dfrac{y_2(x) - y_1(x)}{y_3(x) - y_1(x)} \neq \text{常数},$$

说明这两个非零特解线性无关. 根据解的结构，其通解为

$$y = C_1[y_2(x) - y_1(x)] + C_2[(y_3(x) - y_1(x)] + y_1(x).$$

小结 二阶非齐次线性微分方程 $y'' + P(x)y' + Q(x)y = f(x)$ 的通解形式为其对应的齐次线性微分方程 $y'' + P(x)y' + Q(x)y = 0$ 的通解 Y 再加上非齐次线性微分方程的一个特解 y^*，即 $y = Y + y^*$.

例 6 设 y_1, y_2 是二阶常系数齐次线性微分方程 $y'' + py' + qy = 0$ 的两个特解，C_1, C_2 是两个任意常数，则下列命题中正确的是(　　).

A. $C_1 y_1 + C_2 y_2$ 一定是微分方程的通解
B. $C_1 y_1 + C_2 y_2$ 不可能是微分方程的通解
C. $C_1 y_1 + C_2 y_2$ 是微分方程的解
D. $C_1 y_1 + C_2 y_2$ 不是微分方程的解

解 根据叠加原理，选项 C 正确，选项 D 错误. 当 y_1, y_2 线性相关时，选项 A 错误，当 y_1, y_2 线性无关时，选项 B 错误.

例 7 微分方程 $y'' - y = e^x + 1$ 的一个特解应具有形式 $y = ($　　$)$.

A. $ae^x + b$　　　　B. $axe^x + b$　　　　C. $ae^x + bx$　　　　D. $axe^x + bx$

解 对应的齐次线性微分方程的特征根为 $r_1 = -1, r_2 = 1$，所以 $y'' - y = e^x$ 的一个特解形式为 $y_1^* = axe^x$，$y'' - y = 1$ 的一个特解形式为 $y_2^* = b$. 根据叠加原理，原方程的一个特解形式为 $y^* = axe^x + b$，即选项 B 正确. 其他选项经检验不满足方程.

例 8 具有特解 $y_1 = e^{-x}, y_2 = 2xe^{-x}, y_3 = 3e^x$ 的三阶常系数齐次线性微分方程是(　　).

A. $y''' - y'' - y' + y = 0$　　　　　　　B. $y''' + y'' - y' - y = 0$
C. $y''' - 6y'' + 11y' - 6y = 0$　　　　D. $y''' - 2y'' - y' + 2y = 0$

解 根据题意，1,-1 是特征方程的两个根，且 -1 是二重根，所以特征方程为 $(r-1)(r+1)^2 = r^3 + r^2 - r - 1 = 0$. 故所求微分方程为 $y''' + y'' - y' - y = 0$，即选项 B 正确.

例 9 已知函数 $y = y(x)$ 在任意点 x 处的增量 $\Delta y = \dfrac{y\Delta x}{1+x^2} + o(\Delta x)$，$y(0) = \pi$，则 $y(1)$ 等于（　　）.

A. 2π 　　　　B. π 　　　　C. $e^{\frac{\pi}{4}}$ 　　　　D. $\pi e^{\frac{\pi}{4}}$

解 根据微分定义及微分与导数的关系得 $y' = \dfrac{y}{1+x^2}$，解得 $y = Ce^{\arctan x}$，由 $y(0) = \pi$，得 $C = \pi$，所以 $y = \pi e^{\arctan x}$，$y(1) = \pi e^{\frac{\pi}{4}}$. 因此选项 D 正确.

例 10 设函数 $y = f(x)$ 是微分方程 $y'' - 2y' + 4y = 0$ 的一个解. 若 $f(x_0) > 0$，$f'(x_0) = 0$，则函数 $f(x)$ 在点 x_0（　　）.

A. 取得极大值 　　　　　　　　　　B. 取得极小值
C. 某个邻域内单调增加 　　　　　　D. 某个邻域内单调减少

思路分析 判断函数 $f(x)$ 在点 x_0 处是否取得极值，可采用它的一阶、二阶导数来判断.

解 因为 $f'(x_0) = 0$，$f''(x_0) = -4f(x_0) < 0$，所以选项 A 正确.

例 11 求微分方程 $x\sqrt{1+y^2} + yy'\sqrt{1+x^2} = 0$ 的通解.

思路分析 这是一个可分离变量的微分方程.

解 原方程变形为 $\dfrac{y\mathrm{d}y}{\sqrt{1+y^2}} = -\dfrac{x\mathrm{d}x}{\sqrt{1+x^2}}$，两边积分得 $\sqrt{1+y^2} = -\sqrt{1+x^2} + C$. 所以原方程的通解为 $\sqrt{1+y^2} + \sqrt{1+x^2} = C\,(C \geqslant 2)$.

例 12 求微分方程 $\dfrac{\mathrm{d}y}{\mathrm{d}x} + \dfrac{1}{x}y = \dfrac{\sin x}{x}$ 的通解.

思路分析 这是一个一阶非齐次线性微分方程.

解 原方程对应的齐次线性微分方程为 $\dfrac{\mathrm{d}y}{\mathrm{d}x} + \dfrac{1}{x}y = 0$，其通解为 $y = \dfrac{C}{x}$. 令 $y = \dfrac{u(x)}{x}$，代入原方程化简得 $u'(x) = \sin x$，解得 $u(x) = -\cos x + C$. 所以原方程的通解为 $y = \dfrac{1}{x}(-\cos x + C)$.

小结 本题也可直接利用一阶非齐次线性微分方程的通解公式，得
$$y = e^{-\int \frac{1}{x}\mathrm{d}x}\left(\int \frac{\sin x}{x} e^{\int \frac{1}{x}\mathrm{d}x}\mathrm{d}x + C\right) = \frac{1}{x}(-\cos x + C).$$

例 13 求解微分方程 $x\mathrm{d}y - y\mathrm{d}x = y^2 e^y \mathrm{d}y$.

解 将 y 看成自变量，x 看成是 y 的函数，则原方程是关于未知函数 $x = x(y)$ 的一阶非齐次线性微分方程 $\dfrac{\mathrm{d}x}{\mathrm{d}y} - \dfrac{x}{y} = -ye^y$，此方程通解为
$$x = e^{\int \frac{1}{y}\mathrm{d}y}\left(C - \int ye^y e^{-\int \frac{1}{y}\mathrm{d}y}\mathrm{d}y\right) = Cy - ye^y \quad (C \text{ 是任意常数}).$$

例14 求微分方程 $x^2y' + xy = y^2$ 满足初始条件 $y(1) = 1$ 的特解.

解 将原方程变形为 $y' = \left(\dfrac{y}{x}\right)^2 - \dfrac{y}{x}$，这是一个齐次方程. 令 $y = xu$，代入上式，得 $xu' = u^2 - 2u$，分离变量得 $\dfrac{\mathrm{d}u}{u^2 - 2u} = \dfrac{\mathrm{d}x}{x}$，两边积分得 $\dfrac{u-2}{u} = Cx^2$，即 $\dfrac{y-2x}{y} = Cx^2$. 因为 $y(1) = 1$，所以 $C = -1$. 于是所求特解为 $y = \dfrac{2x}{1+x^2}$.

例15 设 $y = \mathrm{e}^x$ 是微分方程 $xy' + P(x)y = x$ 的一个解，求此微分方程满足条件 $y(\ln 2) = 0$ 的特解.

解 将 $y = \mathrm{e}^x$ 代入原方程得 $x\mathrm{e}^x + P(x)\mathrm{e}^x = x$，解得 $P(x) = x\mathrm{e}^{-x} - x$，即原方程为 $xy' + (x\mathrm{e}^{-x} - x)y = x$，这是一阶非齐次线性微分方程，解其对应的齐次线性微分方程，得 $y = C\mathrm{e}^{x+\mathrm{e}^{-x}}$，所以原方程的通解为 $y = \mathrm{e}^x + C\mathrm{e}^{x+\mathrm{e}^{-x}}$. 由 $y(\ln 2) = 0$，得 $C = -\mathrm{e}^{-\frac{1}{2}}$，故所求特解为 $y = \mathrm{e}^x - \mathrm{e}^{-\frac{1}{2} + x + \mathrm{e}^{-x}}$.

例 16 已知曲线上点 $P(x,y)$ 处的法线与 x 轴交点为 Q，且线段 PQ 被 y 轴平分，求所满足的微分方程，并解出这个微分方程.

解 根据题意，点 $P(x,y)$ 处的法线方程为 $Y - y = -\dfrac{1}{y'}(X - x)$，令 $Y = 0$，得 Q 点的横坐标为 $X = x + yy'$，由题意得 $x + yy' = -x$，故所求方程为 $yy' + 2x = 0$. 此为可分离变量的微分方程，分离变量得 $y\mathrm{d}y = -2x\mathrm{d}x$，解得 $\dfrac{y^2}{2} + x^2 = C$.

例17 求微分方程 $(1 + \mathrm{e}^{\frac{x}{y}})\mathrm{d}x + \mathrm{e}^{\frac{x}{y}}\left(1 - \dfrac{x}{y}\right)\mathrm{d}y = 0$ 的通解.

解 将 y 看成自变量，$x = x(y)$ 是 y 的函数. 因为原方程是齐次方程，令 $u(y) = \dfrac{x}{y}$，原方程变形为 $yu' = -\dfrac{\mathrm{e}^u + u}{\mathrm{e}^u + 1}$，这是一个可分离变量的微分方程，解得
$$y(\mathrm{e}^u + u) = C,$$
所以原方程的通解为 $y\mathrm{e}^{\frac{x}{y}} + x = C$.

例18 静脉输入葡萄糖是一种重要的医疗技术. 设葡萄糖以每分钟 k g 的固定速率输入血液中，同时血液中的葡萄糖还会转化为其他物质或转移到其他地方，其速率与血液中的葡萄糖含量成正比. 试确定血液中葡萄糖的平衡含量(即 $t \to \infty$ 时的含量).

解 设血液中葡萄糖的含量为 $G = G(t)$，血液中葡萄糖转化为其他物质的速率与血液中的葡萄糖含量成正比的比例系数为 $a\,(a > 0)$，依题意有 $\dfrac{\mathrm{d}G}{\mathrm{d}t} = k - aG$，解这个方程得 $G(t) = \dfrac{k}{a} + C\mathrm{e}^{-at}$，由 $G(0) = \dfrac{k}{a} + C$，得 $C = G(0) - \dfrac{k}{a}$，于是 $G(t) = \dfrac{k}{a} + \left[G(0) - \dfrac{k}{a}\right]\mathrm{e}^{-at}$，

当 $t \to +\infty$，$G(t) \to \dfrac{k}{a}$，血液中葡萄糖的平衡含量为 $\dfrac{k}{a}$.

例19 要使垂直向上发射的物体永远离开地面，问发射速度 v_0 至少应该多大？地球半径为 R.

解 取地球球心为坐标原点建立坐标系，设物体的质量为 m，地球的质量为 M，并设物体在运动过程中仅受地球引力的作用，根据万有引力定律，当物体在 $r(r \geqslant R)$ 处时，地球对物体的引力是 $F(r) = \dfrac{GmM}{r^2}$，其中 G 是万有引力常数，由于 $F(R) = \dfrac{GmM}{R^2} = mg$，可知 $G = \dfrac{gR^2}{M}$，所以 $F(r) = \dfrac{gmR^2}{r^2}$，利用牛顿第二定律，得 $m\dfrac{d^2r}{dt^2} = -\dfrac{gmR^2}{r^2}$，即 $\dfrac{d^2r}{dt^2} = -\dfrac{gR^2}{r^2}$，且满足初始条件 $r(0) = R$，$r'(0) = v_0$.

令 $v = \dfrac{dr}{dt}$，则 $\dfrac{d^2r}{dt^2} = \dfrac{dv}{dr} \cdot \dfrac{dr}{dt} = v\dfrac{dv}{dr}$，则有 $-\dfrac{gR^2}{r^2} = v\dfrac{dv}{dr}$，分离变量得 $v\,dv = -gR^2\dfrac{dr}{r^2}$，两边积分得 $\dfrac{1}{2}v^2 = \dfrac{gR^2}{r} + C_1$. 由初始条件 $r(0) = R$，$v(0) = r'(0) = v_0$，得 $C_1 = \dfrac{1}{2}v_0^2 - gR$，于是

$$\dfrac{1}{2}v^2 = \dfrac{gR^2}{r} + \dfrac{1}{2}v_0^2 - gR.$$

为使物体永远脱离地面，则 r 无限增加，从而有 $\dfrac{gR^2}{r} \to 0$，由于上式的左边是非负数，故上式右边也一定是非负数，因此必有 $\dfrac{1}{2}v_0^2 - gR \geqslant 0$，即发射速度 v_0 应满足：

$$v_0 \geqslant \sqrt{2gR} \approx \sqrt{2 \times 9.81 \times 6.4 \times 10^6} \approx 11.2\,(\text{km}/\text{s}).$$

例20 设 a 为实数，求微分方程 $y'' + ay = 0$ 的通解.

解 此方程的特征方程为 $r^2 + a = 0$，所以，

(1) 当 $a > 0$ 时，特征方程有一对共轭复根 $r_{1,2} = \pm\sqrt{a}\,\text{i}$，于是微分方程的通解为

$$y = C_1 \cos\sqrt{a}\,x + C_2 \sin\sqrt{a}\,x.$$

(2) 当 $a = 0$ 时，特征方程有一个二重根 $r = 0$，于是微分方程的通解为 $y = C_1 + C_2 x$.

(3) 当 $a < 0$ 时，特征方程有两个单实根 $r = \pm\sqrt{-a}$，于是微分方程的通解为

$$y = C_1 \text{e}^{\sqrt{-a}\,x} + C_2 \text{e}^{-\sqrt{-a}\,x}.$$

例21 解初值问题 $\begin{cases} y'' + 2y' + y = \cos x, \\ y(0) = 0, y'(0) = \dfrac{3}{2}. \end{cases}$

解 特征方程为 $r^2 + 2r + 1 = 0$，则 $r_{1,2} = -1$，则对应的齐次线性微分方程的通解为 $Y = (C_1 + C_2 x)\text{e}^{-x}$. 设 $y^* = a\cos x + b\sin x$，则

$$y^{*\prime} = -a\sin x + b\cos x, \qquad y^{*\prime\prime} = -a\cos x - b\sin x,$$

将它们代入原方程，解得 $a=0, b=\dfrac{1}{2}$，则 $y^* = \dfrac{1}{2}\sin x$，故所求方程的通解为

$$y = (C_1 + C_2 x)\mathrm{e}^{-x} + \dfrac{1}{2}\sin x.$$

将 $y(0)=0$，$y'(0)=\dfrac{3}{2}$ 代入得 $C_1=0, C_2=1$，于是所求特解为 $y = x\mathrm{e}^{-x} + \dfrac{1}{2}\sin x$.

例 22 求微分方程 $y'' + y' = 2x^2 + 1$ 的通解.

解 方法一：因为原方程对应的齐次线性微分方程为 $y'' + y' = 0$，特征方程为 $r^2 + r = 0$，特征根为 $r_1 = 0$，$r_2 = -1$，则对应的齐次线性微分方程的通解为 $Y = C_1 + C_2 \mathrm{e}^{-x}$.

因为 $\lambda = 0$ 是特征方程的单根，所以可设原非齐次线性微分方程的特解为 $y^* = x(ax^2 + bx + c)$，将其代入原方程并化简得 $3ax^2 + (2b+6a)x + (c+2b) = 2x^2 + 1$，比较两边同次项的系数，得 $a = \dfrac{2}{3}, b = -2, c = 5$，所以 $y^* = \dfrac{2}{3}x^3 - 2x^2 + 5x$，故原方程的通解为

$$y = C_1 + C_2 \mathrm{e}^{-x} + \dfrac{2}{3}x^3 - 2x^2 + 5x.$$

方法二：将方程 $y'' + y' = 2x^2 + 1$ 两边积分，得

$$y' + y = \dfrac{2}{3}x^3 + x + C_1',$$

该一阶线性微分方程的通解为

$$y = \mathrm{e}^{-\int \mathrm{d}x}\left[C_2 + \int\left(\dfrac{2}{3}x^3 + x + C_1'\right)\mathrm{e}^{\int \mathrm{d}x}\mathrm{d}x\right] = C_1' + C_2 \mathrm{e}^{-x} + \dfrac{2}{3}x^3 - 2x^2 + 5x - 5$$

$$= C_1 + C_2 \mathrm{e}^{-x} + \dfrac{2}{3}x^3 - 2x^2 + 5x \quad (C_1 = C_1' - 5).$$

例 23 求解微分方程 $y'' - 2y' + y = 4x\mathrm{e}^x$.

解 原方程对应的齐次线性微分方程为 $y'' - 2y' + y = 0$，特征方程为 $r^2 - 2r + 1 = 0$，特征根为 $r_{1,2} = 1$，则对应的齐次线性微分方程的通解为 $Y = (C_1 + C_2 x)\mathrm{e}^x$.

因为 $\lambda = 1$ 是特征方程 $r^2 - 2r + 1 = 0$ 的重根，所以设原非齐次线性微分方程的一个特解形式为 $y^* = x^2(ax + b)\mathrm{e}^x$，将此解代入原方程并化简得 $(6ax + 2b)\mathrm{e}^x = 4x\mathrm{e}^x$. 比较两边系数得 $a = \dfrac{2}{3}, b = 0$. 于是得到原方程的一个特解 $y^* = \dfrac{2}{3}x^3 \mathrm{e}^x$. 因此，原方程的通解为

$$y = (C_1 + C_2 x)\mathrm{e}^x + \dfrac{2}{3}x^3 \mathrm{e}^x.$$

例 24 求微分方程 $y'' + y = x + \cos x$ 的通解.

解 特征方程为 $r^2 + 1 = 0$，特征根为 $r_{1,2} = \pm \mathrm{i}$，则与原方程对应的齐次线性微分方程的通解为 $Y = C_1 \cos x + C_2 \sin x$.

设非齐次线性微分方程 $y'' + y = x$ 的一个特解为 $y_1^* = Ax + B$，代入方程得 $A = 1, B = 0$，所以 $y_1^* = x$.

设非齐次线性微分方程 $y'' + y = \cos x$ 的一个特解为 $y_2^* = Dx\cos x + Ex\sin x$，代入方

程得 $D=0, E=\dfrac{1}{2}$，所以 $y_2^* = \dfrac{1}{2}x\sin x$，则 $y = y_1^* + y_2^* = x + \dfrac{1}{2}x\sin x$ 为原方程的一个特解，所以原方程的通解为

$$y = C_1\cos x + C_2\sin x + x + \dfrac{1}{2}x\sin x.$$

例25 求解微分方程 $y'' - (y')^2 = y^2\ln y$.

解 这是一个可降阶的微分方程，因为微分方程不显含自变量 x，所以令 $u(y) = y'(x)$，则 $y''(x) = u'(y)y'(x) = u'u$. 原方程变为 $yuu' - u^2 = y^2\ln y$.

再令 $p(y) = u^2(y)$，则有 $p' - \dfrac{2}{y}p = 2y\ln y$，这是一阶线性微分方程，求得 $p = y^2(C_1 + \ln^2 y)$，所以 $u = \sqrt{y^2(C_1 + \ln^2 y)}$，故 $y' = \sqrt{y^2(C_1 + \ln^2 y)}$，这是一个可分离变量的微分方程，解得原微分方程的通解为 $\ln\left(\ln y + \sqrt{C_1 + \ln^2 y}\right) = x + C_2$.

例26 求解微分方程 $xy'' - y' = x^2$.

解 方法一：令 $u(x) = y'(x)$，则原方程化为 $u' - \dfrac{1}{x}u = x$，这是一阶线性微分方程，解得 $u = x(C + x)$. 因此 $y' = x(C + x)$，所以原微分方程的通解为

$$y = \dfrac{1}{3}x^3 + \dfrac{1}{2}Cx^2 + C_2 = \dfrac{1}{3}x^3 + C_1x^2 + C_2 \quad \left(C_1 = \dfrac{1}{2}C\right).$$

方法二：令 $p(x) = \dfrac{y'(x)}{x}$，则原方程化为 $p' = 1$，所以 $p = x + C$. 由 $y' = xp = x(x+C)$ 得 $y = \dfrac{1}{3}x^3 + C_1x^2 + C_2$.

例27 求解微分方程 $y''' + 3y'' + 3y' + y = e^{-x}(x - 5)$.

解 对应的齐次线性微分方程 $y''' + 3y'' + 3y' + y = 0$ 的特征方程为 $r^3 + 3r^2 + 3r + 1 = 0$，特征根为 $r_1 = r_2 = r_3 = -1$，所以该齐次线性微分方程的通解为

$$Y = e^{-x}(C_1 + C_2x + C_3x^2).$$

令原非齐次线性微分方程的一个特解为 $y^* = x^3(ax + b)e^{-x}$，代入原微分方程并整理得 $24ax + 6b = x - 5$，所以 $a = \dfrac{1}{24}, b = -\dfrac{5}{6}$. 因此原微分方程的一个特解为 $y^* = \dfrac{x^3}{6}\left(\dfrac{1}{4}x - 5\right)e^{-x}$，故所求通解为 $y = e^{-x}(C_1 + C_2x + C_3x^2) + \dfrac{x^3}{6}\left(\dfrac{1}{4}x - 5\right)e^{-x}$.

例28 求解初值问题 $\begin{cases} y'' + 2x(y')^2 = 0, \\ y(0) = 1, y'(0) = 0. \end{cases}$

解 令 $u(x) = y'(x)$，则原方程化为 $u' + 2xu^2 = 0$，解得 $u = \dfrac{1}{x^2 + C}$，另有特解 $u = 0$. 根据 $u(0) = y'(0) = 0$，得 $u = 0$. 由 $y'(x) = u(x) \equiv 0$，得 $y = C_1$. 因为 $y(0) = 1$，所以 $C_1 = 1$，故所求的特解为 $y = 1$.

小结 在求解可分离变量的微分方程 $u' + 2xu^2 = 0$ 时，容易忽视丢掉的解 $u = 0$ 而得不到满足条件的特解.

例 29 已知函数 $f(x)$ 在 $[0, +\infty)$ 上可导，$f(0) = 1$，且满足等式

$$f'(x) + f(x) - \frac{1}{x+1}\int_0^x f(t)\mathrm{d}t = 0,$$

求 $f'(x)$，并证明 $\mathrm{e}^{-x} \leqslant f(x) \leqslant 1 \ (x \geqslant 0)$.

解 根据条件，得

$$(x+1)[f'(x) + f(x)] - \int_0^x f(t)\mathrm{d}t = 0,$$

因为 $f(x)$ 在 $[0, +\infty)$ 上可导，由上式，知 $f(x)$ 在 $[0, +\infty)$ 上的二阶导数存在，所以

$$f''(x) + \left(1 + \frac{1}{x+1}\right)f'(x) = 0,$$

这是 $f'(x)$ 满足的一个可分离变量的微分方程，解得 $f'(x) = \dfrac{C\mathrm{e}^{-x}}{x+1}$，因为 $f'(0) = -f(0) = -1$，所以 $C = -1$，故 $f'(x) = -\dfrac{\mathrm{e}^{-x}}{x+1}$.

当 $x \geqslant 0$ 时，因为 $f'(x) = -\dfrac{\mathrm{e}^{-x}}{x+1} < 0$，$f(x)$ 单调减少，且在 $x = 0$ 处连续，所以 $f(x) \leqslant f(0) = 1$.

又 $x \geqslant 0$ 时，令 $F(x) = f(x) - \mathrm{e}^{-x}$，则 $F'(x) = f'(x) + \mathrm{e}^{-x} = -\dfrac{\mathrm{e}^{-x}}{x+1} + \mathrm{e}^{-x} = \dfrac{x\mathrm{e}^{-x}}{x+1} \geqslant 0$，所以 $F(x)$ 单调增加，且在 $x = 0$ 处连续，故 $F(x) \geqslant F(0) = 0$，即 $f(x) - \mathrm{e}^{-x} \geqslant 0$，因此

$$\mathrm{e}^{-x} \leqslant f(x) \leqslant 1 \quad (x \geqslant 0).$$

小结 证明不等式时，只需要知道导数的符号及函数在某点上的值，并不一定需要知道函数的表达式.

五、习 题 选 解

习题 6-1 微分方程的基本概念

2. 验证下列各题中所给函数(C 为任意常数)是否为对应的微分方程的解. 如果是解，指出是通解还是特解?

(1) $xy' = 2y$，$y = 5x^2$；　　　　(2) $y'' + y = 0$，$y = 3\sin x - 4\cos x$；

(4) $y' - y = \mathrm{e}^{x^2 + x}$，$y = \mathrm{e}^x \int_0^x \mathrm{e}^{t^2} \mathrm{d}t + C\mathrm{e}^x$.

解 (1) $y = 5x^2$，则 $y' = 10x$，因为 $xy' = 10x^2 = 2(5x^2) = 2y$，所以 $y = 5x^2$ 是所给微分方程的解，又因为其中不含任意常数，故 $y = 5x^2$ 是所给微分方程的特解.

(2) $y = 3\sin x - 4\cos x$，则 $y' = 3\cos x + 4\sin x$，$y'' = -3\sin x + 4\cos x$，因为 $y'' + y = -3\sin x + 4\cos x + 3\sin x - 4\cos x = 0$，所以 $y = 3\sin x - 4\cos x$ 是所给微分方程的解，又因为其中不含任意常数，故 $y = 3\sin x - 4\cos x$ 是所给微分方程的特解.

(4) $y = e^x \int_0^x e^{t^2} dt + Ce^x$，则 $y' = e^x \int_0^x e^{t^2} dt + e^x e^{x^2} + Ce^x$，所以 $y' - y = e^{x^2 + x}$，故 $y = e^x \int_0^x e^{t^2} dt + Ce^x$ 是所给微分方程的解，又因为其中含有一个任意常数，故 $y = e^x \int_0^x e^{t^2} dt + Ce^x$ 是所给微分方程的通解.

3． 设函数 $y = C_1 + C_2 \ln x + C_3 x^3$ 是某微分方程的通解，求该方程满足初始条件 $y(1) = 1$，$y'(1) = 0$，$y''(1) = 2$ 的特解.

解 $y' = \dfrac{C_2}{x} + 3C_3 x^2$，$y'' = -\dfrac{C_2}{x^2} + 6C_3 x$，由 $y(1) = 1$，$y'(1) = 0$，$y''(1) = 2$，解得 $C_1 = \dfrac{7}{9}$，$C_2 = -\dfrac{2}{3}$，$C_3 = \dfrac{2}{9}$. 因此，所求特解为 $y = \dfrac{7}{9} - \dfrac{2}{3}\ln x + \dfrac{2}{9} x^3$.

4． 给定一阶微分方程 $\dfrac{dy}{dx} = 2x$. (1)求出它的通解；(2)求通过点 $(1, 4)$ 的积分曲线方程；(3)求出满足条件 $\int_0^1 y dx = 2$ 的解.

解 (1) 由方程 $\dfrac{dy}{dx} = 2x$，得 $y = \int 2x dx = x^2 + C$（C 为任意常数）为方程通解.

(2) 由 $y(1) = 4$，得 $C = 3$，故 $y = x^2 + 3$ 为通过点 $(1, 4)$ 的积分曲线.

(3) $\int_0^1 y dx = \int_0^1 (x^2 + C) dx = \dfrac{1}{3} + C = 2 \Rightarrow C = \dfrac{5}{3}$，故 $y = x^2 + \dfrac{5}{3}$ 是满足条件的解.

5． 写出由下列条件确定的曲线所满足的微分方程.

(1) 曲线上任意一点 (x, y) 处的切线与两坐标轴所围成的三角形的面积都等于常数 a^2；

(2) 曲线上任意一点 (x, y) 处的切线的纵截距等于该点横坐标的平方.

解 (1) 设曲线为 $y = y(x)$，则曲线上点 (x, y) 处的切线为 $Y - y = y'(X - x)$，横、纵截距分别为 $x - \dfrac{y}{y'}, y - xy'$，切线与两坐标轴所围成的三角形的面积为 $\dfrac{1}{2}\left|\left(x - \dfrac{y}{y'}\right)(y - xy')\right|$，所以 $(y - xy')^4 = 4a^4 (y')^2$ 便是所求微分方程.

(2) 设曲线为 $y = y(x)$，则曲线上点 (x, y) 处的切线为 $Y - y = y'(X - x)$，纵截距为 $y - xy'$，所以 $y - xy' = x^2$ 为所求微分方程.

习题 6-2 可分离变量的微分方程

1． 求下列微分方程的通解.

(1) $\dfrac{dy}{dx} = e^{x+y}$；

(2) $xy' - y \ln y = 0$；

(4) $(xy^2 + x)dx + (y - x^2 y)dy = 0$；

(5) $y' = 1 + x + y^2 + xy^2$.

解 (1) 分离变量得 $\dfrac{\mathrm{d}y}{\mathrm{e}^y}=\mathrm{e}^x\mathrm{d}x$，两边积分得 $C-\mathrm{e}^{-y}=\mathrm{e}^x$，即 $\mathrm{e}^x+\mathrm{e}^{-y}=C$.

(2) 分离变量得 $\dfrac{\mathrm{d}y}{y\ln y}=\dfrac{\mathrm{d}x}{x}$，两边积分得 $\ln|\ln y|=\ln|x|+\ln|C|$，即 $\ln y=Cx$，故通解为 $y=\mathrm{e}^{Cx}$.

(4) 原方程变形为 $x(1+y^2)\mathrm{d}x=(x^2-1)y\mathrm{d}y$，分离变量得 $\dfrac{y}{1+y^2}\mathrm{d}y=\dfrac{x}{x^2-1}\mathrm{d}x$，两边积分得 $\dfrac{1}{2}\ln(1+y^2)=\dfrac{1}{2}\ln|x^2-1|+\dfrac{1}{2}\ln|C|$，所以通解为 $1+y^2=C(x^2-1)$.

(5) 由 $\dfrac{\mathrm{d}y}{\mathrm{d}x}=(1+x)(1+y^2)$ 得 $\dfrac{\mathrm{d}y}{1+y^2}=(1+x)\mathrm{d}x$，两边积分得通解为

$$\arctan y=x+\dfrac{1}{2}x^2+C.$$

2. 求下列微分方程满足所给初始条件的特解.

(1) $(x+1)\dfrac{\mathrm{d}y}{\mathrm{d}x}+1=2\mathrm{e}^{-y}$，$y|_{x=1}=0$； (3) $y'(x^2-4)=2xy$，$y(0)=1$.

解 (1) 分离变量得 $\dfrac{\mathrm{d}y}{2\mathrm{e}^{-y}-1}=\dfrac{\mathrm{d}x}{x+1}$，即 $\dfrac{\mathrm{e}^y\mathrm{d}y}{2-\mathrm{e}^y}=\dfrac{\mathrm{d}x}{x+1}$，两边积分得

$$-\ln|2-\mathrm{e}^y|=\ln|x+1|+\ln|C|,$$

即 $\dfrac{1}{2-\mathrm{e}^y}=C(x+1)$，$C(x+1)(2-\mathrm{e}^y)=1$，由 $y|_{x=1}=0$，得 $C=\dfrac{1}{2}$，故所求特解为

$$(x+1)(2-\mathrm{e}^y)=2.$$

(3) 分离变量得 $\dfrac{1}{y}\mathrm{d}y=\dfrac{2x}{x^2-4}\mathrm{d}x$，两边积分得 $\ln|y|=\ln|x^2-4|+\ln C$，解得 $y=C(x^2-4)$，由 $y(0)=1$ 得 $C=-\dfrac{1}{4}$，故所求特解为 $y=1-\dfrac{x^2}{4}$.

3. 小船行驶速度为 1.5 m/s，发动机停机后在水的阻力作用下减速，阻力大小与小船速度成正比，若经过 4 s 后小船速度减为 1 m/s，问小船停止前经过了多少路程？

解 设小船的质量为 m，水的阻力系数为 k（$k>0$），由牛顿第二运动定律 $f=ma=-kv$，得

$$\begin{cases}\dfrac{\mathrm{d}v}{\mathrm{d}t}=-\dfrac{kv}{m},\\ v(0)=1.5,\ v(4)=1,\end{cases}$$

方程通解为 $v(t)=C\mathrm{e}^{-\frac{k}{m}t}$，由 $v(0)=1.5$，得 $C=\dfrac{3}{2}$，所以 $v(t)=\dfrac{3}{2}\mathrm{e}^{-\frac{k}{m}t}$. 由 $v(4)=1$，得 $\dfrac{3}{2}\mathrm{e}^{-\frac{4k}{m}}=1$，$\dfrac{k}{m}=\dfrac{1}{4}\ln\dfrac{3}{2}$，于是 $v(t)=\dfrac{3}{2}\mathrm{e}^{-\frac{t}{4}\ln\frac{3}{2}}$. 当 $t\to+\infty$ 时，$v(t)\to 0$，故小船停止前所经历路程

$$s = \int_0^{+\infty} v(t)\mathrm{d}t = \int_0^{+\infty} \frac{3}{2}\mathrm{e}^{-\frac{t}{4}\ln\frac{3}{2}}\mathrm{d}t = -\frac{3}{2} \cdot 4 \frac{1}{\ln\frac{3}{2}}\left[\mathrm{e}^{-\frac{t}{4}\ln\frac{3}{2}}\right]_0^{+\infty} = \frac{6}{\ln\frac{3}{2}} \approx 15 \text{(m)}.$$

4. 牛顿冷却定律：物体的冷却速度与物体和外界的温差成正比. 如果物体在 20 min 内温度由 100 ℃冷却至 60 ℃，那么，在多久的时间内，这个物体的温度冷却至 30 ℃(假设空气的温度是 20 ℃)?

解 设物体的温度为 $s(t)$，k 为比例系数($k>0$)，则由题意有 $\dfrac{\mathrm{d}s}{\mathrm{d}t} = k(s-20)$，解得 $s(t) = 20 + C\mathrm{e}^{kt}$，由题意 $s(0) = 100$，从而 $C = 80$，又因为 $s(20) = 60$，所以 $k = -\dfrac{\ln 2}{20}$，所以 $s(t) = 20 + 80\mathrm{e}^{-\frac{\ln 2}{20}t}$，如果物体的温度降到 30 ℃，则有 $s(t) = 30$，解得 $t = 60$ (min).

习题 6-3 一阶线性微分方程

1. 求下列一阶线性微分方程的通解.

(1) $xy' + y = \mathrm{e}^x$；

(3) $xy' - 3y - x^4\cos x = 0$；

(5) $(x^2-1)y' + 2xy - \cos x = 0$；

(7) $(y^2-6x)y' + 2y = 0$.

解 (1) 原方程改写为 $y' + \dfrac{1}{x}y = \dfrac{\mathrm{e}^x}{x}$，对应的齐次线性微分方程 $y' + \dfrac{1}{x}y = 0$ 的通解为 $y = \dfrac{C}{x}$，令 $y = \dfrac{u(x)}{x}$，代入原非齐次线性微分方程，化简得 $u'(x) = \mathrm{e}^x$，则 $u(x) = \mathrm{e}^x + C$，故原方程通解为 $y = \dfrac{\mathrm{e}^x + C}{x}$，其中 C 为任意常数.

(3) 原方程改写为 $y' - \dfrac{3}{x}y = x^3\cos x$，对应的齐次线性微分方程 $y' - \dfrac{3}{x}y = 0$ 的通解为 $y = Cx^3$，令 $y = u(x)x^3$，代入原非齐次线性微分方程，化简得 $u'(x) = \cos x$，则 $u(x) = \sin x + C$，故原方程通解为 $y = x^3(\sin x + C)$，其中 C 为任意常数.

(5) 原方程改写为 $y' + \dfrac{2x}{x^2-1}y = \dfrac{\cos x}{x^2-1}$，对应的齐次线性微分方程为 $y' + \dfrac{2x}{x^2-1}y = 0$，即 $\dfrac{\mathrm{d}y}{y} = -\dfrac{2x}{x^2-1}\mathrm{d}x$，其通解为 $y = \dfrac{C}{x^2-1}$，令 $y = \dfrac{u(x)}{x^2-1}$，代入原非齐次线性微分方程，化简得 $u'(x) = \cos x$，则 $u(x) = \sin x + C$，故原方程通解为 $y = \dfrac{\sin x + C}{x^2-1}$，其中 C 为任意常数.

(7) 原方程可以改写为 $\dfrac{\mathrm{d}x}{\mathrm{d}y} - \dfrac{3}{y}x = \dfrac{-y}{2}$，由通解公式，得

$$x = \mathrm{e}^{\int \frac{3}{y}\mathrm{d}y}\left(\int \frac{-y}{2}\mathrm{e}^{-\int \frac{3}{y}\mathrm{d}y}\mathrm{d}y + C\right) = y^3\left(\int -\frac{1}{2y^2}\mathrm{d}y + C\right) = \frac{y^2}{2} + Cy^3,$$

即原方程通解为 $x = Cy^3 + \dfrac{y^2}{2}$.

2. 求下列微分方程满足所给初始条件的特解.

(1) $xy' + y - \sin x = 0$, $y(\pi) = 1$; (3) $x^3 y' + (2 - 3x^2)y = x^3$, $y(1) = 0$.

解 (1) 原方程变形为 $\dfrac{\mathrm{d}y}{\mathrm{d}x} + \dfrac{y}{x} = \dfrac{\sin x}{x}$, 则

$$y = \mathrm{e}^{-\int \frac{1}{x}\mathrm{d}x}\left(\int \dfrac{\sin x}{x} \mathrm{e}^{\int \frac{1}{x}\mathrm{d}x}\mathrm{d}x + C\right) = \dfrac{1}{x}(-\cos x + C),$$

由 $y(\pi) = 1$ 得 $C = \pi - 1$, 故所求特解为 $y = \dfrac{1}{x}(\pi - 1 - \cos x)$.

(3) 原方程变形为 $\dfrac{\mathrm{d}y}{\mathrm{d}x} + \dfrac{2 - 3x^2}{x^3}y = 1$, 代入通解公式得

$$y = \mathrm{e}^{-\int \frac{2-3x^2}{x^3}\mathrm{d}x}\left(\int 1 \cdot \mathrm{e}^{\int \frac{2-3x^2}{x^3}\mathrm{d}x}\mathrm{d}x + C\right) = x^3 \mathrm{e}^{\frac{1}{x^2}}\left(\int \dfrac{1}{x^3}\mathrm{e}^{-\frac{1}{x^2}}\mathrm{d}x + C\right) = x^3 \mathrm{e}^{\frac{1}{x^2}}\left(\dfrac{1}{2}\mathrm{e}^{-\frac{1}{x^2}} + C\right),$$

由 $y(1) = 0$ 得 $C = -\dfrac{1}{2\mathrm{e}}$, 故所求特解为 $y = \dfrac{1}{2}x^3\left(1 - \mathrm{e}^{\frac{1}{x^2} - 1}\right)$.

3. 设函数 $f(x)$ 可微, 且满足 $f(x) = 1 + \int_0^x [\sin t \cos t - f(t) \cos t]\mathrm{d}t$, 求函数 $f(x)$.

解 $f(x) = 1 + \int_0^x [\sin t \cos t - f(t) \cos t]\mathrm{d}t$, 两边同时对 x 求导, 得

$$f'(x) + f(x)\cos x = \sin x \cos x,$$

对应的齐次线性微分方程 $f'(x) + f(x)\cos x = 0$ 的通解为 $f(x) = C\mathrm{e}^{-\sin x}$, 令 $f(x) = u(x)\mathrm{e}^{-\sin x}$, 代入原非齐次线性微分方程 $f'(x) + f(x)\cos x = \sin x \cos x$, 化简得 $u'(x) = \sin x \cos x \mathrm{e}^{\sin x}$, $u(x) = \mathrm{e}^{\sin x}(\sin x - 1) + C$, 故原非齐次线性微分方程的通解为 $f(x) = C\mathrm{e}^{-\sin x} + \sin x - 1$, 又由于 $f(0) = 1$, 所以 $C = 2$, 故 $f(x) = 2\mathrm{e}^{-\sin x} + \sin x - 1$.

4. 一曲线通过原点, 且它在点 (x,y) 处的切线斜率等于 $2x + y$, 求该曲线方程.

解 由题意知 $\begin{cases} y' = 2x + y, \\ y|_{x=0} = 0, \end{cases}$ 由通解公式得

$$y = \mathrm{e}^{\int \mathrm{d}x}\left(\int 2x\mathrm{e}^{-\int \mathrm{d}x}\mathrm{d}x + C\right) = \mathrm{e}^x\left(2\int x\mathrm{e}^{-x}\mathrm{d}x + C\right)$$

$$= \mathrm{e}^x(-2x\mathrm{e}^{-x} - 2\mathrm{e}^{-x} + C) = C\mathrm{e}^x - 2x - 2,$$

由 $y|_{x=0} = 0$, 得 $C = 2$, 故所求曲线的方程为 $y = 2(\mathrm{e}^x - x - 1)$.

5. 设有一质量为 m 的质点做直线运动, 从速度等于零的时刻起, 有一个与运动方向一致、大小与时间成正比(比例系数为 k_1, $k_1 > 0$)的力作用于它, 此外还受一个与速度成正比(比例系数为 k_2, $k_2 > 0$)的阻力作用, 求质点运动的速度与时间的函数关系.

解 由牛顿第二定律 $F = ma$, 得 $m\dfrac{\mathrm{d}v}{\mathrm{d}t} = k_1 t - k_2 v$, 即 $\dfrac{\mathrm{d}v}{\mathrm{d}t} + \dfrac{k_2}{m}v = \dfrac{k_1}{m}t$, 由通解公式得

$$v = \mathrm{e}^{-\int \frac{k_2}{m}\mathrm{d}t}\left(\int \dfrac{k_1}{m}t \cdot \mathrm{e}^{\int \frac{k_2}{m}\mathrm{d}t}\mathrm{d}t + C\right) = \mathrm{e}^{-\frac{k_2}{m}t}\left(\int \dfrac{k_1}{m}t \cdot \mathrm{e}^{\frac{k_2}{m}t}\mathrm{d}t + C\right)$$

$$=\mathrm{e}^{-\frac{k_2}{m}t}\left(\frac{k_1}{k_2}t\mathrm{e}^{\frac{k_2}{m}t}-\frac{mk_1}{k_2^2}\mathrm{e}^{\frac{k_2}{m}t}+C\right),$$

由题意,当 $t=0$ 时, $v=0$,于是得 $C=\frac{mk_1}{k_2^2}$,因此 $v=\frac{k_1}{k_2}t-\frac{mk_1}{k_2^2}\left(1-\mathrm{e}^{-\frac{k_2}{m}t}\right)$.

习题 6-4 利用变量代换解一阶微分方程

1. 求下列齐次方程的通解.

(1) $\dfrac{\mathrm{d}y}{\mathrm{d}x}=\dfrac{x+y}{x-y}$;   (3) $xy'=y+\sqrt{y^2-x^2}$ $(x>0)$.

解 (1)令 $u=\dfrac{y}{x}$,原方程可化为 $u+x\dfrac{\mathrm{d}u}{\mathrm{d}x}=\dfrac{1+u}{1-u}$,从而可得 $\dfrac{u-1}{u^2+1}\mathrm{d}u=-\dfrac{\mathrm{d}x}{x}$,两边积分得 $\dfrac{1}{2}\ln(u^2+1)-\arctan u=-\ln x+\ln C$,即 $x\sqrt{u^2+1}=C\mathrm{e}^{\arctan u}$,所以通解为

$$\sqrt{x^2+y^2}=C\mathrm{e}^{\arctan\frac{y}{x}}.$$

(3) 原方程化为 $\dfrac{\mathrm{d}y}{\mathrm{d}x}=\dfrac{y}{x}+\sqrt{\left(\dfrac{y}{x}\right)^2-1}$,令 $u=\dfrac{y}{x}$,则原方程化为 $u+x\dfrac{\mathrm{d}u}{\mathrm{d}x}=u+\sqrt{u^2-1}$,即 $\dfrac{1}{\sqrt{u^2-1}}\mathrm{d}u=\dfrac{1}{x}\mathrm{d}x$,两边积分得 $\ln|u+\sqrt{u^2-1}|=\ln|x|+\ln|C|$,即 $u+\sqrt{u^2-1}=Cx$,将 $u=\dfrac{y}{x}$ 代入上式得原方程的通解为 $\dfrac{y}{x}+\sqrt{\left(\dfrac{y}{x}\right)^2-1}=Cx$,即 $y+\sqrt{y^2-x^2}=Cx^2$.

2. 求下列齐次方程满足所给初始条件的特解.

(1) $y'=\mathrm{e}^{\frac{y}{x}}+\dfrac{y}{x}$, $y(1)=0$;   (3) $(x^3+y^3)\mathrm{d}x-3xy^2\mathrm{d}y=0$, $y(1)=0$.

解 (1)令 $u=\dfrac{y}{x}$,原方程可化为 $u+x\dfrac{\mathrm{d}u}{\mathrm{d}x}=\mathrm{e}^u+u$,即 $\mathrm{e}^{-u}\mathrm{d}u=\dfrac{\mathrm{d}x}{x}$,两边积分得 $-\mathrm{e}^{-u}=\ln|x|+C$, $-\mathrm{e}^{-\frac{y}{x}}=\ln|x|+C$,由 $y(1)=0$,得 $C=-1$,故所求特解为

$$1-\mathrm{e}^{-\frac{y}{x}}=\ln|x|.$$

(3) 原方程化为 $\dfrac{\mathrm{d}y}{\mathrm{d}x}=\dfrac{x^3+y^3}{3xy^2}=\dfrac{1+\left(\dfrac{y}{x}\right)^3}{3\left(\dfrac{y}{x}\right)^2}$,令 $u=\dfrac{y}{x}$,则有 $u+x\dfrac{\mathrm{d}u}{\mathrm{d}x}=\dfrac{1+u^3}{3u^2}$,分离变量得 $\dfrac{3u^2}{1-2u^3}\mathrm{d}u=\dfrac{\mathrm{d}x}{x}$,两边积分得 $-\dfrac{1}{2}\ln|1-2u^3|=\ln|x|+\ln|C|$,即 $\dfrac{1}{\sqrt{1-2u^3}}=Cx$,即

$$\frac{1}{\sqrt{1-2\left(\dfrac{y}{x}\right)^3}}=Cx,\ \text{即}\ \frac{\sqrt{x}}{\sqrt{x^3-2y^3}}=C,\ \text{由}\ y(1)=0,\ \text{得}\ C=1,\ \text{故所求特解为}\ x^3-2y^3=x.$$

3. 求下列伯努利方程的解.

(1) $y'-3xy=xy^2$;   (3) $2y'\sin x+y\cos x=y^3\sin^2 x$.

解 (1) 原方程可变形为 $\dfrac{1}{y^2}\dfrac{dy}{dx}-3x\dfrac{1}{y}=x$,即 $\dfrac{d(y^{-1})}{dx}+3xy^{-1}=-x$,则

$$y^{-1}=e^{-\int 3x dx}\left[\int(-x)\cdot e^{\int 3x dx}dx+C_1\right]=e^{-\frac{3}{2}x^2}\left(-\int xe^{\frac{3}{2}x^2}dx+C_1\right)$$

$$=e^{-\frac{3}{2}x^2}\left(-\frac{1}{3}e^{\frac{3}{2}x^2}+C_1\right)=C_1 e^{-\frac{3}{2}x^2}-\frac{1}{3},$$

原方程的通解为 $\dfrac{1}{y}=C_1 e^{-\frac{3}{2}x^2}-\dfrac{1}{3}$,即 $\left(1+\dfrac{3}{y}\right)e^{\frac{3}{2}x^2}=C\ (C=3C_1)$.

(3) 原方程可变形为 $2\dfrac{dy}{dx}+\dfrac{\cos x}{\sin x}y=y^3\sin x$,两边同时乘 $-y^{-3}$,得

$$-2y^{-3}\dfrac{dy}{dx}-\dfrac{\cos x}{\sin x}y^{-2}=-\sin x,$$

即 $\dfrac{d(y^{-2})}{dx}-\dfrac{\cos x}{\sin x}y^{-2}=-\sin x$,令 $z=y^{-2}$,则 $\dfrac{dz}{dx}-\dfrac{\cos x}{\sin x}z=-\sin x$,所以

$$y^{-2}=z=e^{\int\frac{\cos x}{\sin x}dx}\left(\int-\sin x e^{-\int\frac{\cos x}{\sin x}dx}dx+C\right)=(C-x)\sin x,$$

原方程的通解为 $y^2(C-x)\sin x=1$.

4. 设曲线 L 位于 xOy 平面的第一象限内,L 上任意一点 M 处的切线与 y 轴总相交,交点记为 A.已知 $|MA|=|OA|$,且 L 过点 $\left(\dfrac{3}{2},\dfrac{3}{2}\right)$,求 L 的方程.

解 设 L 的方程为 $y=y(x)$,则 L 上点 (x,y) 处的切线为 $Y-y=y'(X-x)$,点 A 的坐标为 $(0,y-xy')$,由题意有 $x^2+x^2(y')^2=(y-xy')^2$,整理得 $2\dfrac{y}{x}y'=\left(\dfrac{y}{x}\right)^2-1$,其通解为 $x^2+y^2=Cx$,又由 $y\left(\dfrac{3}{2}\right)=\dfrac{3}{2}$ 可知 $C=3$,且 L 位于第一象限,故 L 的方程为

$$y=\sqrt{3x-x^2}\quad (0<x<3).$$

5. 作适当的变量代换,求下列微分方程的通解.

(1) $y'=\cos(x-y)$;   (3) $y'=(x+y)^2$;   (4) $xy'+y=y\ln(xy)$.

解 (1) 令 $u=x-y$,则原方程化为 $1-\dfrac{du}{dx}=\cos u$,即

$$\dfrac{du}{1-\cos u}=dx,$$

两边积分得 $-\cot\dfrac{u}{2}=x+C_1$，所以原方程的通解为 $\cot\dfrac{x-y}{2}=C-x$ $(C=-C_1)$.

(3) 令 $u=x+y$，则原方程化为 $\dfrac{\mathrm{d}u}{\mathrm{d}x}-1=u^2$，即 $\mathrm{d}x=\dfrac{\mathrm{d}u}{1+u^2}$，两边积分得 $x+C=\arctan u$，将 $u=x+y$ 代入上式得原方程的通解为 $x+C=\arctan(x+y)$，即 $y=-x+\tan(x+C)$.

(4) 令 $u=xy$，则原方程化为 $\dfrac{\mathrm{d}u}{\mathrm{d}x}=\dfrac{u}{x}\ln u$，即 $\dfrac{\mathrm{d}u}{u\ln u}=\dfrac{\mathrm{d}x}{x}$，两边积分得 $\ln|\ln u|=\ln|x|+\ln|C|$，即 $u=\mathrm{e}^{Cx}$，将 $u=xy$ 代入上式得原方程的通解为 $y=\dfrac{1}{x}\mathrm{e}^{Cx}$.

6. 试证：作变换 $u=ax+by+c$，可将方程 $\dfrac{\mathrm{d}y}{\mathrm{d}x}=f(ax+by+c)$ 化为可分离变量的方程，并求方程 $y'=\sin^2(x-y+1)$ 的通解.

解 令 $u=ax+by+c$，则 $\dfrac{\mathrm{d}u}{\mathrm{d}x}=a+b\dfrac{\mathrm{d}y}{\mathrm{d}x}$，原方程变形为 $\dfrac{\mathrm{d}u}{\mathrm{d}x}=a+bf(u)$，即为可分离变量的微分方程.

对于 $y'=\sin^2(x-y+1)$，令 $u=x-y+1$，得可分离变量的方程 $u'=\cos^2 u$，其通解为 $\tan u=x+C$，方程 $y'=\sin^2(x-y+1)$ 的通解为 $\tan(x-y+1)=x+C$.

7. 求满足方程 $f(x)=\mathrm{e}^x\left[1+\int_0^x f^2(t)\mathrm{d}t\right]$ 的连续函数 $f(x)$.

解 原方程可化为 $\mathrm{e}^{-x}f(x)=1+\int_0^x f^2(t)\mathrm{d}t$，两边对 x 求导，得
$$\mathrm{e}^{-x}f'(x)-\mathrm{e}^{-x}f(x)=f^2(x),$$
整理得 $\dfrac{f'(x)-f(x)}{f^2(x)}=\mathrm{e}^x$，或 $\left[\dfrac{1}{f(x)}\right]'+\dfrac{1}{f(x)}=-\mathrm{e}^x$，其解为 $\dfrac{1}{f(x)}=\mathrm{e}^{-x}\left(-\dfrac{\mathrm{e}^{2x}}{2}+C\right)$，又由 $f(0)=1$ 知 $C=\dfrac{3}{2}$，所以 $f(x)=\dfrac{2}{3\mathrm{e}^{-x}-\mathrm{e}^x}$.

习题 6-5　可降阶的高阶微分方程

1. 求下列微分方程的通解.

(1) $y''=x+\sin x+1$；　　(3) $xy''+y'=0$；　　(5) $yy''+(y')^2=0$.

解 (1) $y'=\int(x+\sin x+1)\mathrm{d}x=\dfrac{1}{2}x^2-\cos x+x+C_1$，

$$y=\int\left(\dfrac{1}{2}x^2-\cos x+x+C_1\right)\mathrm{d}x=\dfrac{1}{6}x^3-\sin x+\dfrac{1}{2}x^2+C_1x+C_2,$$

原方程的通解为
$$y=\dfrac{1}{6}x^3+\dfrac{1}{2}x^2-\sin x+C_1x+C_2.$$

(3) 令 $y'=p(x)$，则 $y''=p'$，原方程化为 $xp'+p=0$，分离变量得 $\dfrac{\mathrm{d}p}{p}=-\dfrac{\mathrm{d}x}{x}$，两边积

分得 $\ln|p|=-\ln|x|+\ln|C_1|$，所以 $p=\dfrac{C_1}{x}$，即 $y'=\dfrac{C_1}{x}$，于是 $y=C_1\ln|x|+C_2$，即原方程的通解为 $y=C_1\ln|x|+C_2$.

(5) 设 $y'=p(y)$，则 $y''=p\dfrac{\mathrm{d}p}{\mathrm{d}y}$，代入原方程得 $yp\dfrac{\mathrm{d}p}{\mathrm{d}y}=-p^2$，当 $y\neq 0, p\neq 0$ 时，$\dfrac{\mathrm{d}p}{p}=-\dfrac{\mathrm{d}y}{y}$，于是 $p=\dfrac{C_1'}{y}$，所以 $\dfrac{\mathrm{d}y}{\mathrm{d}x}=\dfrac{C_1'}{y}$，即 $y\mathrm{d}y=C_1'\mathrm{d}x$，所以 $\dfrac{1}{2}y^2=C_1'x+C_2'$，故原方程的通解为 $y^2=C_1x+C_2$ ($C_1=2C_1'$, $C_2=2C_2'$).

2．求下列微分方程满足所给初始条件的特解.

(2) $y''+2x(y')^2=0$，$y(0)=1, y'(0)=-\dfrac{1}{2}$； (3) $yy''+2(y')^2=0$，$y(1)=1, y'(1)=\dfrac{1}{2}$.

解 (2) 设 $y'=p(x)$，则 $y''=p'$，代入方程得 $p'=-2xp^2$，分离变量得 $\dfrac{\mathrm{d}p}{p^2}=-2x\mathrm{d}x$，两边积分得 $-\dfrac{1}{p}=-x^2-C_1$，即 $p=\dfrac{1}{x^2+C_1}$，利用 $y'(0)=-\dfrac{1}{2}$ 得 $C_1=-2$，于是有 $y'=\dfrac{1}{x^2-2}$. 两边再积分得 $y=\dfrac{1}{2\sqrt{2}}\ln\left|\dfrac{x-\sqrt{2}}{x+\sqrt{2}}\right|+C_2$，利用 $y(0)=1$ 得 $C_2=1$. 因此所求特解为 $y=1+\dfrac{1}{2\sqrt{2}}\ln\left|\dfrac{x-\sqrt{2}}{x+\sqrt{2}}\right|$.

(3) 令 $y'=p(y)$，则 $y''=p\dfrac{\mathrm{d}p}{\mathrm{d}y}$，原方程化为 $yp\dfrac{\mathrm{d}p}{\mathrm{d}y}=-2p^2$，当 $y\neq 0, p\neq 0$ 时，$\dfrac{1}{p}\mathrm{d}p=-\dfrac{2}{y}\mathrm{d}y$，两边积分并化简得 $p=\dfrac{C_1}{y^2}$，即 $y'=\dfrac{C_1}{y^2}$，由 $y(1)=1, y'(1)=\dfrac{1}{2}$ 得 $C_1=\dfrac{1}{2}$，从而 $y'=\dfrac{1}{2y^2}$，分离变量得 $y^2\mathrm{d}y=\dfrac{1}{2}\mathrm{d}x$，两边积分得 $\dfrac{y^3}{3}=\dfrac{1}{2}x+C_2$，由 $y(1)=1$ 得 $C_2=-\dfrac{1}{6}$，从而原方程的特解为 $y^3=\dfrac{3}{2}x-\dfrac{1}{2}$.

3．试求 $y''=3x+1$ 的经过点 $M(0,1)$，且在此点与直线 $y=x+1$ 相切的积分曲线.

解 连续积分两次得 $y'=\dfrac{3}{2}x^2+x+C_1$，$y=\dfrac{1}{2}x^3+\dfrac{1}{2}x^2+C_1x+C_2$，又因为 $y|_{x=0}=1$，$y'|_{x=0}=1$，所以 $C_1=1$，$C_2=1$. 因此所求曲线为 $y=\dfrac{1}{2}x^3+\dfrac{1}{2}x^2+x+1$.

4．已知曲线 $y=f(x)$ 满足方程 $yy''+(y')^2=1$，且该曲线与另一曲线 $y=\mathrm{e}^{-x}$ 相切于点 $M(0,1)$，求此曲线方程.

解 因为曲线满足初值问题 $\begin{cases}yy''+(y')^2=1,\\ y|_{x=0}=1, y'|_{x=0}=-1,\end{cases}$ 由 $(yy')'=1$，得 $yy'=x+C_1$，又 $y(0)=1, y'(0)=-1$，则 $C_1=-1$，所以 $yy'=x-1$，即 $y\mathrm{d}y=(x-1)\mathrm{d}x$，两边积分得

$y^2 = (x-1)^2 + C_2$，由 $y(0)=1$，得 $C_2 = 0$，所以此曲线方程为 $y^2 = (x-1)^2$，仍由 $y(0)=1$，有 $y = 1-x$.

习题 6-6　线性微分方程解的结构

1. 判断下列函数组在其定义区间内的线性相关性.

(1) $2x, 3x$；　　(3) x, x^2, x^3；　　(5) $1, x^2$.

解　(1) 因为 $\dfrac{3x}{2x} = \dfrac{3}{2}$，所以 $3x$ 与 $2x$ 是线性相关的.

(3) 要使 $k_1 x + k_2 x^2 + k_3 x^3 = 0$，则 $k_1 = k_2 = k_3 = 0$，所以 x, x^2, x^3 线性无关.

(5) 因为 $\dfrac{x^2}{1} = x^2 \neq$ 常数，所以 $1, x^2$ 线性无关.

2. 验证 $y_1 = \cos 2x$ 及 $y_2 = \sin 2x$ 是方程 $y'' + 4y = 0$ 的两个解，并写出该方程的通解.

解　因为
$$y_1'' + 4y_1 = -4\cos 2x + 4\cos 2x = 0,$$
$$y_2'' + 4y_2 = -4\sin 2x + 4\sin 2x = 0,$$

并且 $\dfrac{y_1}{y_2} = \cot 2x \neq$ 常数，所以 $y_1 = \cos 2x$ 与 $y_2 = \sin 2x$ 是方程的两个线性无关的特解，从而方程的通解为 $y = C_1 \cos 2x + C_2 \sin 2x$.

3. 已知某个二阶非齐次线性微分方程有三个特解 $y_1 = x$，$y_2 = x + \mathrm{e}^x$ 和 $y_3 = 1 + x + \mathrm{e}^x$，试求这个方程的通解.

解　因为 y_1, y_2, y_3 是某二阶非齐次线性微分方程的三个特解，则 $y_2 - y_1 = \mathrm{e}^x$，$y_3 - y_2 = 1$ 是对应的齐次线性微分方程的特解，且 $\dfrac{\mathrm{e}^x}{1} = \mathrm{e}^x \neq$ 常数，所以 e^x 与 1 线性无关，故对应的二阶齐次线性微分方程的通解为 $Y = C_1 + C_2 \mathrm{e}^x$，又 $y_1 = x$ 是二阶非齐次线性微分方程的特解，故该方程的通解为 $y = C_1 + C_2 \mathrm{e}^x + x$.

4. 验证 $y_1 = \mathrm{e}^{x^2}$ 和 $y_2 = x\mathrm{e}^{x^2}$ 是方程 $y'' - 4xy' + (4x^2 - 2)y = 0$ 的解，并写出该方程的通解.

解　因为
$$y_1'' - 4xy_1' + (4x^2 - 2)y_1 = 2\mathrm{e}^{x^2} + 4x^2\mathrm{e}^{x^2} - 4x \cdot 2x\mathrm{e}^{x^2} + (4x^2 - 2) \cdot \mathrm{e}^{x^2} = 0,$$
$$y_2'' - 4xy_2' + (4x^2 - 2)y_2 = 6x\mathrm{e}^{x^2} + 4x^3\mathrm{e}^{x^2} - 4x(\mathrm{e}^{x^2} + 2x^2\mathrm{e}^{x^2}) + (4x^2 - 2)x\mathrm{e}^{x^2} = 0,$$

并且 $\dfrac{y_2}{y_1} = x \neq$ 常数，所以 $y_1 = \mathrm{e}^{x^2}$ 与 $y_2 = x\mathrm{e}^{x^2}$ 是二阶齐次线性微分方程的两个线性无关的特解，从而该方程的通解为 $y = (C_1 + C_2 x)\mathrm{e}^{x^2}$.

5. 已知 $y_1 = \mathrm{e}^{2x}, y_2 = \mathrm{e}^{-x}$ 是微分方程 $y'' + py' + qy = 0$ 的两个特解，试写出该方程的通解，并求满足初始条件 $y(0) = 1, y'(0) = \dfrac{1}{2}$ 的特解.

第六章　常微分方程

解　$\dfrac{y_1(x)}{y_2(x)} = \dfrac{e^{2x}}{e^{-x}} \neq$ 常数，故 $y_1(x) = e^{2x}$ 与 $y_2(x) = e^{-x}$ 线性无关，该方程的通解为 $y = C_1 e^{2x} + C_2 e^{-x}$，则 $y' = 2C_1 e^{2x} - C_2 e^{-x}$，由 $y(0) = 1, y'(0) = \dfrac{1}{2}$ 得

$$\begin{cases} C_1 + C_2 = 1, \\ 2C_1 - C_2 = \dfrac{1}{2}, \end{cases}$$

解得 $C_1 = C_2 = \dfrac{1}{2}$，所以该方程满足初始条件 $y(0) = 1, y'(0) = \dfrac{1}{2}$ 的特解为 $y = \dfrac{1}{2} e^{2x} + \dfrac{1}{2} e^{-x}$。

6. 设 y_1, y_2, y_3 是二阶非齐次线性微分方程的三个线性无关的解，证明方程的通解为

$$y = C_1 y_1 + C_2 y_2 + (1 - C_1 - C_2) y_3.$$

证　由题意知 $y_1 - y_3$，$y_2 - y_3$ 均为对应的二阶齐次线性微分方程的特解，设存在 k_1, k_2，使 $k_1(y_1 - y_3) + k_2(y_2 - y_3) = 0$，即 $k_1 y_1 + k_2 y_2 - (k_1 + k_2) y_3 = 0$，因为 y_1, y_2, y_3 线性无关，所以 $k_1 = k_2 = 0$，故 $y_1 - y_3$ 与 $y_2 - y_3$ 也线性无关，对应的二阶齐次线性微分方程的通解为 $Y = C_1(y_1 - y_3) + C_2(y_2 - y_3)$，又因为 y_3 是二阶非齐次线性微分方程的一个特解，所以非齐次线性微分方程的通解为

$$y = C_1(y_1 - y_3) + C_2(y_2 - y_3) + y_3 = C_1 y_1 + C_2 y_2 + (1 - C_1 - C_2) y_3.$$

7. 已知微分方程 $y'' + P(x) y' + Q(x) y = f(x)$ 有三个解 $y_1 = x, y_2 = e^x, y_3 = e^{2x}$，求此方程满足初始条件 $y(0) = 1, y'(0) = 3$ 的特解。

解　易知 $y_2 - y_1 = e^x - x$ 与 $y_3 - y_1 = e^{2x} - x$ 是对应的齐次线性微分方程 $y'' + P(x) y' + Q(x) y = 0$ 的两个线性无关的特解，从而原方程的通解为 $y = C_1(e^x - x) + C_2(e^{2x} - x) + x$，将初始条件 $y(0) = 1, y'(0) = 3$ 代入通解，得 $C_1 = -1, C_2 = 2$，于是所求特解为 $y = 2e^{2x} - e^x$。

习题 6-7　常系数齐次线性微分方程

1. 求下列微分方程的通解。

(1) $y'' - 4y' + 3y = 0$；　　(3) $y'' - 9y = 0$；　　(5) $y'' - 4y' + 13y = 0$；

(7) $4\dfrac{d^2 x}{dt^2} - 20\dfrac{dx}{dt} + 25x = 0$；　(9) $y^{(4)} + 2y'' + y = 0$；　(11) $y^{(4)} - 2y''' + 5y'' = 0$。

解　(1) 微分方程的特征方程为 $r^2 - 4r + 3 = 0$，即 $(r-1)(r-3) = 0$，其特征根为 $r_1 = 1, r_2 = 3$，故微分方程的通解为 $y = C_1 e^x + C_2 e^{3x}$。

(3) 微分方程的特征方程为 $r^2 - 9 = 0$，其特征根为 $r_1 = 3, r_2 = -3$，故微分方程的通解为

$$y = C_1 e^{-3x} + C_2 e^{3x}.$$

(5) 特征方程为 $r^2 - 4r + 13 = 0$，解得 $r_{1,2} = 2 \pm 3i$，故所求通解为

$$y = e^{2x}(C_1 \cos 3x + C_2 \sin 3x).$$

(7) 微分方程的特征方程为 $4r^2 - 20r + 25 = 0$，即 $(2r - 5)^2 = 0$，其特征根为 $r_1 = r_2 = \dfrac{5}{2}$，故微分方程的通解为 $x = C_1 e^{\frac{5}{2}t} + C_2 t e^{\frac{5}{2}t}$，即 $x = (C_1 + C_2 t) e^{\frac{5}{2}t}$。

(9) 微分方程的特征方程为 $r^4+2r^2+1=0$，即 $(r^2+1)^2=0$，其特征根为 $r_1=r_2=-\mathrm{i}$，$r_3=r_4=\mathrm{i}$，故微分方程的通解为 $y=(C_1+C_2x)\cos x+(C_3+C_4x)\sin x$.

(11) 特征方程为 $r^4-2r^3+5r^2=0$，$r^2(r^2-2r+5)=0$，特征根为 $r_{1,2}=0$，$r_{3,4}=1\pm 2\mathrm{i}$，故所求通解为 $y=C_1+C_2x+\mathrm{e}^x(C_3\cos 2x+C_4\sin 2x)$.

2．求下列微分方程满足所给初始条件的特解．

(1) $y''-3y'-4y=0$，$y(0)=0,y'(0)=-5$；

(3) $y''+4y'+29y=0$，$y(0)=0,y'(0)=15$．

解 (1) 微分方程的特征方程为 $r^2-3r-4=0$，其根为 $r_1=-1,r_2=4$，故微分方程的通解为 $y=C_1\mathrm{e}^{-x}+C_2\mathrm{e}^{4x}$，由 $y(0)=0,y'(0)=-5$ 得 $C_1=1,C_2=-1$，因此所求特解为 $y=\mathrm{e}^{-x}-\mathrm{e}^{4x}$．

(3) 微分方程的特征方程为 $r^2+4r+29=0$，其根为 $r_{1,2}=-2\pm 5\mathrm{i}$，故微分方程的通解为 $y=\mathrm{e}^{-2x}(C_1\cos 5x+C_2\sin 5x)$，由 $y(0)=0,y'(0)=15$ 得 $C_1=0,C_2=3$，因此所求特解为 $y=3\mathrm{e}^{-2x}\sin 5x$．

3．设 $y=\mathrm{e}^x(C_1\cos x+C_2\sin x)$ 为某二阶常系数齐次线性微分方程的通解，求此微分方程．

解 根据通解结构，可知对应的特征方程有一对共轭复根 $r_1=1+\mathrm{i},r_2=1-\mathrm{i}$，因此特征方程为 $[r-(1+\mathrm{i})][r-(1-\mathrm{i})]=0$，即 $r^2-2r+2=0$，所求方程为 $y''-2y'+2y=0$．

4．方程 $y''+9y=0$ 的一条积分曲线通过点 $(\pi,-1)$，且在该点和直线 $y+1=x-\pi$ 相切，求这条曲线的方程．

解 特征方程为 $r^2+9=0$，从而 $r=\pm 3\mathrm{i}$，原方程的通解为 $y=C_1\cos 3x+C_2\sin 3x$，因为所求曲线过点 $(\pi,-1)$，所以 $C_1=1$；又因为所求曲线在点 $(\pi,-1)$ 的切线斜率为 $y'|_{x=\pi}=1$，解得 $C_2=-\dfrac{1}{3}$，故所求曲线方程为 $y=\cos 3x-\dfrac{1}{3}\sin 3x$．

5．一个单位质量的质点受力的作用做直线运动，开始时质点在原点 O 处且速度为 v_0，在运动过程中，这个力的大小与质点到原点的距离成正比(比例系数 $k_1>0$)，而方向与初速度一致，又知介质的阻力与速度成正比(比例系数 $k_2>0$)，求反映该质点运动规律的函数．

解 设 x 轴正方向与 v_0 方向一致，则在点 x 处力的大小为 k_1x，阻力为 k_2v，由题意得微分方程

$$\begin{cases} \dfrac{\mathrm{d}^2x}{\mathrm{d}t^2}=k_1x-k_2\dfrac{\mathrm{d}x}{\mathrm{d}t}, \\ x|_{t=0}=0,\dfrac{\mathrm{d}x}{\mathrm{d}t}\Big|_{t=0}=v_0, \end{cases}$$

微分方程的特征方程为 $r^2+k_2r-k_1=0$，其根为 $r_{1,2}=\dfrac{-k_2\pm\sqrt{k_2^2+4k_1}}{2}$，故微分方程的通解为 $x=C_1\mathrm{e}^{\frac{-k_2+\sqrt{k_2^2+4k_1}}{2}t}+C_2\mathrm{e}^{\frac{-k_2-\sqrt{k_2^2+4k_1}}{2}t}$，由 $x|_{t=0}=0,\dfrac{\mathrm{d}x}{\mathrm{d}t}\Big|_{t=0}=v_0$，得 $\begin{cases} C_1+C_2=0, \\ C_1r_1+C_2r_2=v_0, \end{cases}$ 解得

$$C_1 = \frac{v_0}{\sqrt{k_2^2+4k_1}}, \quad C_2 = -\frac{v_0}{\sqrt{k_2^2+4k_1}},$$ 因此质点的运动规律为

$$x = \frac{v_0}{\sqrt{k_2^2+4k_1}}\left(e^{\frac{-k_2+\sqrt{k_2^2+4k_1}}{2}t} - e^{\frac{-k_2-\sqrt{k_2^2+4k_1}}{2}t}\right).$$

习题 6-8 二阶常系数非齐次线性微分方程

1. 写出下列方程待定特解的形式.

(1) $y'' - y' = x^2$;　　(3) $y'' - 2y' + 2y = 3e^x \sin x$;　　(5) $y'' - 4y' + 4y = e^{2x} + \sin 2x$.

解 (1) 对应的齐次线性微分方程的特征方程为 $r^2 - r = 0$，特征根为 $r_1 = 0, r_2 = 1$. 因为 $\lambda = 0$ 是特征方程的单根，故待定特解的形式为 $y^* = x(ax^2 + bx + c)$.

(3) 对应的齐次线性微分方程的特征方程为 $r^2 - 2r + 2 = 0$，特征根为 $r_{1,2} = 1 \pm i$. 因为 $\lambda + i\omega = 1 + i$ 是特征方程的根，故待定特解的形式为 $y^* = xe^x(A\cos x + B\sin x)$.

(5) 对应的齐次线性微分方程的特征方程为 $r^2 - 4r + 4 = 0$，特征根为 $r_1 = r_2 = 2$. 因为 $\lambda = 2$ 是特征方程的重根，所以 $y'' - 4y' + 4y = e^{2x}$ 的待定特解可设为 $y_1^* = Ax^2e^{2x}$，又因为 $\lambda + i\omega = 2i$ 不是特征方程的根，$y'' - 4y' + 4y = \sin 2x$ 的待定特解可设为 $y_2^* = B\cos 2x + C\sin 2x$. 由非齐次线性微分方程解的叠加原理，$y'' - 4y' + 4y = e^{2x} + \sin 2x$ 的待定特解可设为

$$y^* = Ax^2e^{2x} + B\cos 2x + C\sin 2x.$$

2. 求下列微分方程的一个特解.

(1) $y'' - 5y' + 6y = xe^{2x}$;　　(3) $2y'' + 5y' = 5x^2 - 2x - 1$;　　(5) $y'' + y = x\cos 2x$.

解 (1) 对应的齐次线性微分方程的特征方程为 $r^2 - 5r + 6 = 0$，特征根为 $r_1 = 2$，$r_2 = 3$. 因为 $\lambda = 2$ 是特征方程的单根，故设待定特解为 $y^* = x(Ax + B)e^{2x}$，代入原非齐次线性微分方程后化简得 $-2Ax + 2A - B = x$，从而 $A = -\frac{1}{2}$，$B = -1$，故原方程的一个特解为

$$y^* = -x\left(\frac{1}{2}x + 1\right)e^{2x}.$$

(3) 对应的齐次线性微分方程的特征方程为 $2r^2 + 5r = 0$，特征根为 $r_1 = 0$，$r_2 = -\frac{5}{2}$. 因为 $\lambda = 0$ 是特征方程的单根，故设待定特解为 $y^* = x(ax^2 + bx + c)$，代入原非齐次线性微分方程后，化简得 $15ax^2 + (12a + 10b)x + (4b + 5c) = 5x^2 - 2x - 1$，从而 $a = \frac{1}{3}$，$b = -\frac{3}{5}$，$c = \frac{7}{25}$，故原方程的一个特解为 $y^* = \frac{1}{3}x^3 - \frac{3}{5}x^2 + \frac{7}{25}x$.

(5) 对应的齐次线性微分方程的特征方程为 $r^2 + 1 = 0$，特征根为 $r_{1,2} = \pm i$. 因为 $\lambda + i\omega = 2i$ 不是特征方程的根，故设待定特解为 $y^* = (ax + b)\cos 2x + (cx + d)\sin 2x$，代入

原非齐次线性微分方程后化简得 $(-3ax-3b+4c)\cos 2x+(-3cx-4a-3d)\sin 2x=x\cos 2x$，从而 $a=-\dfrac{1}{3},b=0,c=0,d=\dfrac{4}{9}$，故原方程的一个特解为 $y^*=-\dfrac{1}{3}x\cos 2x+\dfrac{4}{9}\sin 2x$.

3．求下列微分方程的通解．

(1) $y''-3y'+2y=xe^{2x}$；　　(2) $2y''+y'-y=2e^x$；　　(4) $y''+y=\sin x$.

解 (1) 对应的齐次线性微分方程为 $y''-3y'+2y=0$，其特征方程为 $r^2-3r+2=0$，特征根为 $r_1=1,r_2=2$，故对应的齐次线性微分方程的通解为 $Y=C_1e^x+C_2e^{2x}$. 因为 $\lambda=2$ 是特征方程的单根，故设原非齐次线性微分方程的待定特解为 $y^*=x(Ax+B)e^{2x}$，代入非齐次线性微分方程后化简得 $2Ax+2A+B=x$，比较系数知 $A=\dfrac{1}{2}$，$B=-1$，所以 $y^*=x\left(\dfrac{1}{2}x-1\right)e^{2x}$，因此，原非齐次线性微分方程的通解为

$$y=C_1e^x+C_2e^{2x}+x\left(\dfrac{1}{2}x-1\right)e^{2x}.$$

(2) 对应的齐次线性微分方程为 $2y''+y'-y=0$，其特征方程为 $2r^2+r-1=0$，特征根为 $r_1=-1,r_2=\dfrac{1}{2}$，故对应的齐次线性微分方程的通解为 $Y=C_1e^{-x}+C_2e^{\frac{x}{2}}$. 因为 $\lambda=1$ 不是特征方程的根，故原非齐次线性微分方程的特解可设为 $y^*=Ae^x$，代入非齐次线性微分方程解得 $A=1$，从而 $y^*=e^x$，因此，原非齐次线性微分方程的通解为

$$y=C_1e^{-x}+C_2e^{\frac{x}{2}}+e^x.$$

(4) 对应的齐次线性微分方程为 $y''+y=0$，其特征方程为 $r^2+1=0$，特征根为 $r_{1,2}=\pm i$，故对应的齐次线性微分方程的通解为 $Y=C_1\cos x+C_2\sin x$. 因为 $\lambda+i\omega=i$ 是特征方程的根，故原非齐次线性微分方程的特解可设为 $y^*=x(A\cos x+B\sin x)$，代入非齐次线性微分方程后化简得 $2B\cos x-2A\sin x=\sin x$，比较系数可知 $A=-\dfrac{1}{2},B=0$，从而 $y^*=-\dfrac{x}{2}\cos x$，因此，原非齐次线性微分方程的通解为 $y=C_1\cos x+C_2\sin x-\dfrac{x}{2}\cos x$.

4．求下列微分方程满足已给初始条件的特解．

(1) $y''+4y+3\sin 3x=0$，$y(\pi)=y'(\pi)=1$.

解 (1) 对应的齐次线性微分方程为 $y''+4y=0$，其特征方程为 $r^2+4=0$，特征根为 $r_{1,2}=\pm 2i$，故对应的齐次线性微分方程的通解为 $Y=C_1\cos 2x+C_2\sin 2x$. 因为 $\lambda+\omega i=3i$ 不是特征方程的根，故原非齐次线性微分方程的特解可设为 $y^*=A\cos 3x+B\sin 3x$，代入非齐次线性微分方程后化简得 $-5A\cos 3x-5B\sin 3x=-3\sin 3x$，比较系数得 $A=0,B=\dfrac{3}{5}$，从而原非齐次线性微分方程的通解为 $y=C_1\cos 2x+C_2\sin 2x+\dfrac{3}{5}\sin 3x$. 由 $y(\pi)=y'(\pi)=1$ 可解得 $C_1=1$，$C_2=\dfrac{7}{5}$，因此满足初始条件的特解为

$$y=\cos 2x+\dfrac{7}{5}\sin 2x+\dfrac{3}{5}\sin 3x.$$

5. 已知 $y_1 = xe^x + e^{2x}$，$y_2 = xe^x + e^{-x}$，$y_3 = xe^x + e^{2x} + e^{-x}$ 是某二阶常系数非齐次线性微分方程的三个解，试求此微分方程．

解 由解的结构定理知 $y_3 - y_2 = e^{2x}$，$y_3 - y_1 = e^{-x}$ 是对应的二阶常系数齐次线性微分方程的两个线性无关的特解，且特征根为 $r_1 = -1, r_2 = 2$，特征方程为 $r^2 - r - 2 = 0$，所以对应的齐次线性微分方程为 $y'' - y' - 2y = 0$．设非齐次线性微分方程为 $y'' - y' - 2y = f(x)$，将 $y_1 = xe^x + e^{2x}$ 代入上式，得 $f(x) = (1-2x)e^x$，故所求方程为 $y'' - y' - 2y = (1-2x)e^x$．

6. 设函数 $\varphi(x)$ 连续，且满足 $\varphi(x) = e^x + \int_0^x t\varphi(t)dt - x\int_0^x \varphi(t)dt$，求 $\varphi(x)$．

解 等式两边对 x 求导得 $\varphi'(x) = e^x - \int_0^x \varphi(t)dt$，再对 x 求导得微分方程
$$\varphi''(x) = e^x - \varphi(x),$$
即
$$\begin{cases} \varphi''(x) + \varphi(x) = e^x, \\ \varphi(0) = 1, \varphi'(0) = 1, \end{cases}$$
对应的齐次线性微分方程为 $\varphi''(x) + \varphi(x) = 0$，其特征方程为 $r^2 + 1 = 0$，特征根为 $r_{1,2} = \pm i$，故对应的齐次线性微分方程的通解为 $\Phi = C_1 \cos x + C_2 \sin x$．设 $\varphi^* = Ae^x$，代入原非齐次线性微分方程中，解得 $A = \dfrac{1}{2}$，所以 $\varphi^* = \dfrac{1}{2}e^x$，故非齐次线性微分方程的通解为
$$\varphi(x) = C_1 \cos x + C_2 \sin x + \dfrac{1}{2}e^x.$$
又因为 $\varphi(0) = 1, \varphi'(0) = 1$，从而 $C_1 = C_2 = \dfrac{1}{2}$，因此 $\varphi(x) = \dfrac{1}{2}(\cos x + \sin x + e^x)$．

8. 一链条悬挂在一钉子上，起动时一端离开钉子 8 m，另一端离开钉子 12 m，分别在以下两种情况下求链条滑下来所需要的时间：（1）若不计钉子对链条所产生的摩擦力；（2）若摩擦力的大小等于 1 m 长的链条所受重力的大小．

解 设链条的线密度为 ρ，并设在时刻 t，链条上较长的一段垂下 x m．

(1) 若不计摩擦力，则链条下滑时所受作用力大小为 $x\rho g - (20-x)\rho g = 2\rho g(x-10)$，由牛顿第二定律知，$20\rho x'' = 2\rho g(x-10)$，即
$$\begin{cases} x'' - \dfrac{g}{10}x = -g, \\ x\big|_{t=0} = 12, x'\big|_{t=0} = 0, \end{cases}$$
微分方程的特征方程为 $r^2 - \dfrac{g}{10} = 0$，其根为 $r_1 = -\sqrt{\dfrac{g}{10}}, r_2 = \sqrt{\dfrac{g}{10}}$，故对应的齐次线性微分方程的通解为 $x = C_1 e^{-\sqrt{\frac{g}{10}}t} + C_2 e^{\sqrt{\frac{g}{10}}t}$，由观察法易知 $x^* = 10$ 为非齐次线性微分方程的一个特解，故原非齐次线性微分方程的通解为 $x = C_1 e^{-\sqrt{\frac{g}{10}}t} + C_2 e^{\sqrt{\frac{g}{10}}t} + 10$，代入初始条件 $x\big|_{t=0} = 12, x'\big|_{t=0} = 0$，得 $C_1 = C_2 = 1$，因此特解为 $x = e^{-\sqrt{\frac{g}{10}}t} + e^{\sqrt{\frac{g}{10}}t} + 10$．当 $x = 20$，即链条完

全滑下来时，所需时间 $t = \sqrt{\dfrac{10}{g}} \ln(5 + 2\sqrt{6})$ (s).

(2) 若摩擦力的大小等于 1 m 长的链条所受重力的大小，则链条下滑时所受作用力大小为 $F = x\rho g - (20 - x)\rho g - 1\rho g = 2\rho g x - 21\rho g$，由牛顿第二定律，有
$$20\rho x'' = 2\rho g x - 21\rho g,$$
即
$$\begin{cases} x'' - \dfrac{g}{10}x = -\dfrac{21}{20}g, \\ x\big|_{t=0} = 12, x'\big|_{t=0} = 0, \end{cases}$$

其特解为 $x = \dfrac{3}{4}\left(\mathrm{e}^{-\sqrt{\frac{g}{10}}t} + \mathrm{e}^{\sqrt{\frac{g}{10}}t}\right) + \dfrac{21}{2}$，当 $x = 20$，即链条完全滑下来时，所需时间
$$t = \sqrt{\dfrac{10}{g}} \ln\left(\dfrac{19 + 4\sqrt{22}}{3}\right) \text{(s)}.$$

总习题六

3. 求以下列各式所表示的函数为通解的微分方程（C_1, C_2, C_3 为任意常数）．

(1) $y = C_1 \mathrm{e}^x + C_2 \mathrm{e}^{-2x}$； (2) $y = (C_1 + C_2 x + C_3 x^2)\mathrm{e}^x$．

解 (1) 所求微分方程可看作二阶常系数齐次线性微分方程，有特征值 $r_1 = 1$，$r_2 = -2$，相应的特征方程为 $(r-1)(r+2) = r^2 + r - 2 = 0$，故所求微分方程为 $y'' + y' - 2y = 0$．

(2) 所求微分方程可看作三阶常系数齐次线性微分方程，有特征值 $r_1 = r_2 = r_3 = 1$，相应的特征方程为 $(r-1)^3 = r^3 - 3r^2 + 3r - 1 = 0$，故所求微分方程为 $y''' - 3y'' + 3y' - y = 0$．

4. 求下列微分方程的通解．

(1) $y' - \cos\dfrac{x+y}{2} = \cos\dfrac{x-y}{2}$； (2) $xy' + y = 2\sqrt{xy}$ $(x > 0)$；

(3) $\dfrac{\mathrm{d}y}{\mathrm{d}x} = \dfrac{y}{2(\ln y - x)}$； (4) $\dfrac{\mathrm{d}y}{\mathrm{d}x} + xy - x^3 y^3 = 0$；

(5) $y'' + (y')^2 + 1 = 0$； (7) $y'' + 2y' + 5y = \sin 2x$．

解 (1) $y' = \cos\dfrac{x+y}{2} + \cos\dfrac{x-y}{2} = 2\cos\dfrac{x}{2}\cos\dfrac{y}{2}$，当 $\cos\dfrac{y}{2} \neq 0$ 时，分离变量得 $\dfrac{\mathrm{d}y}{2\cos\dfrac{y}{2}} = \cos\dfrac{x}{2}\mathrm{d}x$，两边积分得原方程的通解为 $\ln\left|\sec\dfrac{y}{2} + \tan\dfrac{y}{2}\right| = 2\sin\dfrac{x}{2} + C$．

当 $\cos\dfrac{y}{2} = 0$ 时，原方程的解为 $y = (2n+1)\pi$，$n \in \mathbf{Z}$．

(2) 原方程变形为 $y' = 2\sqrt{\dfrac{y}{x}} - \dfrac{y}{x}$，令 $\dfrac{y}{x} = u$，则 $y = xu$，$y' = u + xu'$，代入方程得

$u + xu' = 2\sqrt{u} - u$，分离变量得 $\dfrac{\mathrm{d}u}{2(\sqrt{u}-u)} = \dfrac{\mathrm{d}x}{x}$，两边积分得 $-\ln|1-\sqrt{u}| + \ln|C| = \ln|x|$，其中 $\dfrac{1}{2}\int \dfrac{\mathrm{d}u}{\sqrt{u}-u} \xlongequal{\diamondsuit u=t^2} \dfrac{1}{2}\int \dfrac{2t\mathrm{d}t}{t-t^2} = \int \dfrac{\mathrm{d}t}{1-t} = -\ln|1-t| + \ln|C| = -\ln|1-\sqrt{u}| + \ln|C|$，所以 $\dfrac{C}{1-\sqrt{u}} = x$，即 $x\left(1 - \sqrt{\dfrac{y}{x}}\right) = C$，故通解为 $x - \sqrt{xy} = C$．

(3) 原方程变形为 $\dfrac{\mathrm{d}x}{\mathrm{d}y} + \dfrac{2}{y}x = \dfrac{2\ln y}{y}$，这是以 y 为自变量的一阶非齐次线性微分方程，由通解公式得

$$x = \mathrm{e}^{-2\int \frac{\mathrm{d}y}{y}}\left(2\int \dfrac{\ln y}{y}\mathrm{e}^{2\int \frac{\mathrm{d}y}{y}}\mathrm{d}y + C\right) = \dfrac{1}{y^2}\left(2\int y\ln y\,\mathrm{d}y + C\right) = \dfrac{1}{y^2}\left(y^2\ln y - \dfrac{1}{2}y^2 + C\right),$$

即 $x = \dfrac{C}{y^2} + \ln y - \dfrac{1}{2}$．

(4) 原方程变形为 $\dfrac{\mathrm{d}y}{\mathrm{d}x} + xy = x^3 y^3$，这是 $n=3$ 的伯努利方程，令 $z = y^{-2}$，方程化简为 $\dfrac{\mathrm{d}z}{\mathrm{d}x} - 2xz = -2x^3$，其通解为

$$z = \mathrm{e}^{\int 2x\mathrm{d}x}\left(\int -2x^3 \mathrm{e}^{-\int 2x\mathrm{d}x}\mathrm{d}x + C\right) = \mathrm{e}^{x^2}\left(\int -2x^3 \mathrm{e}^{-x^2}\mathrm{d}x + C\right) = C\mathrm{e}^{x^2} + x^2 + 1,$$

原方程通解为 $y^{-2} = C\mathrm{e}^{x^2} + x^2 + 1$．

(5) 令 $y' = p(x)$，则 $y'' = p'$，代入方程得 $p' = -(p^2 + 1)$，分离变量得 $-\dfrac{\mathrm{d}p}{p^2+1} = \mathrm{d}x$，两边积分得 $\operatorname{arccot} p = x + C_1$，即 $y' = p = \cot(x + C_1)$，分离变量得 $\mathrm{d}y = \cot(x+C_1)\mathrm{d}x$，两边积分得 $y = \ln|\sin(x+C_1)| + C_2$．

(7) 对应的齐次线性微分方程的特征方程为 $r^2 + 2r + 5 = 0$，特征根为 $r_{1,2} = -1 \pm 2\mathrm{i}$，对应的齐次线性微分方程的通解为 $Y = \mathrm{e}^{-x}(C_1\cos 2x + C_2\sin 2x)$．设 $y^* = a\cos 2x + b\sin 2x$，代入原非齐次线性微分方程，解得 $a = -\dfrac{4}{17}, b = \dfrac{1}{17}$，则 $y^* = -\dfrac{4}{17}\cos 2x + \dfrac{1}{17}\sin 2x$，故所求方程的通解为 $y = \mathrm{e}^{-x}(C_1\cos 2x + C_2\sin 2x) - \dfrac{4}{17}\cos 2x + \dfrac{1}{17}\sin 2x$．

5．求下列微分方程满足所给初始条件的特解．

(1) $y^3\mathrm{d}x + 2(x^2 - xy^2)\mathrm{d}y = 0$，$y(1) = 1$；

(3) $2y'' - \sin 2y = 0$，$y(0) = \dfrac{\pi}{2}, y'(0) = 1$．

解 (1) 原方程变形为 $\dfrac{\mathrm{d}x}{\mathrm{d}y} - \dfrac{2}{y}x = -\dfrac{2x^2}{y^3}$，两边乘以 $-x^{-2}$，得 $-x^{-2}\dfrac{\mathrm{d}x}{\mathrm{d}y} + \dfrac{2}{y}x^{-1} = \dfrac{2}{y^3}$，即 $\dfrac{\mathrm{d}(x^{-1})}{\mathrm{d}y} + \dfrac{2}{y}x^{-1} = \dfrac{2}{y^3}$，于是

$$x^{-1}=\mathrm{e}^{-2\int\frac{\mathrm{d}y}{y}}\left(\int\frac{2}{y^3}\mathrm{e}^{2\int\frac{\mathrm{d}y}{y}}\mathrm{d}y+C\right)=y^{-2}(2\ln y+C),$$

又因为 $y(1)=1$，所以 $C=1$，于是所求特解为 $x(1+2\ln y)-y^2=0$.

(3) 令 $y'=p(y)$，则 $y''=p\dfrac{\mathrm{d}p}{\mathrm{d}y}$，代入方程得 $2p\dfrac{\mathrm{d}p}{\mathrm{d}y}=\sin 2y$，解得 $p^2=\sin^2 y+C_1$，由 $y(0)=\dfrac{\pi}{2}, y'(0)=1$，得 $C_1=0$，于是 $p^2=\left(\dfrac{\mathrm{d}y}{\mathrm{d}x}\right)^2=\sin^2 y$，则 $\dfrac{\mathrm{d}y}{\mathrm{d}x}=\sin y$（当 $y=\dfrac{\pi}{2}$ 时，$p=1$），于是 $\ln\left|\tan\dfrac{y}{2}\right|=x+C_2'$，即 $\tan\dfrac{y}{2}=C_2\mathrm{e}^x$（$C_2=\pm\mathrm{e}^{C_2'}$），由 $y(0)=\dfrac{\pi}{2}$ 得 $C_2=1$，于是所求特解为 $\tan\dfrac{y}{2}=\mathrm{e}^x$.

6. 求满足下列条件的连续函数 $y(x)$.

(1) $y(x)=\sin x-\int_0^x (x-t)y(t)\mathrm{d}t$；

(3) $\int_0^x ty(t)\mathrm{d}t=x^2+y(x)$.

解 (1) $y(x)=\sin x-\int_0^x(x-t)y(t)\mathrm{d}t=\sin x-x\int_0^x y(t)\mathrm{d}t+\int_0^x ty(t)\mathrm{d}t$，两边对 x 求导，得 $y'(x)=\cos x-\int_0^x y(t)\mathrm{d}t$，两边再对 x 求导，得 $y''(x)=-\sin x-y(x)$，于是得到如下初值问题

$$\begin{cases} y''+y=-\sin x, \\ y(0)=0,\ y'(0)=1, \end{cases}$$

特征方程为 $r^2+1=0$，则 $r_{1,2}=\pm\mathrm{i}$，对应的齐次线性微分方程的通解为 $Y=C_1\cos x+C_2\sin x$. 设 $y^*=x(a\cos x+b\sin x)$，代入原非齐次线性微分方程，解得 $a=\dfrac{1}{2}, b=0$，则 $y^*=\dfrac{1}{2}x\cos x$，故所求方程的通解为 $y=(C_1\cos x+C_2\sin x)+\dfrac{1}{2}x\cos x$. 将 $y(0)=0$，$y'(0)=1$ 代入得 $C_1=0$，$C_2=\dfrac{1}{2}$，于是 $y=\dfrac{1}{2}\sin x+\dfrac{1}{2}x\cos x$.

(3) 方程 $\int_0^x ty(t)\mathrm{d}t=x^2+y(x)$ 两边同时对 x 求导，得 $xy(x)=2x+y'(x)$，于是得如下初值问题

$$\begin{cases} y'-xy=-2x, \\ y(0)=0, \end{cases}$$

其通解为

$$y=\mathrm{e}^{\int x\mathrm{d}x}\left(-\int 2x\mathrm{e}^{-\int x\mathrm{d}x}\mathrm{d}x+C\right)=\mathrm{e}^{\frac{x^2}{2}}\left(-\int 2x\mathrm{e}^{-\frac{x^2}{2}}\mathrm{d}x+C\right)$$

$$=\mathrm{e}^{\frac{x^2}{2}}\left(2\mathrm{e}^{-\frac{x^2}{2}}+C\right)=C\mathrm{e}^{\frac{x^2}{2}}+2,$$

代入 $y(0)=0$，得 $C=-2$，于是 $y=2\left(1-\mathrm{e}^{\frac{x^2}{2}}\right)$.

7. 某学生忘记了乘积求导法则，错误地认为 $[f(x)g(x)]'=f'(x)\cdot g'(x)$，但他侥幸碰对了答案. 已知 $f(x)=\mathrm{e}^{x^2}$，$\frac{1}{2}<x<+\infty$. 试问 $g(x)$ 是什么函数？

解 由题意可知 $[\mathrm{e}^{x^2}\cdot g(x)]'=(\mathrm{e}^{x^2})'\cdot g'(x)$，即 $2x\mathrm{e}^{x^2}g(x)+\mathrm{e}^{x^2}g'(x)=2x\mathrm{e}^{x^2}g'(x)$，于是 $(2x-1)g'(x)=2xg(x)$，即 $\dfrac{\mathrm{d}g(x)}{g(x)}=\dfrac{2x}{2x-1}\mathrm{d}x$，$\dfrac{1}{2}<x<+\infty$，两边积分得

$$\ln|g(x)|=x+\frac{1}{2}\ln(2x-1)+C_1,$$

故 $g(x)=C\mathrm{e}^x\sqrt{2x-1}$，其中 $C=\pm\mathrm{e}^{C_1}$.

8. (船闸过船问题) 2010 年 10 月 26 日长江三峡大坝 175 m 水位蓄水成功，三峡工程转入正常运行阶段. 为便于通航，在坝区将水位由高到低分成五级建造船闸，如图所示. 当船从上游向下游航行时，将 A 闸孔打开，B 闸门关闭，把水放入闸室. 当闸室水位升到与上游水位相同时，打开 A 闸门，船进入闸室后再关闭 A 闸门. 然后打开 B 闸孔，当闸室水位降到与下游水位相同时，打开 B 闸门，船向下游航行. 船从下游向上游的通行过程与此相反.

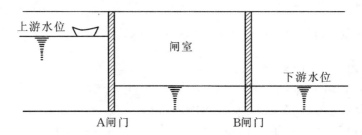

现设 B 闸孔出水孔的面积为 $a\ \mathrm{m}^2$，上游与下游的水位差为 $H\ \mathrm{m}$，闸室水面面积为 $S\ \mathrm{m}^2$. 求由 B 闸孔开始放水，至闸室水位与下游水位相同为止所需的时间(流量公式 $Q=\mu a\sqrt{2gh}$，μ 为常数，其值为 $0.6\sim 0.7$).

解 已知 $Q=\dfrac{\mathrm{d}V}{\mathrm{d}t}=\mu a\sqrt{2gh}$，$\mathrm{d}V=\mu a\sqrt{2gh}\mathrm{d}t$，又 $\mathrm{d}V=-S\mathrm{d}h$，则 $\mu a\sqrt{2gh}\mathrm{d}t=-S\mathrm{d}h$，于是得到如下初值问题

$$\begin{cases}\mathrm{d}t=-\dfrac{S}{\mu a\sqrt{2gh}}\mathrm{d}h,\\ h\big|_{t=0}=H,\end{cases}$$

积分得 $t=-\displaystyle\int\dfrac{S}{\mu a\sqrt{2gh}}\mathrm{d}h=-\dfrac{\sqrt{2}S}{\mu a\sqrt{g}}\sqrt{h}+C$，由 $h\big|_{t=0}=H$ 得 $C=\dfrac{\sqrt{2}S}{\mu a\sqrt{g}}\sqrt{H}$，所以 $t=\dfrac{\sqrt{2}S}{\mu a\sqrt{g}}(\sqrt{H}-\sqrt{h})$. 当 $h=0$ 时，$t=\dfrac{S}{\mu a}\sqrt{\dfrac{2H}{g}}$.

六、自 测 题

自 测 题 一

一、选择题 (10 小题,每小题 4 分,共 40 分).

1. 微分方程 $x^2(y'')^2 - yy' = 0$ 的阶数是( ).
A. 一阶   B. 二阶   C. 三阶   D. 四阶

2. 下列方程中不是线性微分方程的是( ).
A. $y' + xy = \sin x$ B. $y'' + 2y' + y = \sin x$
C. $y' + xy^2 = e^x$ D. $y'' + xy' = 0$

3. 微分方程 $y' + P(x)y = Q(x)$ 的通解 $y = ($).
A. $e^{-\int P(x)dx}\left[\int Q(x)e^{-\int P(x)dx}dx + C\right]$ B. $e^{-\int P(x)dx}\left[\int Q(x)e^{\int P(x)dx}dx + C\right]$
C. $e^{\int P(x)dx}\left[\int Q(x)e^{-\int P(x)dx}dx + C\right]$ D. $e^{\int P(x)dx}\left[\int Q(x)e^{\int P(x)dx}dx + C\right]$

4. 求微分方程 $y''(1+e^x) + y' = 0$ 的通解时,可作变换( ).
A. $y' = p(x)$,则 $y'' = p'(x)$ B. $y' = p(y)$,则 $y'' = p(y)p'(y)$
C. $y' = p(x)$,则 $y'' = p\dfrac{dp}{dx}$ D. $y' = p(y)$,则 $y'' = p'(y)$

5. 在下列微分方程中,以 $y = C_1 e^x + C_2 \cos 2x + C_3 \sin 2x$ (C_1, C_2, C_3 为任意常数)为通解的是( ).
A. $y''' + y'' - 4y' - 4y = 0$ B. $y''' + y'' + 4y' + 4y = 0$
C. $y''' - y'' - 4y' + 4y = 0$ D. $y''' - y'' + 4y' - 4y = 0$

6. 可作为微分方程 $y'' - 2y' + y = 0$ 的解的是( ).
A. $y = x^2 e^x$ B. $y = e^x$ C. $y = xe^x + C$ D. $y = e^{-x}$

7. 若要使 $y = C_1 y_1(x) + C_2 y_2(x)$ 是方程 $y'' + P(x)y' + Q(x)y = 0$ 的通解,则需 $y_1(x)$ 和 $y_2(x)$ 是该方程的( ).
A. 两个特解   B. 任意两个解
C. 两个线性无关的特解   D. 两个线性相关的解

8. 微分方程 $y'' + y' = 2x$ 的通解是( ).
A. $y = Ce^{-x} + x^2 - 2x$ B. $y = C_1 + C_2 e^{-x} + x^2 + 2x$
C. $y = C_1 + C_2 e^{-x} + x^2 - 2x$ D. $y = C_1 + C_2 e^{-x} - x^2 - 2x$

9. 已知 $y = 1, y = x, y = x^2$ 是某二阶非齐次线性微分方程的三个解,则该方程的通解为( ).
A. $C_1 + C_2 x + x^2$ B. $C_1(1-x) + C_2(1-x^2)$
C. $C_1(1-x) + C_2(1-x^2) + x^2$ D. $C_1(1-x) + C_2(1-x^2) - x^2$

10. 若连续函数 $f(x)$ 满足方程 $f(x) = \int_0^{2x} f\left(\dfrac{t}{2}\right)dt + \ln 2$,则 $f(x) = ($).
A. $e^x \ln 2$ B. $e^{2x} \ln 2$ C. $e^x + \ln 2$ D. $e^{2x} + \ln 2$

二、填空题 (9 小题，每小题 4 分，共 36 分).

1. 微分方程 $y'' = \sin x$ 满足初始条件 $y|_{x=0} = 0, y'|_{x=0} = 1$ 的特解为_____.

2. 微分方程 $x\dfrac{dy}{dx} = y + x^2 \sin x$ 的通解为_____.

3. 微分方程 $y' = \dfrac{y}{x} + \dfrac{x}{y}$ 的通解为_____.

4. 微分方程 $y'' - 2y' - 3y = 0$ 的通解为_____.

5. 微分方程 $y'' + y = 0$ 的通解为_____.

6. 用待定系数法求微分方程 $y'' - 2y' + y = 2e^x$ 的一个特解时，应设特解的形式为 $y^* = $_____.

7. 微分方程 $\dfrac{d^2 y}{dx^2} + 2y = 0$ 的两个线性无关的解可取为_____.

8. 二阶常系数齐次线性微分方程的特征根是 $-1 \pm \sqrt{3}i$，则这个微分方程是_____.

9. 微分方程 $y'' + 6y' + 9y = 0$ 的通解为_____.

三、解答题 (4 小题，每小题 6 分，共 24 分).

1. 求微分方程 $y' = \dfrac{y(1-2x)}{x}$ 的通解.

2. 求 $(1+x)y'' + y' = \ln(x+1)$ 的通解.

3. 已知 $y_1 = x$ 为 $y'' + y = x$ 的解，$y_2 = \dfrac{1}{2}e^x$ 为 $y'' + y = e^x$ 的解，求微分方程 $y'' + y = x + e^x$ 的通解.

4. 求 $y'' + 2y' - 3y = 2e^x$ 的通解.

自 测 题 二

一、选择题 (10 小题，每小题 4 分，共 40 分).

1. 下列方程中是线性微分方程的是(　　).

 A. $(y')^2 + xy' = x$ B. $yy' - 2y = x$
 C. $y'' - xy' + x^2 y = e^x$ D. $y'' - y' + 3xy = \cos y$

2. 微分方程 $y'' = \dfrac{1}{1+x^2}$ 的通解为(　　).

 A. $y = x \arctan x + C_1 x + C_2$
 B. $y = \dfrac{1}{2}\ln(1+x^2) + C_1 x + C_2$
 C. $y = x \arctan x + \dfrac{1}{2}\ln(1+x^2) + C_1 x + C_2$
 D. $y = x \arctan x - \dfrac{1}{2}\ln(1+x^2) + C_1 x + C_2$

3. 微分方程 $x\dfrac{dy}{dx} = y + x^3$ 的通解是(   ).

A. $y = \dfrac{x^3}{4} + \dfrac{C}{x}$ B. $y = \dfrac{x^3}{2} + Cx$

C. $y = \dfrac{x^3}{3} + C$ D. $y = \dfrac{x^3}{4} + Cx$

4. 微分方程 $y' - y = 1$ 的通解是(   ).

A. $y = Ce^x$ B. $y = Ce^x + 1$ C. $y = Ce^x - 1$ D. $y = (C+1)e^x$

5. 微分方程 $(y^2 - 6x)y' + 2y = 0$ 的通解是(   ).

A. $2x - y^2 + Cy^3 = 0$ B. $2y - x^2 + Cx^3 = 0$

C. $2x - Cy^2 + y^3 = 0$ D. $2y - Cx^2 + x^3 = 0$

6. 可作为微分方程 $y'' + y = 0$ 的特解的是(   ).

A. $y = 1$ B. $y = x$ C. $y = e^x$ D. $y = \sin x$

7. 微分方程 $y'' + 2y' + y = 0$ 的通解为(   ).

A. $y = C_1 \cos x + C_2 \sin x$ B. $y = C_1 e^x + C_2 e^{2x}$

C. $y = C_1 e^{-x} + C_2 x e^{-x}$ D. $y = C_1 e^x + C_2 e^{-x}$

8. 下列微分方程中，通解为 $y = C_1 e^x + C_2 e^{-x}$ 的是(   ).

A. $y'' - y' = 0$ B. $y'' + y' = 0$ C. $y'' + y = 0$ D. $y'' - y = 0$

9. 具有特解 $y_1 = e^{-x}$, $y_2 = 2xe^{-x}$, $y_3 = 3e^x$ 的三阶常系数齐次线性微分方程是(   ).

A. $y''' - y'' - y' + y = 0$ B. $y''' + y'' - y' - y = 0$

C. $y''' - 6y'' + 11y' - 6y = 0$ D. $y''' - 2y'' - y' + 2y = 0$

10. 微分方程 $y'' + 2y' + 5y = e^{-x}\sin 2x$ 的特解 y^* 的形式为(   ).

A. $y^* = e^{-x}(A\cos 2x + B\sin 2x)$ B. $y^* = xe^{-x}(A\cos 2x + B\sin 2x)$

C. $y^* = Ae^{-x}\sin 2x$ D. $y^* = Axe^{-x}\sin 2x$

二、填空题 (9 小题，每小题 4 分，共 36 分).

1. 微分方程 $(y')^2 + xy'' = 2e^x$ 的阶数为_____.

2. 微分方程 $xyy' = 1 - x^2$ 的通解是_____.

3. 微分方程 $y'' + y' - 2y = 0$ 的通解是_____.

4. 通解为 $y = C_1 e^x + C_2 x e^x$ 的常系数齐次线性微分方程是_____.

5. 用待定系数法求微分方程 $y'' - 2y' + y = 3\sin x$ 的一个特解时，应设特解的形式为 $y^* = $_____.

6. 若函数 $y^* = -\dfrac{x}{4}\cos 2x$ 是方程 $y'' + 4y = \sin 2x$ 的一个特解，则该方程的通解是_____.

7. 通解为 $y = C_1 e^{-2x} + \left(C_2 + \dfrac{1}{4}x\right)e^{2x}$ 的常系数线性微分方程为_____.

8. 用待定系数法求微分方程 $y'' - 2y' + 2y = e^x(2\sin x + \cos x)$ 的一个特解时，应设特解

的形式为 $y^* =$ _____ .

9．微分方程 $y'' - 6y' + 8y = 0$ 的通解为_____ .

三、解答题 (4 小题，每小题 6 分，共 24 分).

1．求微分方程 $y' = \dfrac{2-x}{x}y$ 的通解.

2．求微分方程 $yy'' - (y')^2 + 1 = 0$ 的通解.

3．设 $\int_0^x f(t)\mathrm{d}t = \mathrm{e}^x - 1 - f(x)$，求 $f(x)$.

4．求方程 $y'' + y' - 2y = 2\cos 2x$ 的通解.

自测题一参考答案

一、1. B； 2. C； 3. B； 4. A； 5. D； 6. B； 7. C； 8. C； 9. C； 10. B.

二、1. $y = 2x - \sin x$； 2. $y = Cx - x\cos x$； 3. $y^2 = 2x^2 \ln|Cx|$；
4. $y = C_1 \mathrm{e}^{-x} + C_2 \mathrm{e}^{3x}$； 5. $y = C_1 \cos x + C_2 \sin x$； 6. $Ax^2 \mathrm{e}^x$；
7. $y_1 = \cos(\sqrt{2}x), y_2 = \sin(\sqrt{2}x)$； 8. $y'' + 2y' + 4y = 0$； 9. $y = (C_1 + C_2 x)\mathrm{e}^{-3x}$.

三、1. 分离变量并积分得 $\int \dfrac{\mathrm{d}y}{y} = \int \dfrac{1-2x}{x}\mathrm{d}x$，即 $\ln|y| = \ln|x| - 2x + \ln|C|$，故方程的通解为
$$y = Cx\mathrm{e}^{-2x}.$$

2．令 $y' = p$，则 $y'' = p'$，原方程化为 $(1+x)p' + p = \ln(x+1)$，即
$$p' + \dfrac{1}{1+x}p = \dfrac{\ln(x+1)}{1+x},$$
则
$$p = \mathrm{e}^{-\int \frac{1}{x+1}\mathrm{d}x}\left[\int \dfrac{\ln(x+1)}{x+1}\mathrm{e}^{\int \frac{1}{x+1}\mathrm{d}x}\mathrm{d}x + C_1'\right]$$
$$= \dfrac{1}{x+1}\left[\int \ln(x+1)\mathrm{d}x + C_1'\right] = \ln(x+1) - \dfrac{x}{x+1} + \dfrac{C_1'}{x+1},$$
所以 $y = \int\left[\ln(x+1) - \dfrac{x}{x+1} + \dfrac{C_1'}{x+1}\right]\mathrm{d}x + C_2 = (x+C_1)\ln(x+1) - 2x + C_2$，其中 $C_1 = 2 + C_1'$.

3．$y'' + y = 0$ 的通解为 $Y = C_1 \cos x + C_2 \sin x$，$y^* = x + \dfrac{1}{2}\mathrm{e}^x$ 为 $y'' + y = x + \mathrm{e}^x$ 的特解，故 $y'' + y = x + \mathrm{e}^x$ 的通解为 $y = C_1 \cos x + C_2 \sin x + x + \dfrac{1}{2}\mathrm{e}^x$.

4．对应的齐次线性微分方程 $y'' + 2y' - 3y = 0$ 的特征方程为 $r^2 + 2r - 3 = 0$，特征根为 $r_1 = -3, r_2 = 1$，因此对应的齐次线性微分方程的通解为 $Y = C_1 \mathrm{e}^{-3x} + C_2 \mathrm{e}^x$. 由于 $\lambda = 1$ 为特征根，设非齐次线性微分方程的特解为 $y^* = xA\mathrm{e}^x$，代入原方程可得 $A = \dfrac{1}{2}$，故原非齐次线性微分方程的通解为 $y = C_1 \mathrm{e}^{-3x} + C_2 \mathrm{e}^x + \dfrac{1}{2}x\mathrm{e}^x$.

自测题二参考答案

一、**1.** C； **2.** D； **3.** B； **4.** C； **5.** A； **6.** D； **7.** C； **8.** D； **9.** B； **10.** B.

二、**1.** 2 阶； **2.** $\dfrac{1}{2}y^2 = \ln|x| - \dfrac{1}{2}x^2 + C$； **3.** $y = C_1 e^{-2x} + C_2 e^x$； **4.** $y'' - 2y' + y = 0$；

5. $A\cos x + B\sin x$； **6.** $y = C_1 \cos 2x + C_2 \sin 2x - \dfrac{x}{4}\cos 2x$； **7.** $y'' - 4y = e^{2x}$；

8. $xe^x(A\cos x + B\sin x)$； **9.** $y = C_1 e^{2x} + C_2 e^{4x}$.

三、**1.** 分离变量并积分：$\displaystyle\int \dfrac{\mathrm{d}y}{y} = \int \dfrac{2-x}{x}\mathrm{d}x$，则 $\ln|y| = 2\ln|x| - x + \ln|C|$，故方程的通解为
$$y = Cx^2 e^{-x}.$$

2. 令 $y' = p$，则 $y'' = p\dfrac{\mathrm{d}p}{\mathrm{d}y}$，原方程化为 $yp\dfrac{\mathrm{d}p}{\mathrm{d}y} = p^2 - 1$，则 $\displaystyle\int \dfrac{p\,\mathrm{d}p}{p^2-1} = \int \dfrac{\mathrm{d}y}{y}$，解得
$\dfrac{1}{2}\ln|p^2-1| = \ln|y| + \ln|C_1'|$，即 $p = \pm\sqrt{1+C_1 y^2}$，其中 $C_1 = (C_1')^2$，则
$$\dfrac{\mathrm{d}y}{\mathrm{d}x} = \pm\sqrt{1+C_1 y^2}.$$

当 $C_1 = 0$ 时，$y = \pm x + C_2$；

当 $C_1 > 0$ 时，$\dfrac{1}{\sqrt{C_1}}\ln(\sqrt{C_1}y + \sqrt{1+C_1 y^2}) = \pm x + C_2$；

当 $C_1 < 0$ 时，$\dfrac{1}{\sqrt{-C_1}}\arcsin(\sqrt{-C_1}y) = \pm x + C_2$.

3. 令 $y = f(x)$，方程 $\displaystyle\int_0^x f(t)\mathrm{d}t = e^x - 1 - f(x)$ 两边对 x 求导，得 $y' + y = e^x$，其通解为
$f(x) = Ce^{-x} + \dfrac{1}{2}e^x$，由 $f(0) = 0$ 得 $C = -\dfrac{1}{2}$，故 $f(x) = \dfrac{1}{2}(e^x - e^{-x})$.

4. 特征根为 $r_1 = -2, r_2 = 1$，因此对应的齐次线性微分方程的通解为 $Y = C_1 e^{-2x} + C_2 e^x$. 由题意，设非齐次线性微分方程的特解为 $y^* = A\cos 2x + B\sin 2x$，代入非齐次线性微分方程，化简得 $(-6A+2B)\cos 2x - (2A+6B)\sin 2x = 2\cos 2x$，则
$$\begin{cases} -6A + 2B = 2, \\ -2A - 6B = 0, \end{cases}$$
解得 $A = -\dfrac{3}{10}, B = \dfrac{1}{10}$，因此 $y^* = -\dfrac{3}{10}\cos 2x + \dfrac{1}{10}\sin 2x$，故原方程的通解为
$$y = C_1 e^{-2x} + C_2 e^x - \dfrac{3}{10}\cos 2x + \dfrac{1}{10}\sin 2x.$$

附 录

总自测题一

一、选择题(9 小题, 每小题 3 分, 共 27 分).

1. 函数 $f(x)$ 在 $(-\infty,+\infty)$ 内连续, 则在 $[-2,2]$ 上为有界的偶函数的是( ).

　　A. $x^2 f^2(x)$　　　　　　　　B. $|f(x)|$

　　C. $f(x)-f(-x)$　　　　　　　D. $x^2[f(x)+f(-x)]$

2. 若 $f(x)$ 可微, $\Delta x = x - x_0$, $\Delta y = f(x) - f(x_0)$, 则 $\dfrac{\Delta y}{\Delta x} - f'(x_0)$ 是当 $\Delta x \to 0$ 时的( ).

　　A. 0　　　B. 无界函数　　C. 无穷大量　　　　D. 无穷小量

3. 函数 $f(x) = \begin{cases} \dfrac{\sin^2 x}{x}, & x \neq 0 \\ 0, & x = 0 \end{cases}$, 在点 $x=0$ 处( ).

　　A. 连续且可导　　　　　　　B. 连续但不可导

　　C. 有定义但不连续　　　　　D. 无定义

4. 设 $f(x)$ 在点 $x=0$ 的某邻域内可导, 且 $f'(0)=0$, $\lim\limits_{x \to 0}\dfrac{f'(x)}{x}=-1$, 则 $f(0)$ 一定( ).

　　A. 不是 $f(x)$ 的极值　　　　B. 是 $f(x)$ 的极大值

　　C. 是 $f(x)$ 的极小值　　　　D. 等于 0

5. 若 $f(x) = \dfrac{e^x - b}{(x-a)(x-1)}$ 以 $x=1$ 为可去间断点, 则( ).

　　A. $a=0, b \neq 1$　　　　　　B. $a=1, b=e$

　　C. $a \neq 1, b=e$　　　　　　D. $a \neq 1, b=1$

6. 下列运算过程正确的是( ).

　　A. $\lim\limits_{n \to \infty}\left(\dfrac{1}{n}+\dfrac{1}{n+1}+\cdots+\dfrac{1}{n+n}\right) = \lim\limits_{n \to \infty}\dfrac{1}{n}+\lim\limits_{n \to \infty}\dfrac{1}{n+1}+\cdots+\lim\limits_{n \to \infty}\dfrac{1}{n+n} = 0+0+\cdots+0 = 0$

　　B. 当 $x \to 0$ 时, $\tan x \sim x, \sin x \sim x$, 故 $\lim\limits_{x \to 0}\dfrac{\tan x - \sin x}{x^3} = \lim\limits_{x \to 0}\dfrac{x-x}{x^3} = 0$

　　C. 当 $x \to 0$ 时, $\sin x \sim x$, 故 $\lim\limits_{x \to 0}\dfrac{\sin 2x}{\sin 5x} = \lim\limits_{x \to 0}\dfrac{2x}{5x} = \dfrac{2}{5}$

　　D. 当 $x \to 0$ 时, $\tan x \sim x$, 故
$$\lim\limits_{x \to 0}\dfrac{\sqrt{1+\tan x}-\sqrt{1-\tan x}}{x} = \lim\limits_{x \to 0}\dfrac{\sqrt{1+x}-\sqrt{1-x}}{x} = \lim\limits_{x \to 0}\dfrac{2x}{x(\sqrt{1+x}+\sqrt{1-x})} = 1$$

7. 若 $f(x) = x\ln(2x)$ 在点 x_0 处可导, 且 $f'(x_0)=2$, 则 $f(x_0)=($).

A. 1　　　　　B. $\dfrac{e}{2}$　　　　　C. $\dfrac{2}{e}$　　　　　D. e^2

8. 设 $F(x) = \int_x^1 t^2 e^{-t} dt$，则 $F'(x) = (\quad)$.

A. $x^2 e^{-x}$　　　　B. $-x^2 e^{-x}$　　　　C. $x^2 e^x$　　　　D. $\dfrac{1}{x^2 e^{-x}}$

9. 下列反常积分收敛的是( )．

A. $\int_e^{+\infty} \dfrac{\ln x}{x} dx$　　B. $\int_e^{+\infty} \dfrac{dx}{x \ln x}$　　C. $\int_e^{+\infty} \dfrac{dx}{x \ln^2 x}$　　D. $\int_e^{+\infty} \dfrac{dx}{x \sqrt{\ln x}}$

二、填空题 (8 小题，每小题 3 分，共 24 分)．

1. 已知 $\lim\limits_{x \to 0} \dfrac{x}{f(3x)} = 2$，则 $\lim\limits_{x \to 0} \dfrac{f(2x)}{x} = $ _____．

2. 设函数 $f(x) = \begin{cases} x^2, & x \leqslant 3 \\ ax + b, & x > 3 \end{cases}$，在点 $x = 3$ 处可导，则 $a = $ _____，$b = $ _____．

3. 设 $f(x)$ 连续，且 $\int_0^{x^3} f(t) dt = x$，则 $f(8) = $ _____．

4. $\lim\limits_{x \to \infty} \dfrac{x + \sin x}{x} = $ _____．

5. 曲线 $y = x^3 - 3x^2 - x$ 的拐点坐标为 _____．

6. 当 $x > \dfrac{1}{e}$ 时，积分 $\int \dfrac{\ln x}{x \sqrt{1 + \ln x}} dx = $ _____．

7. 曲线 $y = e^x$ 与该曲线过原点的切线及 y 轴所围成图形的面积为 _____．

8. 设 y_1, y_2 分别为二阶线性微分方程 $y'' + p(x) y' + q(x) y = f_1(x)$ 和 $y'' + p(x) y' + q(x) y = f_2(x)$ 的特解，则 $y'' + p(x) y' + q(x) y = f_1(x) + f_2(x)$ 的一个特解可取为 _____．

三、解答与证明题 (7 小题，每小题 7 分，共 49 分)．

1. $\lim\limits_{x \to 1} \dfrac{x^2 - 3x + 2}{1 - x^2}$．

2. $\lim\limits_{x \to 0} \dfrac{\ln(1 + x^2)}{\sec x - \cos x}$．

3. $\int \dfrac{x}{\sqrt{1 - x^2}} dx$．

4. $y^2 = 2px \ (p \neq 0)$，求 y''．

5. 设 $f(x) = \begin{cases} x + 1, & 0 \leqslant x < 1 \\ \dfrac{1}{2} x^2, & 1 \leqslant x \leqslant 2 \end{cases}$，求 $\Phi(x) = \int_0^x f(t) dt$ 在 $[0, 2]$ 上的表达式，并讨论 $\Phi(x)$ 在 $[0, 2]$ 上的连续性与可导性．

6. 求方程 $y'' = x + \sin x$ 的一条积分曲线，使其与直线 $y = x$ 在原点相切．

7. 设 $f(x)$ 在 $[0, 3]$ 上连续，在 $(0, 3)$ 内可导，且 $f(0) + f(1) + f(2) = 3$，$f(3) = 1$，证明：必存在 $\xi \in (0, 3)$，使 $f'(\xi) = 0$．

总自测题二

一、选择题 (9 小题, 每小题 3 分, 共 27 分).

1. 若 $f(x) = 3x^2 + 5x + 2 + \dfrac{3}{x^2} + \dfrac{5}{x}$, 则 $f(x) = ($ 　　 $)$.

　　A. $f(x^2)$ 　　B. $f\left(\dfrac{1}{x}\right)$ 　　C. $f\left(\dfrac{1}{x^2}\right)$ 　　D. $f(1)$

2. 设 $f(x) = \begin{cases} a + bx^2, & x \leqslant 0, \\ \dfrac{\sin bx}{x}, & x > 0 \end{cases}$ 在点 $x = 0$ 处连续, 则常数 a, b 应满足的关系式是 (　　).

　　A. $a < b$ 　　B. $a > b$ 　　C. $a = b$ 　　D. $a \neq b$

3. $\lim\limits_{x \to 1} \dfrac{x^2 - 1}{x - 1} e^{\frac{1}{x-1}}$ (　　).

　　A. 等于 2 　　B. 等于 0 　　C. 等于 ∞ 　　D. 不存在, 也不为 ∞

4. 设 $f(x)$ 为可导函数, 则 $\lim\limits_{\Delta x \to 0} \dfrac{f^2(x + \Delta x) - f^2(x)}{\Delta x} = ($ 　　 $)$.

　　A. 0 　　B. $2f(x)$ 　　C. $2f'(x)$ 　　D. $2f(x)f'(x)$

5. 设 $f(x) = \int_0^{\sin x} \sin(t^2) \mathrm{d}t$, $g(x) = \sin x - x$, 则当 $x \to 0$ 时有 (　　).

　　A. $f(x) \sim g(x)$ 　　B. $f(x)$ 与 $g(x)$ 为同阶无穷小但非等价无穷小
　　C. $f(x) = o(g(x))$ 　　D. $g(x) = o(f(x))$

6. 设 $N = \int_{-a}^{a} x^2 \sin^3 x \, \mathrm{d}x$, $P = \int_{-a}^{a} (x^3 e^{x^2} - 1) \mathrm{d}x$, $Q = \int_{-a}^{a} \cos^2(x^3) \mathrm{d}x$, $a \geqslant 0$, 则 (　　).

　　A. $N \leqslant P \leqslant Q$ 　　B. $N \leqslant Q \leqslant P$ 　　C. $Q \leqslant P \leqslant N$ 　　D. $P \leqslant N \leqslant Q$

7. 若 $f(x)$ 在点 $x = x_0$ 处可导, 则有 (　　).

　　A. $\lim\limits_{h \to 0} \dfrac{f(x_0 + 2h) - f(x_0)}{h} = f'(x_0)$ 　　B. $\lim\limits_{h \to 0} \dfrac{f(x_0 - h) - f(x_0)}{h} = f'(x_0)$

　　C. $\lim\limits_{h \to 0} \dfrac{f(x_0) - f(x_0 - h)}{h} = f'(x_0)$ 　　D. $\lim\limits_{h \to 0} \dfrac{f(x_0 + h) - f(x_0 - h)}{h} = f'(x_0)$

8. 由曲线 $y = \sin^{\frac{3}{2}} x$ $(0 \leqslant x \leqslant \pi)$ 与 x 轴围成的图形绕 x 轴旋转所成旋转体的体积为 (　　).

　　A. $\dfrac{4}{3}$ 　　B. $\dfrac{2}{3}$ 　　C. $\dfrac{4}{3}\pi$ 　　D. $\dfrac{2}{3}\pi$

9. 微分方程 $y'' - 3y' + 2y = 3x - 2e^x$ 的特解形式可以为 (　　).

　　A. $ax + be^x$ 　　B. $(ax + b) + ce^x$
　　C. $ax + bxe^x$ 　　D. $(ax + b) + cxe^x$

二、填空题(8 小题,每小题 3 分,共 24 分).

1. 设对于任意 x,$f(x)+2f(1-x)=x^2-2x$,则 $f(x)=$ _____.

2. $\lim\limits_{x\to\infty} x^2\left(1-\cos\dfrac{1}{x}\right)=$ _____.

3. $f(x)=\dfrac{1}{1-e^{\frac{1}{x^2}}}$,则 $x=0$ 是 $f(x)$ 的 _____ 间断点.

4. 已知 $\lim\limits_{x\to\infty}\left(\dfrac{x+2a}{x-a}\right)^x=8$,则常数 $a=$ _____.

5. 已知 $\int_0^1 f(x)\mathrm{d}x=1$,$f(1)=0$,则 $\int_0^1 xf'(x)\mathrm{d}x=$ _____.

6. 当 $x\to 0$ 时,$\sqrt[3]{1+ax^2}-1$ 与 $\cos x-1$ 为等价无穷小,则常数 $a=$ _____.

7. 抛物线 $y^2=ax\ (a>0)$ 与直线 $x=1$ 所围面积为 $\dfrac{4}{3}$,则 $a=$ _____.

8. 通解为 $y=C_1 e^{-x}+C_2 e^{-2x}$ 的二阶常系数齐次线性微分方程是 _____.

三、解答与证明题(7 小题,每小题 7 分,共 49 分).

1. $\lim\limits_{x\to+\infty} x\left(\dfrac{\pi}{2}-\arctan x\right)$.

2. $\lim\limits_{x\to 0}\dfrac{(1+x)^\alpha-1}{x}$ (α 为实数).

3. 求 $\int\dfrac{\mathrm{d}x}{1+\sqrt{x}}$.

4. 已知 $\lim\limits_{x\to\infty}\left[\dfrac{x^2+1}{x+1}-(ax+b)\right]=0$,求常数 a,b.

5. 设 $f(x)=\int_0^x\dfrac{\sin t}{\pi-t}\mathrm{d}t$,求 $\int_0^\pi f(x)\mathrm{d}x$.

6. 设函数 $f(x)$ 在闭区间 $[0,1]$ 上连续且 $0<f(x)<1$,问方程 $2x-\int_0^x f(t)\mathrm{d}t=1$ 在 $(0,1)$ 内有几个实根,并证明你的结论.

7. 设 $f(x)$ 在 $[a,b]$ 上连续,在 (a,b) 内可导,证明:存在 $\xi\in(a,b)$,使
$$f'(\xi)=\dfrac{f(\xi)-f(a)}{b-\xi}.$$

总自测题一参考答案

一、1. D; 2. D; 3. A; 4. B; 5. C; 6. C; 7. B; 8. B; 9. C.

二、1. $\dfrac{1}{3}$; 2. $6,-9$; 3. $\dfrac{1}{12}$; 4. 1; 5. $(1,-3)$; 6. $\dfrac{2}{3}(\ln x-2)\sqrt{1+\ln x}+C$;

7. $\dfrac{e}{2}-1$;   8. y_1+y_2.

三、1. $\lim\limits_{x\to 1}\dfrac{x^2-3x+2}{1-x^2}=\lim\limits_{x\to 1}\dfrac{(x-1)(x-2)}{(1-x)(1+x)}=\lim\limits_{x\to 1}\dfrac{2-x}{1+x}=\dfrac{1}{2}$.

2. $\lim\limits_{x\to 0}\dfrac{\ln(1+x^2)}{\sec x-\cos x}=\lim\limits_{x\to 0}\dfrac{\cos x\ln(1+x^2)}{1-\cos^2 x}=\lim\limits_{x\to 0}\dfrac{\cos x\ln(1+x^2)}{\sin^2 x}=\lim\limits_{x\to 0}\dfrac{x^2\cos x}{x^2}=1$.

3. $\displaystyle\int\dfrac{x}{\sqrt{1-x^2}}\mathrm{d}x=-\dfrac{1}{2}\int\dfrac{1}{\sqrt{1-x^2}}\mathrm{d}(1-x^2)=-\sqrt{1-x^2}+C$.

4. $y''=-\dfrac{p^2}{y^3}$.

5. 当 $0\leqslant x<1$ 时,$\varPhi(x)=\displaystyle\int_0^x(t+1)\mathrm{d}t=\dfrac{1}{2}x^2+x$;

当 $1\leqslant x\leqslant 2$ 时,$\varPhi(x)=\displaystyle\int_0^1(t+1)\mathrm{d}t+\int_1^x\dfrac{1}{2}t^2\mathrm{d}t=\dfrac{x^3}{6}+\dfrac{4}{3}$.

所以,
$$\varPhi(x)=\begin{cases}\dfrac{x^2}{2}+x, & 0\leqslant x<1, \\ \dfrac{x^3}{6}+\dfrac{4}{3}, & 1\leqslant x\leqslant 2,\end{cases}$$

因为 $\varPhi(1^-)=\dfrac{3}{2},\varPhi(1^+)=\dfrac{3}{2},\varPhi(1)=\dfrac{3}{2}$,所以 $\varPhi(x)$ 在 $[0,2]$ 上连续;又因为

$\varPhi'_-(1)=\lim\limits_{x\to 1^-}\dfrac{\dfrac{x^2}{2}+x-\dfrac{3}{2}}{x-1}=2$,$\varPhi'_+(1)=\lim\limits_{x\to 1^+}\dfrac{\dfrac{x^3}{6}+\dfrac{4}{3}-\dfrac{3}{2}}{x-1}=\dfrac{1}{2}$,所以 $\varPhi(x)$ 在 $x=1$ 处不可导,但在 $[0,1)\cup(1,2]$ 内可导.

6. 由题意得 $\begin{cases}y''=x+\sin x, \\ y(0)=0,y'(0)=1,\end{cases}$ $y'=\dfrac{1}{2}x^2-\cos x+C_1$,由 $y'(0)=1$,得 $C_1=2$,故 $y'=\dfrac{1}{2}x^2-\cos x+2$,则 $y=\dfrac{1}{6}x^3-\sin x+2x+C_2$,由 $y(0)=0$,得 $C_2=0$,积分曲线的方程为 $y=\dfrac{1}{6}x^3-\sin x+2x$.

7. $f(x)$ 在 $[0,3]$ 上连续,故 $f(x)$ 在 $[0,2]$ 上也连续,在 $[0,2]$ 上有最大值 M 和最小值 m,于是 $m\leqslant\dfrac{1}{3}[f(0)+f(1)+f(2)]\leqslant M$;由连续函数介值定理可知,至少存在一点 $c\in[0,2]$ 使 $f(c)=\dfrac{1}{3}[f(0)+f(1)+f(2)]=1$,因此 $f(c)=f(3)$,又 $f(x)$ 在 $[c,3]$ 上连续,在 $(c,3)$ 内可导,由罗尔中值定理知必存在 $\xi\in(c,3)\subset(0,3)$,使 $f'(\xi)=0$.

总自测题二参考答案

一、1. B; 2. C; 3. D; 4. D; 5. B; 6. D; 7. C; 8. C; 9. D.

二、1. $\frac{1}{3}(x^2+2x-2)$; 2. $\frac{1}{2}$; 3. 可去; 4. $\ln 2$; 5. -1; 6. $-\frac{3}{2}$; 7. 1;

8. $y''+3y'+2y=0$.

三、1. $\lim\limits_{x\to+\infty} x\left(\frac{\pi}{2}-\arctan x\right) = \lim\limits_{x\to+\infty}\frac{\frac{\pi}{2}-\arctan x}{\frac{1}{x}} = \lim\limits_{x\to+\infty}\frac{-\frac{1}{1+x^2}}{-\frac{1}{x^2}} = 1$.

2. 若 $\alpha=0$, 则 $\lim\limits_{x\to 0}\frac{(1+x)^\alpha-1}{x}=0=\alpha$;

   若 $\alpha\neq 0$, 则 $\lim\limits_{x\to 0}\frac{(1+x)^\alpha-1}{x}=\lim\limits_{x\to 0}\frac{e^{\alpha\ln(1+x)}-1}{x}=\lim\limits_{x\to 0}\frac{\alpha\ln(1+x)}{x}=\alpha$.

   所以, $\lim\limits_{x\to 0}\frac{(1+x)^\alpha-1}{x}=\alpha$.

3. 令 $\sqrt{x}=t$, 则 $x=t^2$, $\mathrm{d}x=2t\mathrm{d}t$,

   $\int\frac{\mathrm{d}x}{1+\sqrt{x}}=\int\frac{2t\mathrm{d}t}{1+t}=2\int\left(1-\frac{1}{1+t}\right)\mathrm{d}t=2t-2\ln|1+t|+C=2\sqrt{x}-2\ln(1+\sqrt{x})+C$.

4. 令 $f(x)=\frac{x^2+1}{x+1}-(ax+b)$,

   $0=\lim\limits_{x\to\infty}f(x)=\lim\limits_{x\to\infty}\left[\frac{x^2+1}{x+1}-(ax+b)\right]=\lim\limits_{x\to\infty}\frac{(1-a)x^2-(a+b)x+1-b}{x+1}$,

   若 $1-a\neq 0$, 则 $\lim\limits_{x\to\infty}f(x)=\infty$, 这与条件矛盾, 所以 $1-a=0$, 即 $a=1$; 若 $a+b\neq 0$, 则 $\lim\limits_{x\to\infty}f(x)=-(a+b)\neq 0$, 所以 $a+b=0$, 故 $a=1$, $b=-1$.

5. 易知 $f(0)=0$, $f'(x)=\frac{\sin x}{\pi-x}$,

   $\int_0^\pi f(x)\mathrm{d}x=\int_0^\pi f(x)\mathrm{d}(x-\pi)=[(x-\pi)f(x)]_0^\pi-\int_0^\pi (x-\pi)f'(x)\mathrm{d}x$

   $=-\int_0^\pi (x-\pi)\frac{\sin x}{\pi-x}\mathrm{d}x=\int_0^\pi \sin x\mathrm{d}x=2$.

6. 记 $g(x)=2x-\int_0^x f(t)\mathrm{d}t-1$, 由于 $f(x)$ 连续且 $0<f(x)<1$, 故 $g(x)$ 在 $[0,1]$ 上连续且可导, $g(0)=-1<0$, $g(1)=1-\int_0^1 f(t)\mathrm{d}t=\int_0^1[1-f(t)]\mathrm{d}t>0$, 由零点定理知 $g(x)$ 在 $(0,1)$ 内至少有一个零点; 又 $g'(x)=2-f(x)>0$, 即 $g(x)$ 在 $[0,1]$ 上单调增加, 所以 $g(x)$ 在 $(0,1)$ 内仅有一个零点, 即方程 $2x-\int_0^x f(t)\mathrm{d}t=1$ 在 $(0,1)$ 内有唯一实根.

7. 令 $F(x)=(b-x)[f(x)-f(a)]$, 则 $F(x)$ 在 $[a,b]$ 上满足罗尔中值定理的条件, 存在 $\xi\in(a,b)$, 使 $F'(\xi)=0$, 即 $[f(a)-f(x)+(b-x)f'(x)]\big|_{x=\xi}=0$, 整理即可得证.